Excel 数据分析思维、技巧与实践

案例视频精讲

于峰　韩小良◎著

清華大学出版社
北京

内容简介

数据分析是对业务数据的理解和分析，因此数据分析不仅仅是要掌握必备的工具和技能，也要了解具体的业务活动，同时也要有数据分析的逻辑思维。本书共 8 章，结合大量来自企业的实际案例，详细介绍数据的采集与加工处理、数据合并与汇总计算、数据挖掘与动态分析、制作个性化分析报表、数据可视化等，最后介绍几个人力资源数据分析和财务数据分析的实际案例，以图文和视频的形式，讲解 Excel 数据分析的思维及灵活运用技能和实战。

本书提供了相应的 Excel 实际案例素材，让你快速学习掌握数据分析的技能与技巧。

本书适合企业中各类管理人员阅读，也可以作为大中专院校管理专业的学生阅读。

图书在版编目（CIP）数据

Excel 数据分析思维、技巧与实践案例视频精讲 / 于峰，韩小良著 . -- 北京：清华大学出版社，2024.9.

ISBN 978-7-302-67359-0

Ⅰ. TP391.13

中国国家版本馆 CIP 数据核字第 2024AN4376 号

责任编辑：袁金敏
封面设计：杨纳纳
责任校对：胡伟民
责任印制：宋　林

出版发行：清华大学出版社

网　　址：https://www.tup.com.cn，https://www.wqxuetang.com
地　　址：北京清华大学学研大厦 A 座　**邮　　编：**100084
社 总 机：010-83470000　**邮　　购：**010-62786544
投稿与读者服务：010-62776969，c-service@tup.tsinghua.edu.cn
质 量 反 馈：010-62772015，zhiliang@tup.tsinghua.edu.cn

印 装 者：三河市天利华印刷装订有限公司
经　　销：全国新华书店
开　　本：170mm×240mm　**印　　张：**18.75　**字　　数：**468 千字
版　　次：2024 年 11 月第 1 版　**印　　次：**2024 年 11 月第 1 次印刷
定　　价：89.00 元

产品编号：107401-01

前言

企业不缺数据，但是很多企业缺乏规范的数据，更加缺乏对数据的分析和挖掘。

对于大部分职场人士来说，做一做报表，计算一下数据，就被认为是数据分析了，但是，没能从数据中找出企业经营过程存在的问题及解决方案，更谈不上让数据为企业创造价值了。

数据分析是对业务数据的挖掘和分析，因此数据分析不仅仅要掌握必备的工具和技能，也要了解具体的业务活动，同时也要有数据分析的逻辑思维：要分析什么数据？这些数据代表什么业务？用什么工具来快速而灵活地进行数据分析？如何层层挖掘数据，找出数据背后所代表的企业经营存在的问题？所做的分析报告要给谁看？怎么一步步展示分析结果等。

不论如何做分析，我们都必须掌握必要的数据分析技能和逻辑思维。高效数据处理和分析工具也是必须掌握的，数据分析的逻辑也需要慢慢培养。

本书共 8 章，结合大量来自企业的实际案例，详细介绍数据的采集与加工处理、数据合并与汇总计算、数据挖掘与动态分析、制作个性化分析报表、数据可视化等，最后结合实际案例，来说明从基础数据到可视化报告的基本思维和方法。

本书以图文和视频的形式，讲解数据处理和 Excel 数据分析思维及灵活运用技能，以及在实际工作中的应用案例。本书提供了相应的 Excel 实际案例素材，这些素材均来自培训咨询第一线的企业实际案例，期望职场人士及学生通过观看教学视频，结合实际案例进行练习，从而能够快速学习并掌握数据分析的技能与技巧。

本书的编写，得到了很多企业朋友和出版社老师的大力支持和帮助，在此表示衷心的感谢。

由于知识和业务有限，本书如果存在着一些不足之处，敬请各位朋友指正。

扫描下方二维码，获取案例素材及原图

目录

第1章 数据采集与加工处理 01

1.1 采集什么数据 02

1.1.1 销售数据 02

1.1.2 库存数据 02

1.1.3 生产数据 03

1.1.4 机器设备数据 03

1.1.5 技术工艺数据 03

1.1.6 品检数据 03

1.1.7 人力资源数据 04

1.1.8 财务数据 04

1.1.9 数据文件来源 04

1.2 表格结构的整理加工 04

1.2.1 一列数据拆分成几列，利用函数公式 05

1.2.2 一列数据拆分成几列，利用 Power Query 工具 06

1.2.3 一列数据拆分成几列，利用分列工具 16

1.2.4 二维表格转换为一维表单：一个列维度 17

1.2.5 二维表格转换为一维表单：多个列维度 21

1.2.6 多个二维表格合并转换为一维表单 23

1.3 表格数据的整理加工 26

1.3.1 文本型数字转换为能够计算的数值数字 26

1.3.2 非法日期（文本型日期）转换为能够计算的数值型日期 27

1.3.3 清除数据中看不见的特殊字符 29

第 2 章 数据合并与汇总计算 33

2.1 一维表格的合并（并集） 34
2.1.1 同一个工作簿内多个工作表合并汇总 34
2.1.2 同一个文件夹内多个工作簿合并汇总（每个工作簿有一个工作表） 42
2.1.3 同一个文件夹内多个工作簿合并汇总（每个工作簿有多个工作表） 48
2.2 一维表格的合并（关联） 53
2.2.1 同一个关联字段的一维表格合并：使用函数 53
2.2.2 同一个关联字段的一维表格合并：使用 Power Query 55
2.2.3 多个相同或不同关联字段的一维表格合并：使用 Power Query 62
2.2.4 综合应用案例：即时库存分析 65
2.2.5 使用 Power Query 合并查询的联接种类 71
2.3 特殊结构表格的合并 72
2.3.1 多个二维表格的合并（列结构相同） 72
2.3.2 多个二维表格的合并（列结构不同） 75
2.3.3 一维表格和二维表格的合并 77

第 3 章 Excel 数据透视表：数据深度挖掘与动态分析 82

3.1 数据多维度灵活透视分析 83
3.1.1 排名分析 83
3.1.2 结构占比分析 85
3.1.3 时间维度趋势分析 89
3.1.4 组合分布分析 92
3.1.5 增加新的计算分析字段 97
3.1.6 增加新的计算分析项目 101
3.1.7 不同计算依据的综合分析 103
3.2 对数据进行切片筛选分析 106
3.2.1 用一个切片器控制一个数据透视表 106
3.2.2 用多个切片器控制一个数据透视表 108
3.2.3 用一个切片器控制多个数据透视表 110

3.2.4 用多个切片器控制多个数据透视表......111
3.3 数据透视的可视化分析......112
3.3.1 数据透视图的创建与格式化......112
3.3.2 使用切片器控制数据透视图......115
3.4 层层挖掘分析数据综合练习：采购分析......116
3.4.1 按物料类别分析采购金额......117
3.4.2 按材料分析采购金额......117
3.4.3 按供应商分析采购金额......118
3.4.4 按月份分析采购数量、金额和价格......119
3.4.5 钻取采购明细数据......120
3.5 层层挖掘分析数据综合练习：订单分析......121
3.5.1 要分析什么......121
3.5.2 客户分析......122
3.5.3 地区分析......123
3.5.4 商品分析......124

第4章 Excel函数公式：制作个性化分析报告......127

4.1 文本数据的处理与加工......128
4.1.1 从财务摘要中提取重要信息......128
4.1.2 从订单号中提取月份信息并按月汇总......130
4.2 数字转换为指定格式文本......131
4.2.1 直接使用原始数据进行快速汇总......132
4.2.2 绘制信息更加丰富的图表报告......134
4.3 日期数据的处理与计算......136
4.3.1 动态日期计算......136
4.3.2 制作供应商付款计划表......137
4.3.3 员工年龄和工龄分组处理......139
4.4 数值分类汇总计算......142
4.4.1 分析任意指定前N的客户销售的占比情况......142
4.4.2 直接以系统导出的数据建立自动化汇总表......143

4.4.3 编制物料库龄分析表 145
4.5 数据逻辑判断与处理 147
4.5.1 数据逻辑判断的基本思维训练 147
4.5.2 多个条件组合的判断处理 150
4.5.3 处理公式错误值 151
4.6 数据查找与引用之 VLOOKUP 函数 153
4.6.1 VLOOKUP 函数基本逻辑与使用 153
4.6.2 VLOOKUP 函数和 MATCH 函数灵活动态查找 154
4.6.3 关键词匹配的数据定位与查找 156
4.7 数据查找与引用之 MATCH 函数和 INDEX 函数 158
4.7.1 MATCH 函数和 INDEX 函数联合查找数据的基本逻辑 158
4.7.2 查找销售额最大的客户及其产品销售情况 159
4.8 数据查找与引用之 INDIRECT 函数 161
4.8.1 间接引用的基本原理 161
4.8.2 构建动态工作表汇总模型 162
4.8.3 动态汇总工作表的任意指定列数据 163
4.9 数据查找与引用之 OFFSET 函数 165
4.9.1 OFFSET 函数的基本原理 165
4.9.2 计算指定月份的各个产品累计值 166
4.9.3 以动态区域定义名称制作图表 168
4.10 动态筛选数据之 FILTER 函数 170
4.10.1 FILTER 函数基本原理 170
4.10.2 FILTER 函数单条件筛选数据 172
4.10.3 FILTER 函数多条件筛选数据 172
4.10.4 从筛选出来的数据提取关键信息 174
4.11 动态数据排名之 SORT 函数 175
4.11.1 SORT 函数的基本用法与应用技巧 176
4.11.2 利用 SORT 函数构建自动排名分析报告 177
4.11.3 FILTER 函数与 SORT 函数联合筛选排序 180
4.12 利用函数公式制作数据分析报告实战案例 181
4.12.1 各月数据汇总统计 182

4.12.2 分析指定产品各月的出库量 183
4.12.3 分析指定月份的各个产品出库量排名 184
4.12.4 分析结果的自动更新 186

第 5 章 Excel VBA：一键完成数据计算与统计分析 187

5.1 大量工作表的一键自动化汇总 188
5.1.1 标准表单的自动化汇总：一个工作簿内的工作表 188
5.1.2 标准表单的自动化汇总：一个文件夹内的多个工作簿 190
5.1.3 非标准表单的自动化汇总 193
5.2 从海量数据中自动筛选并计算指定条件数据 195
5.2.1 导入指定工作簿的全部数据 195
5.2.2 导入指定工作簿的部分数据 197
5.2.3 导入并同时进行统计计算 198

第 6 章 自定义报表格式，增强报表阅读性 203

6.1 报表的第一眼很重要 204
6.1.1 常规表格的阅读性较差，重点信息不突出 204
6.1.2 合理的报表结构和数字格式，能一眼了解重要信息 205
6.2 利用自定义数字格式增强报表阅读性 206
6.2.1 自定义数字格式的基本方法 206
6.2.2 将负数显示为正数 207
6.2.3 隐藏数字零 209
6.2.4 缩小位数显示数字 211
6.2.5 将正负数分别显示为不同颜色 212
6.2.6 添加标注文字或符号对数字进行强化处理 213
6.2.7 依据条件将数字显示为不同颜色 214

第 7 章 Excel 图表：数据分析可视化 216

7.1 数据分析可视化的基本思维 217
7.1.1 可视化是数据重要信息的提炼 217

7.1.2 越简单的表格，信息越丰富 219
7.1.3 层层展示分析结果，才能发现问题 220
7.2 数据分析图表制作方法和格式化 223
7.2.1 绘制图表的基本方法：常规方法 223
7.2.2 绘制图表的基本方法：名称绘制法 224
7.2.3 绘制图表的基本方法：复制粘贴法 228
7.2.4 绘制图表的基本方法：拖拉区域法 228
7.2.5 绘制图表的几个问题及解决方法 228
7.3 图表格式化技能与技巧 231
7.3.1 设置图表区格式 232
7.3.2 设置绘图区格式 232
7.3.3 设置图表标题格式 233
7.3.4 设置图例格式 233
7.3.5 设置数据标签格式 234
7.3.6 设置系列填充颜色和轮廓 236
7.3.7 设置系列的间隙宽度和重叠比例 238
7.3.8 设置网格线 239
7.3.9 设置数值轴格式 239
7.3.10 设置分类轴格式 241
7.3.11 为图表添加不存在的元素 243
7.3.12 更改图表类型 243
7.3.13 设置数据系列的绘制坐标轴 244
7.3.14 改变图表绘制方向 246
7.4 常用排名及对比分析经典图表 247
7.4.1 排名分析之柱形图 247
7.4.2 排名分析之条形图 248
7.5 常用结构分析经典图表 249
7.5.1 结构分析：常规饼图 249
7.5.2 结构分析：常规嵌套饼图（两个度量） 251
7.5.3 结构分析：圆环图 253

7.5.4 结构分析：圆环图嵌套饼图......254
7.5.5 结构分析：堆积条形图......255
7.6 常用趋势与预测分析经典图表......256
7.6.1 观察变化趋势......257
7.6.2 获取数据预测模型......257
7.7 常用分布分析经典图表......258
7.7.1 分布分析：XY 散点图......258
7.7.2 分布分析：箱型图......261
7.8 常用差异因素分析经典图表......263
7.8.1 差异因素分析常用图表：瀑布图......263
7.8.2 差异因素分析常用图表：同比分析......266
7.8.3 差异因素分析常用图表：预算分析......266
7.9 动态图表......267
7.9.1 动态图表制作的基本原理和方法......267
7.9.2 多个单独控件联合控制的动态图表......272
7.9.3 多个关联控件控制的动态图表......274
第 8 章 数据分析综合案例实战......276
8.1 数据采集与汇总......277
8.1.1 利用 Power Query 汇总各个工作表数据......277
8.1.2 对汇总表进行必要的计算处理......278
8.1.3 导出数据......281
8.2 制作统计分析报告......282
8.2.1 制作统计分析报表......282
8.2.2 分析结果可视化处理......283
8.2.3 灵活分析数据......287

第1章

数据采集与加工处理

数据分析，必须有数据。那么，数据从哪里来？数据代表的是什么业务？获取的数据能不能直接进行分析？

在进行正式的数据分析之前，要先采集数据，并对数据进行加工处理，制作分析底稿，建立数据模型。

1.1 采集什么数据

数据分析，实质上是对业务的分析，不同的部门，分析的数据是不一样的，分析的内容和重点也是不一样的，进而要通过数据分析来解决的问题是不一样的。在进行数据分析之前，先明白要分析什么业务，然后采集相关数据。

数据分析的目的，是从数据中寻找经营目标的差异，例如发货完成情况、销售完成情况、生产过程的物料消耗情况、能源动力消耗情况、员工的流动情况、利润同比增减情况等，这些数据来自各个业务部门，有的部门单独使用自己部门数据进行分析即可，有的部门则需要将几个部门数据合并后再进行分析。

1.1.1 销售数据

销售数据来源主要有两个：内部数据和外部数据。

内部数据包括客户数据、订单数据、开票数据、回款数据等，这些数据可以直接从管理系统导出，有些个性化的销售数据则需要从相应的手工台账中获取。

外部数据也是非常重要的，包括：(1) 竞争对手的一些相关数据，例如产品结构、产品市场、财务数据、产能、技术研发等；(2) 下游客户的一些相关数据，例如客户的财务数据、产品研发、投资与产能等；(3) 所处行业的一些相关数据，例如行业政策、国际形势、发展趋势、产品价格行情等。这些外部数据，需要一点一点收集、更新、保存、备用。

在进行销售数据分析时，还有一个必须了解和关注的重要信息是：客户反馈信息及处置，例如，客户反馈某批产品质量问题，将货物退回，那么，企业如何来处理这样的质量反馈信息并进行分析，找出造成质量问题的原因，并进行解决，这些质量问题应答和解决，需要建立相应的客户反馈信息及处置台账。

1.1.2 库存数据

库存数据包括原材料数据、零星采购数据、备品备件数据。在制造企业中，由于材料成本是产品成本的主要构成，因此库存分析是非常重要的。

库存数据的来源也主要有两个：内部数据和外部数据。内部数据包括供应商信息台账、采购订单、入库出库、即时库存等；外部数据需要根据企业数据分析的要求来手工建账，例如供应商的产能信息、新产品研发信息、市场原材料价格行情信息、原材料行业政策信息、国际形势信息等，这些数据对原材料采购分析是非常有用的。

原材料质量问题也是一个库存管理和数据分析中，必须随时关注并进行相应处理的重要数据信息问题，原材料质量管理信息台账是否建立起来了？是否做好了日常信息维护？原材料质量信息数据来源于哪些部门？这些都需要仔细斟酌，并做好科学管理，才能对原材料质量进行跟踪分析。

此外，库存数据还应包括成品库存数据、半成品数据，要分析为什么产品一直没发货而积压在仓库，这些数据一般可以直接从系统软件导出。

1.1.3 生产数据

生产部门犹如企业的发动机，生产数据主要来自生产过程中所产生的各种数据，以生产日报表形式保存，包括每天、每个班组、每道序、每个机台、每个工单、每个产品的投料数据、产出数据、合格品（不合格品）数据、能源动力消耗数据、班时消耗数据，以及每个工单在各个工序（机台）的流转数据，过程检验数据、成品检验数据、缺陷产品的再处理数据、成品入库数据等。

这些数据是企业经营活动中的最核心数据，其他很多部门基本上都要使用这些生产数据来进行分析。

例如，技术部门要获取生产损耗数据，以便改进工艺路线和产品 BOM；品检部门要对生产过程各个工序、各个机台的半成品进行检验，对成品工序进行检验以便打合格证标签做入库处理；库存部门要对各种原材料的使用和处置（正常使用和退库处理）进行动态监控和跟踪；营销部门要随时了解产品生产进度及入库情况，便于即时给客户发货；财务部门要获取各个工序的生产数据，分析产品成本、制造成本和物料损耗情况，以及各个机台的生产效率情况；人力资源部门要获取每个工序每个机台的操作工的劳动效率（班时、请假及产量情况），以便计算操作工的人工成本，设计相应的激励制度等。

1.1.4 机器设备数据

机器设备是生产的要素之一，机器设备数据包括设备档案台账数据、维修保养数据、能源动力消耗数据等，这些数据有些可以从管理系统软件导出，但更多的是需要建立手工台账，并对数据进行各种统计分析，例如，机器设备故障频数分布、故障原因分布、能源动力消耗统计等。

1.1.5 技术工艺数据

技术数据包括产品 BOM、工艺路线等，这些数据是要日常积累起来的，尤其是新产品开发全过程数据的维护与管理更加重要，是分析新产品开发的效率和商业转化率的数据基础。这些数据，可以使用专门的软件来设计系统，或者使用最常见的 Excel 建立台账。

1.1.6 品检数据

品检数据主要包括原材料检验数据、生产过程检验数据，以及成品入库检验数据，用于对购入的原材料质量、生产的产品质量进行跟踪控制。这些数据可以从系统软件导出（如果有），也可以是建立的手工台账。

1.1.7 人力资源数据

一部分企业的人力资源数据来源于手工设计的台账，也有部分企业是管理系统表单，人力资源数据包括：员工信息数据、薪资数据、考勤数据、招聘数据、合同数据、考核数据等，这些人力资源数据，尽管数据结构不是很复杂，但也是需要认真去管理和统计分析的。

1.1.8 财务数据

有真正的财务数据吗？一般认为，财务数据就是那些财务报表，包括损益表、资产负债表和现金流量表，但从本质上来说，这三张报表是来自其他业务部门数据的综合计算结果，并不是最基本的原始数据。

财务数据还包括一些成本数据，包括材料成本、制造成本、人工成本等，这些数据则来源于技术部门、采购仓库部门、生产部门、设备部门和人力资源部门等，从这个角度来说，财务可以说不产生数据，仅仅是数据的搬运工，把各个业务部门的数据进行计算和再加工，制作各种财务报表而已。

还有应收数据和应付数据，分别针对客户回款和供应商付款的数据，这些数据可以直接从系统软件导出，或者手工建立台账。

1.1.9 数据文件来源

不论是什么类型业务数据，数据文件来源主要是以下几种：数据库表、Excel 文件、文本文件、PDF 文件，甚至网页等，不同类型文件数据的采集、加工、合并与建模，有着不同的方法和技能。

总之，数据分析，首先要有数据可以用来分析。在本书的各个章节中，我们将对各个业务部门数据来源及台账、数据处理与加工、数据分析及报告制作进行详细介绍。

本节知识回顾与测验

1. 数据分析就是业务分析，这种说法正确吗？
2. 如果站在财务立场，你觉得要做哪些数据分析？仅仅做财务报表分析吗？
3. 如果你是质检部门，那么要采集哪些数据？对这些数据要做哪些分析？
4. 如何利用 Excel 建立一个科学的员工基本信息管理表？
5. 如何会同相关部门，搜集并建立客户产品质量反馈信息表单，并基于此进行各种分析？

1.2 表格结构的整理加工

不论是从系统软件导出的数据，还是手工台账数据，很多情况下，是不能直接做数据分析的。就像从菜市场买回的各种蔬菜鱼肉不能直接做菜一样，必须先对数据进行整理加工，对数据进行规范处理，制作数据分析底稿。

其实，不论是数据管理，还是数据分析，都需要表格数据的标准化和规范化，除非一些特殊业务的特殊结构表格。这种标准化和规范化是数据管理的基础，更是数据分析的基础。

从数据分析来说，分析的数据源必须是标准规范的表单（数据库），也就是说，每列是一个字段，每行是一条记录。因此，当采集的表格从结构上和数据上不满足表单要求时，就必须进行整理加工，将不规范的表格整理为表单。

数据整理加工的主要内容包括：表格结构整理加工和表格数据整理加工两个方面。

在 Excel 中，数据整理加工的常用工具有函数、分列、填充、Power Query、VBA 等。

这是一个老生常谈的问题，不论是给学生上课，还是给企业咨询，都会谈起这个问题，并结合一些实际案例进行讲解，因为实际工作中，每天都会面对各种各样的不规范表格。

下面介绍几个表格结构整理加工的例子。

1.2.1 一列数据拆分成几列，利用函数公式

有些情况下，本应该是分成几列保存的数据，却在一列中，尽管从外观上这样的表格看起来比较清晰，但是并不能进行分析，因此，首要的任务是将这列混杂不同类型数据拆分成几列保存。

案例 1-1

图 1-1 所示是一个典型的不规范结构，不同类型数据在同一列，它是直接从财务软件导出的数据。这个表格的主要问题是，部门名称和费用项目保存在同一列，看着很清晰，但是没法做统计分析，此时，需要使用分列工具，或者函数，将它们拆开保存在两列中，如图 1-2 所示，同时，每个部门的费用合计及管理费用总计不是最原始的数据，也进行了删除。

	A	B	C	D
1	科目代码	科目名称	本期发生额借方	本期发生额贷方
2	6602	管理费用	617,770.92	617,770.92
3	6602.4110	工资	43,130.80	43,130.80
4		[02]人事行政部	14,775.41	14,775.41
5		[03]财务部	13,481.89	13,481.89
6		[04]采购部	3,720.00	3,720.00
7		[05]生产部	11,153.50	11,153.50
8	6602.4140	个人所得税费用	3,861.22	3,861.22
9		[02]人事行政部	2,458.47	2,458.47
10		[03]财务部	883.78	883.78
11		[05]生产部	518.97	518.97
12	6602.4150	养老金	10,449.53	10,449.53
13		[02]人事行政部	3,189.76	3,189.76
14		[03]财务部	4,134.76	4,134.76
15		[04]采购部	1,400.00	1,400.00
16		[05]生产部	1,725.01	1,725.01
17	6602.4160	补偿金	9,698.59	9,698.59
18		[02]人事行政部	3,209.92	3,209.92
19		[03]财务部	3,963.67	3,963.67
20		[04]采购部	1,250.00	1,250.00
21		[05]生产部	1,275.00	1,275.00
22	6602.4170	医疗保险	4,209.08	4,209.08
23		[02]人事行政部	1,372.04	1,372.04
24		[03]财务部	1,782.04	1,782.04
25		[04]采购部	605.00	605.00
26		[05]生产部	450.00	450.00

Sheet1

图 1-1 系统导出的不规范表格

	A	B	C	D	E
1	科目代码	项目	部门	本期发生额借方	本期发生额贷方
2	6602.4110	工资	人事行政部	14,775.41	14,775.41
3	6602.4110	工资	财务部	13,481.89	13,481.89
4	6602.4110	工资	采购部	3,720.00	3,720.00
5	6602.4110	工资	生产部	11,153.50	11,153.50
6	6602.4140	个人所得税费用	人事行政部	2,458.47	2,458.47
7	6602.4140	个人所得税费用	财务部	883.78	883.78
8	6602.4140	个人所得税费用	生产部	518.97	518.97
9	6602.4150	养老金	人事行政部	3,189.76	3,189.76
10	6602.4150	养老金	财务部	4,134.76	4,134.76
11	6602.4150	养老金	采购部	1,400.00	1,400.00
12	6602.4150	养老金	生产部	1,725.01	1,725.01
13	6602.4160	补偿金	人事行政部	3,209.92	3,209.92
14	6602.4160	补偿金	财务部	3,963.67	3,963.67
15	6602.4160	补偿金	采购部	1,250.00	1,250.00
16	6602.4160	补偿金	生产部	1,275.00	1,275.00
17	6602.4170	医疗保险	人事行政部	1,372.04	1,372.04
18	6602.4170	医疗保险	财务部	1,782.04	1,782.04
19	6602.4170	医疗保险	采购部	605.00	605.00
20	6602.4170	医疗保险	生产部	450.00	450.00
21	6602.4175	其他福利费用	总经理办公室	719.50	719.50
22	6602.4175	其他福利费用	人事行政部	3,511.00	3,511.00
23	6602.4175	其他福利费用	财务部	3,116.00	3,116.00
24	6602.4175	其他福利费用	采购部	356.50	356.50
25	6602.4175	其他福利费用	生产部	5,765.20	5,765.20
26	6602.4180	失业金	人事行政部	341.76	341.76

Sheet1 Sheet2

图 1-2 整理好的表格

对于“案例 1-1.xlsx”，最简单的方法是使用函数公式进行拆分，如图 1-3 所示，C 列和 D 列分别保存项目名称和部门名称，公式如下。

单元格 C2，提取项目名称：

```
=IF(A2<>"",B2,C1)
```

单元格 D2，提取部门名称：

```
=IF(A2="",MID(B2,5,100),"")
```

第一个公式的逻辑稍微复杂些，如果 A 列不为空（有科目代码），那么就把 B 列的项目名称取过来，如果 A 列为空，说明该行数据就属于本项目，因此就引用上一个单元格提取出来的项目名称（相当于把根据科目代码判断提取的项目名称往下填充）。

第二个公式逻辑就很简单了，如果 A 列为空，则 B 列就是部门名称，然后用 MID 函数将部门名称取出来即可（剔除掉部门编码）。

	A	B	C	D	E	F
1	科目代码	科目名称	项目	部门	本期发生额借方	本期发生额贷方
2	6602	管理费用	管理费用		617,770.92	617,770.92
3	6602.4110	工资	工资		43,130.80	43,130.80
4		[02]人事行政部	工资	人事行政部	14,775.41	14,775.41
5		[03]财务部	工资	财务部	13,481.89	13,481.89
6		[04]采购部	工资	采购部	3,720.00	3,720.00
7		[05]生产部	工资	生产部	11,153.50	11,153.50
8	6602.4140	个人所得税费用	个人所得税费用		3,861.22	3,861.22
9		[02]人事行政部	个人所得税费用	人事行政部	2,458.47	2,458.47
10		[03]财务部	个人所得税费用	财务部	883.78	883.78
11		[05]生产部	个人所得税费用	生产部	518.97	518.97
12	6602.4150	养老金	养老金		10,449.53	10,449.53
13		[02]人事行政部	养老金	人事行政部	3,189.76	3,189.76
14		[03]财务部	养老金	财务部	4,134.76	4,134.76
15		[04]采购部	养老金	采购部	1,400.00	1,400.00
16		[05]生产部	养老金	生产部	1,725.01	1,725.01
17	6602.4160	补偿金	补偿金		9,698.59	9,698.59
18		[02]人事行政部	补偿金	人事行政部	3,209.92	3,209.92
19		[03]财务部	补偿金	财务部	3,963.67	3,963.67
20		[04]采购部	补偿金	采购部	1,250.00	1,250.00
21		[05]生产部	补偿金	生产部	1,275.00	1,275.00

Sheet1 | Sheet2 | Sheet1 (2)

图 1-3　使用函数公式拆分列

这个例子的数据分列，也可以使用 Excel 分列工具来完成，也就是根据方括号作为分隔符来进行分列，不过要进行两遍的分列操作，就要复杂一些了。

此外，这个例子是针对一个工作表数据，来利用函数进行拆分列。那么，如果是几个工作表呢？不仅仅是要将每个表格的 B 列拆分，还要汇总起来，此时最好使用 Power Query 工具。

1.2.2 一列数据拆分成几列，利用 Power Query 工具

不论是利用函数分列，还是利用分离工具分列，都无法实现数据整理加工的自动化。例如，我们每个月都是从系统导出这样的表格，如果每个月在该月工作表用函数或者分列工具进行处理，总的来说是不方便的。

如果要制作一键刷新的、能够动态汇总每个月导出的数据，并在汇总的同时对数据进行整理加工，则可以使用 Excel 自带的 Power Query 工具。

案例 1-2

图 1-4（a）所示就是从系统导出的各月数据，分别按月保存在各个工作表中，现在要将这些工作表数据进行合并与整理，制作规范的分析底稿，如图 1-4（b）所示。

科目代码	科目名称	本期发生额借方	本期发生额贷方
6602	管理费用	617,770.92	617,770.92
6602.4110	工资	43,130.80	43,130.80
	[02]人事行政部	14,775.41	14,775.41
	[03]财务部	13,481.89	13,481.89
	[04]采购部	3,720.00	3,720.00
	[05]生产部	11,153.50	11,153.50
6602.4140	个人所得税费用	3,861.22	3,861.22
	[02]人事行政部	2,458.47	2,458.47
	[03]财务部	883.78	883.78
	[05]生产部	518.97	518.97
6602.4150	养老金	10,449.53	10,449.53
	[02]人事行政部	3,189.76	3,189.76
	[03]财务部	4,134.76	4,134.76
	[04]采购部	1,400.00	1,400.00
	[05]生产部	1,725.01	1,725.01
6602.4160	补偿金	9,698.59	9,698.59
	[02]人事行政部	3,209.92	3,209.92
	[03]财务部	3,963.67	3,963.67
	[04]采购部	1,250.00	1,250.00
	[05]生产部	1,275.00	1,275.00
6602.4170	医疗保险	4,209.08	4,209.08
	[02]人事行政部	1,372.04	1,372.04

（a）

科目代码	科目名称	本期发生额借方	本期发生额贷方
6602	管理费用	212,039.50	212,039.50
6602.4110	工资	76,042.56	76,042.56
	[02]人事行政部	18,223.09	18,223.09
	[03]财务部	13,356.08	13,356.08
	[91]后勤部	44,463.39	44,463.39
6602.4120	加班费	3,854.17	3,854.17
	[91]后勤部	3,854.17	3,854.17
6602.4140	个人所得税费用	5,482.11	5,482.11
	[02]人事行政部	1,876.59	1,876.59
	[03]财务部	850.27	850.27
	[91]后勤部	2,755.25	2,755.25
6602.4150	养老金	17,036.10	17,036.10
	[02]人事行政部	4,536.20	4,536.20
	[03]财务部	4,456.20	4,456.20
	[91]后勤部	8,043.70	8,043.70
6602.4160	补偿金	13,801.95	13,801.95
	[02]人事行政部	3,905.15	3,905.15
	[03]财务部	3,975.15	3,975.15
	[91]后勤部	5,921.65	5,921.65
6602.4170	医疗保险	6,424.40	6,424.40
	[02]人事行政部	1,794.80	1,794.80
	[03]财务部	1,919.80	1,919.80

（b）

图 1-4　各月数据

月份	科目编码	项目	部门	借方发生额	贷方发生额
1月	6602.4110	工资	人事行政部	14775.41	14775.41
1月	6602.4140	个人所得税费用	人事行政部	2458.47	2458.47
1月	6602.4150	养老金	人事行政部	3189.76	3189.76
1月	6602.4160	补偿金	人事行政部	3209.92	3209.92
1月	6602.4170	医疗保险	人事行政部	1372.04	1372.04
1月	6602.4175	其他福利费用	人事行政部	3511	3511
1月	6602.4180	失业金	人事行政部	341.76	341.76
1月	6602.4210	差旅费	人事行政部	1989.5	1989.5
1月	6602.4230	招待费	人事行政部	920	920
1月	6602.4400	办公费用	人事行政部	4736.72	4736.72
1月	6602.4410	运费	人事行政部	89	89
1月	6602.4150	养老金	生产部	1725.01	1725.01
1月	6602.4160	补偿金	采购部	1250	1250
1月	6602.4160	补偿金	生产部	1275	1275
1月	6602.4170	医疗保险	采购部	605	605
1月	6602.4170	医疗保险	生产部	450	450
1月	6602.4175	其他福利费用	总经理办公室	719.5	719.5
1月	6602.4175	其他福利费用	采购部	356.5	356.5
1月	6602.4175	其他福利费用	生产部	5765.2	5765.2
1月	6602.4180	失业金	采购部	150	150
1月	6602.4180	失业金	生产部	75	75
1月	6602.4210	差旅费	总经理办公室	5010.7	5010.7
1月	6602.4210	差旅费	生产部	2093	2093

图 1-5　分析底稿

这种集汇总合并与整理加工于一体的处理方法，使用 Power Query 工具是很简单的。下面是具体的操作方法和步骤。

步骤1 执行“数据”→“新建查询”→“从文件”→“从工作簿”命令，如图 1-6 所示。

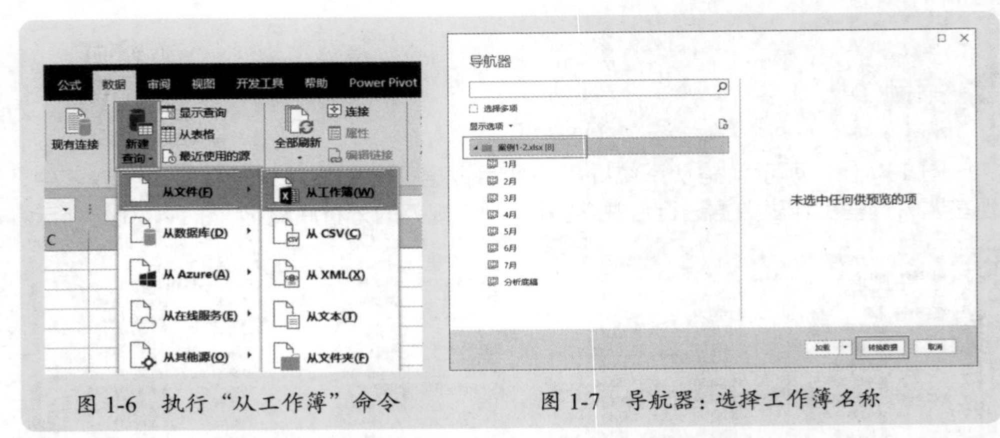

图 1-6 执行“从工作簿”命令

图 1-7 导航器：选择工作簿名称

步骤2 从文件夹选择工作簿，就打开了“导航器”对话框，如图 1-7 所示，这里要选择左侧窗格里顶部的工作簿名称。

步骤3 单击右下角的“转换数据”按钮，就打开 Power Query 编辑器，如图 1-8 所示。

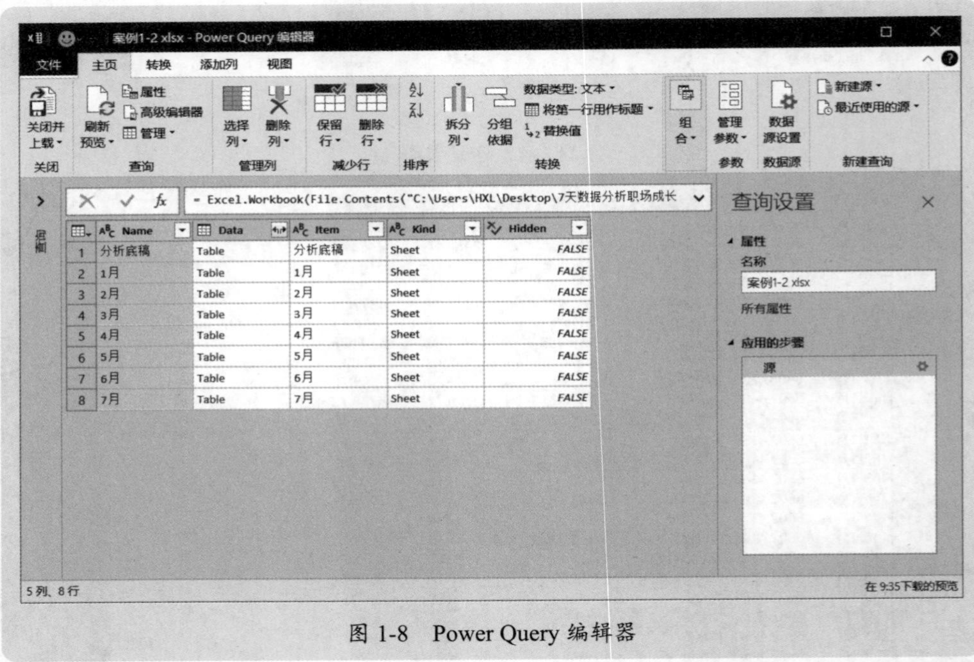

图 1-8 Power Query 编辑器

步骤4 筛选掉“分析底稿”工作表，因为它不是要汇总加工的表格，如图 1-9 所示。

图 1-9 筛选掉“分析底稿”工作表

步骤5 保留前两列，删除右侧三列，然后单击 Data 右侧的展开按钮，选择所有的列，取消勾选“使用原始列名作为前缀”复选框，如图 1-10 所示。

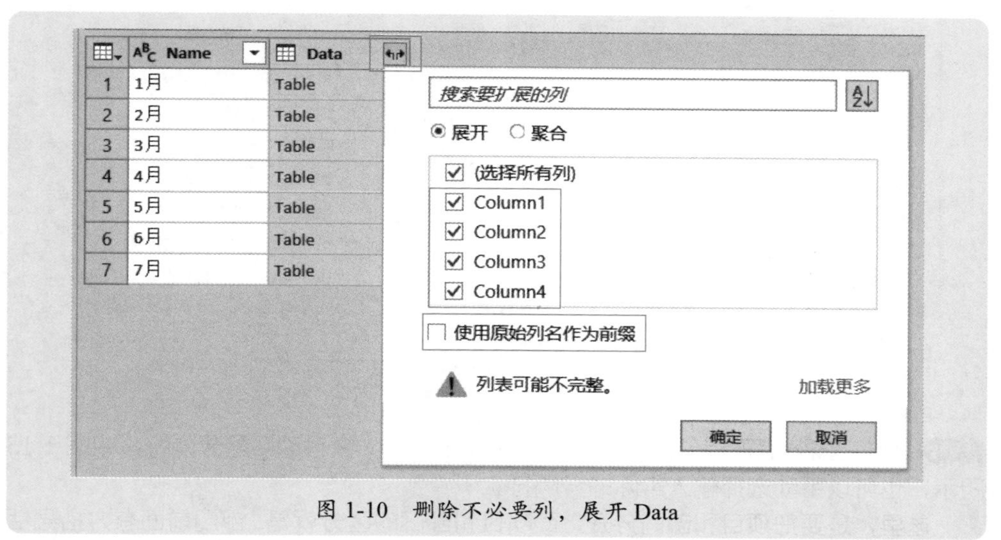

图 1-10 删除不必要列，展开 Data

步骤6 单击“确定”按钮，就得到了各个月份工作表的汇总数据，如图 1-11 所示。

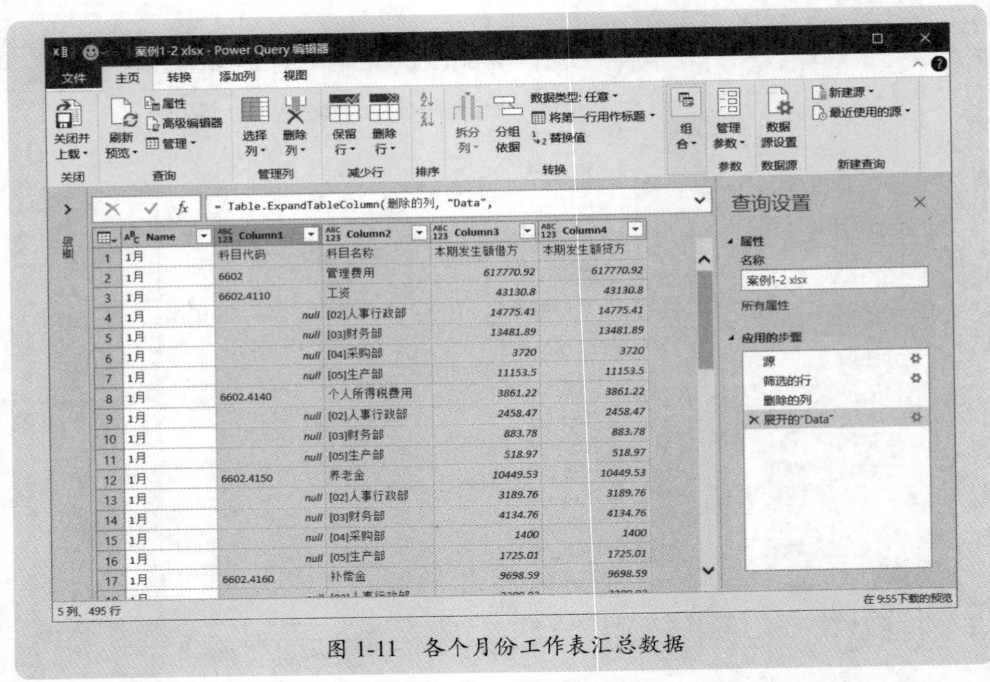

图 1-11　各个月份工作表汇总数据

步骤7 选择第 3 列，执行“拆分列”→“按分隔符”命令，如图 1-12 所示。

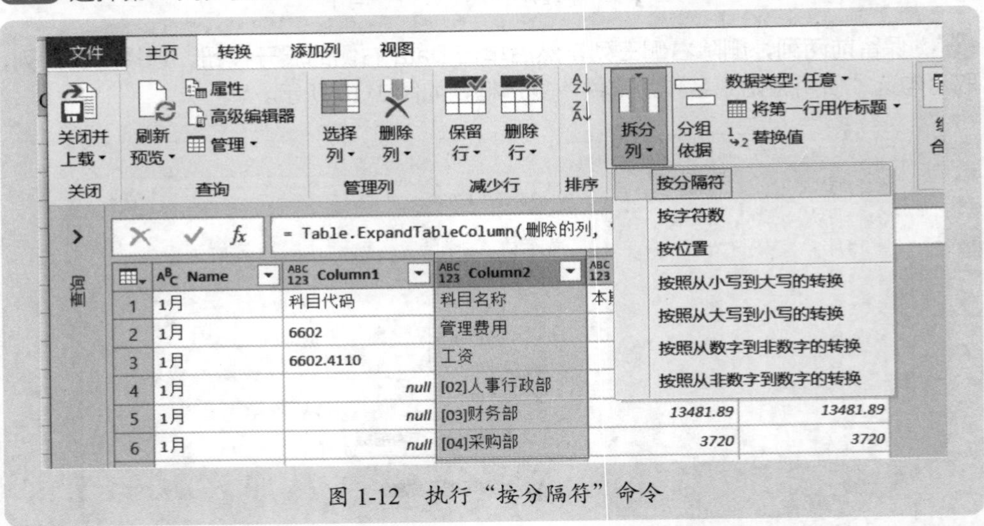

图 1-12　执行“按分隔符”命令

步骤8 打开“按分隔符拆分列”对话框，Power Query 会自动匹配分隔符，如图 1-13 所示，也可以手动选择输入实际的分隔符。

这里，是要把项目和部门分开，而项目和部门的区分就是：部门前面有方括号括起来的部门编码，因此第一次分列，使用左方括号“[”作为分隔符。

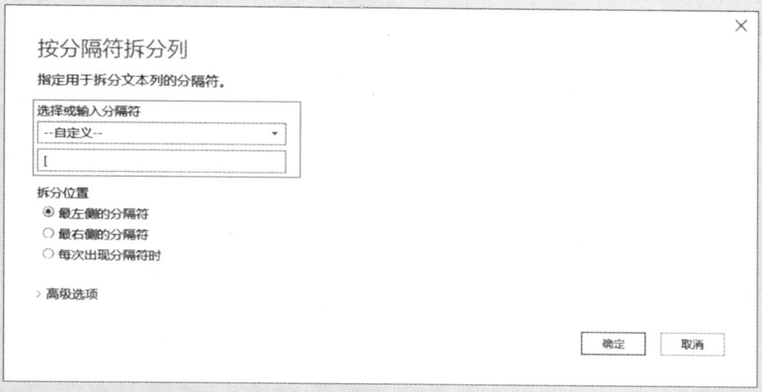

按分隔符拆分列

指定用于拆分文本列的分隔符。

选择或输入分隔符

--自定义--

[

拆分位置

◉ 最左侧的分隔符

○ 最右侧的分隔符

○ 每次出现分隔符时

› 高级选项

确定 取消

图 1-13 选择或输入分隔符

步骤9 单击“确定”按钮，就得到图 1-14 所示的结果。

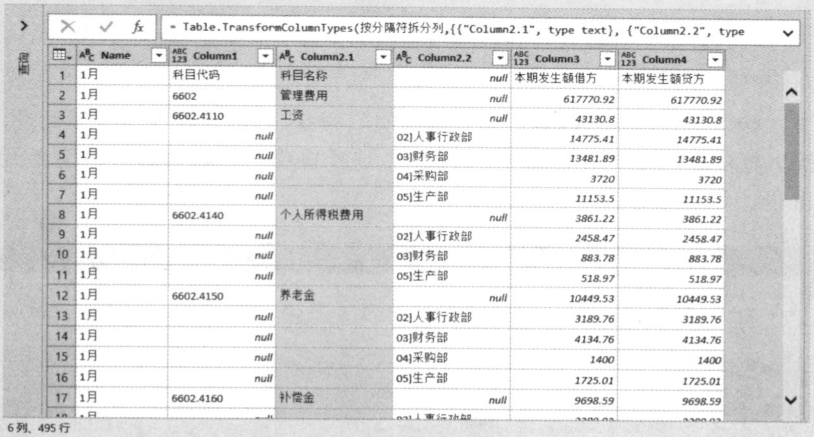

查询

= Table.TransformColumnTypes(按分隔符拆分列,{{"Column2.1", type text}, {"Column2.2", type

	Name	Column1	Column2.1	Column2.2	Column3	Column4
1	1月	科目代码	科目名称	null	本期发生额借方	本期发生额贷方
2	1月	6602	管理费用	null	617770.92	617770.92
3	1月	6602.4110	工资	null	43130.8	43130.8
4	1月	null		02]人事行政部	14775.41	14775.41
5	1月	null		03]财务部	13481.89	13481.89
6	1月	null		04]采购部	3720	3720
7	1月	null		05]生产部	11153.5	11153.5
8	1月	6602.4140	个人所得税费用	null	3861.22	3861.22
9	1月	null		02]人事行政部	2458.47	2458.47
10	1月	null		03]财务部	883.78	883.78
11	1月	null		05]生产部	518.97	518.97
12	1月	6602.4150	养老金	null	10449.53	10449.53
13	1月	null		02]人事行政部	3189.76	3189.76
14	1月	null		03]财务部	4134.76	4134.76
15	1月	null		04]采购部	1400	1400
16	1月	null		05]生产部	1725.01	1725.01
17	1月	6602.4160	补偿金	null	9698.59	9698.59

6 列、495 行

图 1-14 拆分结果

步骤10 选择第 4 列，使用右方括号“]”进行拆分，如图 1-15 所示。

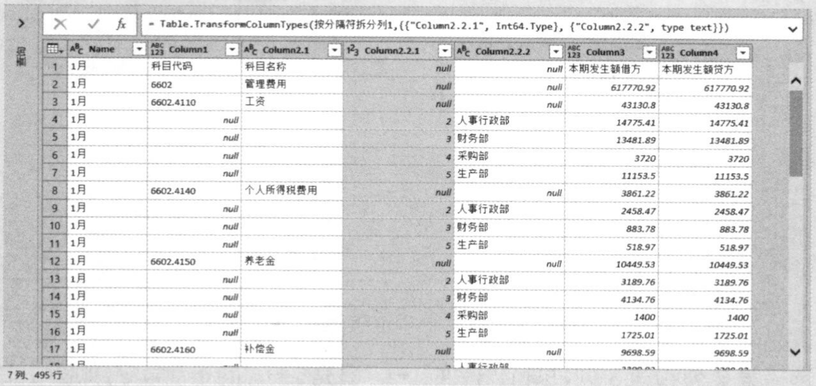

查询

= Table.TransformColumnTypes(按分隔符拆分列1,{{"Column2.2.1", Int64.Type}, {"Column2.2.2", type text}})

	Name	Column1	Column2.1	Column2.2.1	Column2.2.2	Column3	Column4
1	1月	科目代码	科目名称	null	null	本期发生额借方	本期发生额贷方
2	1月	6602	管理费用	null	null	617770.92	617770.92
3	1月	6602.4110	工资	null	null	43130.8	43130.8
4	1月	null		2	人事行政部	14775.41	14775.41
5	1月	null		3	财务部	13481.89	13481.89
6	1月	null		4	采购部	3720	3720
7	1月	null		5	生产部	11153.5	11153.5
8	1月	6602.4140	个人所得税费用	null	null	3861.22	3861.22
9	1月	null		2	人事行政部	2458.47	2458.47
10	1月	null		3	财务部	883.78	883.78
11	1月	null		5	生产部	518.97	518.97
12	1月	6602.4150	养老金	null	null	10449.53	10449.53
13	1月	null		2	人事行政部	3189.76	3189.76
14	1月	null		3	财务部	4134.76	4134.76
15	1月	null		4	采购部	1400	1400
16	1月	null		5	生产部	1725.01	1725.01
17	1月	6602.4160	补偿金	null	null	9698.59	9698.59

7 列、495 行

图 1-15 第二次拆分结果

步骤11 删除部门编码列，如图 1-16 所示。

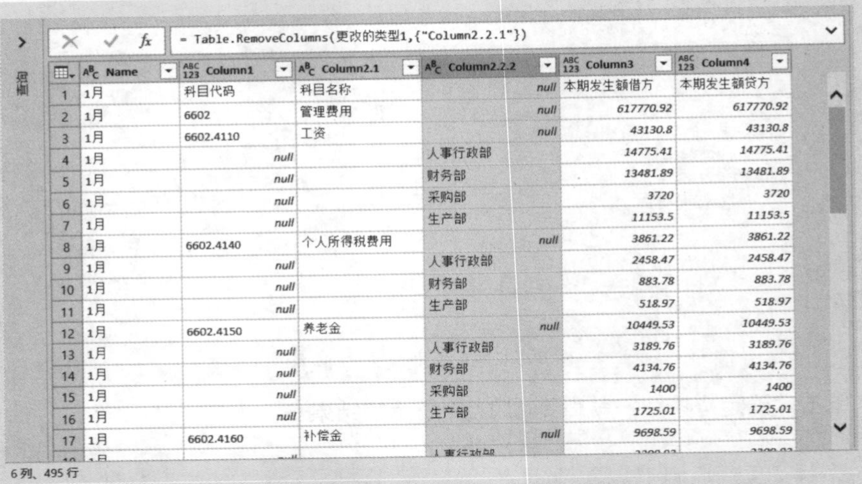

= Table.RemoveColumns(更改的类型1,{"Column2.2.1"})

	Name	Column1	Column2.1	Column2.2.2	Column3	Column4
1	1月	科目代码	科目名称	null	本期发生额借方	本期发生额贷方
2	1月	6602	管理费用	null	617770.92	617770.92
3	1月	6602.4110	工资	null	43130.8	43130.8
4	1月	null		人事行政部	14775.41	14775.41
5	1月	null		财务部	13481.89	13481.89
6	1月	null		采购部	3720	3720
7	1月	null		生产部	11153.5	11153.5
8	1月	6602.4140	个人所得税费用	null	3861.22	3861.22
9	1月	null		人事行政部	2458.47	2458.47
10	1月	null		财务部	883.78	883.78
11	1月	null		生产部	518.97	518.97
12	1月	6602.4150	养老金	null	10449.53	10449.53
13	1月	null		人事行政部	3189.76	3189.76
14	1月	null		财务部	4134.76	4134.76
15	1月	null		采购部	1400	1400
16	1月	null		生产部	1725.01	1725.01
17	1月	6602.4160	补偿金	null	9698.59	9698.59

6 列、495 行

图 1-16 删除部门编码列

步骤12 选择第 3 列，执行“转换”→“替换值”命令，打开“替换值”对话框，在“替换为”输入框中输入 null，如图 1-17 所示。这步操作，是将第 3 列的空单元格都替换为 null 值，以便后面进行填充。

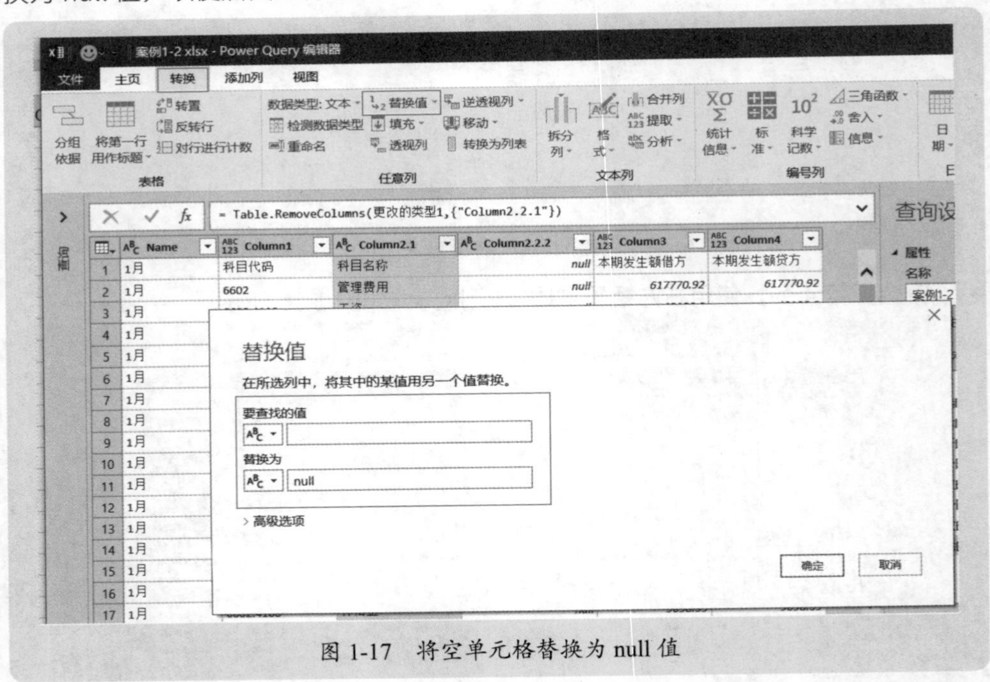

图 1-17 将空单元格替换为 null 值

步骤13 选择第 2 列和第 3 列，执行“转换”→“填充”→“向下”命令，如图 1-18 所示。

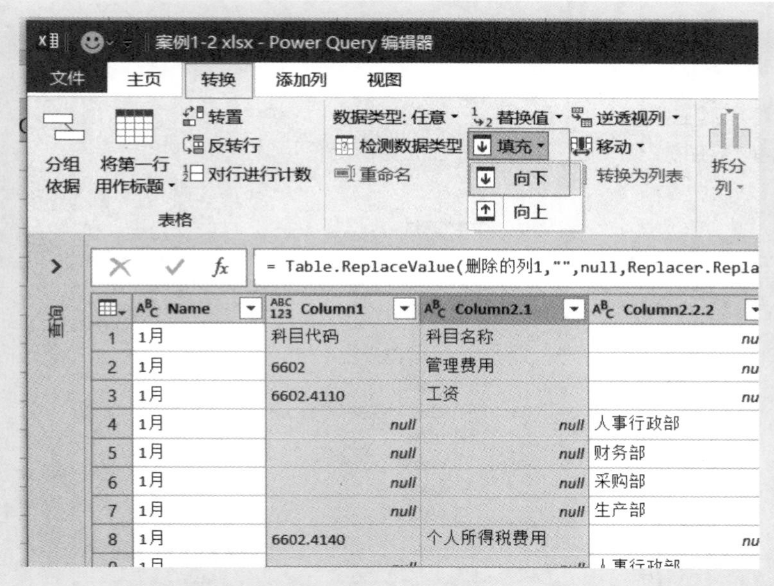

图 1-18 准备向下填充

这样，就得到了完整数据的表，如图 1-19 所示。

= Table.FillDown(替换的值,{"Column1", "Column2.1"})

	Name	Column1	Column2.1	Column2.2.2	Column3	Column4
1	1月	科目代码	科目名称	null	本期发生额借方	本期发生额贷方
2	1月	6602	管理费用	null	617770.92	617770.92
3	1月	6602.4110	工资	null	43130.8	43130.8
4	1月	6602.4110	工资	人事行政部	14775.41	14775.41
5	1月	6602.4110	工资	财务部	13481.89	13481.89
6	1月	6602.4110	工资	采购部	3720	3720
7	1月	6602.4110	工资	生产部	11153.5	11153.5
8	1月	6602.4140	个人所得税费用	null	3861.22	3861.22
9	1月	6602.4140	个人所得税费用	人事行政部	2458.47	2458.47
10	1月	6602.4140	个人所得税费用	财务部	883.78	883.78
11	1月	6602.4140	个人所得税费用	生产部	518.97	518.97
12	1月	6602.4150	养老金	null	10449.53	10449.53
13	1月	6602.4150	养老金	人事行政部	3189.76	3189.76
14	1月	6602.4150	养老金	财务部	4134.76	4134.76
15	1月	6602.4150	养老金	采购部	1400	1400
16	1月	6602.4150	养老金	生产部	1725.01	1725.01
17	1月	6602.4160	补偿金	null	9698.59	9698.59

6 列、495 行

图 1-19 填充数据后的表

步骤14 第 4 列 null 值的行是不需要的，因为它们是合计数，不是最原始数据。因此，在第 4 列中，筛选掉 null 值，如图 1-20 所示，此时，也将每个表的标题行一并筛选掉了。

图 1-20　筛选掉 null 值

这样，就得到了图 1-21 所示的表。

```
= Table.SelectRows(向下填充, each ([Column2.2.2] <> null))
```

	Name	Column1	Column2.1	Column2.2.2	Column3	Column4
1	1月	6602.4110	工资	人事行政部	14775.41	14775.41
2	1月	6602.4110	工资	财务部	13481.89	13481.89
3	1月	6602.4110	工资	采购部	3720	3720
4	1月	6602.4110	工资	生产部	11153.5	11153.5
5	1月	6602.4140	个人所得税费用	人事行政部	2458.47	2458.47
6	1月	6602.4140	个人所得税费用	财务部	883.78	883.78
7	1月	6602.4140	个人所得税费用	生产部	518.97	518.97
8	1月	6602.4150	养老金	人事行政部	3189.76	3189.76
9	1月	6602.4150	养老金	财务部	4134.76	4134.76
10	1月	6602.4150	养老金	采购部	1400	1400
11	1月	6602.4150	养老金	生产部	1725.01	1725.01
12	1月	6602.4160	补偿金	人事行政部	3209.92	3209.92
13	1月	6602.4160	补偿金	财务部	3963.67	3963.67
14	1月	6602.4160	补偿金	采购部	1250	1250
15	1月	6602.4160	补偿金	生产部	1275	1275
16	1月	6602.4170	医疗保险	人事行政部	1372.04	1372.04
17	1月	6602.4170	医疗保险	财务部	1782.04	1782.04
18	1月	6602.4170	医疗保险	采购部	605	605
19	1月	6602.4170	医疗保险	生产部	450	450

6 列、321 行

图 1-21　筛选掉所有的合计行

步骤15 修改各列标题，如图 1-22 所示。

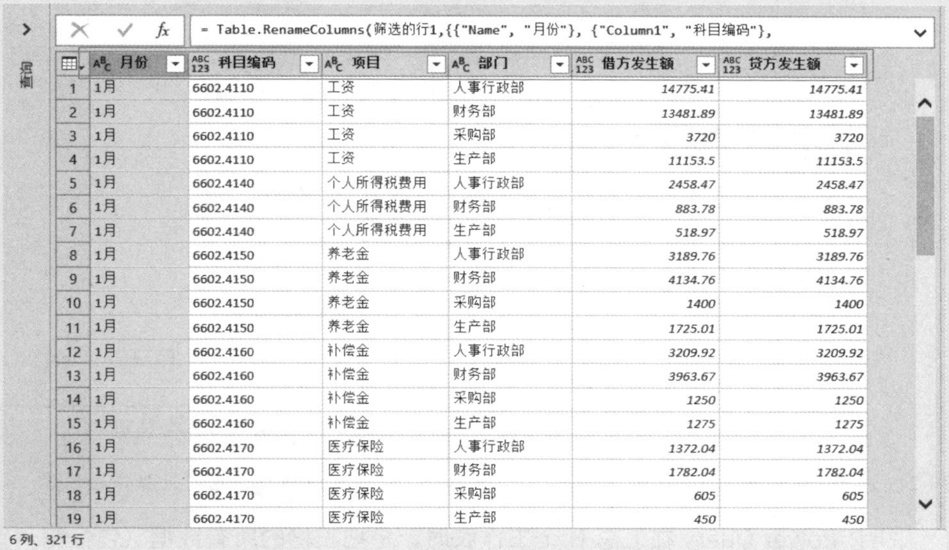

= Table.RenameColumns(筛选的行1,{{"Name", "月份"}, {"Column1", "科目编码"},

	月份	科目编码	项目	部门	借方发生额	贷方发生额
1	1月	6602.4110	工资	人事行政部	14775.41	14775.41
2	1月	6602.4110	工资	财务部	13481.89	13481.89
3	1月	6602.4110	工资	采购部	3720	3720
4	1月	6602.4110	工资	生产部	11153.5	11153.5
5	1月	6602.4140	个人所得税费用	人事行政部	2458.47	2458.47
6	1月	6602.4140	个人所得税费用	财务部	883.78	883.78
7	1月	6602.4140	个人所得税费用	生产部	518.97	518.97
8	1月	6602.4150	养老金	人事行政部	3189.76	3189.76
9	1月	6602.4150	养老金	财务部	4134.76	4134.76
10	1月	6602.4150	养老金	采购部	1400	1400
11	1月	6602.4150	养老金	生产部	1725.01	1725.01
12	1月	6602.4160	补偿金	人事行政部	3209.92	3209.92
13	1月	6602.4160	补偿金	财务部	3963.67	3963.67
14	1月	6602.4160	补偿金	采购部	1250	1250
15	1月	6602.4160	补偿金	生产部	1275	1275
16	1月	6602.4170	医疗保险	人事行政部	1372.04	1372.04
17	1月	6602.4170	医疗保险	财务部	1782.04	1782.04
18	1月	6602.4170	医疗保险	采购部	605	605
19	1月	6602.4170	医疗保险	生产部	450	450

6列、321行

图 1-22　修改标题

步骤16 选择最后两列金额，将数据类型设置为“小数”，如图 1-23 所示。

图 1-23　将最后两列金额的数据类型设置为“小数”

步骤17 执行“文件”→“关闭并上载至”命令，如图 1-24 所示，打开“加载到”对话框，选择“表”和“现有工作表”选项，设置保存位置，如图 1-25 所示，单击“加载”按钮，就将数据保存到了指定工作表，参见图 1-5。

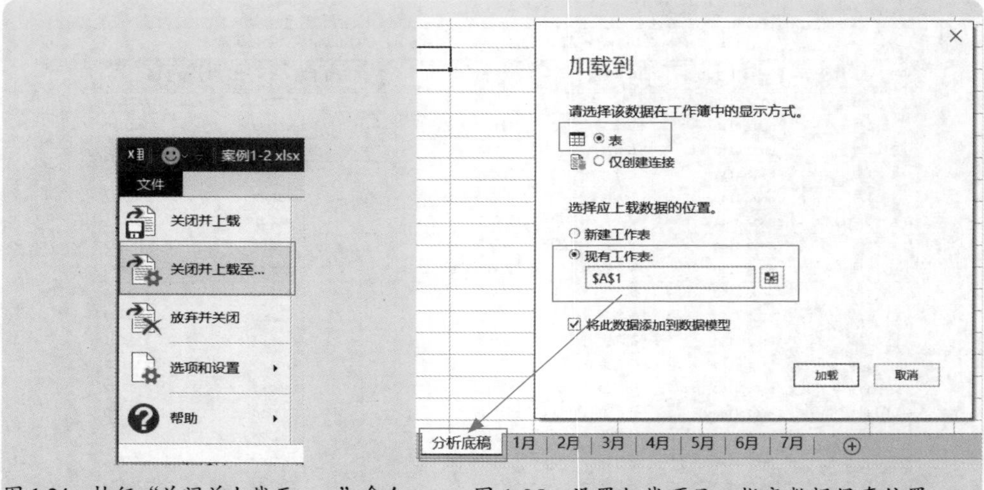

图 1-24 执行“关闭并上载至……”命令

图 1-25 设置加载项目，指定数据保存位置

说明：Power Query 在汇总 N 个工作表时，是把表格的所有数据（包括第一行的标题）全部堆积在一起的，就相当于复制粘贴在一起。因此，如果有 10 个工作表，那么汇总表中就会有 10 个标题行，这些标题行不是都需要的。

大部分情况下，可以利用第一个表的标题作为汇总表的标题，然后再筛选掉其他多余的标题。这个操作，会在以后的相关案例中进行介绍。

本案例的数据特征，是在第 4 列筛选掉 null 值后，就是清除汇总表中所有表格的标题了，因此比较简单，但是需要手动重新修改各列标题。

1.2.3 一列数据拆分成几列，利用分列工具

如果不涉及一个表格的汇总与整理加工，仅仅是一张表格的某列数据拆分问题，那么在大多数情况下，使用 Excel 分列工具是最简单的，下面举例说明。

案例 1-3

图 1-26 所示是另外一种结构的表格，也是从系统中导出的，显然，这个表格存在着几个问题：(1) 表格顶部有大标题；(2) 表格标题是有合并单元格的两行；(3) 科目名称则是几种数据混合保存的。

这个表格的整理加工，首先要删除表格顶部和底部的无效数据，并将合并单元格的两行标题处理为一行的规范标题，其次是将科目名称列的各类数据拆分保存，不需要的列删除，整理为一个标准规范的表单，如图 1-27 所示。

这个表格的分列很简单，直接使用 Excel 的分列工具，使用分隔符拆分即可，详细操作步骤请观看录制的视频。

科目余额表

期间：2022.01-2022.01

币　种本币

科目编码	科目名称	方向	期初余额	本期借方	本期贷方	借方累计	贷方累计	方向	期末余额
			本币	本币	本币	本币	本币		本币
660201	660201\管理费用\折旧费	平		1,703.00	1,703.00			平	
660202	660202\管理费用\无形资产摊销费	平		619.00	619.00			平	
6602070101	6602070101\管理费用\职工薪酬\工资\固定职工	平		1,681.00	1,681.00			平	
6602070301	6602070301\管理费用\职工薪酬\社会保险费\基本养老保险	平		858.00	858.00			平	
6602070303	6602070303\管理费用\职工薪酬\社会保险费\基本医疗保险	平		1,958.00	1,958.00			平	
6602070306	6602070306\管理费用\职工薪酬\社会保险费\工伤保险	平		656.00	656.00			平	
6602070307	6602070307\管理费用\职工薪酬\社会保险费\失业保险	平		2,003.00	2,003.00			平	
6602070308	6602070308\管理费用\职工薪酬\社会保险费\生育保险	平		1,361.00	1,361.00			平	
66020707	66020707\管理费用\职工薪酬\职工福利	平		1,875.00	1,875.00			平	
66020718	66020718\管理费用\职工薪酬\职工教育经费	平		1,020.00	1,020.00			平	
660209	660209\管理费用\差旅费	平		606.00	606.00			平	
660212	660212\管理费用\业务招待费	平		299.00	299.00			平	
66021301	66021301\管理费用\办公费\邮费	平		1,177.00	1,177.00			平	
66021303	66021303\管理费用\办公费\办公用品费	平		1,090.00	1,090.00			平	
66021304	66021304\管理费用\办公费\固定电话费	平		2,083.00	2,083.00			平	
66021305	66021305\管理费用\办公费\移动电话费	平		772.00	772.00			平	
66021399	66021399\管理费用\办公费\其他	平		905.00	905.00			平	
660214	660214\管理费用\车辆使用费	平		391.00	391.00			平	
660216	660216\管理费用\修理费	平		1,233.00	1,233.00			平	

图 1-26　系统导出的不规范表格

科目编码	大类	小类1	小类2	本期借方	本期贷方
660201	折旧费			1,703.00	1,703.00
660202	无形资产摊销费			619.00	619.00
6602070101	职工薪酬	工资	固定职工	1,681.00	1,681.00
6602070301	职工薪酬	社会保险费	基本养老保险	858.00	858.00
6602070303	职工薪酬	社会保险费	基本医疗保险	1,958.00	1,958.00
6602070306	职工薪酬	社会保险费	工伤保险	656.00	656.00
6602070307	职工薪酬	社会保险费	失业保险	2,003.00	2,003.00
6602070308	职工薪酬	社会保险费	生育保险	1,361.00	1,361.00
66020707	职工薪酬	职工福利		1,875.00	1,875.00
66020718	职工薪酬	职工教育经费		1,020.00	1,020.00
660209	差旅费			606.00	606.00
660212	业务招待费			299.00	299.00
66021301	办公费	邮费		1,177.00	1,177.00
66021303	办公费	办公用品费		1,090.00	1,090.00
66021304	办公费	固定电话费		2,083.00	2,083.00
66021305	办公费	移动电话费		772.00	772.00
66021399	办公费	其他		905.00	905.00
660214	车辆使用费			391.00	391.00
660216	修理费			1,233.00	1,233.00
660217	租赁费			344.00	344.00
66022401	税金	土地使用税		434.00	434.00
66022402	税金	车船税		400.00	400.00
66022403	税金	印花税		331.00	331.00
66022404	税金	房产税		1,376.00	1,376.00

图 1-27　整理好的表格

1.2.4　二维表格转换为一维表单：一个列维度

二维表格多见于手动设计的表格，这是一个不好的习惯。从本质上来说，二维表格是一种报告结构的汇总表格，并不是基础数据表单。因此，如果是二维结构的表格，对于数据分析建模，就不合适了。

案例 1-4

二维表格是指把某个字段下的各个项目，分别展示在各列中，如图 1-28 所示，就是将各月金额数据分列保存的。

部门	1月	2月	3月	4月	5月	6月	7月	8月	9月	10月	11月	12月	合计
办公室	1223	422	149	135	889	918	874	687	1166	954	997	982	9396
人力资源部	1198	811	502	150	140	146	1178	177	704	813	744	1235	7798
技术部	1298	866	581	1059	489	1284	407	967	1248	1247	557	902	10905
生产部	1173	352	242	855	623	897	956	171	370	869	1208	933	8649
市场营销部	1150	637	717	1117	153	1169	193	702	850	1045	283	313	8329
设备部	971	930	297	1087	203	517	437	217	666	433	786	832	7376
品管部	552	703	311	631	274	379	1233	459	602	641	1093	1236	8114
客服部	1052	583	245	1290	722	1278	961	136	640	894	376	1118	9295
综合部	601	506	265	377	1001	658	306	187	506	505	154	967	6033
财务部	1044	161	216	635	907	223	304	663	874	1280	551	976	7834
采购部	831	868	750	1004	189	999	335	1006	1087	528	881	147	8625
合计	11093	6839	4275	8340	5590	8468	7184	5372	8713	9209	7630	9641	92354

图 1-28　典型的二维表

实际上，各月数据都属于同一个字段“月份”，也就是说，这个表格是有 3 个字段：部门、月份和金额，因此，需要把这个二维表，转换为图 1-29 所示的一维表单。

部门	月份	金额
办公室	1月	1223
办公室	2月	422
办公室	3月	149
办公室	4月	135
办公室	5月	889
办公室	6月	918
办公室	7月	874
办公室	8月	687
办公室	9月	1166
办公室	10月	954
办公室	11月	997
办公室	12月	982
人力资源部	1月	1198
人力资源部	2月	811
人力资源部	3月	502
人力资源部	4月	150
人力资源部	5月	140
人力资源部	6月	146
人力资源部	7月	1178
人力资源部	8月	177
人力资源部	9月	704
人力资源部	10月	813
人力资源部	11月	744
人力资源部	12月	1235
技术部	1月	1298
技术部	2月	866

图 1-29　一维表单

这种二维表转换为一维表单的方法有很多，其中最简单的方法是使用 Power Query 工具。下面是本案例的转换方法和步骤。

步骤1 执行“从表格”命令，打开 Power Query 编辑器，如图 1-30 所示。

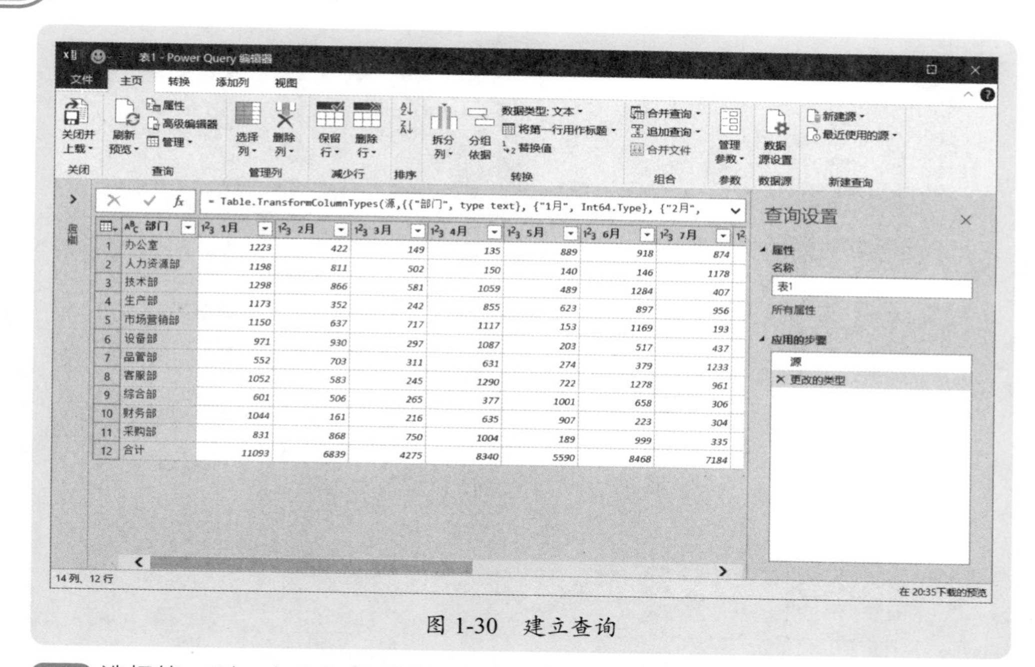

图 1-30　建立查询

步骤2 选择第一列，右击执行“逆透视其他列”命令，如图 1-31 所示，就得到了图 1-32 所示的表。

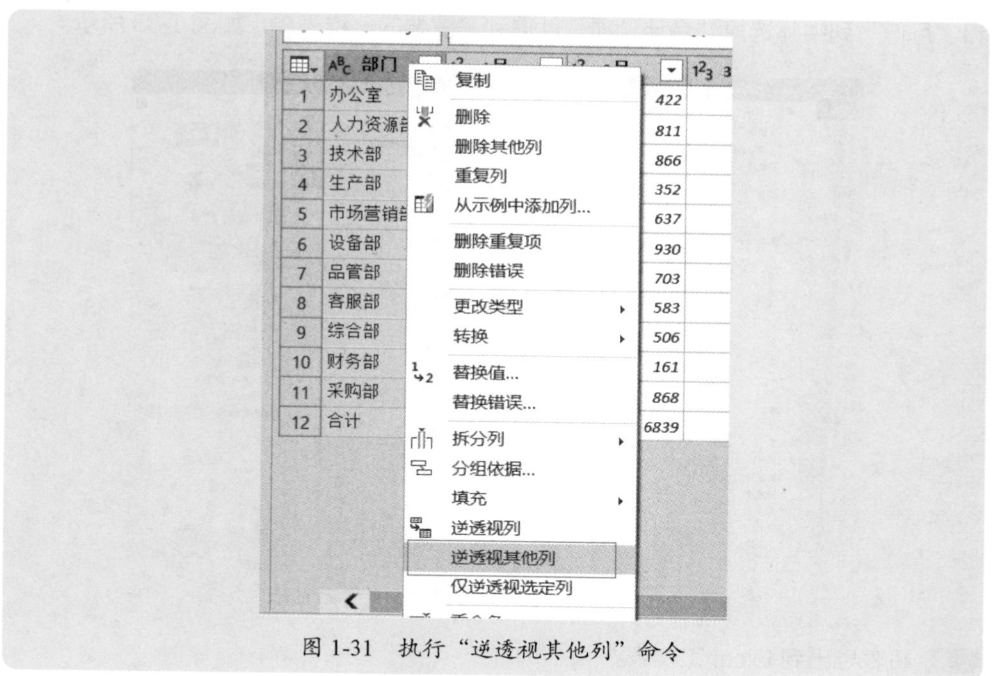

图 1-31　执行“逆透视其他列”命令

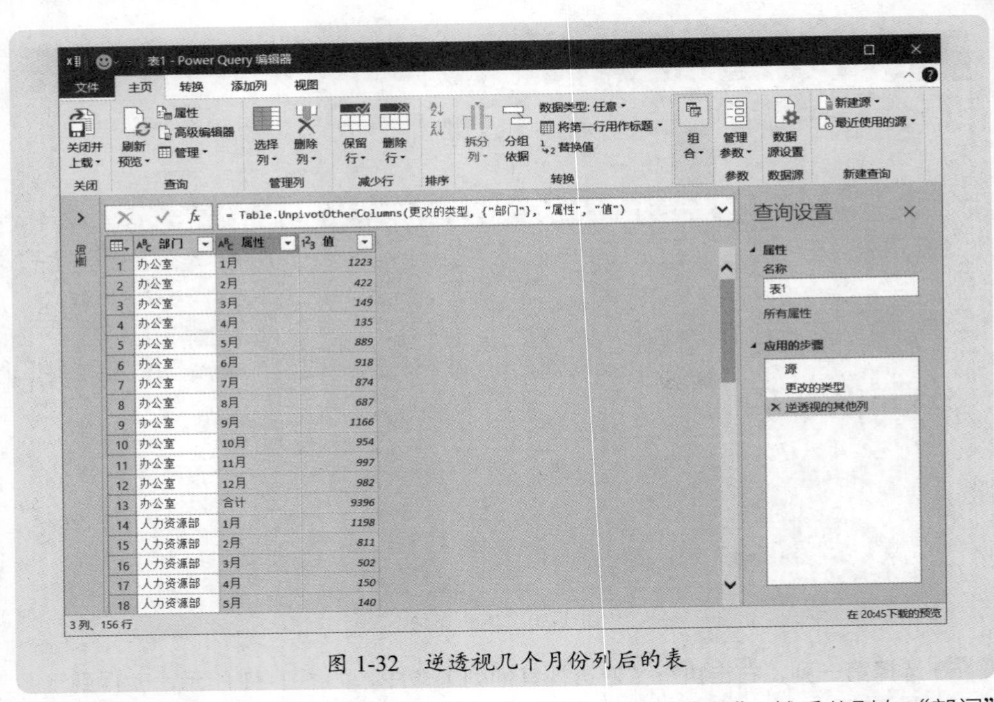

图 1-32 逆透视几个月份列后的表

步骤3 将标题“属性”改为“月份”，将标题“值”改为“金额”，然后分别在“部门”和“月份”列中筛选掉“合计”项，就得到了需要的一维表单，如图 1-33 所示。

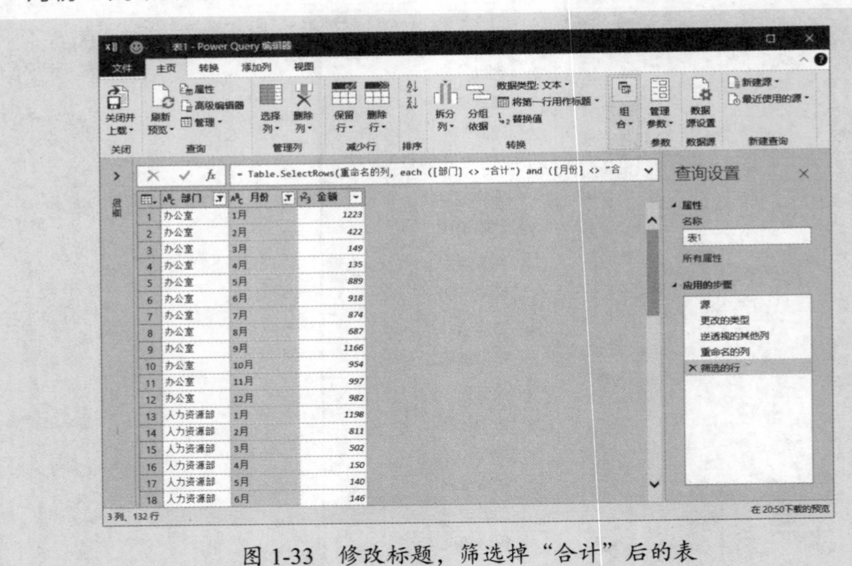

图 1-33 修改标题，筛选掉“合计”后的表

步骤4 将表导出到 Excel 工作表。

小知识：透视和逆透视

透视，是把一列变为几列，也就是把某个字段下的各个项目，按列保存，变为多个字段。

逆透视，是把几列变为一列，也就是把保存为几列的项目，合并为一列，变为一个字段。

1.2.5 二维表格转换为一维表单：多个列维度

案例 1-5

我们也会遇到有多个列维度的二维表，图 1-34 所示就是一个例子，需要将这样的表格转换为四列的表单：部门、费用、月份、金额，结果如图 1-35 所示。

	A	B	C	D	E	F	G	H	I	J	K	L	M	N	O
1	部门	费用	1月	2月	3月	4月	5月	6月	7月	8月	9月	10月	11月	12月	合计
2	办公室		4792	5982	9913	5615	12292	10122	13834	7476	10305	9884	9041	4303	103559
3		工资	2396	2121	5470	2856	5755	4438	5982	2209	6098	4914	4500	2117	48856
4		差旅费	1080	1164	1000	1714	3974	2904	3983	1677	1587	1413	2474	825	23795
5		招待费	1316	2697	3443	1045	2563	2780	3869	3590	2620	3557	2067	1361	30908
6	人力资源部		8953	10526	8116	8316	11946	15393	9818	10183	10521	13618	11892	11401	130683
7		工资	4221	3034	4193	2328	3171	6453	2074	3242	6329	5430	3447	6434	50356
8		差旅费	1203	2059	1430	1635	3999	3474	2859	2649	1231	2710	3643	2136	29028
9		招待费	899	3296	1194	1548	1937	1920	1087	2246	2066	1536	1509	1067	20305
10		培训费	2630	2137	1299	2805	2839	3546	3798	2046	895	3942	3293	1764	30994
11	技术部		16064	9187	12771	11156	14908	12542	14200	13511	13400	11712	12156	10963	152570
12		工资	6948	2159	2856	3390	5933	6233	4874	3278	5654	2906	3871	3580	51682
13		差旅费	1487	2243	3851	3919	2927	2294	3545	3246	1896	3401	2171	1683	32663
14		招待费	3665	3860	3652	2746	2807	1078	3780	3109	2961	2971	2262	3292	36183
15		培训费	3964	925	2412	1101	3241	2937	2001	3878	2889	2434	3852	2408	32042
16	生产部		25422	26468	41465	44103	27600	31223	37916	35489	26538	41258	40467	39701	417650
17		工资	16859	14638	30877	35243	17787	18941	31140	24135	16944	30640	30010	29553	296767
18		差旅费	2687	2815	3805	3907	2370	3836	860	1306	989	1566	3936	2641	30718
19		招待费	971	3629	3266	1989	1779	1844	2802	3731	2709	1316	2796	1356	28188
20		培训费	3282	3151	886	1392	3811	3873	1996	3982	2430	3790	1522	3793	33908
21		维修费	1623	2235	2631	1572	1853	2729	1118	2335	3466	3946	2203	2358	28069
22	市场营销部		19182	21423	29924	24486	28784	34204	35066	25454	28072	24563	25712	29503	326373
23		工资	13787	14323	22378	18596	19749	25828	24448	19176	19616	16604	18389	20518	233412
24		差旅费	958	1286	3046	2708	3459	1526	3619	1081	2476	2286	2806	2493	27744
25		招待费	3412	2340	3330	851	1663	3469	3515	3484	2948	3677	3257	2783	34729
26		通信费	1025	3474	1170	2331	3913	3381	3484	1713	3032	1996	1260	3709	30488
27	设备部		8639	12191	10221	12292	6296	9228	6782	9737	10298	8666	7205	7189	108744

Sheet1

图 1-34　多个列维度的二维表

	A	B	C	D
1	部门	费用	月份	金额
2	办公室	工资	1月	2396
3	办公室	工资	2月	2121
4	办公室	工资	3月	5470
5	办公室	工资	4月	2856
6	办公室	工资	5月	5755
7	办公室	工资	6月	4438
8	办公室	工资	7月	5982
9	办公室	工资	8月	2209
10	办公室	工资	9月	6098
11	办公室	工资	10月	4914
12	办公室	工资	11月	4500
13	办公室	工资	12月	2117
14	办公室	差旅费	1月	1080
15	办公室	差旅费	2月	1164
16	办公室	差旅费	3月	1000
17	办公室	差旅费	4月	1714
18	办公室	差旅费	5月	3974
19	办公室	差旅费	6月	2904
20	办公室	差旅费	7月	3983
21	办公室	差旅费	8月	1677
22	办公室	差旅费	9月	1587
23	办公室	差旅费	10月	1413
24	办公室	差旅费	11月	2474
25	办公室	差旅费	12月	825
26	办公室	招待费	1月	1316
27	办公室	招待费	2月	2697

Sheet1　Sheet2

图 1-35　需要整理成的一维表单

这样的表格转换，也是使用 Power Query 工具最方便，下面是主要步骤。

步骤1 执行“从表格”命令，打开 Power Query 编辑器，如图 1-36 所示。

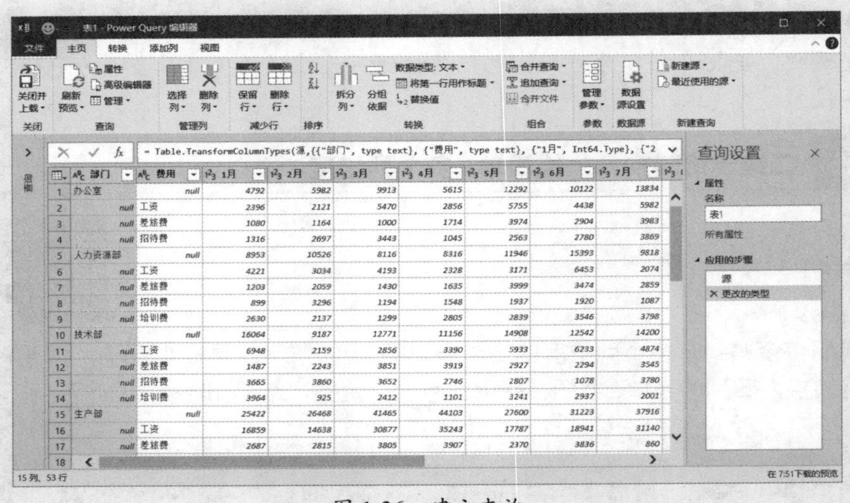

图 1-36　建立查询

步骤2 选择第一列，执行“填充”→“向下”命令，如图 1-37 所示，将第一列的空值（null）单元格填充为部门名称，如图 1-38 所示。

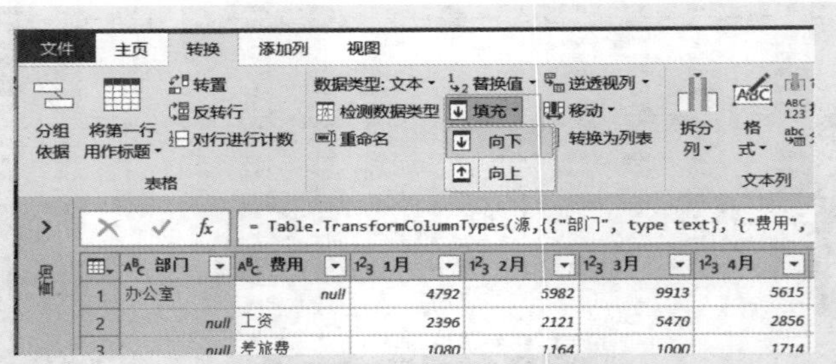

图 1-37　执行“逆透视其他列”命令

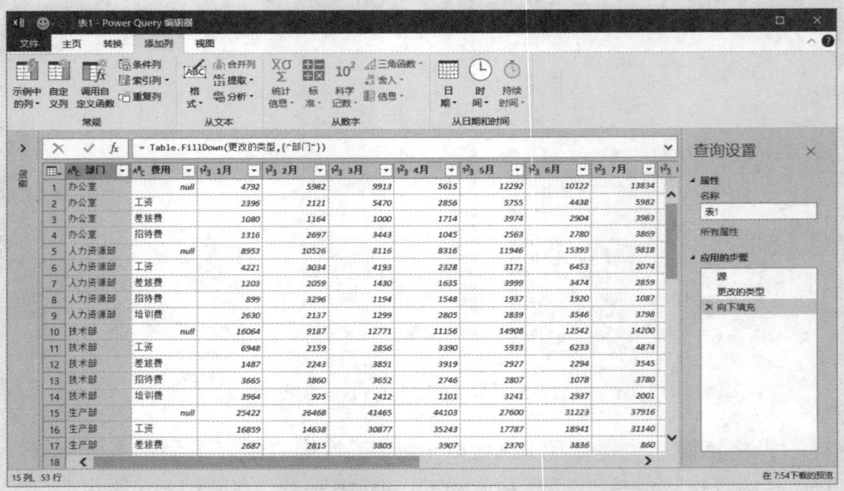

图 1-38　填充部门名称

步骤3 选择前面两列“部门”和“费用”选项，右击执行“逆透视其他列”命令，将各月数据进行转置，如图 1-39 所示。

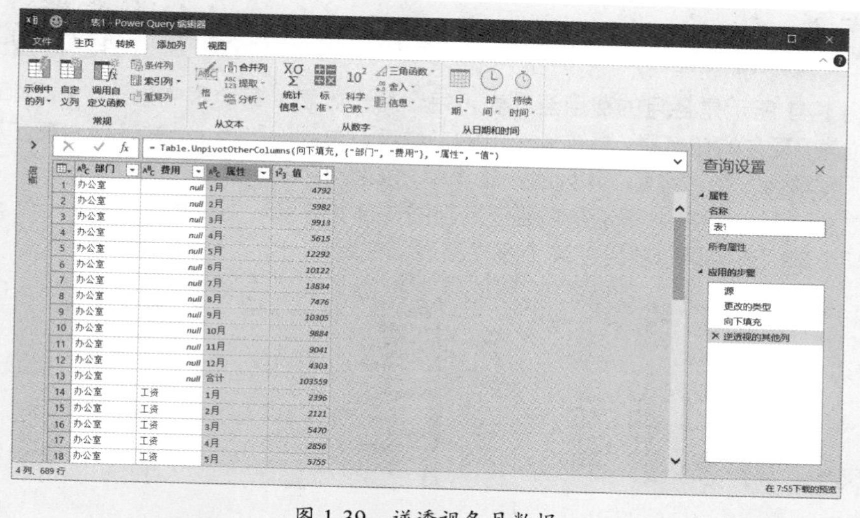

图 1-39 逆透视各月数据

步骤4 将标题“属性”改为“月份”，将标题“值”改为“金额”，然后在“部门”列和“月份”列中筛选掉“合计”项，在“费用”列中筛选掉“null”项，就得到了需要的一维表单，如图 1-40 所示。

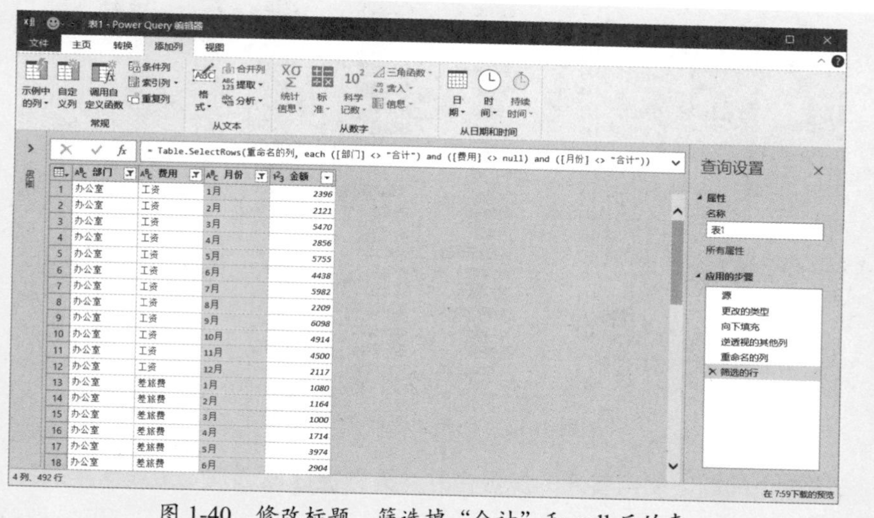

图 1-40 修改标题，筛选掉“合计”和 null 后的表

步骤5 将表导出到 Excel 工作表。

1.2.6 多个二维表格合并转换为一维表单

也许采集到的是多个二维表格，并且它们的行数和列数还可能不一样，那么，如何将这些二维表格数据合并，然后转换为一个一维表单？

案例 1-6

图 1-41 所示是各月的费用汇总表，每个月一张表，每个表中是一个项目和部门的二维表，现在的任务是，将这 4 个月的二维表汇总到一张表上，并转换为有“月份”“部门”“项目”和“金额”4 列的一维表单，如图 1-42 所示。

注意这 4 个表格中，不论是项目还是部门，它们的行数、列数和位置都不一定一致，甚至某个部门或者某个项目在某个表格出现，在另外一个表格中没出现。

	A	B	C	D	E	F	G
1	项目	人事行政部	财务部	采购部	生产部	综合部	合计
2	办公费用	4,736.72	277.25	277.25	358.85	6,500.00	12,150.07
3	补偿金	3,209.92	3,963.67	1,250.00	1,275.00	-	9,698.59
4	差旅费	1,989.50	1,300.00		2,093.00	-	5,382.50
5	电话费	1,604.48	736.00	739.15	736.00	-	3,815.63
6	个税	2,458.47	883.78		518.97	-	3,861.22
7	工资	14,775.41	13,481.89	3,720.00	11,153.50	-	43,130.80
8	工资服务费	250.00	500.00	250.00	750.00	-	1,750.00
9	其他福利费用	3,511.00	3,116.00	356.50	5,765.20	-	12,748.70
10	失业金	341.76	443.01	150.00	75.00	-	1,009.77
11	养老金	3,189.76	4,134.76	1,400.00	1,725.01	-	10,449.53
12	医疗保险	1,372.04	1,782.04	605.00	450.00	-	4,209.08
13	合计	37,439.06	30,618.40	8,747.90	24,900.53	6,500.00	108,205.89
14							
15							
16							
17							
18							

1月 | 2月 | 3月 | 4月

	A	B	C	D	E	F	G
1	项目	人事行政部	财务部	生产部	采购部	后勤部	合计
2	办公费用	2,928.26	641.06	-	-	3,212.30	6,781.62
3	补偿金	11,066.84	3,959.92	-	-	-	15,026.76
4	差旅费	2,196.00	372.00	1,940.59	-	6,200.47	10,709.06
5	厂房相关费用	683.00	683.00	-	-	-	1,366.00
6	电话费	912.97	665.42	-	-	572.10	2,150.49
7	个税	5,171.54	883.78	-	-	-	6,055.32
8	工资	73,182.74	13,490.10	-	-	-328.57	86,344.27
9	工资服务费	3,200.00	500.00	2,800.00	250.00	-	6,750.00
10	加班费	5,539.37	-	-	-	-	5,539.37
11	其他福利费用	9,922.70	9,999.70	-	-	419.90	20,342.30
12	失业金	1,077.72	431.76	-	-	-	1,509.48
13	养老金	14,068.52	4,029.76	-	-	-	18,098.28
14	医疗保险	5,142.88	1,737.04	-	-	-	6,879.92
15	运费	30.00	40.00	20.00	-	45.00	135.00
16	合计	135,122.54	37,433.54	4,760.59	250.00	10,121.20	187,687.87
17							
18							

1月 | 2月 | 3月 | 4月

图 1-41　4 个二维表格

	A	B	C	D
1	月份	部门	项目	金额
2	1月	财务部	办公费用	277.25
3	1月	采购部	办公费用	277.25
4	1月	人事行政部	办公费用	4736.72
5	1月	生产部	办公费用	358.85
6	1月	综合部	办公费用	6500
7	1月	财务部	补偿金	3963.67
8	1月	采购部	补偿金	1250
9	1月	人事行政部	补偿金	3209.92
10	1月	生产部	补偿金	1275
160	4月	综合部	其他福利费用	1120
161	4月	财务部	失业金	477.45
162	4月	后勤部	失业金	679.55
163	4月	人事行政部	失业金	427.45
164	4月	财务部	养老金	4456.2
165	4月	后勤部	养老金	9435.7
166	4月	人事行政部	养老金	4536.2
167	4月	财务部	医疗保险	1919.8
168	4月	后勤部	医疗保险	3268.2
169	4月	人事行政部	医疗保险	1794.8

一维表 | 1月 | 2月 | 3月 | 4月

图 1-42　合并整理的一维表单

解决这个问题，使用普通的多重合并计算数据区域透视表是最简单的。下面是主要步骤。

步骤1 按 Alt+D+P 组合键，打开“数据透视表和数据透视图向导”对话框，在步骤 1 中选择“多重合并计算数据区域”选项，然后进入步骤 2a，选择“创建单页字段”选项，再进入步骤 2b，添加数据区域，如图 1-43 所示。

选择数据区域，不需要选择合计行和合计列，因为它们不是原始数据。

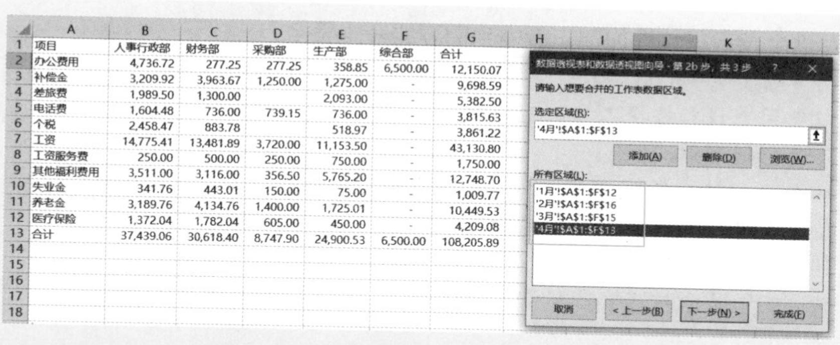

	A	B	C	D	E	F	G
1	项目	人事行政部	财务部	采购部	生产部	综合部	合计
2	办公费用	4,736.72	277.25	277.25	358.85	6,500.00	12,150.07
3	补偿金	3,209.92	3,963.67	1,250.00	1,275.00	-	9,698.59
4	差旅费	1,989.50	1,300.00		2,093.00	-	5,382.50
5	电话费	1,604.48	736.00	739.15	736.00	-	3,815.63
6	个税	2,458.47	883.78		518.97	-	3,861.22
7	工资	14,775.41	13,481.89	3,720.00	11,153.50	-	43,130.80
8	工资服务费	250.00	500.00	250.00	750.00	-	1,750.00
9	其他福利费用	3,511.00	3,116.00	356.50	5,765.20	-	12,748.70
10	失业金	341.76	443.01	150.00	75.00	-	1,009.77
11	养老金	3,189.76	4,134.76	1,400.00	1,725.01	-	10,449.53
12	医疗保险	1,372.04	1,782.04	605.00	450.00	-	4,209.08
13	合计	37,439.06	30,618.40	8,747.90	24,900.53	6,500.00	108,205.89

图 1-43 添加数据区域

步骤2 继续往下操作，在一个新工作表上创建数据透视表，如图 1-44 所示。

页1 (全部)

求和项:值 列标签

行标签	财务部	采购部	后勤部	人事行政部	生产部	综合部	总计
办公费用	13540.27	277.25	4110	8452.98	358.85	6673.8	33413.15
补偿金	15858.66	2500	6735.65	23652.83	13495.84	0	62242.98
差旅费	2372	0	31165.16	6810.5	12235.64	0	52583.3
厂房相关费用	683	0	0	683	0		1366
电话费	2659.23	1324.68	922.1	4175.26	1621.5	0	10702.77
个税	3501.61	0	2970.9	11818.98	14515.9	0	32807.39
工资	53276.5	7440	46954.88	141229.08	130161	0	379061.46
工资服务费	1940	750	1980	4740	7900	0	17310
加班费	51.72	0	5762.07	7151.4	1458	0	14423.19
奖金	0	2467.44	0	0	23216.66		25684.1
其他福利费用	15135.5	592.5	7470.7	15413.5	6715.2	1120	46447.4
失业金	1783.98	300	679.55	2321.69	1167.52	0	6252.74
外部机构服务费	0	370	0	0	0		370
养老金	16650.48	2800	9435.7	28043.26	17511.53	0	74440.97
医疗保险	7175.92	1210	3268.2	10479.76	5648.08	0	27781.96
运费	40	526	45	30	192.2		833.2
总计	134668.87	20557.87	121499.91	265002.24	236197.92	7793.8	785720.61

图 1-44 创建的数据透视表

步骤3 双击右下角的总计单元格（本案例就是单元格 H21），就立即在一个新工作表上得到了 4 个工作表数据合并起来的一维表，如图 1-45 所示。

行	列	值	页1
办公费用	财务部	277.25	项1
办公费用	财务部	12621.96	项2
办公费用	财务部	641.06	项3
办公费用	财务部	0	项4
办公费用	采购部	277.25	项1
办公费用	采购部	0	项2
办公费用	采购部	0	项3
办公费用	后勤部	0	项2
办公费用	后勤部	3212.3	项3
办公费用	后勤部	897.7	项4
办公费用	人事行政部	4736.72	项1
办公费用	人事行政部	0	项2
办公费用	人事行政部	2928.26	项3
办公费用	人事行政部	788	项4
办公费用	生产部	358.85	项1
办公费用	生产部	0	项2
办公费用	生产部	0	项3
办公费用	生产部	0	项4
办公费用	综合部	6500	项1

Sheet2 Sheet1 1月 2月 3月 4月

图 1-45 得到的 4 个工作表数据合并起来的一维表

步骤4 对这个表进行整理加工，就得到需要的一维表了：

- 将“项 1”“项 2”“项 3”“项 4”分别替换为“1 月”“2 月”“3 月”“4 月”（可以使用查找和替换工具快速替换）；
- 修改标题名称；
- 从 C 列筛选出所有 0 值，然后删除 0 值所在的整行；
- 清除表格样式，将表格转换为区域；
- 调整各列位置。

思考：如果要合并转换的工作表个数不定，以后会增加新的月份工作表，那么如何建立一个自动合并转换模型？

本节知识回顾与测验

1. 表格结构存在的问题，主要表现在哪些方面？

2. 在将一列数据拆分成几列时，有哪些方法可以使用？请用实际表格进行操练，总结这些方法各自的特点。

3. 如何把一列数据拆分成按行保存的数据？例如，某个单元格有“AAA/BBB/CCC”这三个数据，如何分别把“AAA”“BBB”和“CCC”提取出来，并分别保存在同一列从上到下的三行单元格？

4. 如何将二维表格转换为一维表格？有哪些实用方法？

1.3 表格数据的整理加工

不论是从系统导出的数据表格，还是手动设计的表格，数据本身存在的问题是最多的，尤其是从系统导出的数据，基本上都需要进行处理加工，才能进行计算和分析。

表格数据存在的主要问题是：文本型数字无法进行求和计算与分析、非法日期（文本型日期）无法进行日期计算与分析、数据中存在看不见的特殊字符等。

1.3.1 文本型数字转换为能够计算的数值数字

文本型数字是最常见的问题之一，对于编码类数字来说，我们需要将其处理为文本，因为编码类数字不参与计算，仅仅是一个维度分类角色。但是，对于诸如数量、金额、价格等这样的数字来说，就不能是文本型数字了，而必须是能够计算的数值型数字。

案例 1-7

将文本型数字转换为数值型数字有很多实用方法，最简单的是使用智能标记，也就是选择要转换的单元格，单击智能标记中的“转换为数字”选项即可，如图 1-46 所示。

	A	B	C	D	E
1	物料描述	物料名称	物料类别	库存数量	库存金额
2	PEIT0493	A0001	7000	16,838	424,155.60
3	LHK50043	A0002	7000		30.88
4	FKGJ9494	A0003	1022		37.33
5	DK00194	A0004	5000		34.61
6	LD99399	A0005	2002		55.50
7	FLLGJHJ	A0006	3100		31.82
8	FH9569790	A0009	7000		2.28
9	FH95194-13	A0010	8000		6.94
10	PORII99	A0011	10224	823	67,612.59
11	FWOQ994	A0012	20004	4,037	65,891.57
12	TIIU747	A0013	10224	783	63,315.29
13	FNDG3664	A0014	31005	1,745	57,136.64
14	TJY74783	A0015	70002	2,029	51,113.59
15	205968JD6	A0016	70002	882	49,516.73
16	TH663635	A0017	31005	1,716	46,814.58

以文本形式存储的数字
转换为数字(C)
有关此错误的帮助
忽略错误
在编辑栏中编辑(F)
错误检查选项(O)...

图 1-46　选择“转换为数字”选项

如果数据有数千上万行，这种方法就不合适了，因为这种转换，是一个一个单元格转换的，速度很慢，此时，可以使用分列工具，方法很简单，选择要转换的某列（注意，分列工具只能选择一列进行操作），打开分列向导对话框，在第 1 步中，直接单击“完成”按钮即可，如图 1-47 所示。

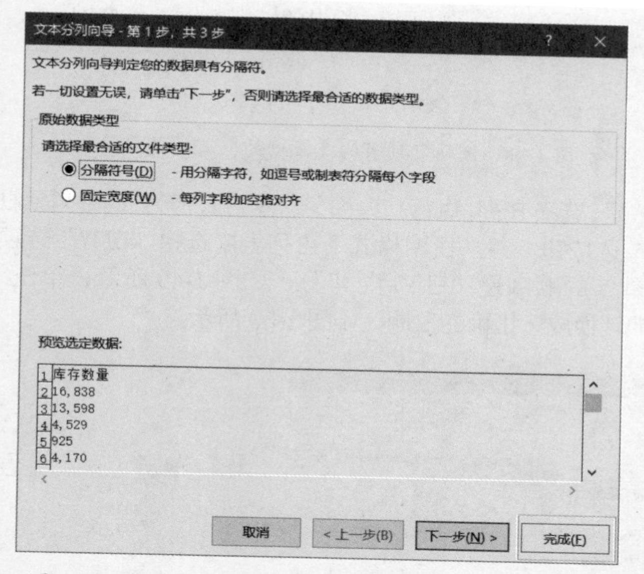

图 1-47　使用分列工具将文本型数字转换为数值型数字

1.3.2 非法日期（文本型日期）转换为能够计算的数值型日期

日期是很容易出错的一种数据，要么是输入的格式不规范，例如输入成了“2022.9.6”，要么是文本型日期（看起来好像是正确的日期，实际上是文本）。

从本质上来说，日期数字，是从 1 开始的正整数，例如，1900-1-1 就是数字 1，

1900-1-2 是数字 2，2022-9-6 是数字 44810。

如何快速判断日期是否为数值型日期呢？将保存日期数据的单元格格式设置为“常规”或者“数值”，如果显示为数字，就表明是真正的日期，否则就是非法的、错误的日期。

一般情况下，将非法日期转换为数值型日期最高效、最实用的方法，是使用分列工具。

案例 1-8

例如，对于图 1-48 所示的表格，B 列的签到日期有的是正确的，有的是错误的，错误的日期是日、月、年三个数字之间用空格隔开的，形成了一个文本字符串，不能计算。

	A	B	C
1	合同号	签订日期	
2	231169	01 11 2011	
3	231191	01 11 2011	
4	231193	01 11 2011	
5	231215	01 11 2011	
6	231240	2011-11-1	
7	231348	02 11 2011	
8	231422	02 11 2011	
9	231439	02 11 2011	
10	231443	02 11 2011	
11	231445	2011-11-3	
12	231449	2011-11-3	
13	231452	2011-11-3	
14	231453	03 11 2011	
15	231454	03 11 2011	
16			

图 1-48　B 列日期有的是正确的，有的是错误的

转换的方法是，选择 B 列，执行“分列”命令，打开分列向导对话框，在第 3 步中，点选“日期”单选按钮，并从日期格式下拉列表中选择“DMY”选项（因为单元格中年月日三个数字的顺序是“日 - 月 - 年”），如图 1-49 所示，单击“完成”按钮，就将错误的日期转换成了正确的日期，如图 1-50 所示。

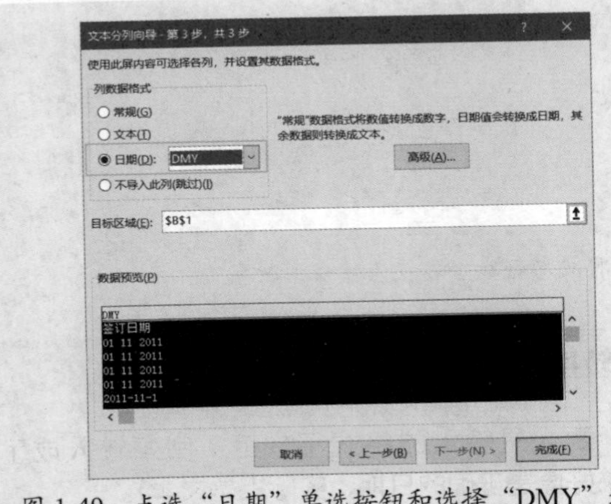

图 1-49　点选“日期”单选按钮和选择“DMY”选项

	A	B
1	合同号	签订日期
2	231169	2011-11-1
3	231191	2011-11-1
4	231193	2011-11-1
5	231215	2011-11-1
6	231240	2011-11-1
7	231348	2011-11-2
8	231422	2011-11-2
9	231439	2011-11-2
10	231443	2011-11-2
11	231445	2011-11-3
12	231449	2011-11-3
13	231452	2011-11-3
14	231453	2011-11-3
15	231454	2011-11-3

图 1-50　转换后的日期

对于某些特殊的非法日期，如果使用分列工具转换不过来，则需要根据具体情况，使用函数公式来处理了。

例如，对于图 1-51 所示的数据，A 列是非法日期，2105 表示 2021 年 5 月 1 日，此时是无法使用分列工具进行转换的，需要使用 TEXT 函数，参考公式为：

```
=1*TEXT(A2,"00-00-1")
```

	A	B	C
1	错误的日期		正确的日期
2	2105		2021-5-1
3	2103		2021-3-1
4	2104		2021-4-1
5	2111		2021-11-1
6	2110		2021-10-1

图 1-51　使用函数处理非法日期

1.3.3 清除数据中看不见的特殊字符

数据中看不见的特殊字符是很让人头疼的，表面上似乎是这个数，却不能计算，说明数据的前面或后面可能存在着看不见的特殊字符。

有时候可能是空格，此时将空格清除（查找替换）即可。

有时候不是空格，但不知道是什么字符，此时可以采用显示、查找和替换的方法来清除。

案例 1-9

图 1-52 所示就是这样的一个例子，数据中有特殊字符，无法求和计算。具体操作步骤如下。

	A	B	C	D	E
1	客户名称	签订合同（吨）	销售量（吨）	销售额（万元）	价格（万元）
2	北京鹤梦信息	5,000	4,619	1,501	3,250
3	苏州久远环保技术	5,000	2,649	874	3,300
4	湖北中烟	40,000	38,644	13,216	3,420
5	江西中烟	15,000	11,079	3,767	3,400
6	金梦电子	6,000	5,352	1,713	3,200
7	乾友安全信息技术	5,000	3,210	1,123	3,500
8	孟新达工贸公司	12,000	9,130	3,059	3,350
9	GHM驱动技术公司	10,000	9,761	3,416	3,500
10	北京UTP电子	8,000	7,964	2,708	3,400
11	合计	0	0	0	

图 1-52　数据中有特殊字符，无法求和计算

步骤1 选择数据区域，将单元格字体设置为 Symbol，可以看到，在数据的前后，都显示出了数目不等的方块，这就是那些看不见的特殊字符，如图 1-53 所示。

	A	B	C	D	E
1	客户名称	签订合同（吨）	销售量（吨）	销售额（万元）	价格（万元）
2	北京鹤梦信息□□□	□□□5,000□□□	□□□4,619□□□	□□□1,501□□□	□□□3,250□□□
3	苏州久远环保技术□□□	□□□5,000□□□	□□□2,649□□□	□□□874□□□	□□□3,300□□□
4	湖北中烟□□□	□□□40,000□□□	□□□38,644□□□	□□□13,216□□□	□□□3,420□□□
5	江西中烟□□□	□□□15,000□□□	□□□11,079□□□	□□□3,767□□□	□□□3,400□□□
6	金梦电子□□□	□□□6,000□□□	□□□5,352□□□	□□□1,713□□□	□□□3,200□□□
7	乾友安全信息技术□□□	□□□5,000□□□	□□□3,210□□□	□□□1,123□□□	□□□3,500□□□
8	孟新达工贸公司	□□□12,000□□□	□□□9,130□□□	□□□3,059□□□	□□□3,350□□□
9	ΓHM驱动技术公司□□□	□□□10,000□□□	□□□9,761□□□	□□□3,416□□□	□□□3,500□□□
10	北京YTΠ电子□□□	□□□8,000□□□	□□□7,964□□□	□□□2,708□□□	□□□3,400□□□
11	合计	0	0	0	

图 1-53　数据的前后有数目不等的方块（特殊字符）

步骤2 复制一个特殊字符，打开“查找和替换”对话框，将这个字符粘贴到“查找内容”输入框中，而“替换为”输入框保持默认，如图 1-54 所示。

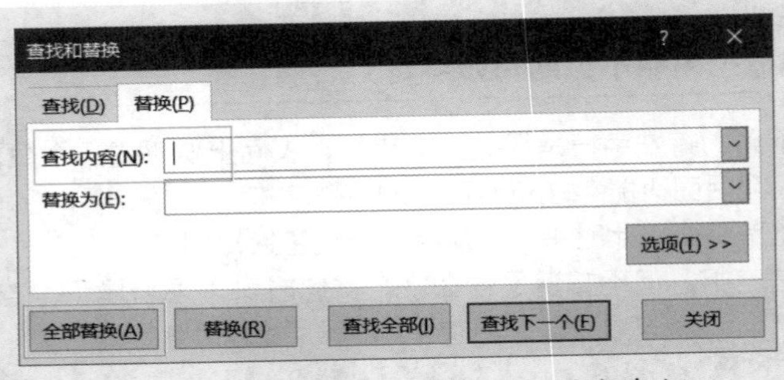

图 1-54　复制粘贴一个特殊字符，准备清除

步骤3 单击“全部替换”按钮，就将每个单元格中的特殊字符全部清除干净了，如图 1-55 所示。

	A	B	C	D	E
1	客户名称	签订合同（吨）	销售量（吨）	销售额（万元）	价格（万元）
2	□←δf⟨o	5,000	4,619	1,501	3,250
3	∉⇒E⇐↓⇑□/	5,000	2,649	874	3,300
4	ς□–⇓	40,000	38,644	13,216	3,420
5	_□–⇓	15,000	11,079	3,767	3,400
6	∇f5Π	6,000	5,352	1,713	3,200
7	~⊄□η⟨o□/	5,000	3,210	1,123	3,500
8	孟新达工贸公司	12,000	9,130	3,059	3,350
9	ΓHMθ◆□/λ⌡	10,000	9,761	3,416	3,500
10	□←YTΠ5Π	8,000	7,964	2,708	3,400
11	合计	106000	92408	31377	

图 1-55　清除了所有的特殊字符

步骤4 将单元格字体设置为普通的字体（如宋体、微软雅黑等），让汉字名称恢复正常显示，如图 1-56 所示。

	A	B	C	D	E
1	客户名称	签订合同（吨）	销售量（吨）	销售额（万元）	价格（万元）
2	北京鹤梦信息	5, 000	4, 619	1, 501	3, 250
3	苏州久远环保技术	5, 000	2, 649	874	3, 300
4	湖北中烟	40, 000	38, 644	13, 216	3, 420
5	江西中烟	15, 000	11, 079	3, 767	3, 400
6	金梦电子	6, 000	5, 352	1, 713	3, 200
7	乾友安全信息技术	5, 000	3, 210	1, 123	3, 500
8	孟新达工贸公司	12, 000	9, 130	3, 059	3, 350
9	GHM驱动技术公司	10, 000	9, 761	3, 416	3, 500
10	北京UTP电子	8, 000	7, 964	2, 708	3, 400
11	合计	106000	92408	31377	

图 1-56 整理好的表单

如果要直接利用原始数据建模，可以使用 Power Query 来处理，执行“从表格”命令，打开 Power Query 编辑器，可以看到，Power Query 就自动将所有数字前后的特殊字符全部清除掉了，如图 1-57 所示。

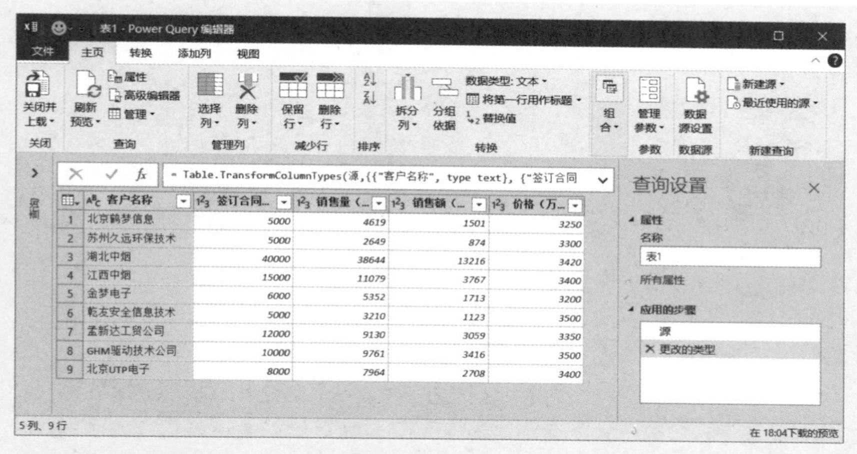

图 1-57 Power Query 自动将数据前后的特殊字符全部清除

不过，第一列客户名称后面的特殊字符并没有自动清除，因此需要选择第一列，执行“转换”→“格式”→“修整”命令，如图 1-58 所示，就可以清除第一列客户名称后的特殊字符。

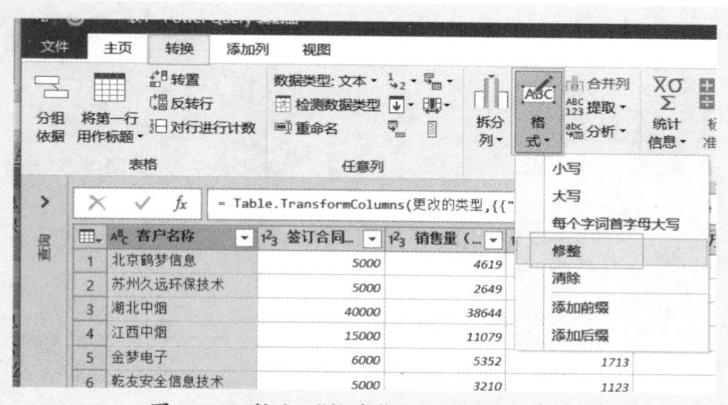

图 1-58 执行“格式”→“修整”命令

使用 Power Query 自动清除特殊字符，仅仅对数值数据有效，对文本数据是无效的，因为 Power Query 认为特殊字符是文本数据的一部分。

本节知识回顾与测验

1. 文本型数字如何快速转换为数值型数字？有哪些实用方法？
2. 如何快速将文本型日期转换为数值型日期？
3. 如何快速清除数据前后看不见的特殊字符？
4. 当需要构建自动化的数据清洗加工与建模时，可以使用什么工具？

第2章

数据合并与汇总计算

数据的来源可能不止一个表单，而是会有很多表单，我们需要将这些表单合并起来，并进行基本的汇总计算，生成一个或多个分析底稿，这就是数据合并与汇总计算问题。

数据合并与汇总计算有很多方法，依据表单的结构以及需要的合并效果，可以选择最高效的方法。本章结合实际数据案例，介绍数据合并与汇总计算的实用技能和技巧。

2.1 一维表格的合并（并集）

在实际数据分析中，大部分的一维表格合并之后是并集，也就是将这些表单堆积在一起，列数不变，行数增加，也就是平时的手动复制粘贴到一起。

例如，有各个月的工资表，每个月工资表保存在一个工作表，这些表格的列结构相同（列数、列位置、列标题都完全相同），现在的任务就是将这些工作表数据堆积到一起。

源数据的来源大部分是 Excel 工作表（工作簿），也可能是文本文件，或者是数据库文件。下面主要介绍 Excel 工作表的合并问题及解决方案。

2.1.1 同一个工作簿内多个工作表合并汇总

这是最常见的工作表合并汇总，方法有很多，例如使用现有连接 +SQL 语句、使用 Power Query、使用 VBA 等。从自动化数据分析建模的角度出发，使用 Power Query 是最简单、最高效的方法。

案例 2-1

图 2-1 所示是一个简单的例子，该表是各个月的工资表，分别保存在各个月工作表中，目前是只有 8 个月工资数据，以后会增加 9 月、10 月等数据。现在的任务是：将这几个月工资表汇总起来，并且当新增月份或者减少月份时，汇总表能自动更新。

	A	B	C	D	E	F	G	H	I	J	K	L	M	N	O	P
1	序号	姓名	出勤天数	基本工资	其它	应发工资	累计应发工资	养老	医疗	失业	小计	住房公积金	累计专项扣除	五项扣除累计	减除费用累计	累计应纳税所得额
2	1	孟新华	全勤	12,000.00	350.00	12,350.00	75,830.00	273.79	68.45	17.11	359.35	360.00	3,716.10		30,000.00	42,113.90
3	2	吴明	全勤	20,000.00	940.00	20,940.00	61,580.00	273.79	68.45	17.11	359.35	360.00	1,858.05		30,000.00	29,721.95
4	3	周邓达	全勤	15,000.00	770.00	15,770.00	94,250.00	273.79	68.45	17.11	359.35	360.00	3,716.10		30,000.00	60,533.90
5	4	刘丽	全勤	12,000.00	840.00	12,840.00	76,070.00	273.79	68.45	17.11	359.35	360.00	4,136.10	12,000.00	30,000.00	29,933.90
6	5	孙鑫鑫	全勤	8,000.00	400.00	8,400.00	52,350.00	273.79	68.45	17.11	359.35	400.00	4,556.10	8,000.00	30,000.00	9,793.90
7	6	李美丽	全勤	8,000.00	1,060.00	9,060.00	52,100.00	273.79	68.45	17.11	359.35	400.00	4,556.10		30,000.00	17,543.90
8	7	孙小曦	全勤	8,000.00	660.00	8,660.00	52,450.00	273.79	68.45	17.11	359.35	400.00	4,031.10	11,200.00	30,000.00	7,218.90
9	8	赵雷	全勤	4,500.00	1,160.00	5,660.00	31,380.00	273.79	68.45	17.11	359.35	225.00	3,506.10		30,000.00	0.00
10	9	李雪峰	全勤	4,500.00	240.00	4,740.00	30,660.00	273.79	68.45	17.11	359.35	225.00	3,506.10		30,000.00	0.00
11	10	郑浩	全勤	4,500.00		3,150.00	24,660.00	273.79	68.45	17.11	359.35	225.00	1,753.05		30,000.00	0.00

1月 2月 3月 4月 5月 6月 7月 8月

图 2-1 各月工资表

汇总表可以做到当前这个工作簿上，也可以将各月工资数据汇总到一个新工作簿，方法和步骤是一样的。

这里将各月数据汇总到当前工作簿的指定工作表中，因此先插入一个新工作表，重命名为“工资汇总”。

步骤1 在“数据”选项卡中，执行“获取数据”→“来自文件”→“从工作簿”命令，如图 2-2 所示。

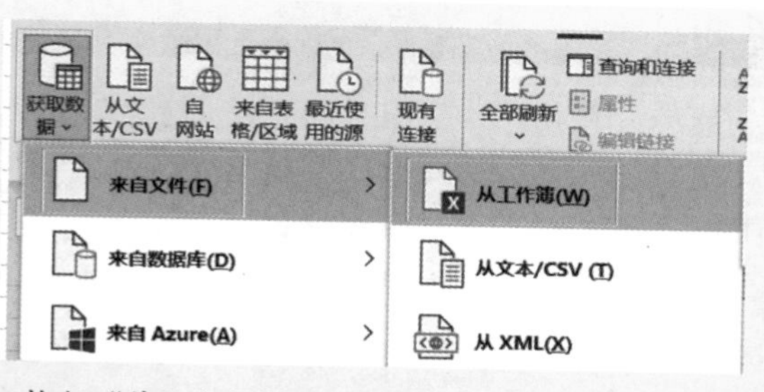

图 2-2 执行“获取数据”→“来自文件”→“从工作簿”命令

步骤2 打开“导入数据”对话框，从文件夹中选择工作簿文件，如图 2-3 所示。

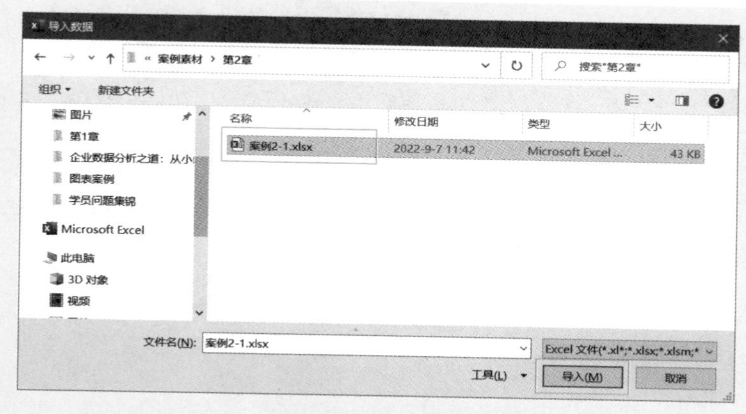

图 2-3 从文件夹中选择工作簿文件

步骤3 单击“导入”按钮，打开“导航器”对话框，如图 2-4 所示。

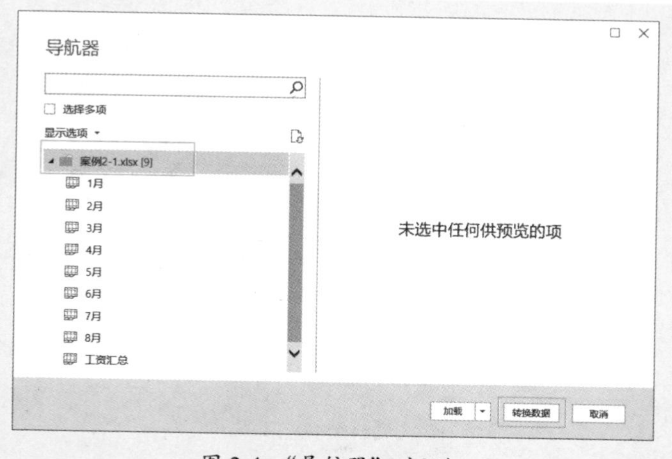

图 2-4 “导航器”对话框

步骤4 由于要实现对所有月份工作表的动态汇总，因此要选择对话框左侧顶部的工作簿名称，然后单击“转换数据”按钮，就打开了 Power Query 编辑器，如图 2-5 所示。

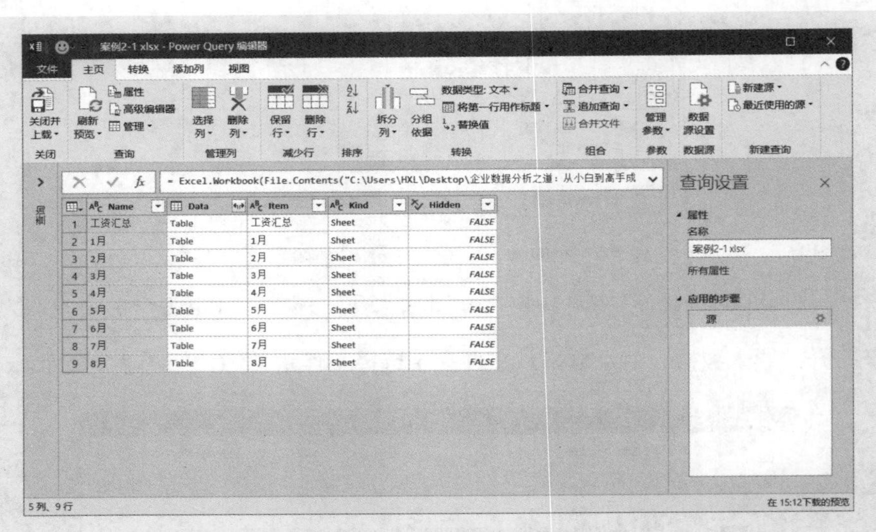

图 2-5　Power Query 编辑器

步骤5 在第一列中，筛选掉“工资汇总”表，如图 2-6 所示。因为要汇总的源数据是各月工资表，而“工资汇总”表并不是要汇总的表，因此把它剔除即可。

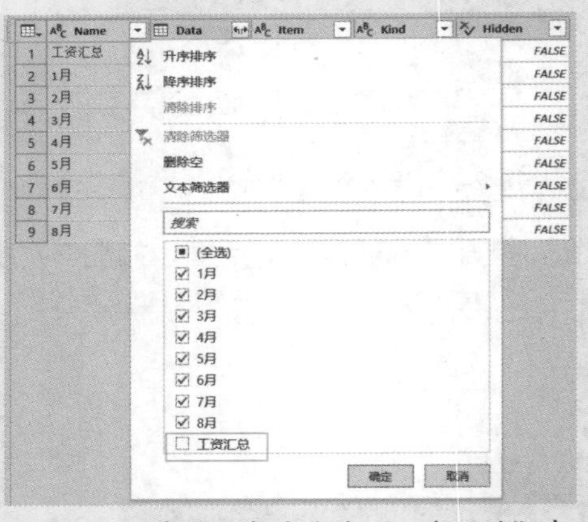

图 2-6　从第一列中筛选掉“工资汇总”表

步骤6 保留前两列，选择后面三列，右击执行“删除列”命令，删除后面的三列，如图 2-7 所示。也可以选择前面两列，右击执行“删除其他列”命令。

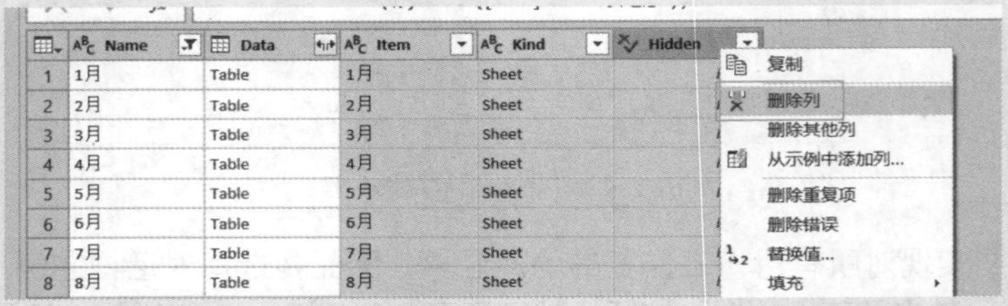

	Name	Data	Item	Kind	Hidden
1	1月	Table	1月	Sheet	
2	2月	Table	2月	Sheet	
3	3月	Table	3月	Sheet	
4	4月	Table	4月	Sheet	
5	5月	Table	5月	Sheet	
6	6月	Table	6月	Sheet	
7	7月	Table	7月	Sheet	
8	8月	Table	8月	Sheet	

复制
删除列
删除其他列
从示例中添加列...
删除重复项
删除错误
替换值...
填充

图 2-7　删除右侧的三列

步骤7 单击字段 Data 名称右侧的“展开”按钮，打开筛选窗格，单击“展开”选项按钮，取消勾选“使用原始列名作为前缀”复选框，如图 2-8 所示。

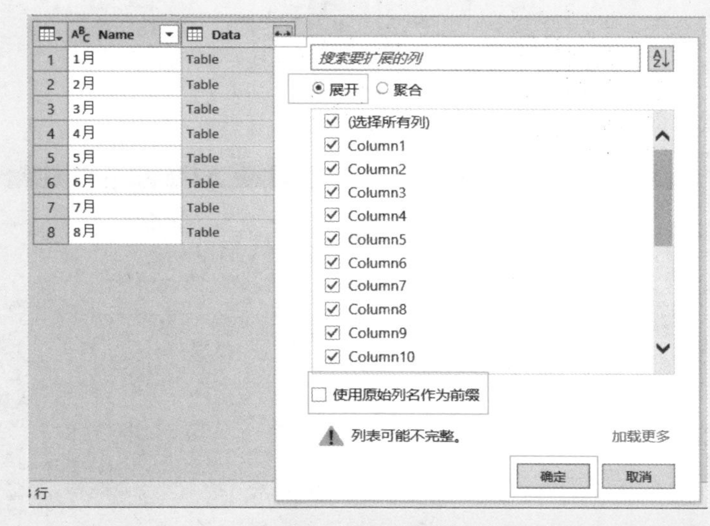

图 2-8 展开 Data 字段

步骤8 单击“确定”按钮，就将各个工作表的各列数据展开在一个表上，如图 2-9 所示。

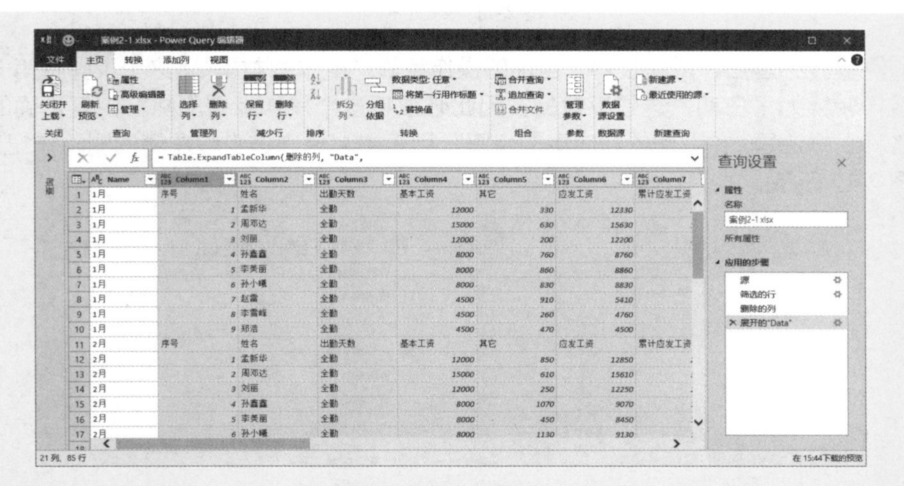

图 2-9 几个工作表数据展开在一个表上

步骤9 这个表，实际上就是各个月工资表所有数据（包括第一行的标题）的汇总。

不过，在汇总表中，第一行并不是真正的标题名称，而且也只需要一行标题，其他工作表的标题是不需要的，因此可以单击“将第一行用作标题”命令按钮，如图 2-10 所示。

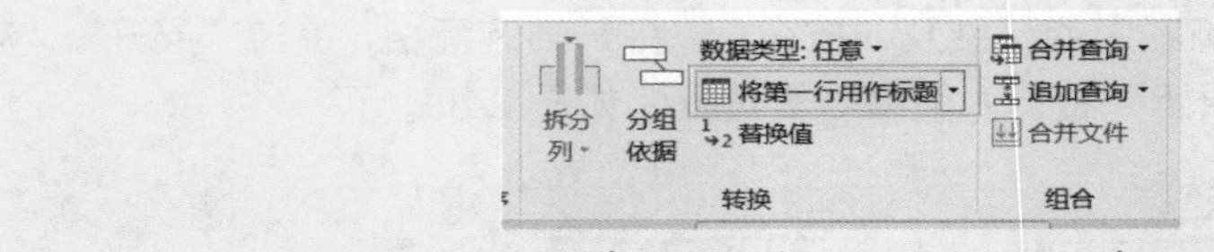

图 2-10　单击“将第一行用作标题”命令按钮

这样，我们得到了图 2-11 所示的表。

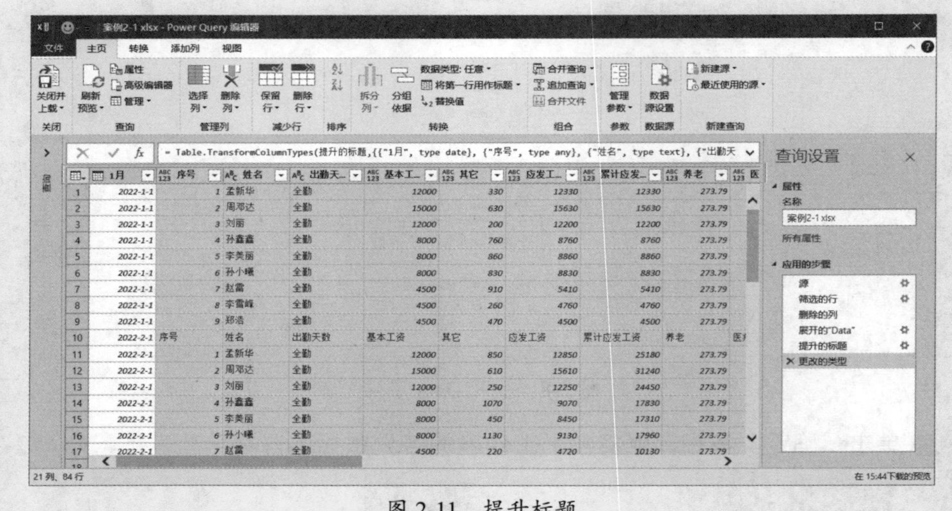

图 2-11　提升标题

步骤10 提升标题后，增加了一个自动的操作步骤“更改的类型”，这个步骤将第一列的月份转换为了日期，这是不对的，因此必须将这个操作步骤删除，恢复正确的月份名称。方法是：在右侧的“应用的步骤”列表中，单击该步骤左侧的删除按钮 ✕，如图 2-12 所示。

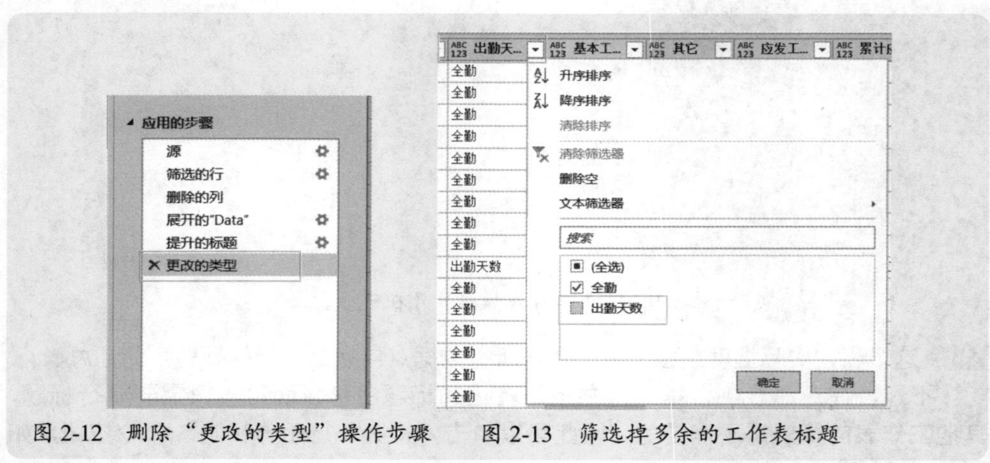

图 2-12　删除“更改的类型”操作步骤　　图 2-13　筛选掉多余的工作表标题

步骤11 将第一列的标题“1 月”更改为“月份”，删除第二列“序号”（这列没用），然后从某列中筛选掉多余的工作表标题（例如“出勤天数”列），如图 2-13 所示。

这样，就得到了几个月份工资表的汇总表，如图 2-14 所示。

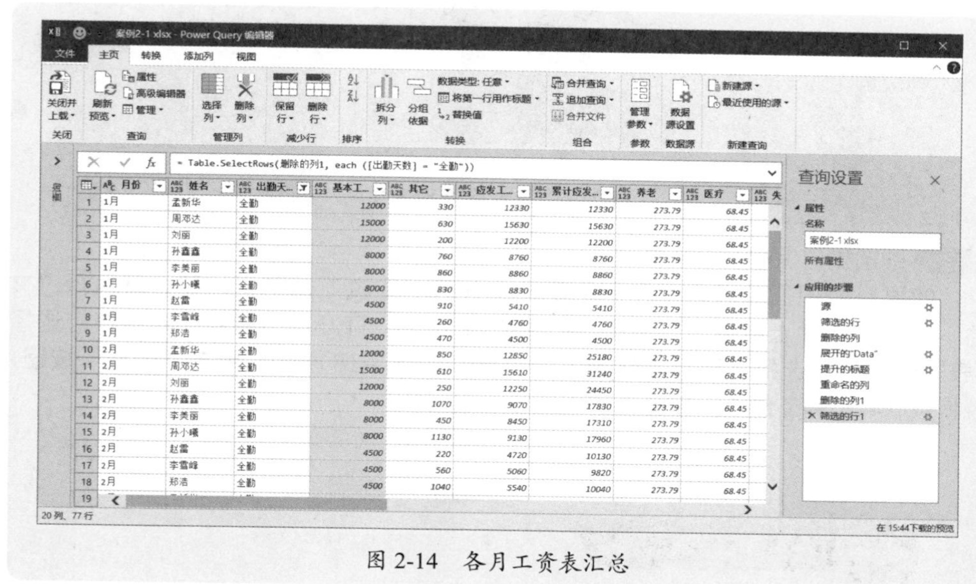

图 2-14　各月工资表汇总

步骤12 选择右侧所有的工资金额数字列，将数据类型设置为“小数”，并将所有值为 null 的单元格替换为数字 0，以便以后能够进行正确计算，这样，就得到了最终的汇总表，如图 2-15 所示。

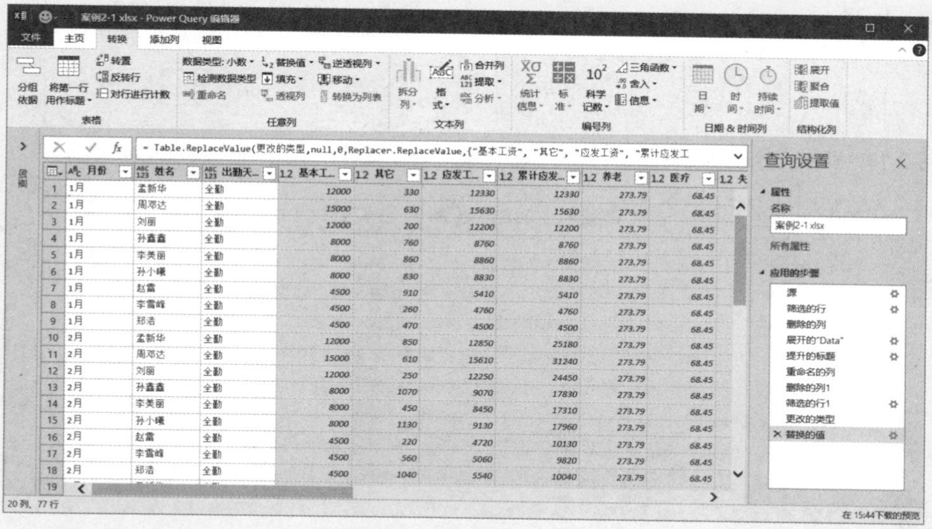

图 2-15　最终的汇总表

步骤13 为了以后使用方便，可以将默认的查询名（实际上是工作簿名）重命名为一个直观的名称，如图 2-16 所示。

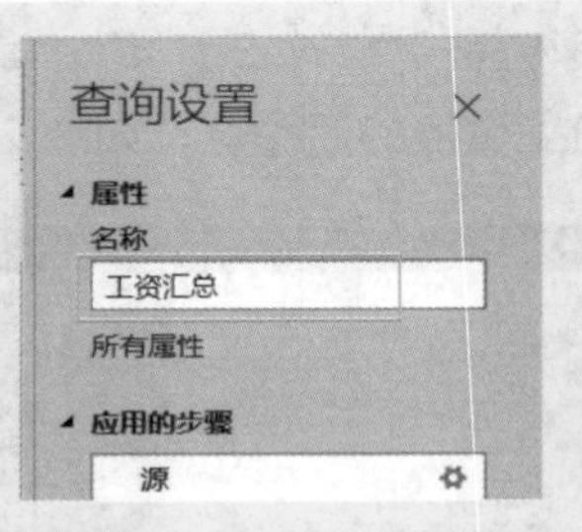

图 2-16 重命名查询名称

步骤14 确定如何保存汇总结果。

如果是要把汇总结果保存到指定的工作表“工资汇总”上，那么就执行“文件”→“关闭并上载至 ...”命令，如图 2-17 所示，打开“加载到”对话框，选择“表”选项，再选择“现有工作表”的位置，如图 2-18 所示。单击“加载”按钮，就将数据导出到工作表，如图 2-19 所示。

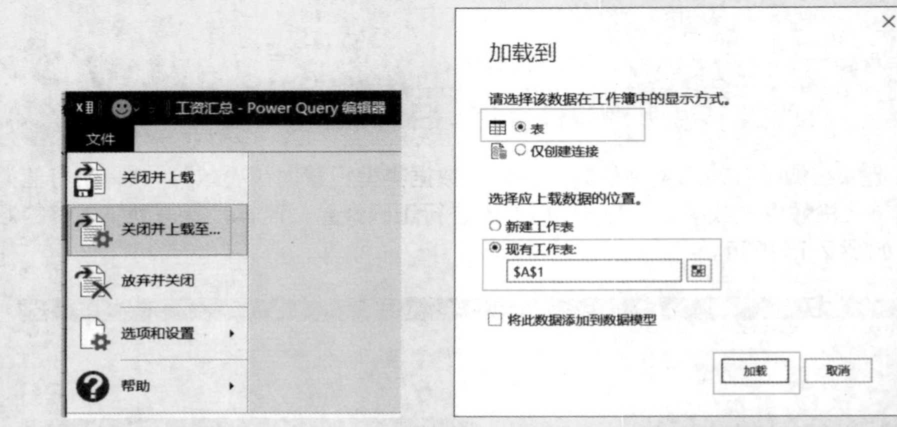

图 2-17 执行“关闭并上载至……”命令 图 2-18 选择“表”，指定数据保存位置

月份	姓名	出勤天数	基本工资	其它	应发工资	累计应发工资	养老	医疗	失业	小计	住房公积金
1月	孟新华	全勤	12000	330	12330	12330	273.79	68.45	17.11	359.35	260
1月	周邓达	全勤	15000	630	15630	15630	273.79	68.45	17.11	359.35	260
1月	刘丽	全勤	12000	200	12200	12200	273.79	68.45	17.11	359.35	260
1月	孙鑫鑫	全勤	8000	760	8760	8760	273.79	68.45	17.11	359.35	400
1月	李美丽	全勤	8000	860	8860	8860	273.79	68.45	17.11	359.35	400
1月	孙小曦	全勤	8000	830	8830	8830	273.79	68.45	17.11	359.35	400
1月	赵雷	全勤	4500	910	5410	5410	273.79	68.45	17.11	359.35	225
1月	李雪峰	全勤	4500	260	4760	4760	273.79	68.45	17.11	359.35	225
1月	郑浩	全勤	4500	470	4500	4500	273.79	68.45	17.11	359.35	225
2月	孟新华	全勤	12000	850	12850	25180	273.79	68.45	17.11	359.35	260
2月	周邓达	全勤	15000	610	15610	31240	273.79	68.45	17.11	359.35	260
2月	刘丽	全勤	12000	250	12250	24450	273.79	68.45	17.11	359.35	260
2月	孙鑫鑫	全勤	8000	1070	9070	17830	273.79	68.45	17.11	359.35	400
2月	李美丽	全勤	8000	450	8450	17310	273.79	68.45	17.11	359.35	400
2月	孙小曦	全勤	8000	1130	9130	17960	273.79	68.45	17.11	359.35	400
2月	赵雷	全勤	4500	220	4720	10130	273.79	68.45	17.11	359.35	225
2月	李雪峰	全勤	4500	560	5060	9820	273.79	68.45	17.11	359.35	225
2月	郑浩	全勤	4500	1040	5540	10040	273.79	68.45	17.11	359.35	225

工资汇总 | 1月 | 2月 | 3月 | 4月 | 5月 | 6月 | 7月 | 8月

工作簿...
1 个查询
工资汇总
已加载 77 行。

图 2-19 导出保存汇总表

步骤15 如果不想把结果导出保存到 Excel 工作表，而是作为数据模型来使用，以便以后利用这个数据模型进行分析，则可以在“加载到”对话框中，选择“仅创建连接”

选项和勾选“将此数据添加到数据模型”复选框，如图 2-20 所示。

这样，得到的就不是一个具体可见的汇总表数据，而是一个查询连接，以后就可以使用 Power Pivot 对数据进行灵活分析了。

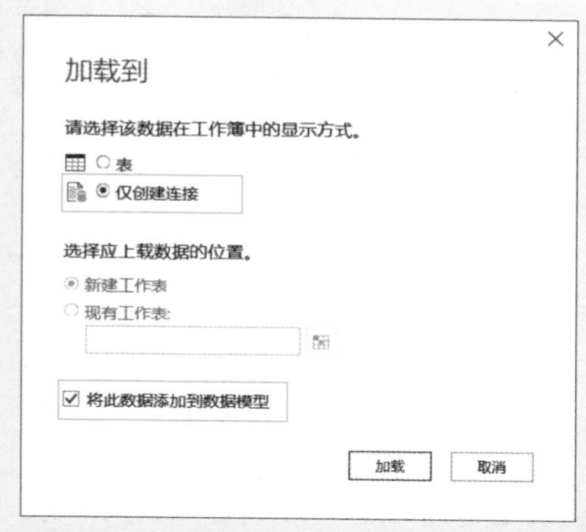

图 2-20 选择“仅创建连接”选项和勾选“将此数据添加到数据模型”复选框

步骤16 如果以后增加了新的月份工作表数据，则可以在工作簿右侧“工作簿查询”面板中，右击执行查询名称的“刷新”命令，如图 2-21 所示，就可以将新月份数据自动添加到汇总表。

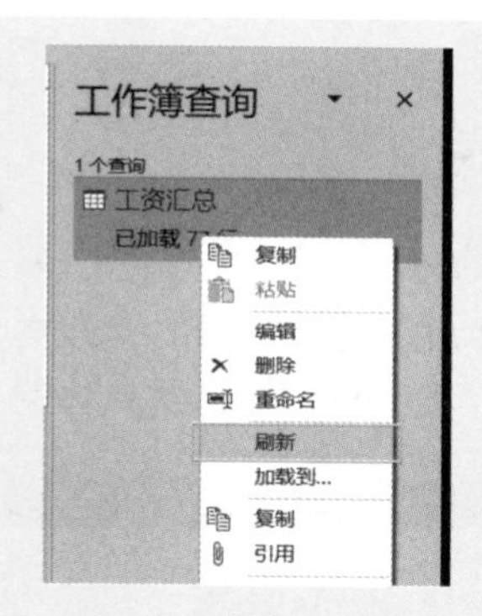

图 2-21 刷新查询，更新汇总表

这里需要特别注意以下两点。

（1）如果以后增加了新的月份“10 月”“11 月”等工作表，有的 Excel 版本刷新就可能会出现错误，原因是 Power Query 会根据工作表名称进行升序排列，“10 月”会排在“1 月”前面，这样的错误就会出现在提升标题这个操作步骤，无法刷新。

为了避免出现这种错误，要么不提升标题，手动修改默认的标题“Column1”“Column2”等为具体的标题名称，要么把工作表名称修改为“01 月”“02 月”等这样的规范名称。

（2）由于我们建立了查询，会有一些新增加的表（实际上是虚拟表），导致刷新

后的表出现一些乱码数据，此时，可以双击“工作簿查询”面板中的查询名称按钮，重新打开 Power Query 编辑器，单击应用的步骤列表中的“源”选项，然后把一些不相干的“表”筛选掉，如图 2-22 所示。

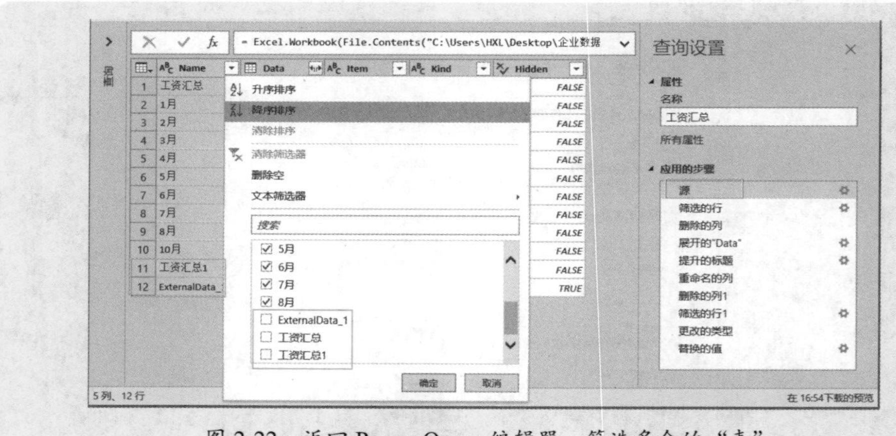

图 2-22　返回 Power Query 编辑器，筛选多余的“表”

2.1.2 同一个文件夹内多个工作簿合并汇总（每个工作簿有一个工作表）

如果要汇总的数据是保存在各个工作簿，并且这些工作簿都保存在一个文件夹中，那么，同样可以使用 Power Query 工具，在不打开这些工作簿的情况下，将它们的数据合并汇总到一个新工作簿中。

案例 2-2

图 2-23 所示是一个保存各月工资工作簿的文件夹，每个工作簿中是该月的工资表，其结构如图 2-1 所示，但工作表名称可能不是具体的月份名称。具体操作步骤如下。

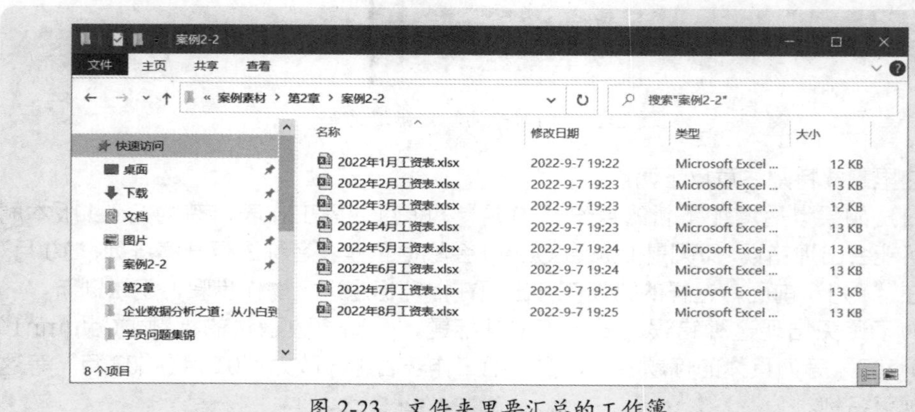

图 2-23　文件夹里要汇总的工作簿

步骤1 新建一个工作簿，可以将其保存到其他的地方（比如桌面、D 盘），尽可能不要将新工作簿保存在这个文件夹中，这个文件夹只保存要汇总的那些工作簿。

步骤2 在“数据”选项卡中，执行“获取数据”→“来自文件”→“从文件夹”命令，如图 2-24 所示。

图 2-24 执行“获取数据”→“来自文件”→“从文件夹”命令

步骤3 打开“浏览”对话框，选择要汇总工作簿的文件夹，如图 2-25 所示。

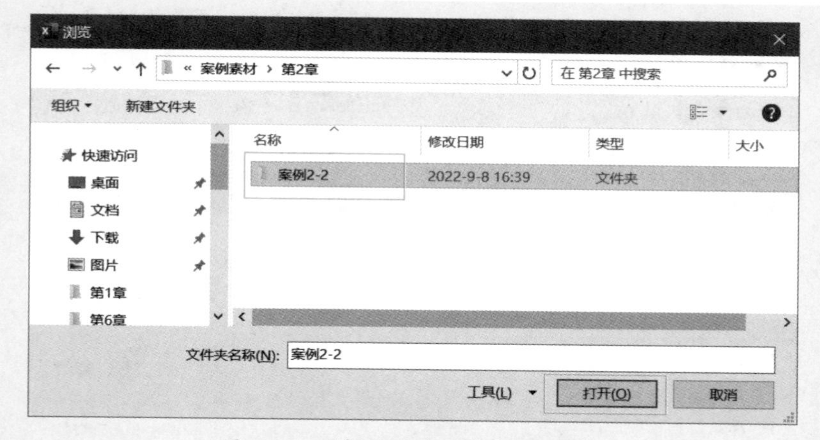

图 2-25 选择要汇总工作簿的文件夹

步骤4 单击“打开”按钮，就打开了一个文件夹文件浏览对话框，列出了各个工作簿的基本属性信息，如图 2-26 所示。

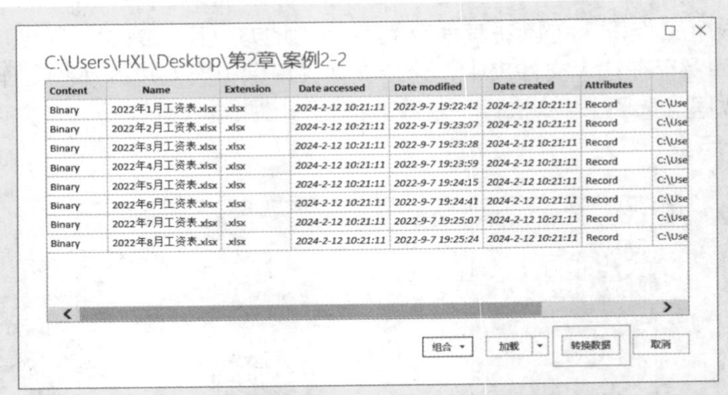

图 2-26　文件夹文件浏览对话框

步骤5 单击右下角“转换数据”按钮，打开 Power Query 编辑器，如图 2-27 所示。

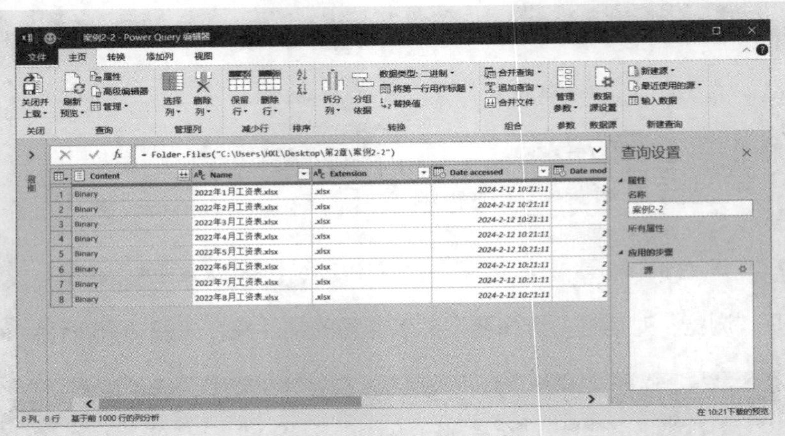

图 2-27　Power Query 编辑器

步骤6 保留前两列，删除后面的各列，如图 2-28 所示。

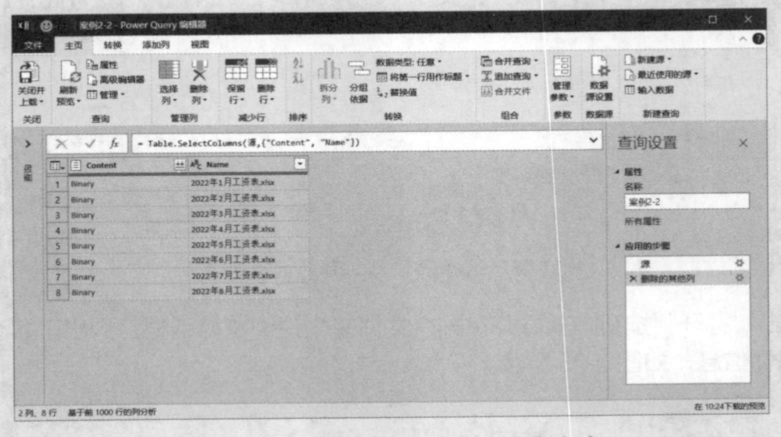

图 2-28　保留前两列，删除不需要的列

步骤7 第二列是工作簿名称，含有一个非常重要的信息“月份”，因此可以从这列中提取月份名称。选择第二列，在“转换”选项卡中，执行“提取”→“分隔符之间的文本”命令，如图 2-29 所示。

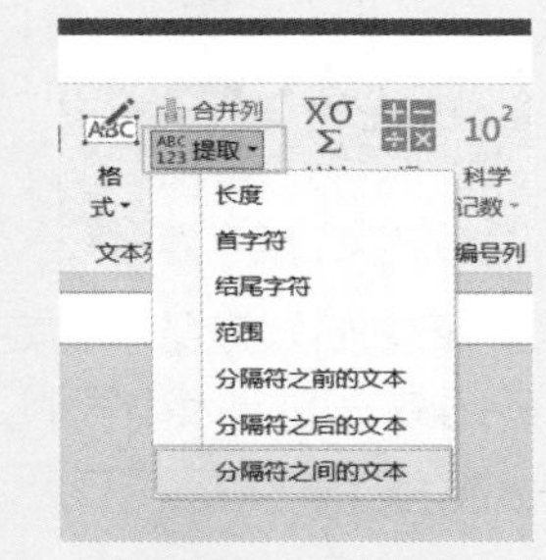

图 2-29 执行“提取”→“分隔符之间的文本”命令

步骤8 打开“分隔符之间的文本”对话框，分别在输入框中输入开始分隔符“年”和结束分隔符“工”，如图 2-30 所示（主要因为这里的月份名称，在文本“年”和“工”之间）。

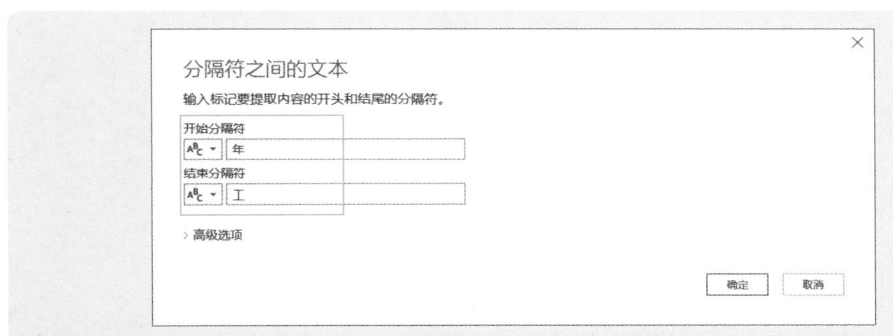

图 2-30 输入开始分隔符“年”和结束分隔符“工”

步骤9 单击“确定”按钮，就从工作簿名称中提取出了月份名称，如图 2-31 所示。

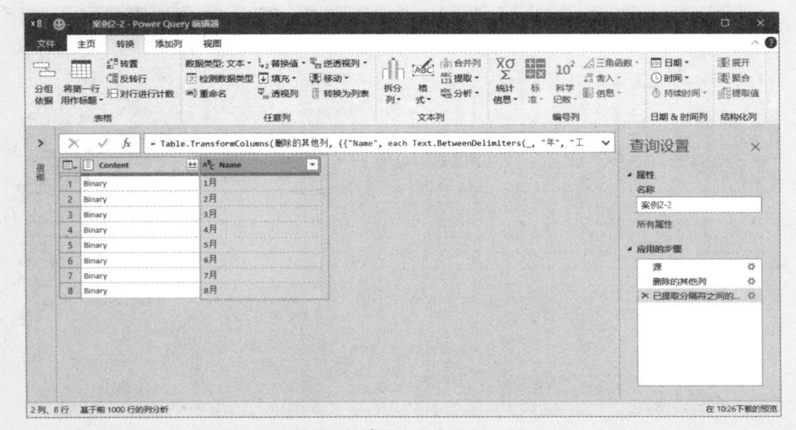

图 2-31 从工作簿名称中提取出月份名称

步骤10 在“添加列”选项卡中，执行“自定义列”命令，如图 2-32 所示。

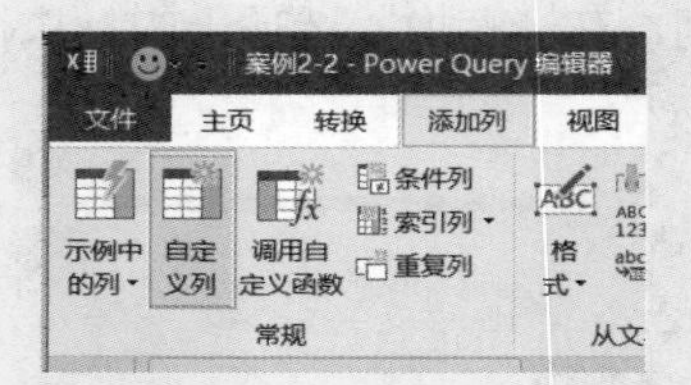

图 2-32　执行“自定义列”命令

步骤11 打开“自定义列”对话框，新列名是默认“自定义”，然后输入如下的自定义列公式，如图 2-33 所示。注意 M 函数是区分大小写的，每个单词的首字母要大写。

```
= Excel.Workbook([Content])
```

这个自定义列是汇总文件夹中多个工作簿的核心，自定义列公式中使用了 M 函数 Excel.Workbook，其功能就是访问 Excel 工作簿。

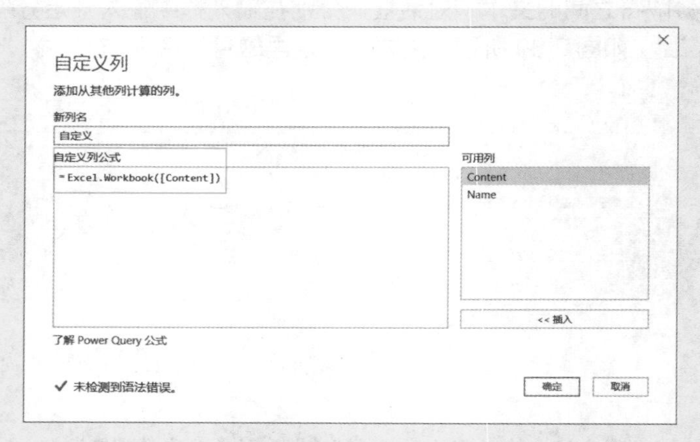

图 2-33　输入自定义列公式

步骤12 单击“确定”按钮，就得到了一个新列“自定义”，如图 2-34 所示。

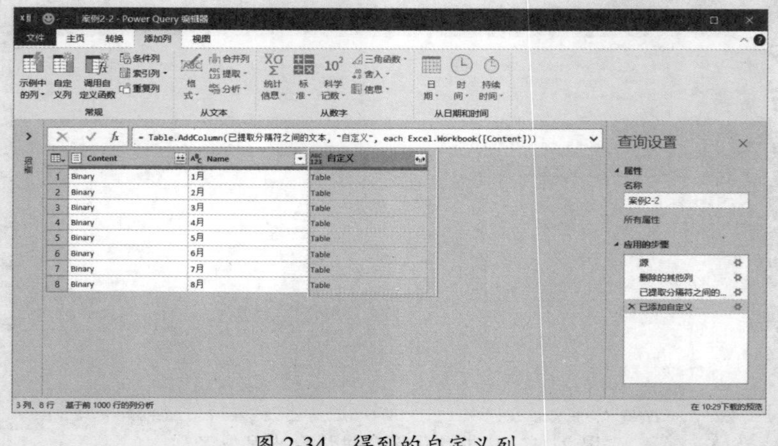

图 2-34　得到的自定义列

步骤13 删除第一列 Content，得到图 2-34 所示的表。

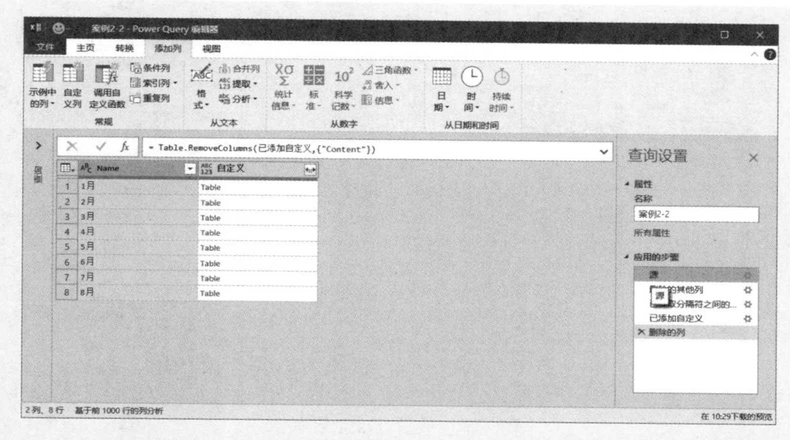

图 2-35 删除 Content 列

步骤14 单击字段"自定义"右侧的"展开"按钮，在"展开"的筛选框中勾选 Data 复选框，取消其他的所有勾选项，如图 2-36 所示。

说明：因为每个工作簿里只有一个工作表要汇总，而每个工作表名称并不统一，并且我们已经从工作簿名称中提取了月份名称，因此只保留 Data 就可以了，Data 就代表工作表的所有数据。

如果每个工作簿内有很多工作表要汇总，并且已经规范了这些工作表名称，要使用工作表名称作为一个区分工作表的字段，那么就必须同时选择 Name 和 Data，这里的 Name 代表各个工作表名称。

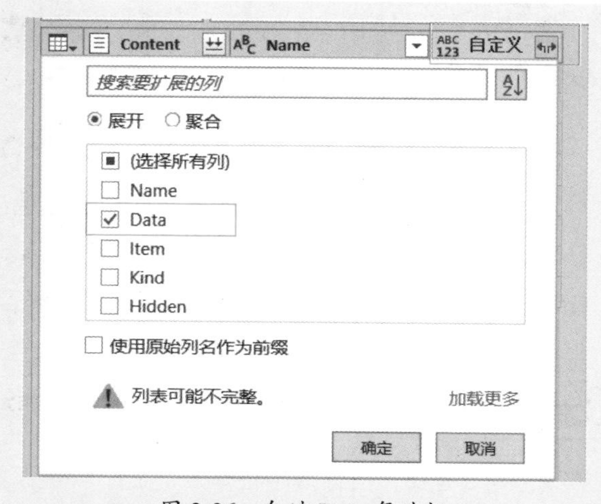

图 2-36 勾选 Data 复选框

步骤15 单击"确定"按钮，就得到图 2-37 所示的结果。

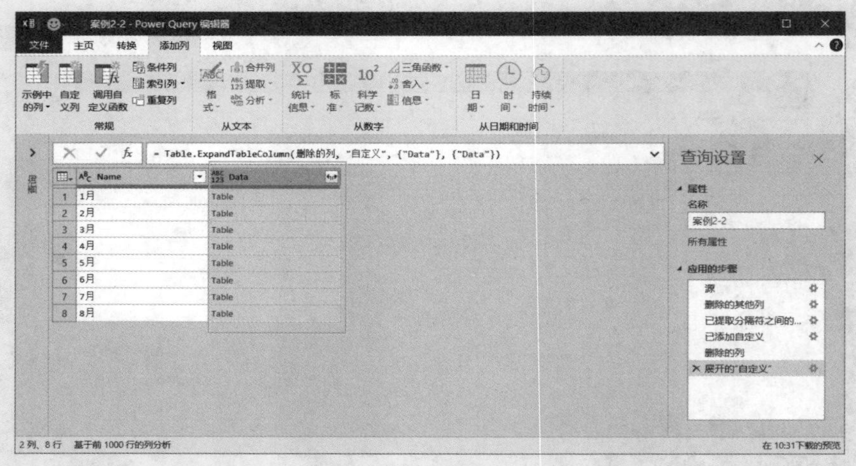

图 2-37　展开 Data 后的表

下面的操作就与介绍的“案例 2-1”完全相同了，这里不再赘述，请参阅“案例 2-1”的详细介绍。整理结束后结果如图 2-38 所示。

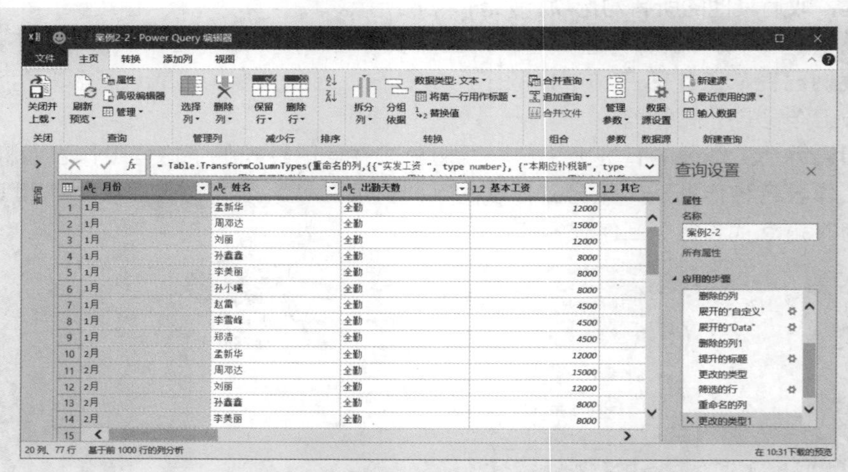

图 2-38　文件夹中几个工作簿的汇总结果

最后将数据导出到 Excel 工作表，就完成了指定文件夹中所有工作簿的数据合并汇总。

2.1.3 同一个文件夹内多个工作簿合并汇总（每个工作簿有多个工作表）

2.1.2 节介绍工作簿汇总，是每个工作簿中只有一个工作表的情况，在实际工作中，也会遇到每个工作簿中有多个工作表，而且每个工作簿的工作表个数也不一样，例如第 1 个工作簿有 3 个工作表，第 5 个工作簿有 10 个工作表。不论这些工作簿各有多少个工作表，它们的列结构是完全一样的。这样的工作簿汇总，也是使用 2.1.2 节介绍的方法。

案例 2-3

图 2-39 所示是“门店销售月报”文件夹，保存有 3 个工作簿，分别是每个月的门店月报，每个月报工作簿中是各个地区的销售月报，如图 2-40 所示。

现在的任务是：把这几个工作簿的各个工作表数据进行汇总，并转换为一个有“月份”“地区”“店铺名称”“店铺分类”“商品类别”“销售额”等 6 列数据的一维表单。另外一个要求是，如果新增了月份工作簿，能够将新增工作簿数据自动添加到汇总表中。

这里，要求的一维汇总表中，各个字段的来源如下：

- “月份”，来自工作簿名称；
- “地区”，来自每个工作表名称；
- “店铺名称”和“店铺分类”，来自工作表中的现有字段；
- “商品类别”和“销售额”，来自工作表中 4 类商品销售额的逆透视。

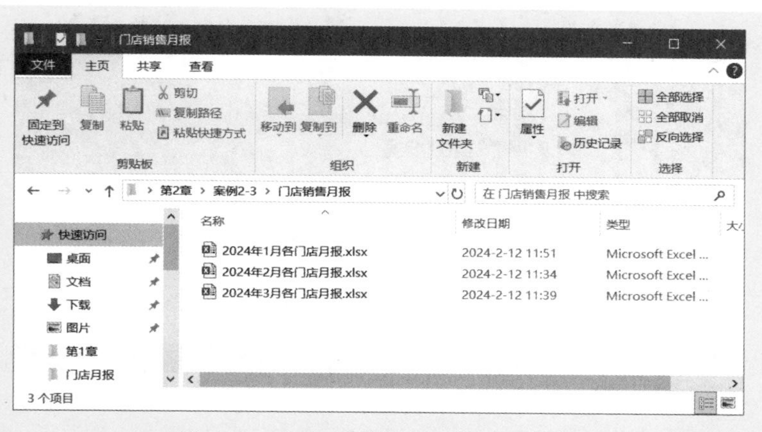

图 2-39　文件夹“案例 2-3”的工作簿

	A	B	C	D	E	F
1	店铺名称	店铺分类	家电类	服饰类	百货类	生鲜类
2	AA003店	C类	86,650	161,475	65,858	175,011
3	AA005店	A类	139,508	1,004	257,694	90,946
4	AA008店	C类	310,812	83,269	113,591	127,588
5	AA010店	A类	22,701	188,968	297,092	273,828
6	AA013店	C类	251,792	136,491	26,453	134,450
7	AA015店	A类	297,159	234,282	250,484	117,422
8	AA017店	A类	269,949	296,330	192,092	181,602
9	AA019店	C类	316,217	298,320	50,038	163,761
10	AA023店	C类	103,940	114,013	171,048	216,927
11	AA025店	A类	37,698	114,830	302,389	253,165
12	AA029店	A类	261,660	133,261	251,117	26,275
13	AA032店	C类	70,141	236,873	296,987	45,674
14	AA034店	A类	249,152	247,558	84,702	170,069
15	AA041店	B类	33,300	137,127	295,914	122,405
16	AA043店	C类	315,679	74,634	172,358	120,867
17	AA044店	A类	202,588	116,175	3,010	136,915
18	AA047店	A类	43,042	125,056	262,319	255,528
19	AA051店	A类	251,470	207,744	14,771	304,521

北城区　南城区　东城区

	A	B	C	D	E	F
1	店铺名称	店铺分类	家电类	服饰类	百货类	生鲜类
2	AA004店	C类	246,594	218,879	134,079	55,667
3	AA006店	A类	171,294	280,240	100,389	194,699
4	AA009店	C类	107,080	318,126	120,697	197,421
5	AA014店	C类	194,380	174,304	315,193	97,655
6	AA016店	A类	301,169	87,380	257,598	228,568
7	AA020店	C类	162,968	317,072	65,870	122,415
8	AA024店	C类	150,875	60,696	155,510	200,508
9	AA028店	C类	293,819	218,901	46,809	288,518
10	AA033店	C类	38,148	190,353	229,887	291,835
11	AA037店	A类	102,448	120,402	224,248	171,087
12	AA038店	C类	75,226	300,294	294,127	269,642
13	AA040店	A类	53,774	81,849	211,567	49,236
14	AA046店	C类	63,980	4,096	208,816	44,028
15	AA050店	A类	196,082	290,167	235,760	33,161
16	AA053店	C类	122,614	313,402	69,987	307,498
17	AA056店	A类	105,454	283,544	245,889	189,393
18	AA059店	C类	152,310	200,972	266,280	185,635
19						

北城区　南城区　东城区 ...

图 2-40　工作簿内的工作表数据

这个情况下的工作簿汇总方法，与前面“案例 2-2”基本相同，但也有几个不同的地方，下面是几个主要操作点，详细操作步骤请观看视频。

要点 1：执行“获取数据”→“来自文件”→“从文件夹”命令，选择文件夹，打开 Power Query 编辑器，删除不必要的列，从工作簿名称中提取月份名称，使用 Excel.Workbook 函数添加自定义列，这几个操作与 2.1.2 节介绍的相同。

要点 2：在添加的自定义列中，打开筛选窗格，勾选 Name 和 Data 复选框，取消其他勾选项，如图 2-41 所示，这样就得到图 2-42 所示的结果。

这里要特别注意的是，Name 表示工作簿内每个工作表的名称，也就是地区名称，因此需要保留下来。

图 2-41 勾选 Name 和 Data 复选框

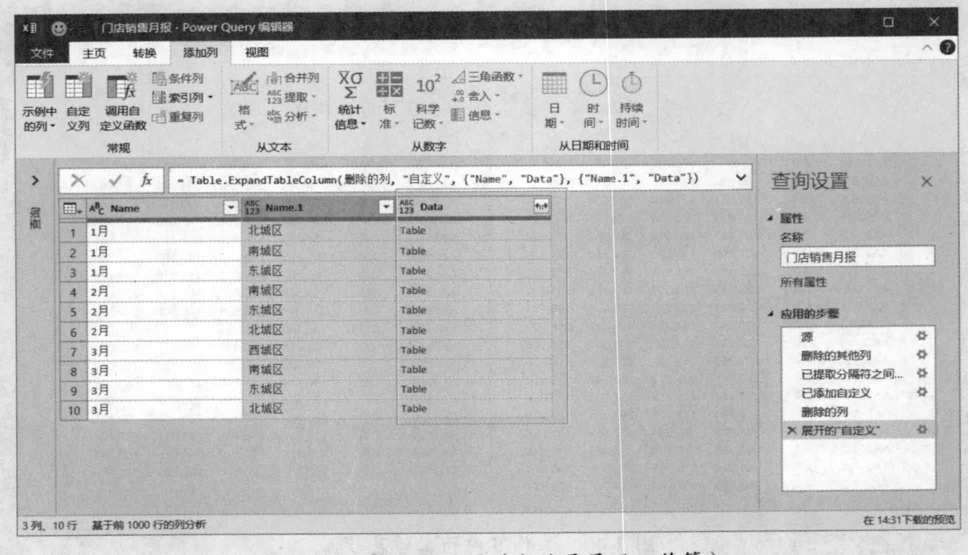

图 2-42 展开 Data 后（也就是展开工作簿）

要点 3：继续展开字段 Data，得到 3 个工作簿数据的汇总表，再提升标题，筛选掉多余标题，修改各列字段名称，如图 2-43 所示。

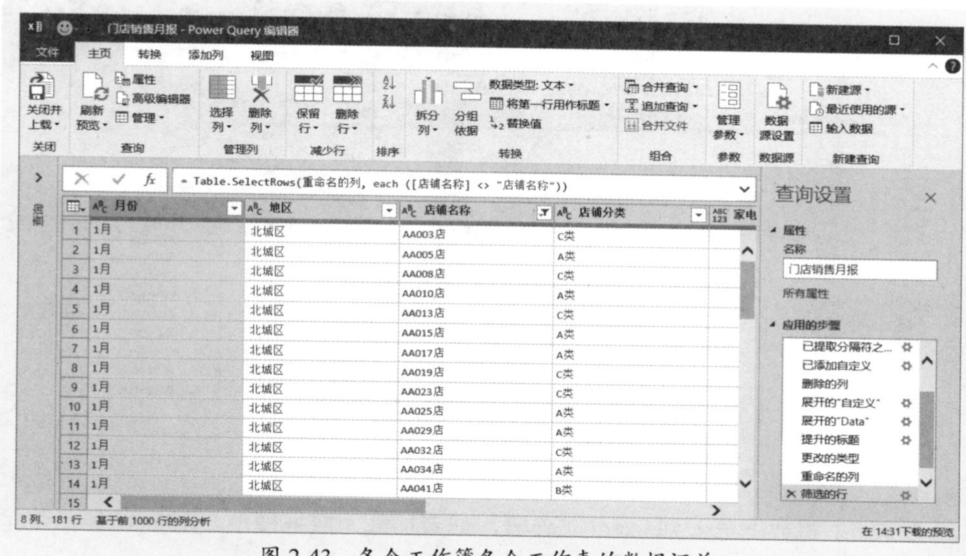

图 2-43　各个工作簿各个工作表的数据汇总

要点 4：选择表右侧的所有数字列，在“转换”选项卡中单击“逆透视列”按钮，如图 2-44 所示；或者右击执行“逆透视列”命令，如图 2-45 所示，将这几列逆透视，然后修改逆透视后的两列名称分别为“商品类别”和“销售额”，结果如图 2-46 所示。

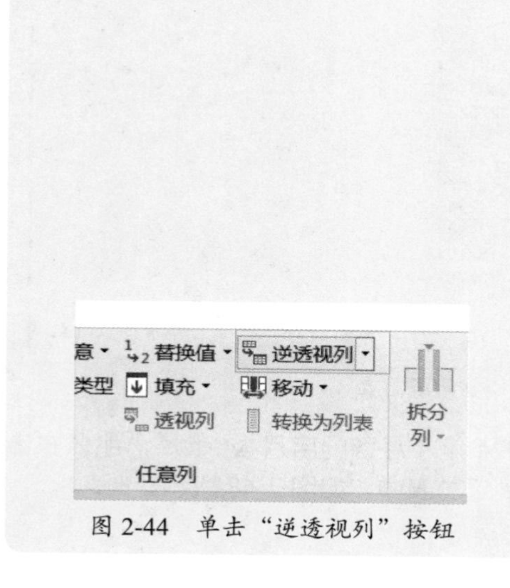

图 2-44　单击“逆透视列”按钮

图 2-45　右击执行“逆透视列”命令

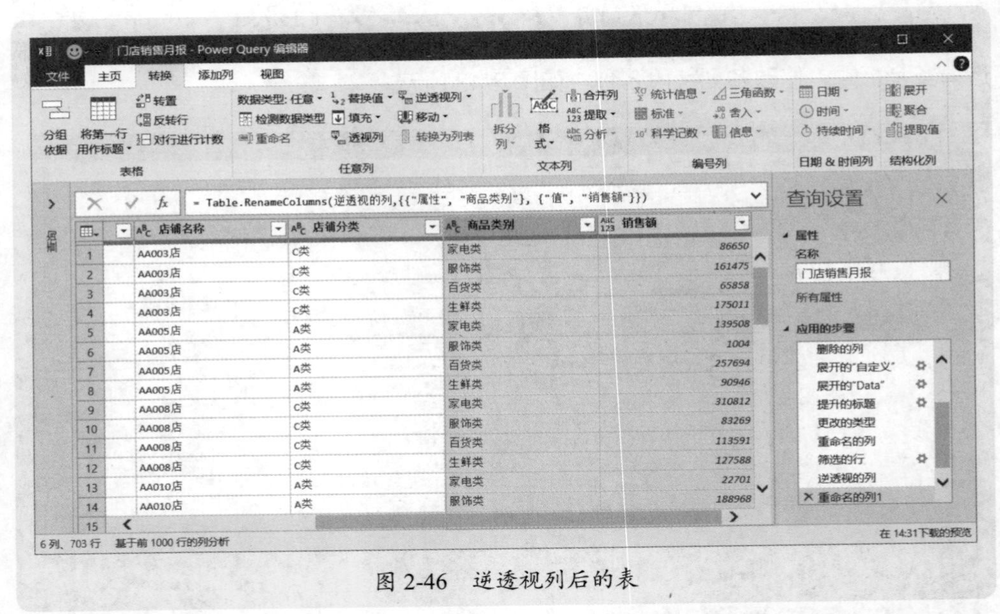

图 2-46　逆透视列后的表

要点 5：将数据导入到 Excel 工作表，或者加载为数据模型。图 2-47 所示就是导入到 Excel 工作表的汇总数据。

	月份	地区	店铺名称	店铺分类	商品类别	销售额
2	1月	北城区	AA003店	C类	家电类	86650
3	1月	北城区	AA003店	C类	服饰类	161475
4	1月	北城区	AA003店	C类	百货类	65858
5	1月	北城区	AA003店	C类	生鲜类	175011
6	1月	北城区	AA005店	A类	家电类	139508
7	1月	北城区	AA005店	A类	服饰类	1004
8	1月	北城区	AA005店	A类	百货类	257694
9	1月	北城区	AA005店	A类	生鲜类	90946
10	1月	北城区	AA008店	C类	家电类	310812
11	1月	北城区	AA008店	C类	服饰类	83269
12	1月	北城区	AA008店	C类	百货类	113591
695	3月	北城区	AA054店	A类	百货类	291973
696	3月	北城区	AA054店	A类	生鲜类	208744
697	3月	北城区	AA058店	C类	家电类	276223
698	3月	北城区	AA058店	C类	服饰类	36740
699	3月	北城区	AA058店	C类	百货类	233548
700	3月	北城区	AA058店	C类	生鲜类	199699
701	3月	北城区	AA060店	A类	家电类	42542
702	3月	北城区	AA060店	A类	服饰类	236949
703	3月	北城区	AA060店	A类	百货类	182154
704	3月	北城区	AA060店	A类	生鲜类	102785

查询 & 连接
查询　连接
1 个查询
门店销售月报
已加载 703 行。
门店销售月报　Sheet1

图 2-47　文件夹工作簿的汇总表

如果文件夹中又增加了 1 个工作簿“2024 年 4 月各门店月报 .xlsx”，那么右击刷新汇总表，新工作簿更新数据后自动汇总到汇总表中，如图 2-48 所示。

月份	地区	店铺名称	店铺分类	商品类别	销售额
1月	北城区	AA003店	C类	家电类	86650
1月	北城区	AA003店	C类	服饰类	161475
1月	北城区	AA003店	C类	百货类	65858
1月	北城区	AA003店	C类	生鲜类	175011
1月	北城区	AA005店	A类	家电类	139508
1月	北城区	AA005店	A类	服饰类	1004
1月	北城区	AA005店	A类	百货类	257694
1月	北城区	AA005店	A类	生鲜类	90946
1月	北城区	AA008店	C类	家电类	310812
1月	北城区	AA008店	C类	服饰类	83269
1月	北城区	AA008店	C类	百货类	113591
1月	北城区	AA008店	C类	生鲜类	127588
1月	北城区	AA010店	A类	家电类	22701
1月	北城区	AA010店	A类	服饰类	188968
1月	北城区	AA010店	A类	百货类	297092
4月	北城区	AA047店	A类	百货类	188650
4月	北城区	AA051店	A类	家电类	175876
4月	北城区	AA051店	A类	服饰类	109390
4月	北城区	AA051店	A类	百货类	247857
4月	北城区	AA054店	A类	家电类	310812
4月	北城区	AA054店	A类	服饰类	120408
4月	北城区	AA054店	A类	百货类	73389
4月	北城区	AA058店	C类	家电类	224694
4月	北城区	AA058店	C类	服饰类	61381
4月	北城区	AA058店	C类	百货类	302395
4月	北城区	AA060店	A类	家电类	169377
4月	北城区	AA060店	A类	服饰类	77846
4月	北城区	AA060店	A类	百货类	127387

图 2-48　新增加的工作簿数据，自动添加到汇总表

本节知识回顾与测验

1. 将一个工作簿内多个字段结构相同的工作表汇总，有哪些实用方法？具体操作过程如何？请结合实际数据进行练习。

2. 如何将文件夹中的所有工作簿进行汇总，并能够随时更新汇总结果？

3. 在使用 Power Query 汇总大量工作表（工作簿）时，要掌握哪些要点和技能？

2.2 一维表格的合并（关联）

2.1.3 节介绍的是如何将多个一维表格合并在一起，列不变，行增加，生成并集。

在实际工作中，还有一种情况的表格合并，就是各个工作表的列数及列顺序并不一定相同，但是都有一个或多个关联字段，通过这些关联字段，将几个表格的数据合并在一起，行不变，列增加。

对于关联字段的表格合并问题，可以使用 Excel 函数，也可以使用 Power Query，根据实际情况来选择合适的方法。

2.2.1 同一个关联字段的一维表格合并：使用函数

对于一些简单的表格，使用 Excel 函数是比较简单的方法，但需要了解和熟练使用函数，这些函数包括常用的查找函数、汇总函数、逻辑判断函数等。

案例 2-4

图 2-49 所示是一个简单的例子，有“工资表”“员工属性表”和“员工账户信息”三个工作表，现在要求把这三个表合并在一起，根据姓名匹配各个表格的数据（这里假设姓名没有重复的），结果如图 2-50 所示。

工资表

姓名	部门	基本工资	津贴	奖金	考勤工资	应发合计
刘晓晨	营销部	14,215	943	290	70	15,518
祁正人	财务部	6,527	559	795	248	8,129
张丽莉	技术部	11,132	234	238	-	11,604
马一晨	人力资源部	9,729	503	223	136	10,591
毛利民	生产部	5,545	-	639	132	6,316
孟欣然	营销部	4,684	249	335	234	5,502
王浩忌	生产部	12,078	-	707	195	12,980
蔡齐豫	技术部	5,616	75	200	11	5,902
李萌	财务部	5,296	727	571	370	6,964
马梓	人力资源部	4,722	200	786	12	5,720
秦玉邦	营销部	7,920	754	693	38	9,405
王玉成	技术部	5,746	531	595	221	7,093
张慈淼	财务部	9,908	1,290	616	-	11,814
何欣	生产部	6,417	134	177	317	7,045
黄兆炜	生产部	11,950	603	728	141	13,422

员工属性表

工号	姓名	性别	职位	部门	职级
ID024	刘晓晨	男	经理	营销部	3级
ID042	祁正人	男	副经理	财务部	4级
ID096	张丽莉	女	主管	技术部	2级
ID087	马一晨	男	主管	人力资源部	2级
ID063	毛利民	女	主管	生产部	2级
ID078	孟欣然	女	经理	营销部	5级
ID004	王浩忌	女	经理	生产部	5级
ID083	蔡齐豫	男	职员	技术部	1级
ID050	李萌	男	主管	财务部	5级
ID003	马梓	女	主管	人力资源部	2级
ID090	秦玉邦	男	职员	营销部	4级
ID052	王玉成	女	职员	技术部	5级
ID041	张慈淼	女	经理	财务部	1级
ID045	何欣	男	职员	生产部	2级
ID098	黄兆炜	男	职员	生产部	3级

员工账户信息

姓名	银行	账号
蔡齐豫	农业银行	622*********01
何欣	工商银行	622*********02
黄兆炜	招商银行	622*********03
李萌	浦发银行	622*********04
刘晓晨	招商银行	622*********05
马一晨	农业银行	622*********06
马梓	浦发银行	622*********07
毛利民	建设银行	622*********08
孟欣然	招商银行	622*********09
祁正人	招商银行	622*********10
秦玉邦	浦发银行	622*********11
王浩忌	工商银行	622*********12
王玉成	招商银行	622*********13
张慈淼	工商银行	622*********14
张丽莉	工商银行	622*********15

图 2-49　三个有关联的工作表

工号	姓名	性别	部门	职位	职级	基本工资	津贴	奖金	考勤工资	应发合计	银行	账号
ID024	刘晓晨	男	营销部	经理	3级	14,215	943	290	70	15,518	招商银行	622*********05
ID042	祁正人	男	财务部	副经理	4级	6,527	559	795	248	8,129	招商银行	622*********10
ID096	张丽莉	女	技术部	主管	2级	11,132	234	238	-	11,604	工商银行	622*********15
ID087	马一晨	男	人力资源部	主管	2级	9,729	503	223	136	10,591	农业银行	622*********06
ID063	毛利民	女	生产部	主管	2级	5,545	-	639	132	6,316	建设银行	622*********08
ID078	孟欣然	女	营销部	经理	5级	4,684	249	335	234	5,502	招商银行	622*********09
ID004	王浩忌	女	生产部	经理	5级	12,078	-	707	195	12,980	工商银行	622*********12
ID083	蔡齐豫	男	技术部	职员	1级	5,616	75	200	11	5,902	农业银行	622*********01
ID050	李萌	男	财务部	主管	5级	5,296	727	571	370	6,964	浦发银行	622*********04
ID003	马梓	女	人力资源部	主管	2级	4,722	200	786	12	5,720	浦发银行	622*********07
ID090	秦玉邦	男	营销部	职员	4级	7,920	754	693	38	9,405	浦发银行	622*********11
ID052	王玉成	女	技术部	职员	5级	5,746	531	595	221	7,093	招商银行	622*********13
ID041	张慈淼	女	财务部	经理	1级	9,908	1,290	616	-	11,814	工商银行	622*********14
ID045	何欣	男	生产部	职员	2级	6,417	134	177	317	7,045	工商银行	622*********02
ID098	黄兆炜	男	生产部	职员	3级	11,950	603	728	141	13,422	招商银行	622*********03

图 2-50　需要的合并表

使用 Excel 函数是最常见的方法，不过需要先设计好合并表的结构，然后根据实际表格结构，来选择合适的函数设计公式。常用的函数有 VLOOKUP、MATCH 和 INDEX 等，这些函数的基本用法，将在后面有关章节结合实际案例进行详细介绍。

首先设计表格结构，姓名是关键词，可以先输入所有人的姓名，如图 2-51 所示。

工号	姓名	性别	部门	职位	职级	基本工资	津贴	奖金	考勤工资	应发合计	银行	账号
	刘晓晨											
	祁正人											
	张丽莉											
	马一晨											
	毛利民											
	孟欣然											
	王浩忌											
	蔡齐豫											
	李萌											
	马梓											
	秦玉邦											
	王玉成											
	张慈淼											
	何欣											
	黄兆炜											

图 2-51　设计合并表结构

各个单元格的查找公式分别如下。

单元格 A2，工号：

```
=INDEX(员工属性表!A:A,MATCH(B2,员工属性表!B:B,0))
```

单元格 C2，性别：

```
=VLOOKUP($B2,员工属性表!$B:$F,MATCH(C$1,员工属性表!$B$1:$F$1,0),0)
```

将该公式往右复制到 F 列，即可获取所有属性。

单元格 G2，基本工资：

```
=VLOOKUP($B2,工资表!$A:$G,MATCH(G$1,工资表!$A$1:$G$1,0),0)
```

将该公式往右复制到 K 列，即可获取所有工资项目。

单元格 L2，银行：

```
=VLOOKUP($B2,员工账户信息!$A:$C,MATCH(L$1,员工账户信息!$A$1:$C$1,0),0)
```

将该公式往右复制到 M 列，即可获取账号数据。

2.2.2 同一个关联字段的一维表格合并：使用 Power Query

还可以使用 Power Query 来解决关联表格的合并问题，并且当有很多关联表要合并时，使用 Power Query 要比 Microsoft Query 简单得多。

案例 2-5

以“案例 2-4”数据为例，下面介绍使用 Power Query 进行合并的详细步骤。

步骤1 在“数据”选项卡中，执行“获取数据”→“来自文件”→“从工作簿”命令，然后按照向导操作，打开“导航器”对话框，然后在导航器中勾选“选择多项”复选框，再选择要合并的 3 个表，如图 2-52 所示。

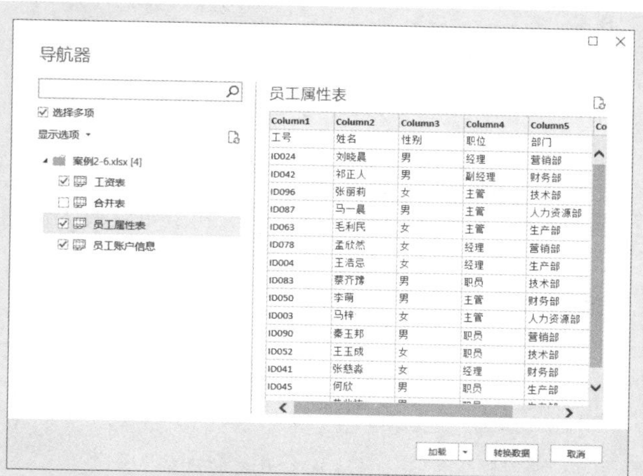

图 2-52　选择要合并的表

步骤2 单击“转换数据”按钮，打开 Power Query 编辑器，如图 2-53 所示。

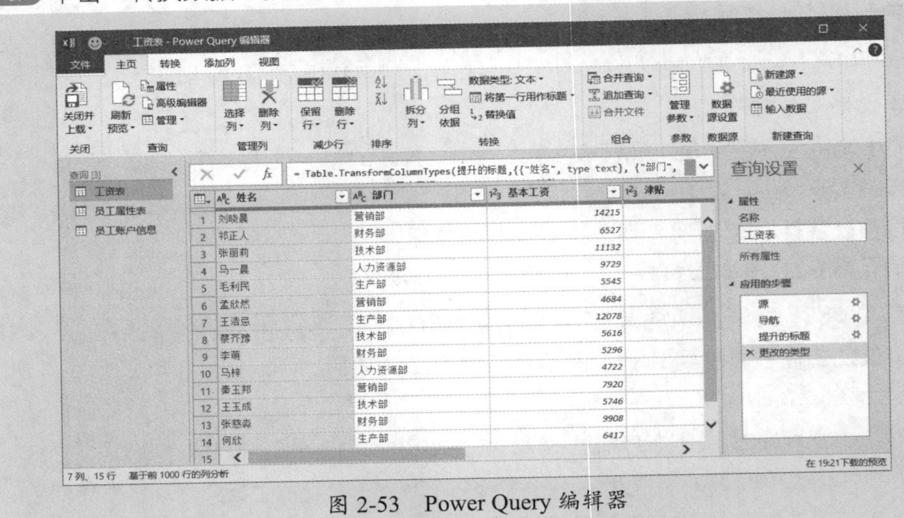

图 2-53 Power Query 编辑器

步骤3 在左侧面板中，分别选择 3 个表，检查其标题是否正确，如果不是正确的标题，就提升标题。例如，“员工属性表”和“员工账户信息”的标题就是错误的，如图 2-54 所示，因此，需要单击“将第一行用作标题”按钮，提升标题。

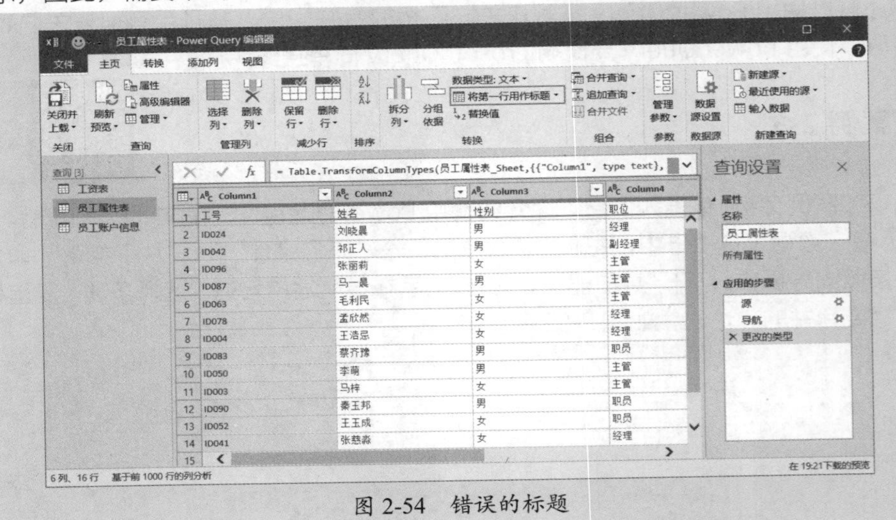

图 2-54 错误的标题

步骤4 在“主页”选项卡中，执行“合并查询”→“将查询合并为新查询”命令，如图 2-55 所示。

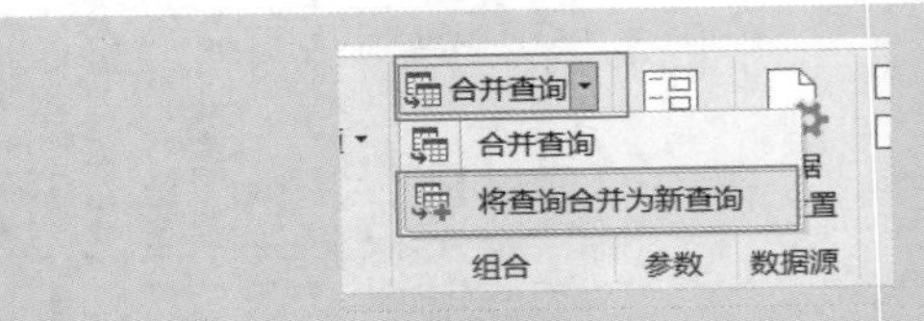

图 2-55 执行“将查询合并为新查询”命令

步骤5 打开“合并”对话框，分别选择“员工属性表”和“工资表”两个表，再选择“姓名”列，就将两个表通过字段“姓名”进行关联合并，其他选项保持默认设置，如图 2-56 所示。

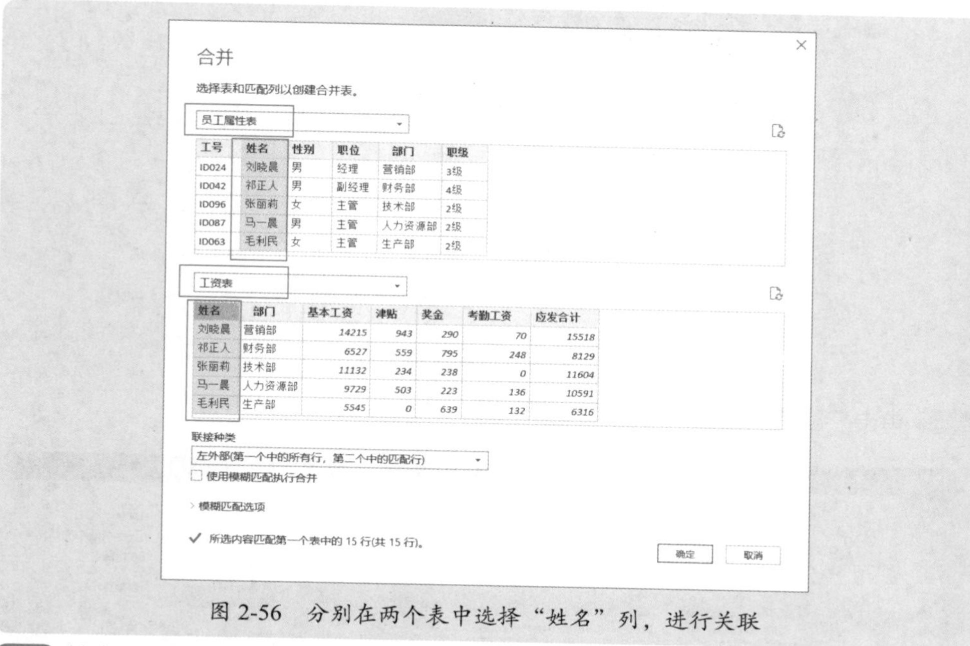

工号	姓名	性别	职位	部门	职级
ID024	刘晓晨	男	经理	营销部	3级
ID042	祁正人	男	副经理	财务部	4级
ID096	张丽莉	女	主管	技术部	2级
ID087	马一晨	男	主管	人力资源部	2级
ID063	毛利民	女	主管	生产部	2级

姓名	部门	基本工资	津贴	奖金	考勤工资	应发合计
刘晓晨	营销部	14215	943	290	70	15518
祁正人	财务部	6527	559	795	248	8129
张丽莉	技术部	11132	234	238	0	11604
马一晨	人力资源部	9729	503	223	136	10591
毛利民	生产部	5545	0	639	132	6316

图 2-56　分别在两个表中选择“姓名”列，进行关联

步骤6 单击“确定”按钮，就得到一个合并表“合并 1”，如图 2-57 所示。

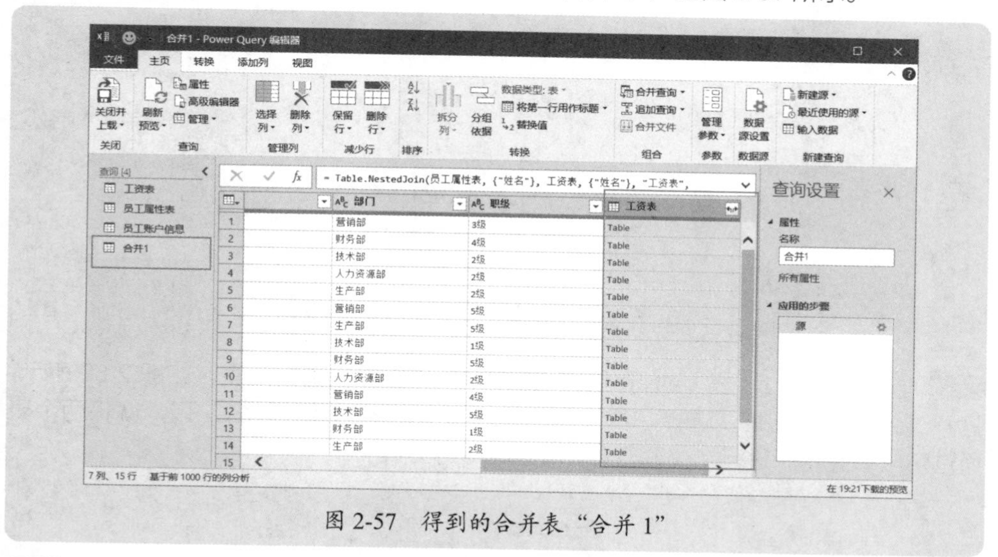

图 2-57　得到的合并表“合并 1”

步骤7 单击最右侧“工资表”的“展开”按钮，打开筛选窗格，选择“员工属性表”中没有的字段，如图 2-58 所示。

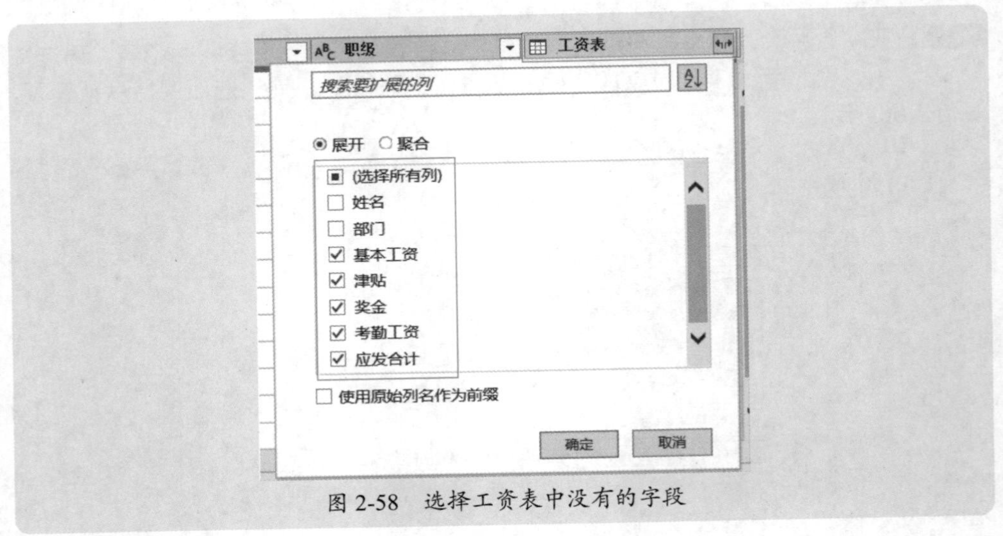

图 2-58　选择工资表中没有的字段

步骤8 单击“确定”按钮，就得到了图 2-59 所示的表。

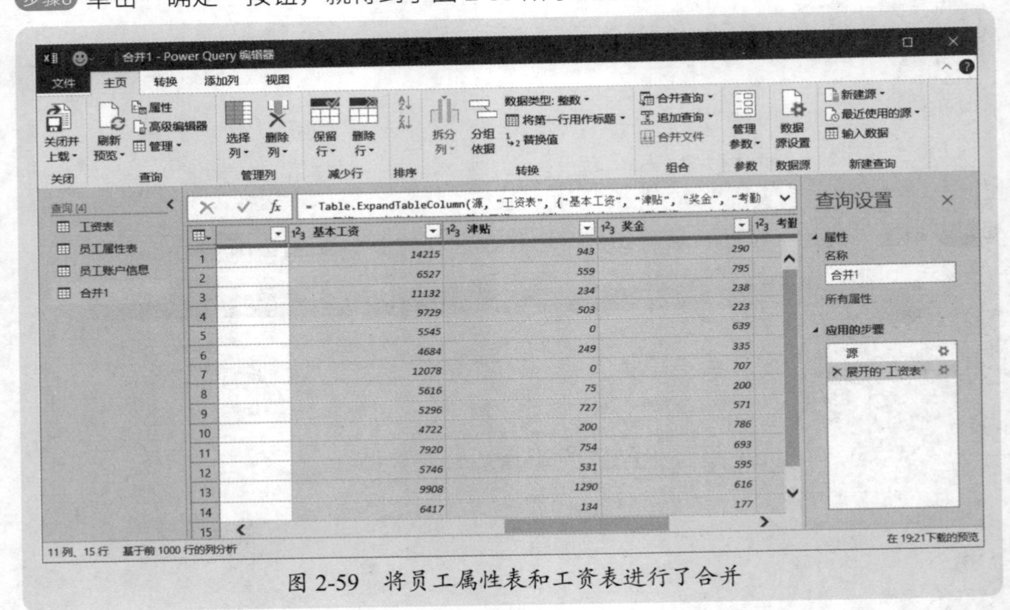

图 2-59　将员工属性表和工资表进行了合并

步骤9 选择“合并 1”表，执行“合并查询”→“合并查询”命令，如图 2-60 所示，打开“合并”对话框，选择“员工账户信息”表，再选择“姓名”列，就将两个表通过字段“姓名”进行了关联合并，如图 2-61 所示。

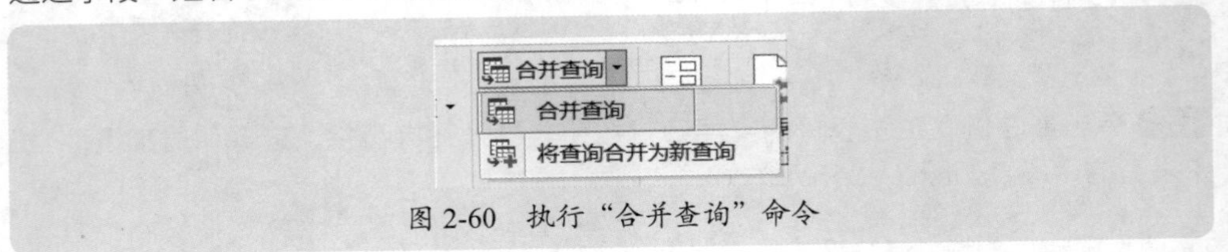

图 2-60　执行“合并查询”命令

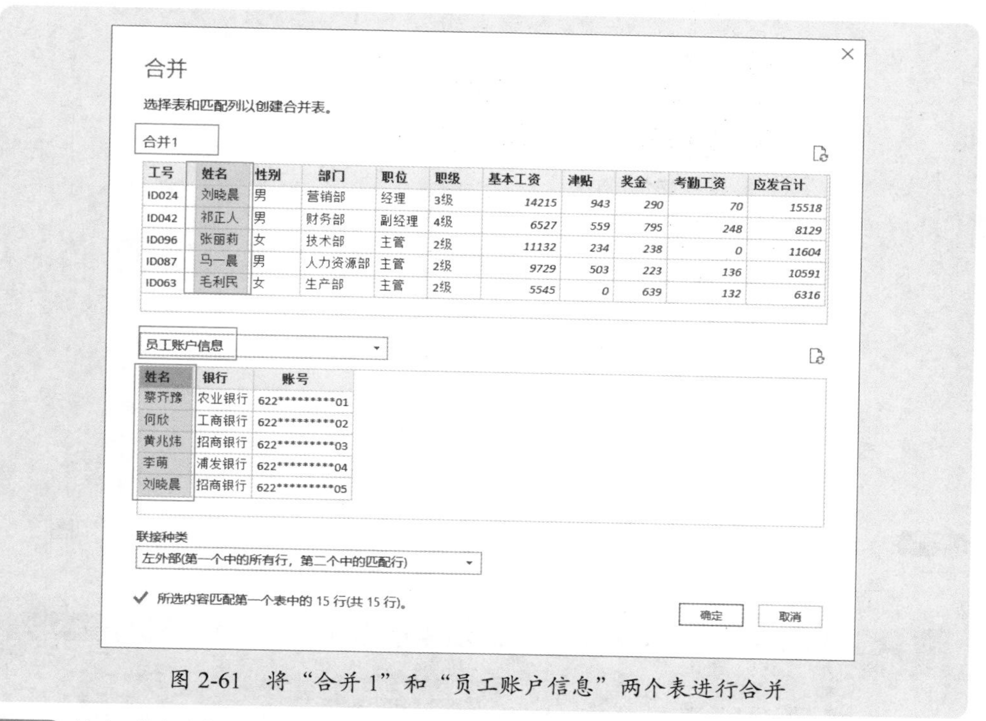

图 2-61　将“合并 1”和“员工账户信息”两个表进行合并

步骤10 单击“确定”按钮，就得了新的合并表“合并 1”，如图 2-62 所示。

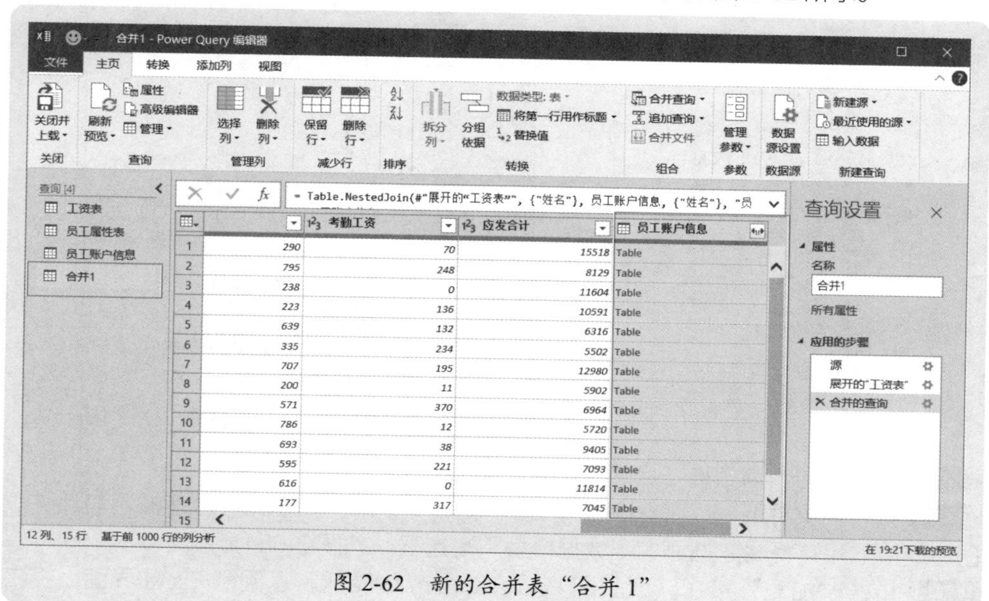

图 2-62　新的合并表“合并 1”

步骤11 单击最右侧“员工账户信息”字段的“展开”按钮，打开筛选窗格，勾选“银行”和“账号”字段复选框，如图 2-63 所示。

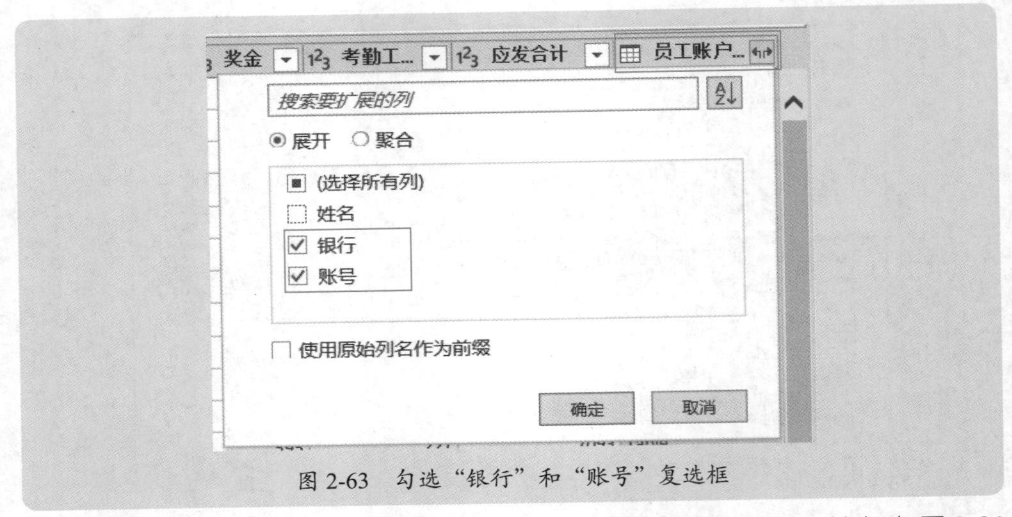

图 2-63　勾选“银行”和“账号”复选框

步骤12 单击“确定”按钮，就将“员工账户信息”表里的字段连接到了合并表，如图 2-64 所示。这就是最终需要的合并表，该表汇集了三个表格的不重复字段数据。

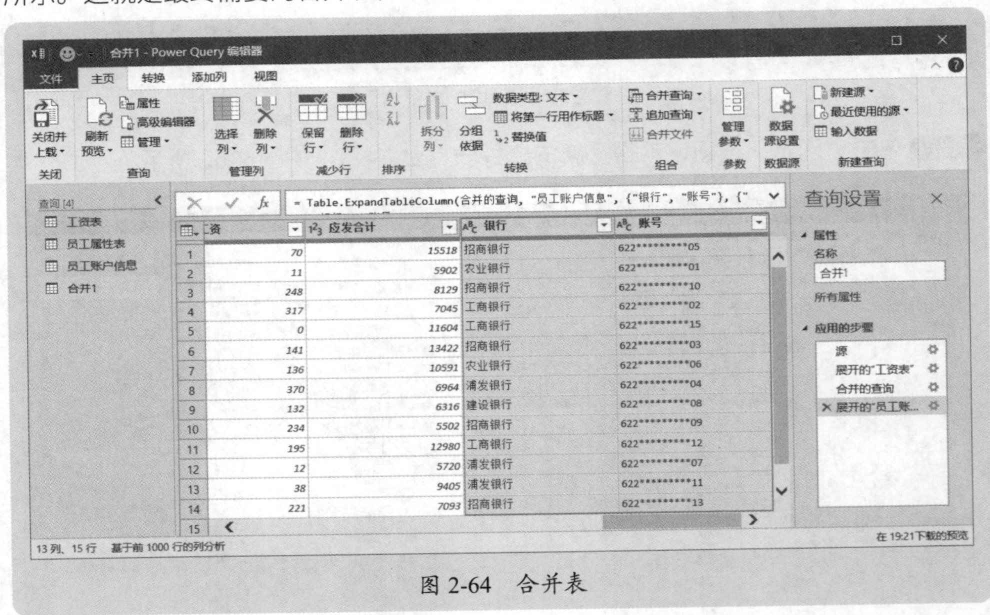

图 2-64　合并表

步骤13 将默认的查询名称“合并 1”重命名为“合并”。

步骤14 执行“文件”→“关闭并上载至”命令，打开“加载到”对话框，勾选“仅创建连接”和“将此数据添加到数据模型”复选框，如图 2-65 所示。

步骤15 单击“加载”按钮，就关闭 Power Query 编辑器，返回到 Excel 界面，在工作簿右侧生成了几个查询，如图 2-66 所示。

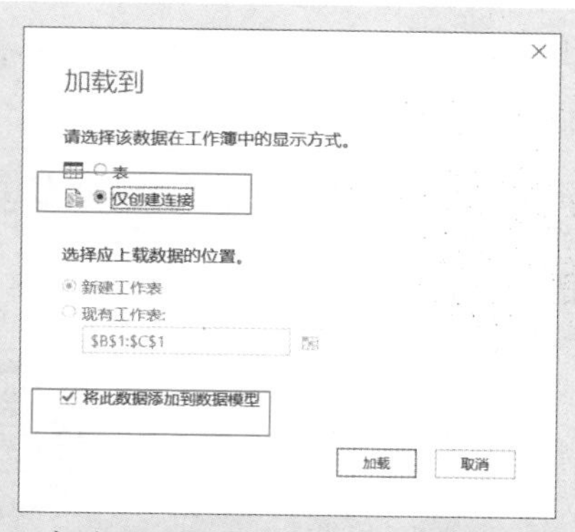

图 2-65　勾选“仅创建连接”和“将此数据添加到数据模型”复选框

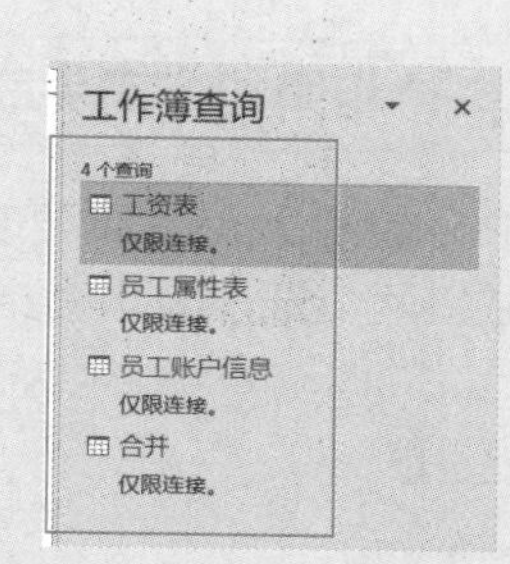

图 2-66　生成的几个查询

步骤16 右击“合并”表，执行“加载到”命令，如图 2-67 所示，重新打开“加载到”对话框，选择“表”和“新建工作表”选项，如图 2-68 所示。

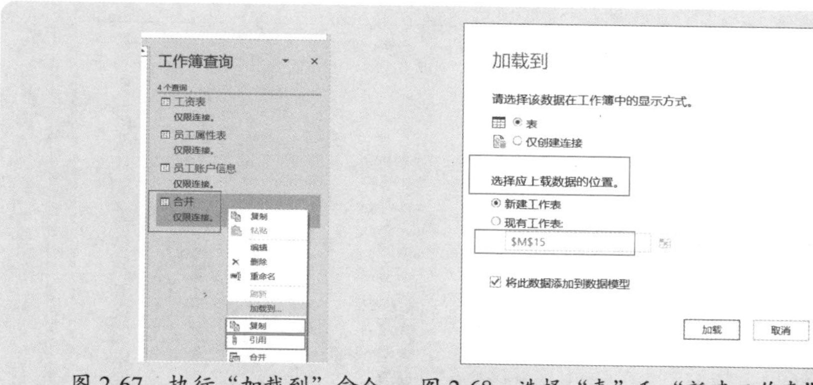

图 2-67　执行“加载到”命令

图 2-68　选择“表”和“新建工作表”选项

步骤17 单击“加载”按钮，将数据导入 Excel 工作表，就是需要的合并表了，如图 2-69 所示。

	A	B	C	D	E	F	G	H	I	J	K	L	M
1	工号	姓名	性别	部门	职位	职级	基本工资	津贴	奖金	考勤工资	应发合计	银行	账号
2	ID024	刘晓晨	男	营销部	经理	3级	14215	943	290	70	15518	招商银行	622*********05
3	ID083	蔡齐豫	男	技术部	职员	1级	5616	75	200	11	5902	农业银行	622*********01
4	ID042	祁正人	男	财务部	副经理	4级	6527	559	795	248	8129	招商银行	622*********10
5	ID045	何欣	男	生产部	职员	2级	6417	134	177	317	7045	工商银行	622*********02
6	ID096	张丽莉	女	技术部	主管	2级	11132	234	238	0	11604	工商银行	622*********15
7	ID098	黄兆炜	男	生产部	职员	3级	11950	603	728	141	13422	招商银行	622*********03
8	ID087	马一晨	男	人力资源部	主管	2级	9729	503	223	136	10591	农业银行	622*********06
9	ID050	李萌	男	财务部	主管	5级	5296	727	571	370	6964	浦发银行	622*********04
10	ID063	毛利民	女	生产部	主管	2级	5545	0	639	132	6316	建设银行	622*********08
11	ID078	孟欣然	女	营销部	经理	5级	4684	249	335	234	5502	招商银行	622*********09
12	ID004	王浩忌	女	生产部	经理	5级	12078	0	707	195	12980	工商银行	622*********12
13	ID003	马梓	女	人力资源部	主管	2级	4722	200	786	12	5720	浦发银行	622*********07
14	ID090	秦玉邦	男	营销部	职员	4级	7920	754	693	38	9405	浦发银行	622*********11
15	ID052	王玉成	女	技术部	职员	5级	5746	531	595	221	7093	招商银行	622*********13
16	ID041	张慈淼	女	财务部	经理	1级	9908	1290	616	0	11814	工商银行	622*********14
17													

图 2-69　得到的合并表

使用 Power Query 合并多个关联工作表并不轻松，要经过多步操作才能完成。不过，如果能够熟练操作 Power Query，合并就非常快了。

2.2.3 多个相同或不同关联字段的一维表格合并：使用 Power Query

使用 Power Query 工具要麻烦些，因为要使用合并查询工具，而合并查询工具每次只能联接两个表，因此需要做两次合并查询。

案例 2-6

利用 Power Query 工具合并工作表的主要步骤如下。

步骤1 在“数据”选项卡中，执行“获取数据”→“来自文件”→“从工作簿”命令，然后按照向导操作，打开“导航器”对话框，然后在导航器中勾选“选择多项”复选框，再选择要合并的三个表，如图 2-70 所示。

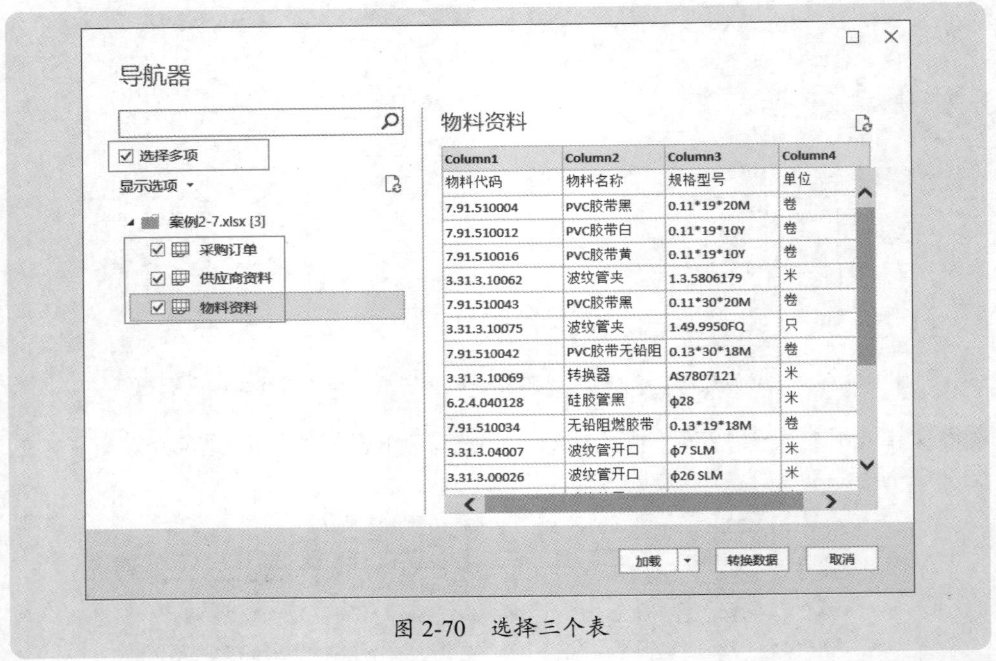

图 2-70 选择三个表

步骤2 进入 Power Query 编辑器，检查每个表的标题是否是正确的标题，如果不是，就提升标题。

步骤3 做第一次追加合并查询，选择“采购订单”和“供应商资料”两个表，以供应商名称作为关联字段进行关联，如图 2-71 所示。

图 2-71　第一次合并查询，准备获取供应商代码

步骤4 这样得到一个新查询“合并 1”，然后展开“供应商资料”，仅勾选“供应商代码”复选框，如图 2-72 所示，就在“合并 1”中得到了供应商代码，然后将供应商代码列调整到供应商名称前面。

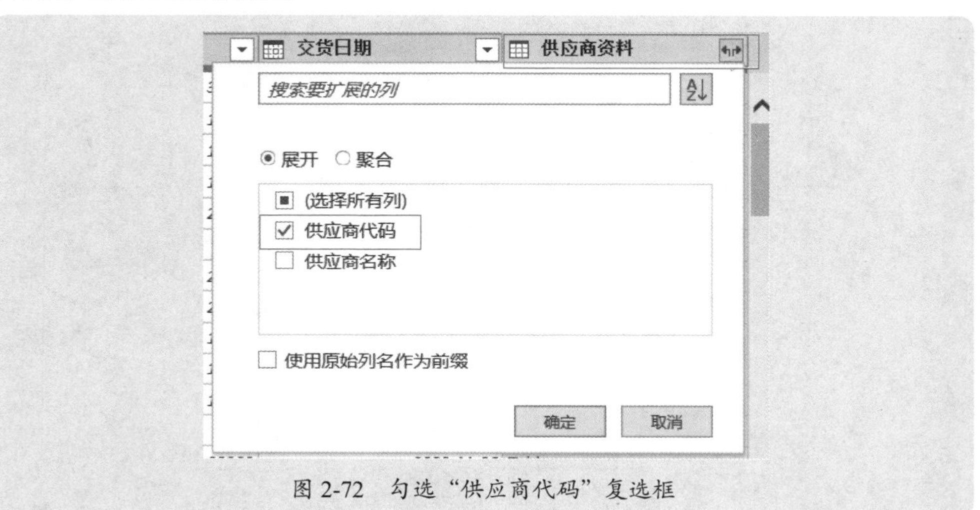

图 2-72　勾选“供应商代码”复选框

步骤5 做第二次合并查询，选择“合并 1”和“物料资料”两个表，以物料名称和规格型号作为关联字段进行关联，如图 2-73 所示。

物料代码	物料名称	规格型号	单位
7.91.510004	PVC胶带黑	0.11*19*20M	卷
7.91.510012	PVC胶带白	0.11*19*10Y	卷
7.91.510016	PVC胶带黄	0.11*19*10Y	卷
3.31.3.10062	波纹管夹	1.3.5806179	米
7.91.510043	PVC胶带黑	0.11*30*20M	卷

图 2-73　第二次合并查询，准备获取物料代码

步骤6 这样，就将查询“合并 1”和“物料资料”降序合并了，然后展开“物料资料”，仅勾选“物料代码”复选框，如图 2-74 所示，就在“合并 1”中得到了物料代码，然后将物料代码列调整到物料名称前面。

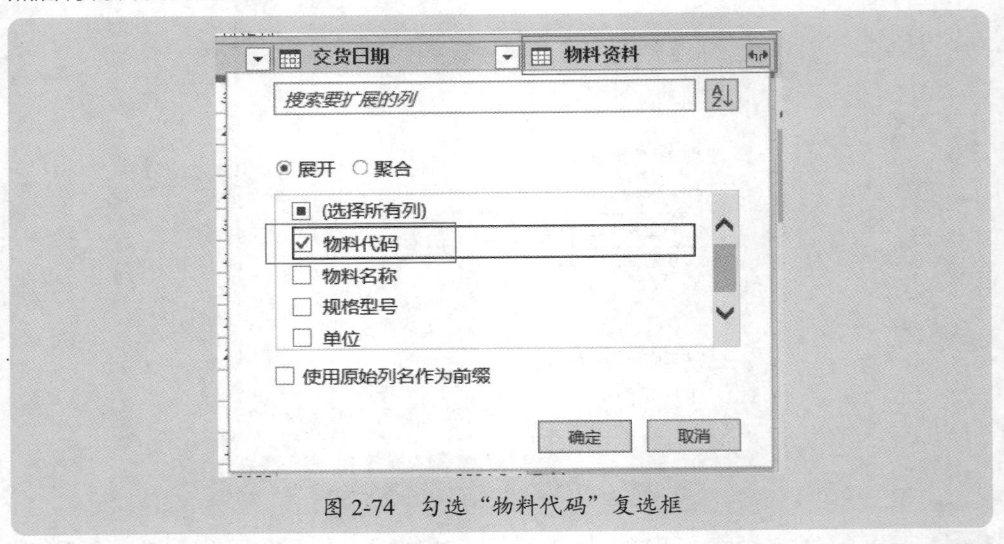

图 2-74　勾选“物料代码”复选框

步骤7 将“合并 1”重命名为“分析底稿”，加载为仅连接，并添加为数据模型，然后单独导出“分析底稿”数据。

2.2.4 综合应用案例：即时库存分析

在实际工作中，也会遇到这样的问题：有几个关联表，需要把这几个关联表合并起来，并进行一些必要的汇总计算（求和），生成一个新的动态统计表，这样的问题如何解决？

案例 2-7

例如，在库存统计分析中，采集了这样 3 个表：年初库存、入库明细和出库明细，现在要求将这 3 个表合并起来，制作一个动态的即时库存表，也就是可以随时查看每个物料的目前库存数量情况。

实际案例数据如图 2-75 ～图 2-77 所示，分别为年初库存表、入库明细表和出库明细表。

	A	B	C	D	E	F	G	H	I
1	供应商名称	物料代码	物料名称	规格型号	单位	数量	含税单价	价税合计	
2	供应商01	3.03.28.01.476	材料001	TCK.094.0721	KG	161,173	45.18	7,281,796.14	
3	供应商02	3.08.07.005.287	材料004	E[M.058.0242	吨	255	4,917.14	1,253,870.70	
4	供应商02	3.08.54.975	材料006	ABA.017.0743	吨	76	3,001.12	228,085.12	
5	供应商02	3.08.55.009.172	材料008	KIN.046.0286	吨	37	1,871.28	69,237.36	
6	供应商02	3.08.59.001.621	材料002	[BM.019.0640	吨	29	3,233.52	93,772.08	
7	供应商02	3.08.66.025	材料007	TWU.025.0898	吨	317	5987.28	1,897,967.76	
8	供应商02	3.08.72.005.354	材料005	ABD.026.0384	吨	44	3,921.50	172,546.00	
9	供应商02	3.08.89.001.044	材料003	NKD.014.0690	吨	233	5,719.06	1,332,540.98	
10	供应商03	3.08.15.344	材料010	JJO.055.0620	吨	15	11,188.27	167,824.05	
11	供应商03	3.08.70.335	材料009	SIA.034.0546	吨	5	10,125.40	50,627.00	
12	供应商04	3.08.06.001.203	材料012	FQN.049.0769	KG	2,801	221.81	621,289.81	
13	供应商04	3.08.24.002.653	材料015	OPB.011.0446	吨	119	5,168.67	615,071.73	
14	供应商04	3.08.37.001.308	材料013	JWH.031.0705	KG	4,599	494.92	2,276,137.08	
15	供应商04	3.08.42.001.595	材料011	KOH.068.0743	KG	1,515	595.08	901,546.20	
16	供应商04	3.08.69.009.083	材料018	ZPV.009.0038	吨	250	1,673.60	418,400.00	

年初库存　入库明细　出库明细　即时库存

图 2-75　年初库存表

	A	B	C	D	E	F	G	H	I	J
1	日期	供应商名称	物料代码	物料名称	规格型号	单位	实收数量	含税单价	价税合计	税
2	2023-1-2	供应商13	3.05.252	材料068	UZF.016.0133	KG	1304	18.45	24,058.80	0.
3	2023-1-2	供应商11	3.07.34.269	材料047	YNQ.053.0826	张	544	14.49	7,882.56	0.
4	2023-1-2	供应商09	3.07.20.341	材料033	CRZ.047.0474	张	688	22.02	15,149.76	0.
5	2023-1-2	供应商11	3.07.49.775	材料056	FP[.037.0117	个	2107	7.26	15,296.82	0.
6	2023-1-2	供应商13	3.05.252	材料068	UZF.016.0133	KG	1090	18.38	20,034.20	0.
7	2023-1-2	供应商13	3.05.159	材料063	AYZ.027.0799	KG	750	12.77	9,577.50	0.
8	2023-1-3	供应商05	3.02.19.01.08.808	材料085	UME.093.0893	吨	53	12,153.60	644,140.80	0.
9	2023-1-5	供应商13	3.05.942	材料067	FIK.096.0390	KG	194	35.43	6,873.42	0.
10	2023-1-7	供应商13	3.05.701.161	材料066	FDJ.078.0951	KG	676	15.81	10,687.56	0.
11	2023-1-7	供应商02	3.08.59.001.621	材料002	[BM.019.0640	吨	46	3,239.49	149,016.54	0.
12	2023-1-8	供应商13	3.05.252	材料068	UZF.016.0133	KG	961	18.39	17,672.79	0.
13	2023-1-9	供应商13	3.05.252	材料068	UZF.016.0133	KG	4182	18.55	77,576.10	0.
14	2023-1-9	供应商05	3.02.57.01.08.710	材料084	ARD.043.0151	吨	4	23,881.18	95,524.72	0.
15	2023-1-9	供应商13	3.05.701.161	材料066	FDJ.078.0951	KG	404	15.82	6,391.28	0.
16	2023-1-9	供应商13	3.05.767	材料062	NMK.086.0034	KG	305	28.01	8,543.05	0.

年初库存　入库明细　出库明细　即时库存

图 2-76　入库明细表

	A	B	C	D	E	F	G	H	I
1	日期	领料部门	物料代码	物料名称	规格型号	单位	实发数量	单价	价税合计
2	2023-1-1	B车间	3.08.70.335	材料009	SIA.034.0546	吨	1.12	10,225.17	11,452.19
3	2023-1-1	B车间	3.08.24.002.653	材料015	OPB.011.0446	吨	11.60	5,168.98	59,960.17
4	2023-1-1	B车间	3.08.75.001.659	材料017	YLX.041.0208	吨	11.12	6,190.42	68,837.47
5	2023-1-1	B车间	3.05.159	材料063	AYZ.027.0799	KG	707.65	12.83	9,079.15
6	2023-1-2	B车间	3.08.89.001.044	材料003	NKD.014.0690	吨	69.32	5,767.08	399,773.99
7	2023-1-2	B车间	3.05.159	材料063	AYZ.027.0799	KG	323.29	12.75	4,121.95
8	2023-1-3	B车间	3.09.69.300	材料071	HKP.023.0381	KG	81.38	221.84	18,053.34
9	2023-1-3	A车间	3.05.767	材料062	NMK.086.0034	KG	97.58	28.05	2,737.12
10	2023-1-3	B车间	3.05.159	材料063	AYZ.027.0799	KG	347.58	12.86	4,469.88
11	2023-1-4	A车间	3.02.24.01.08.781	材料078	JIP.044.0935	吨	1.25	11,355.62	14,194.53
12	2023-1-4	B车间	3.09.32.217	材料070	MTW.073.0319	KG	11.75	196.73	2,311.58
13	2023-1-4	A车间	3.07.34.269	材料047	YNQ.053.0826	张	248.04	14.51	3,599.06
14	2023-1-5	B车间	3.09.36.517	材料076	WJK.044.0159	KG	37.48	44.68	1,674.61
15	2023-1-5	B车间	3.07.71.368	材料024	YLY.009.0299	吨	569.70	40.21	22,907.64
16	2023-1-5	A车间	3.03.28.01.476	材料001	TCK.094.0721	KG	674.87	45.61	30,780.82

年初库存 | 入库明细 | 出库明细 | 即时库存

图 2-77　出库明细表

下面是合并汇总的几个要点，详细过程请观看录制的视频。

要点 1：首先插入一个新工作表，重命名为“即时库存”，然后把工作簿保存一下。

要点 2：在“数据”选项卡中，执行“新建查询”→“从文件”→“从工作簿”命令，从文件夹中选择工作簿文件，打开“导航器”对话框，勾选左侧顶部的“选择多项”复选框，并勾选要合并的 3 个表，如图 2-78 所示。

图 2-78　勾选 3 个数据表

要点 3：单击“转换数据”按钮，打开 Power Query 编辑器，在“首页”选项卡中，执行“合并查询”→“将查询合并为新查询”命令，打开“合并”对话框，分别选择“年初库存”和“入库明细”表，使用物料代码做关联，如图 2-79 所示。

这里，物料代码是不重复的唯一辨识码，因此作为关联字段。

以“年初库存”作为第一个表，这个表是所有物料的汇总表，因此入库数量合计数和出库数量合计数都要追加合并到这个表，生成一个新表。

图 2-79 合并“年初库存”和“入库明细”表

要点 4：得到一个新查询“合并 1”，然后展开字段“入库明细”，先选择“聚合”选项，再勾选“Σ 实收数量的总和”复选框，如图 2-80 所示。这个步骤，就是把入库明细表中，每个物料的实收数量进行求和计算。

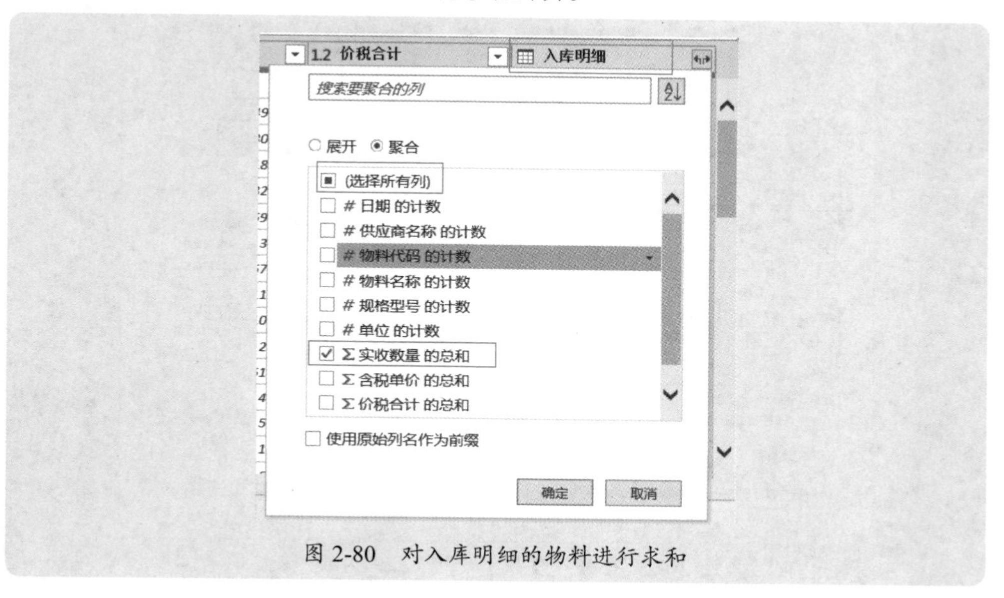

图 2-80 对入库明细的物料进行求和

这样，就得到了每个物料的入库数量合计数，如图 2-81 所示。然后将默认的字段名“实收数量的总和”重命名为“入库数量”。

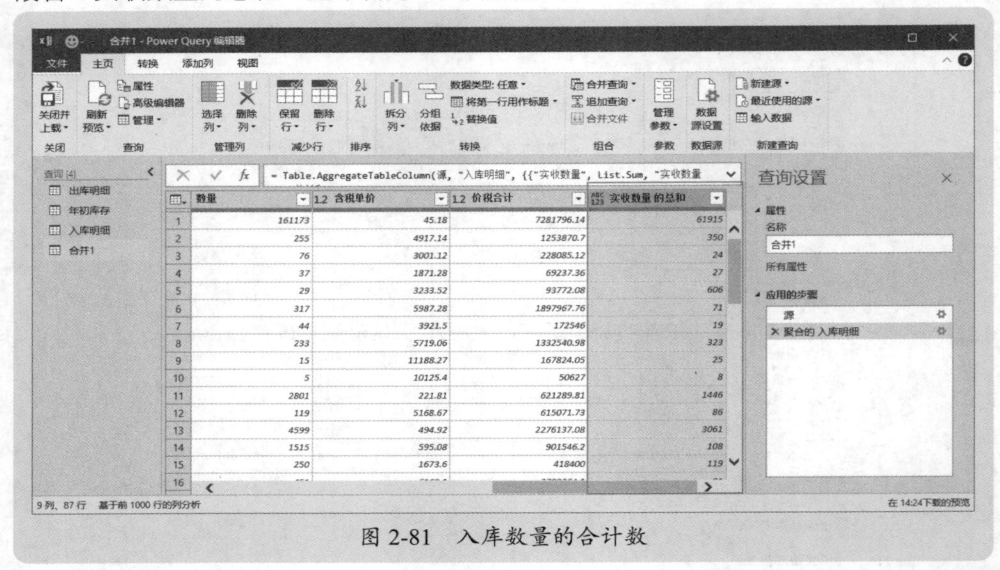

图 2-81　入库数量的合计数

要点 5：选择“合并 1”和“出库明细”表，依照上面的方法进行合并，得到出库数量合计数，如图 2-82 ～图 2-84 所示。然后将默认的字段名“实发数量的总和”重命名为“出库数量”。

图 2-82　合并“合并 1”和“出库明细”表

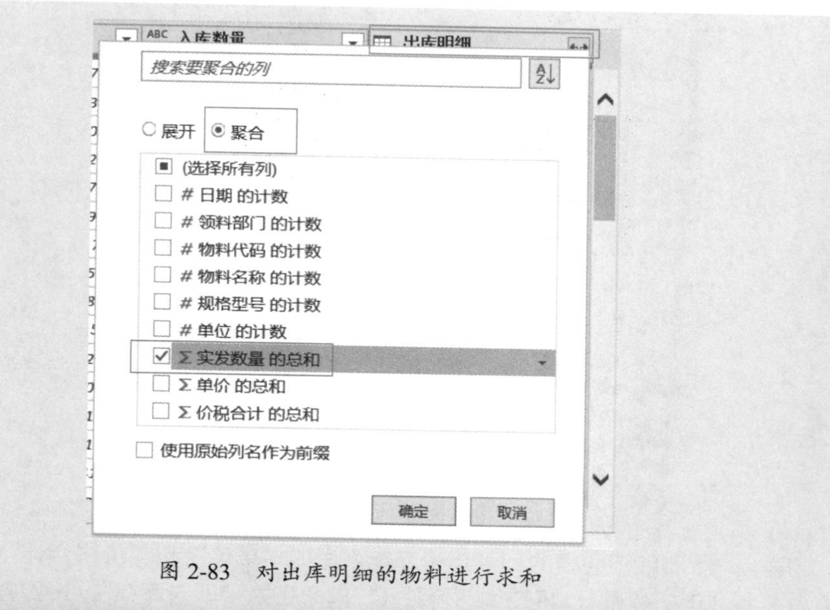

图 2-83　对出库明细的物料进行求和

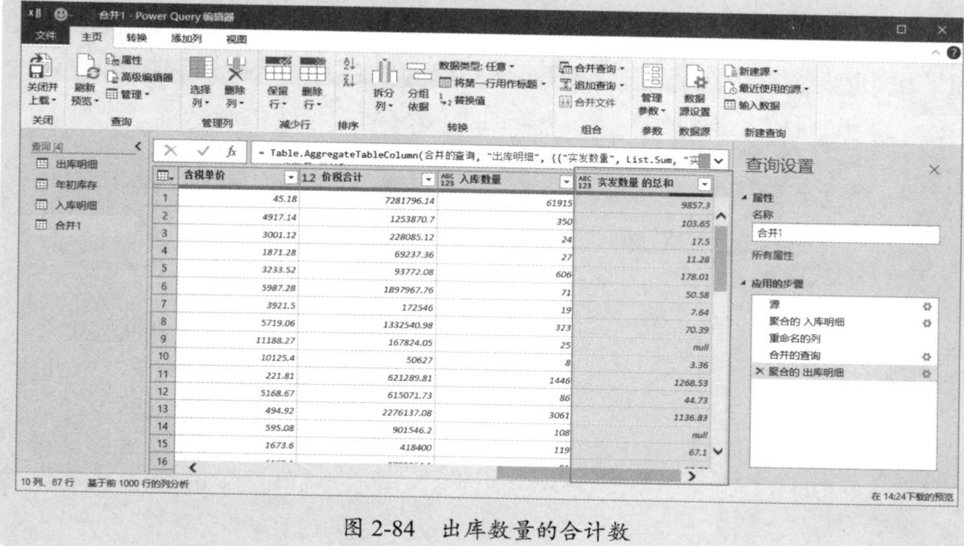

图 2-84　出库数量的合计数

要点 6：插入一个自定义列“即时库存”，计算即时库存数量，自定义计算公式如下，如图 2-85 所示。

```
= List.Sum({[数量],[入库数量],-[出库数量]})
```

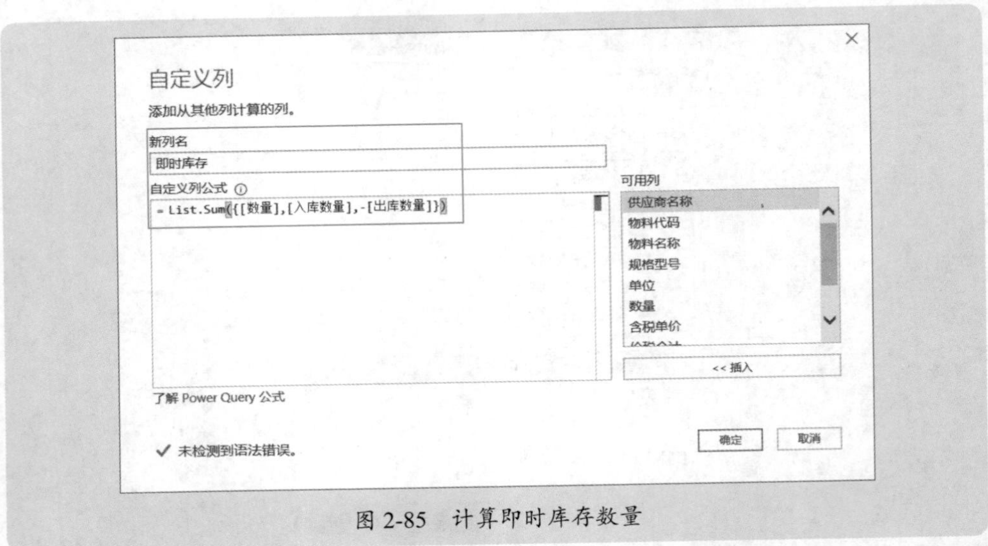

图 2-85　计算即时库存数量

要点 7：删除不必要的列（年初库存表里的“单价”和“价税合计”），将“数量”重命名为“年初数量”，将查询“合并 1”重命名为“即时库存”，设置各列的数据类型，就得到即时库存表，如图 2-86 所示。

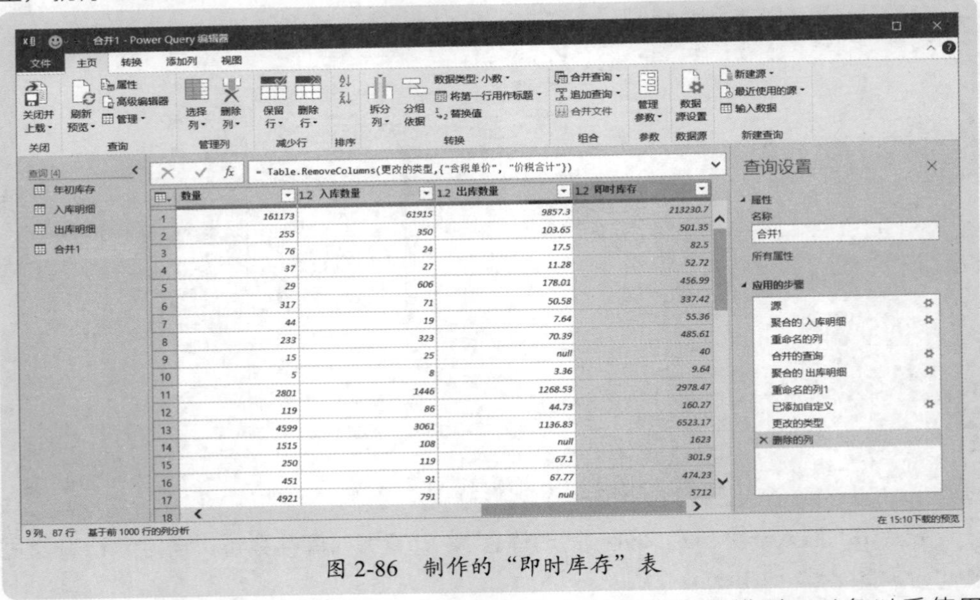

图 2-86　制作的“即时库存”表

要点 8：将查询结果加载为仅创建连接，并添加到数据模型，以备以后使用 Power Pivot 进行数据分析。如果要将“即时库存”数据导入 Excel 工作表，就单独将“即时库存”数据导出，如图 2-87 所示。

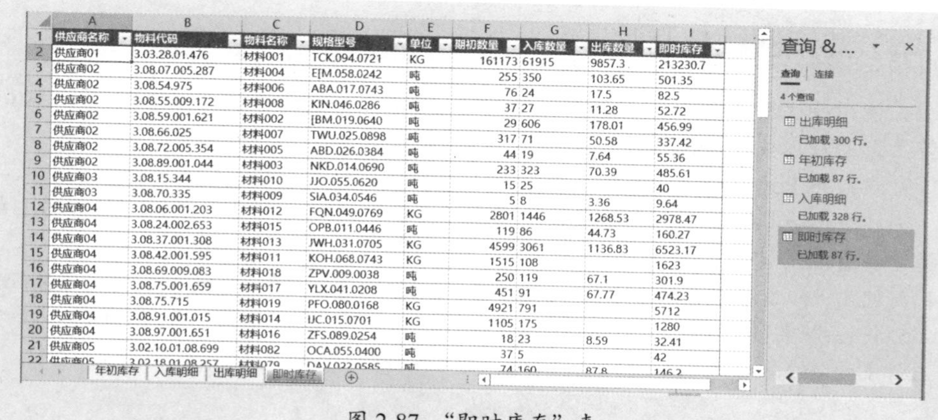

	A	B	C	D	E	F	G	H	I
1	供应商名称	物料代码	物料名称	规格型号	单位	期初数量	入库数量	出库数量	即时库存
2	供应商01	3.03.28.01.476	材料001	TCK.094.0721	KG	161173	61915	9857.3	213230.7
3	供应商02	3.08.07.005.287	材料004	E[M.058.0242	吨	255	350	103.65	501.35
4	供应商02	3.08.54.975	材料006	ABA.017.0743	吨	76	24	17.5	82.5
5	供应商02	3.08.55.009.172	材料008	KIN.046.0286	吨	37	27	11.28	52.72
6	供应商02	3.08.59.001.621	材料002	[BM.019.0640	吨	29	606	178.01	456.99
7	供应商02	3.08.66.025	材料007	TWU.025.0898	吨	317	71	50.58	337.42
8	供应商02	3.08.72.005.354	材料005	ABD.026.0384	吨	44	19	7.64	55.36
9	供应商02	3.08.89.001.044	材料003	NKD.014.0690	吨	233	323	70.39	485.61
10	供应商03	3.08.15.344	材料010	JJO.055.0620	吨	15	25		40
11	供应商03	3.08.70.335	材料009	SIA.034.0546	吨	5	8	3.36	9.64
12	供应商04	3.08.06.001.203	材料012	FQN.049.0769	KG	2801	1446	1268.53	2978.47
13	供应商04	3.08.24.002.653	材料015	OPB.011.0446	吨	119	86	44.73	160.27
14	供应商04	3.08.37.001.308	材料013	JWH.031.0705	KG	4599	3061	1136.83	6523.17
15	供应商04	3.08.42.001.595	材料011	KOH.068.0743	KG	1515	108		1623
16	供应商04	3.08.69.009.083	材料018	ZPV.009.0038	吨	250	119	67.1	301.9
17	供应商04	3.08.75.001.659	材料017	YLX.041.0208	吨	451	91	67.77	474.23
18	供应商04	3.08.75.715	材料019	PFO.080.0168	KG	4921	791		5712
19	供应商04	3.08.91.001.015	材料014	IJC.015.0701	KG	1105	175		1280
20	供应商04	3.08.97.001.651	材料016	ZFS.089.0254	吨	18	23	8.59	32.41
21	供应商05	3.02.10.01.08.699	材料082	OCA.055.0400	吨	37	5		42
22	供应商05	3.02.18.01.08.257	材料079	DAV.022.0585	吨	74	160	87.8	146.2

图 2-87 “即时库存”表

2.2.5 使用 Power Query 合并查询的联接种类

在使用 Power Query 进行合并查询时，上面的第一个表和下面的第二个表有 6 种联接种类需要选择设置，如图 2-88 所示。

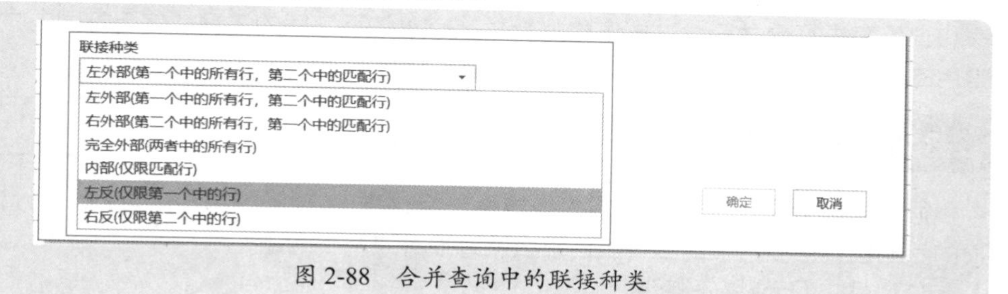

图 2-88 合并查询中的联接种类

这 6 种联接种类说明如下。

1. 左外部（第一个中的所有行，第二个中的匹配行）

   就是保留第 1 个表的所有项目，获取第 2 个表中与第 1 个表中匹配的项目，剔除第 2 个表中不匹配的项目。

2. 右外部（第二个中的所有行，第一个中的匹配行）

   就是保留第 2 个表的所有项目，获取第 1 个表中与第 2 个表中匹配的项目，剔除第 1 个表中不匹配的项目。

3. 完全外部（两者中的所有行）

   就是保留两个表格的所有项目。

4. 内部（仅限匹配行）

   保留两个表的匹配项目，剔除不匹配的项目。

5. 左反（仅限第一个中的行）

   以表 1 为基准，保留表 1 与表 2 有差异的行，剔除表 1 与表 2 相同的行。

6. 右反（仅限第二个中的行）

   以表 2 为基准，保留表 2 与表 1 有差异的行，剔除表 2 与表 1 相同的行。

本节知识回顾与测验

1. 使用函数对多个关联工作表进行汇总，常用的函数有哪些？请结合实际表格，练习函数的应用技能与技巧。

2. 在使用 Power Query 工具对多个关联工作表汇总时，要注意哪些问题？

3. 在 Power Query 中，合并查询是用来对关联工作表进行合并汇总，操作的主要步骤和注意点是什么？

4. 使用 Power Query 合并查询时，两个表的前后顺序与联接种类，应如何选择匹配？

5. 请结合实际数据，练习 Microsoft Query 工具和使用 Power Query 工具合并关联工作表的基本技能和技巧。

2.3 特殊结构表格的合并

2.2 节介绍的是一维表格合并汇总，这也是常见的表格合并汇总。在实际工作中，还会遇到一些特殊结构表格的合并，例如，将多个二维表格进行合并、将多个一维表和二维表进行合并等，这些表格的合并，可以依据不同的情况，使用不同的方法。常用的方法有多重合并计算数据区域透视表、使用 Power Query 等。

2.3.1 多个二维表格的合并（列结构相同）

很多人都会设计报表格式的二维表格，但这样的二维表格是不适合数据分析建模的。如果有很多这样的二维表，那么就必须解决两个问题：

(1) 将它们合并在一起；

(2) 转换为一维表。

不论是合并还是转换，使用 Power Query 无疑是最简单、最高效的方法。下面结合实际案例进行说明。

案例 2-8

图 2-89 所示是各个产品所需原料的各个月采购预算表，每个产品有一个工作表，现在要将这些产品各月采购数据合并成一个一维表，结果如图 2-90 所示。

	A	B	C	D	E	F	G	H	I	J	K	L	M	N	O
1	品名	规格	1月	2月	3月	4月	5月	6月	7月	8月	9月	10月	11月	12月	全年
2	原料14	/	24,532.20	24,532.20	24,532.20	32,709.60	32,709.60	32,709.60	32,709.60	32,709.60	32,709.60	32,709.60	32,709.60	8,177.40	343,450.80
3	原料09	/	74.65	74.65	74.65	99.53	99.53	99.53	99.53	99.53	99.53	99.53	99.53	24.88	1,045.07
4	原料03	/	876.15	876.15	876.15	1,168.20	1,168.20	1,168.20	1,168.20	1,168.20	1,168.20	1,168.20	1,168.20	292.05	12,266.10
5	原料02	10ml	36.10	36.10	36.10	48.13	48.13	48.13	48.13	48.13	48.13	48.13	48.13	12.03	505.36
6	原料11	20mm	36.10	36.10	36.10	48.13	48.13	48.13	48.13	48.13	48.13	48.13	48.13	12.03	505.36
7	原料12	20mm	36.10	36.10	36.10	48.13	48.13	48.13	48.13	48.13	48.13	48.13	48.13	12.03	505.36
8	原料16	10ml*5	7.04	7.04	7.04	9.39	9.39	9.39	9.39	9.39	9.39	9.39	9.39	2.35	98.62
9	原料15	60mg	36.10	36.10	36.10	48.13	48.13	48.13	48.13	48.13	48.13	48.13	48.13	12.03	505.36
10	原料23	60mg	7.08	7.08	7.08	9.44	9.44	9.44	9.44	9.44	9.44	9.44	9.44	2.36	99.11
11	原料18	60mg	7.04	7.04	7.04	9.39	9.39	9.39	9.39	9.39	9.39	9.39	9.39	2.35	98.62
12	合计		25,648.56	25,648.56	25,648.56	34,198.07	34,198.07	34,198.07	34,198.07	34,198.07	34,198.07	34,198.07	34,198.07	8,549.52	359,079.77

合并表 | 产品A | 产品B | 产品C | 产品Y | 产品D | 产品E | 产品G | 产品K | 产品P | 产品R

图 2-89　各个产品的原料采购预算表

	产品	产品	品名	规格	月份	预算数
10	产品A	产品A	原料17	/	9月	2.596
11	产品A	产品A	原料17	/	10月	2.596
12	产品A	产品A	原料17	/	11月	2.596
13	产品A	产品A	原料17	/	12月	3.751
14	产品A	产品A	原料22	5ml*10	1月	3.2995
15	产品A	产品A	原料22	5ml*10	2月	3.9025
16	产品A	产品A	原料22	5ml*10	3月	3.9025
17	产品A	产品A	原料22	5ml*10	4月	3.9025
18	产品A	产品A	原料22	5ml*10	5月	3.2995
19	产品A	产品A	原料22	5ml*10	6月	3.2995
20	产品A	产品A	原料22	5ml*10	7月	2.596
21	产品A	产品A	原料22	5ml*10	8月	2.596
1112	产品R	产品R	原料21	10ml	7月	29.947456
1113	产品R	产品R	原料21	10ml	8月	29.947456
1114	产品R	产品R	原料21	10ml	9月	29.947456
1115	产品R	产品R	原料21	10ml	10月	29.947456
1116	产品R	产品R	原料21	10ml	11月	29.947456
1117	产品R	产品R	原料21	10ml	12月	29.947456
1118	产品R	产品R	原料11	20mm	1月	29.947456
1119	产品R	产品R	原料11	20mm	2月	29.947456
1120	产品R	产品R	原料11	20mm	3月	29.947456
1121	产品R	产品R	原料11	20mm	4月	29.947456
1122	产品R	产品R	原料11	20mm	5月	29.947456

图 2-90　合并成的一维表

使用 Power Query 来合并这些二维表是很简单的，与 2.1.1 节“案例 2-1”介绍的方法基本一样。下面是合并的几个要点，详细操作过程请观看录制的视频。

要点 1：首先是将这些工作表汇总在一起，结果如图 2-91 所示。

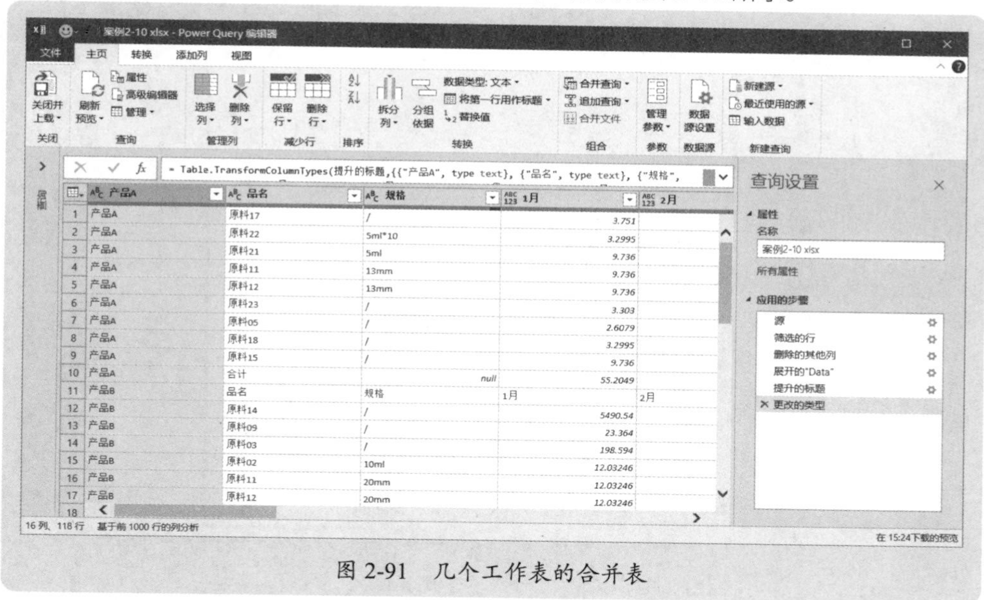

图 2-91　几个工作表的合并表

要点 2：将第一列的标题“产品 A”更改为“产品”，然后从字段“品名”列中筛选掉多余的工作表标题和合计行，如图 2-92 所示。

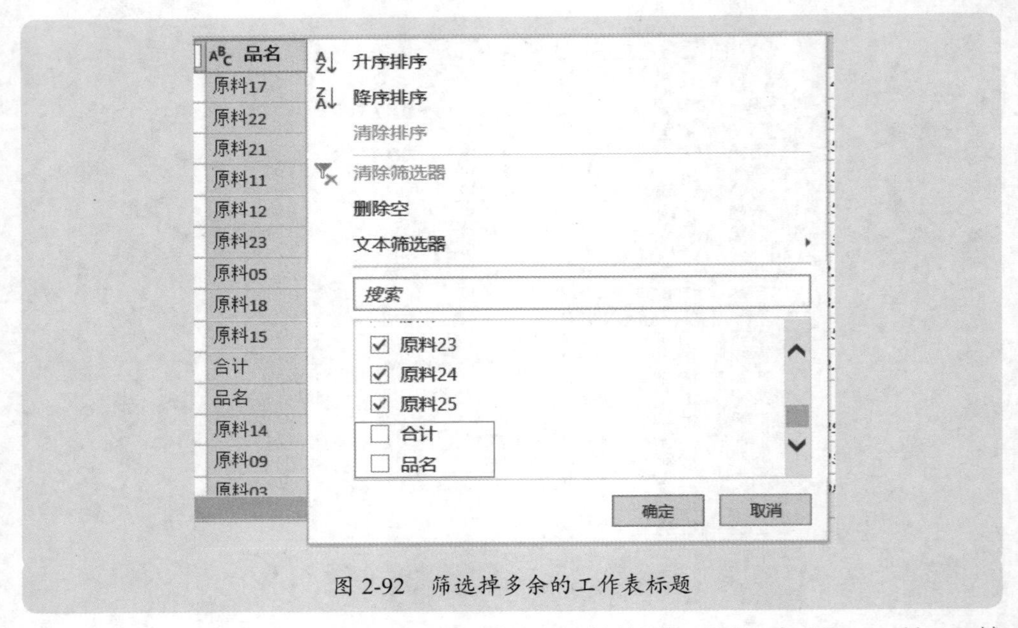

图 2-92　筛选掉多余的工作表标题

要点 3：选择左侧三列，右击执行“逆透视其他列”命令，如图 2-93 所示，就将各个月数据逆透视，如图 2-94 所示。

	产品	品名
1	产品A	原料17
2	产品A	原料22
3	产品A	原料21
4	产品A	原料11
5	产品A	原料12
6	产品A	原料23
7	产品A	原料05
8	产品A	原料18
9	产品A	原料15
10	产品B	原料14
11	产品B	原料09
12	产品B	原料03
13	产品B	原料02
14	产品B	原料11
15	产品B	原料12

规格
复制
删除列
删除其他列
从示例中添加列...
删除重复项
删除错误
替换值...
填充
更改类型
转换
合并列
分组依据...
逆透视列
逆透视其他列
仅逆透视选定列
移动

99 行　基于前 1000 行的列分析

图 2-93　右击执行“逆透视其他列”命令

要点 4：将标题“属性”修改为“月份”，将标题“值”修改为“预算数”，最后导出数据到 Excel 工作表“合并表”中。

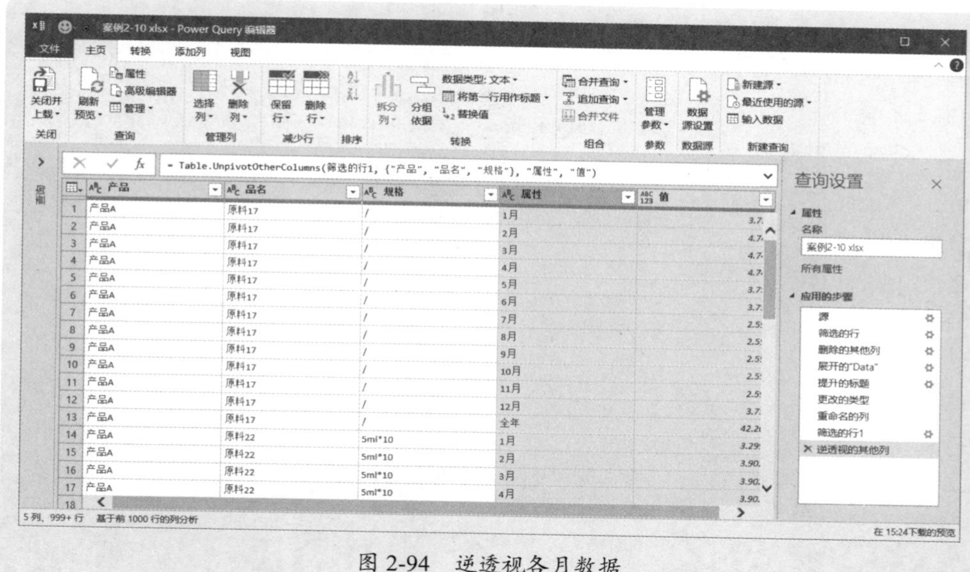

图 2-94　逆透视各月数据

2.3.2 多个二维表格的合并（列结构不同）

“案例 2-8”介绍的几个二维表，其列结构相同，这是常常遇到的表格类型。但在实际工作中，也会遇到每个二维表列结构不一样的情况，例如第 1 章的“案例 1-6”的数据，介绍的是用多重合并计算数据区域透视表来合并，该方法很简单。下面再介绍如何使用 Power Query 来解决。

案例 2-9

示例数据是第 1 章的“案例 1-6”，下面是合并的几个要点，详细操作请观看录制的视频。

要点 1：在“数据”选项卡中，执行“获取数据”→“来自文件”→“从工作簿”命令，然后按照向导操作，打开“导航器”对话框，然后在导航器中勾选“选择多项”复选框，再选择要合并的 4 个表，如图 2-95 所示。

要点 2：进入 Power Query 编辑器，在每个表中，将部门列进行逆透视，得到一维表，然后在每个表中插入自定义列（使用默认的“自定义”名称），分别输入各自月份名称，如图 2-96 所示，得到的一维表如图 2-97 所示。

逆透视后的标题，以及自定义列名，不用在这里修改，最后在合并表里统一修改即可。

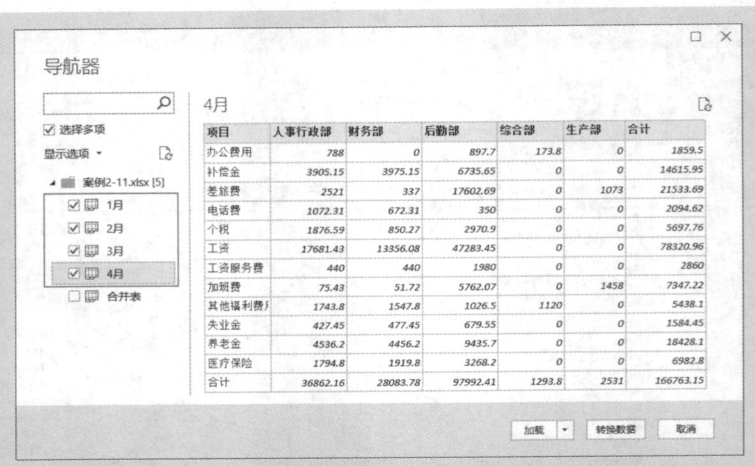

图 2-95　选择 4 个要合并的表

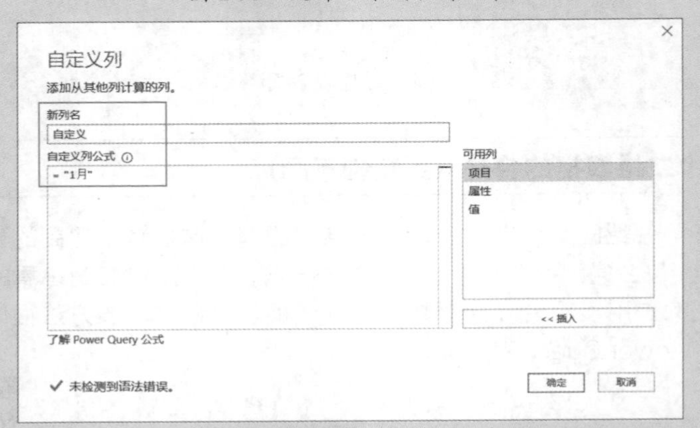

图 2-96　添加自定义列“月份”

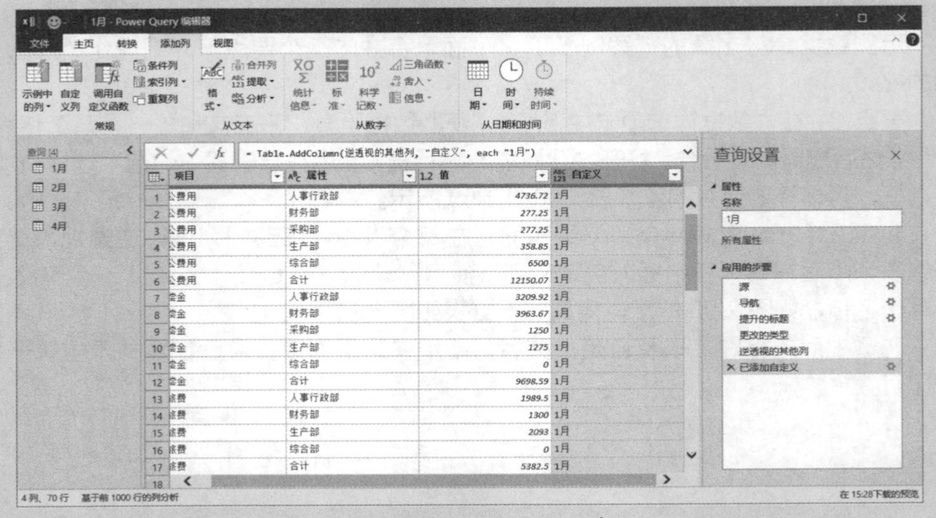

图 2-97　每个月份的一维表

要点3：在“主页”选项卡中，执行“追加查询”→“将查询追加为新查询”命令，如图2-98所示，打开“追加”对话框，选择“三个或更多表”选项，然后将4个表添加到右侧的列表中，如图2-99所示。

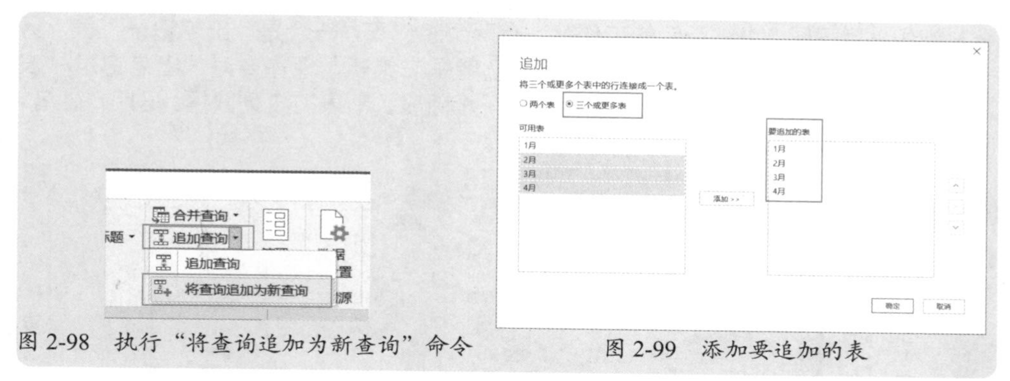

图2-98　执行“将查询追加为新查询”命令

图2-99　添加要追加的表

这样，就得到了4个工作表的合并表，如图2-100所示。

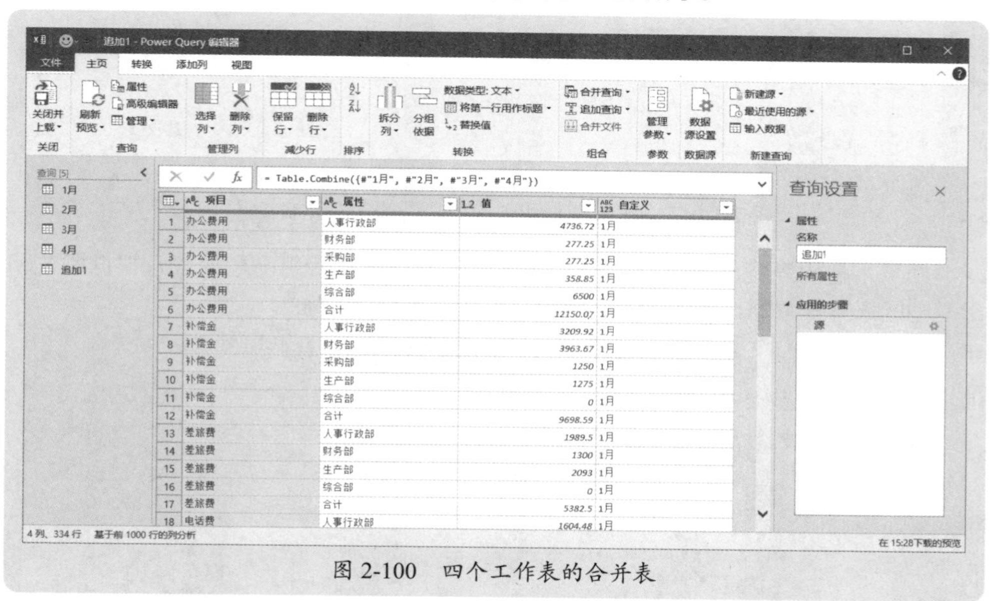

图2-100　四个工作表的合并表

要点4：修改查询名称，修改各列标题名称，分别从项目列和部门列中筛选掉合计，从金额列中筛选掉数值为0的行，调整各列次序，再将数据导出到Excel工作表，就是最终的汇总结果了。

2.3.3 一维表格和二维表格的合并

实际工作中，也会遇到这样的情况：一个表是流水记录一维表，另一个表是数据处理标准二维表，现在要在流水记录表中，根据某列来提取处理标准表数，那么，对于这样的问题，如何建立一个动态的数据处理模型？

案例 2-10

例如，对于图 2-101 所示的工作簿，有两个工作表，一个是“出差记录”表，另一个是“补贴标准”表，前者是一维表，后者是二维表，现在要对“出差记录”表补充一列“补贴”，也就是将两个表合并为一个新表，新表有 5 列数据：日期、姓名、职位、出差地区和补贴。

日期	姓名	职位	出差地区
2022-6-15	A03	中层	其他
2022-1-18	A07	主管	昆明
2022-7-9	A13	主管	武汉
2022-4-12	A17	中层	武汉
2022-2-4	A13	主管	武汉
2022-6-1	A22	职员	武汉
2022-1-26	A02	主管	上海
2022-5-6	A08	中层	重庆
2022-4-13	A27	主管	上海
2022-4-4	A16	高管	苏州
2022-6-20	A16	高管	深圳
2022-2-15	A13	主管	济南
2022-7-15	A14	中层	武汉
2022-7-8	A26	职员	济南
2022-4-3	A13	主管	成都
2022-4-27	A02	主管	西安
2022-5-10	A27	主管	广州
2022-7-27	A29	职员	苏州

出差记录 补贴标准

地区	高管	中层	主管	职员
北京	1400	1000	700	300
上海	1100	900	700	300
广州	1200	1000	800	400
深圳	1600	900	700	500
苏州	1100	1000	700	400
杭州	1500	1000	800	400
武汉	1400	900	600	400
西安	1300	900	800	400
济南	1100	1000	800	400
青岛	1100	1000	700	500
成都	1400	900	800	500
重庆	1500	900	700	300
昆明	1300	900	800	300
其他	1200	900	800	500

出差记录 补贴标准

图 2-101　一维表“出差记录”和二维表“补贴标准”

如果是在出差记录表上补充一列补贴，则可以直接使用函数公式，根据职位和出差地区来查找数据，如图 2-102 所示，单元格 E2 公式为：

```
=VLOOKUP(D2,补贴标准!$A$2:$E$15,MATCH(C2,补贴标准!$A$1:$E$1,0),0)
```

日期	姓名	职位	出差地区	补贴
2022-6-15	A03	中层	其他	900
2022-1-18	A07	主管	昆明	800
2022-7-9	A13	主管	武汉	600
2022-4-12	A17	中层	武汉	900
2022-2-4	A13	主管	武汉	600
2022-6-1	A22	职员	武汉	400
2022-1-26	A02	主管	上海	700
2022-5-6	A08	中层	重庆	900
2022-4-13	A27	主管	上海	700
2022-4-4	A16	高管	苏州	1100
2022-6-20	A16	高管	深圳	1600
2022-2-15	A13	主管	济南	800
2022-7-15	A14	中层	武汉	900
2022-7-8	A26	职员	济南	400
2022-4-3	A13	主管	成都	800
2022-4-27	A02	主管	西安	800
2022-5-10	A27	主管	广州	800
2022-7-27	A29	职员	苏州	400

出差记录 补贴标准

图 2-102　使用函数公式查找补贴数据

如果是要自动根据两个表来生成一个一键刷新的合并表数据模型，则可以使用 Power Query 工具，具体操作过程也不复杂，下面是操作过程要点。

要点 1：首先插入一个新工作表，重命名为“合并表”，然后把工作簿保存一下。

要点 2：在“数据”选项卡中，执行“新建查询”→“从文件”→“从工作簿”命令，从文件夹中选择工作簿文件，打开“导航器”对话框，勾选左侧顶部的“选择多项”复选框，并选择要合并的两个表，如图 2-103 所示。

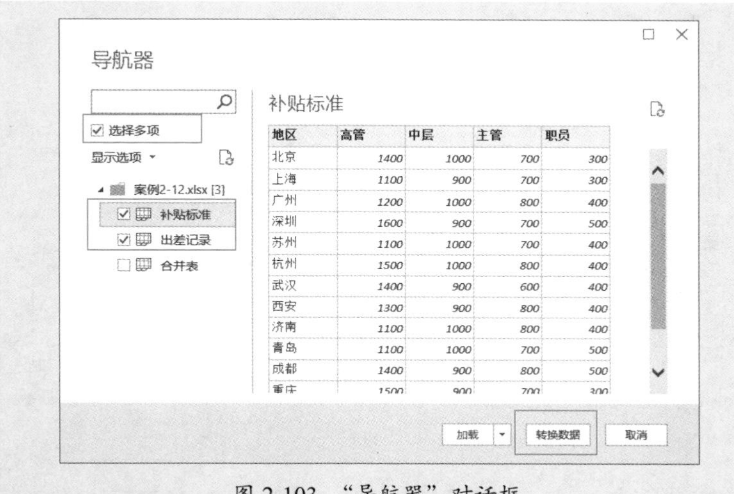

地区	高管	中层	主管	职员
北京	1400	1000	700	300
上海	1100	900	700	300
广州	1200	1000	800	400
深圳	1600	900	700	500
苏州	1100	1000	700	400
杭州	1500	1000	800	400
武汉	1400	900	600	400
西安	1300	900	800	400
济南	1100	1000	800	400
青岛	1100	1000	700	500
成都	1400	900	800	500
重庆	1500	900	700	300

图 2-103 “导航器”对话框

要点 3：单击“转换数据”按钮，打开 Power Query 编辑器，然后在左侧选择“补贴标准”表，然后将各列职位数据进行逆透视，变成一维表，并修改相应标题名称，如图 2-104 所示。

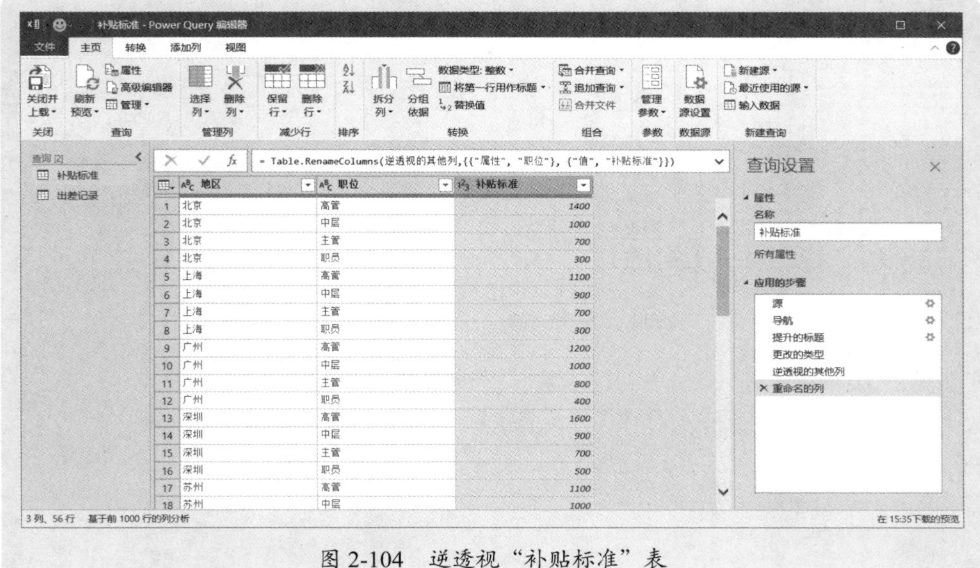

	地区	职位	补贴标准
1	北京	高管	1400
2	北京	中层	1000
3	北京	主管	700
4	北京	职员	300
5	上海	高管	1100
6	上海	中层	900
7	上海	主管	700
8	上海	职员	300
9	广州	高管	1200
10	广州	中层	1000
11	广州	主管	800
12	广州	职员	400
13	深圳	高管	1600
14	深圳	中层	900
15	深圳	主管	700
16	深圳	职员	500
17	苏州	高管	1100
18	苏州	中层	1000

图 2-104 逆透视“补贴标准”表

要点 4：执行“合并查询”→“将查询合并为新查询”命令，打开“合并”对话框，使用“职位”列和“地区”列进行联接，如图 2-105 所示。

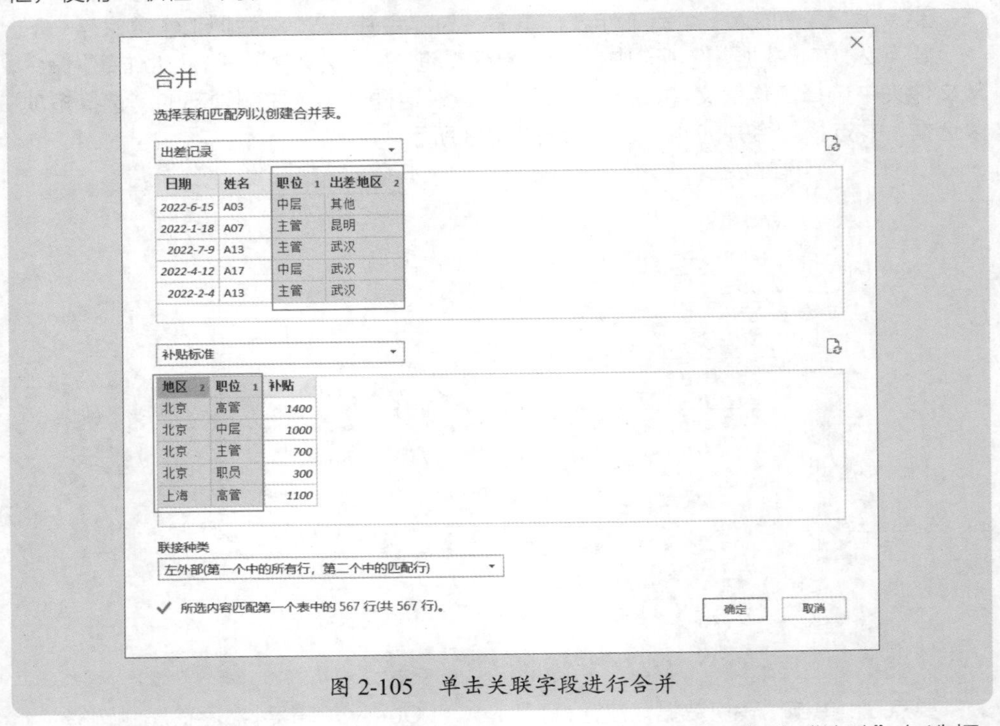

图 2-105　单击关联字段进行合并

要点 5：在得到的合并表中，展开最后一列“补贴标准”，勾选“补贴”复选框，取消对其他复选框的勾选，如图 2-106 所示，那么，就得到了一个数据完整的合并表，如图 2-107 所示。

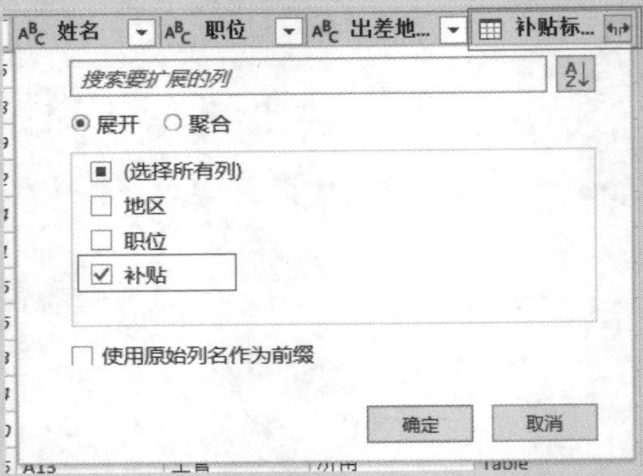

图 2-106　勾选“补贴”复选框

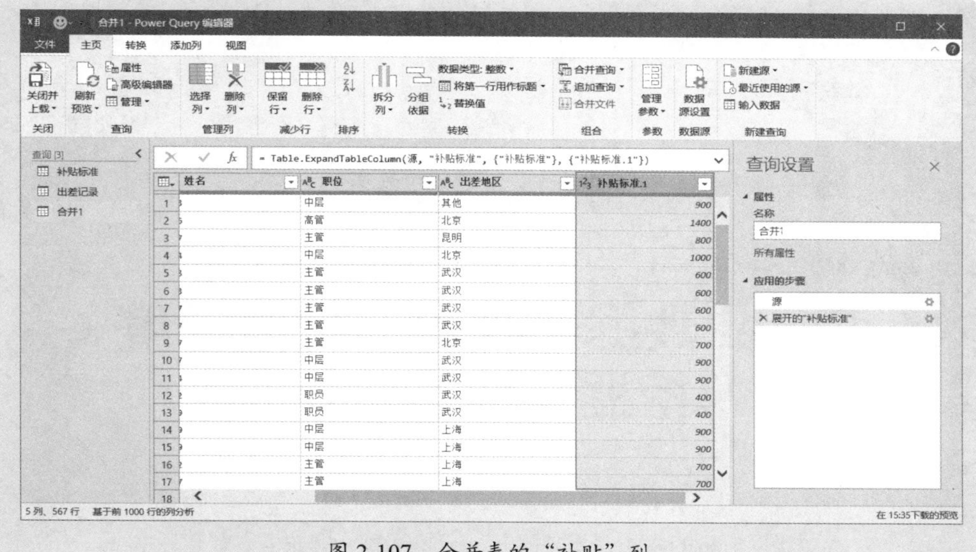

图 2-107 合并表的“补贴”列

要点 6：如果要将“合并表”数据导入 Excel 工作表，就单独将“合并表”数据导出，如图 2-108 所示。

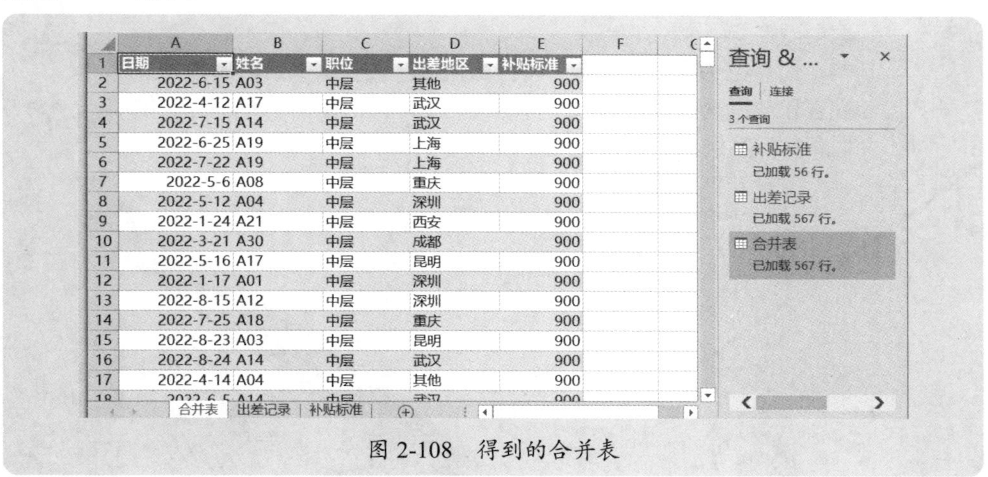

日期	姓名	职位	出差地区	补贴标准
2022-6-15	A03	中层	其他	900
2022-4-12	A17	中层	武汉	900
2022-7-15	A14	中层	武汉	900
2022-6-25	A19	中层	上海	900
2022-7-22	A19	中层	上海	900
2022-5-6	A08	中层	重庆	900
2022-5-12	A04	中层	深圳	900
2022-1-24	A21	中层	西安	900
2022-3-21	A30	中层	成都	900
2022-5-16	A17	中层	昆明	900
2022-1-17	A01	中层	深圳	900
2022-8-15	A12	中层	深圳	900
2022-7-25	A18	中层	重庆	900
2022-8-23	A03	中层	昆明	900
2022-8-24	A14	中层	武汉	900
2022-4-14	A04	中层	其他	900

图 2-108 得到的合并表

本节知识回顾与测验

1. 几个二维表格合并的主要方法有哪些？各有什么优缺点？
2. 如何将几个二维表格合并起来，同时转换为一维表，构建数据模型？
3. 请结合实际案例，练习将工作中的大量二维表进行合并。

第3章

Excel 数据透视表：数据深度挖掘与动态分析

数据分析的本质是发现问题、分析问题、解决问题，这就需要结合实际业务，对数据进行层层剖析、深入挖掘，从各个角度来寻找差异、寻找问题，进而找出解决问题的切入点。因此，数据分析需要建立自动化的、多维度的、能够从各个角度分析的数据模型。

对数据进行灵活动态分析，最常用、最实用的工具是数据透视表和数据透视图，本章将介绍这些工具在数据分析中的应用技巧和实际案例。

3.1 数据多维度灵活透视分析

在第 2 章中，我们就数据透视表的基本制作方法，如何制作基本的汇总报表，做了一些简单的介绍。在本节中，我们结合实际案例，对如何利用数据透视表分析数据，来进行详细的介绍。

3.1.1 排名分析

排名分析是一个最基本的数据分析内容，例如，去年销售额排名前 10 的客户是哪些？库存金额排名前 10 的物料是哪些？业绩排名前 5 的业务员是谁？毛利率排名前 5 的产品是哪些？销售占比排名前 10 的地区是哪些？等等，这些都是排名分析。

案例 3-1

图 3-1 所示是一个销售出库序时簿，现在要对客户、产品、部门和业务员进行排名分析。具体操作步骤如下。

日期	单据编号	销售方式	购货单位	产品长代码	产品名称	实发数量	实发金额	部门	业务员
2022-1-1	XOUT204838	现销	客户279	01.02.1725.089	产品110	2,440	24,130.72	营销五部	班瑞丽
2022-1-1	XOUT204839	现销	客户170	01.02.3971.297	产品006	610	5,679.99	营销五部	班瑞丽
2022-1-1	XOUT204973	现销	客户152	01.02.3700.074	产品013	4,294	25,573.14	营销一部	陈煌
2022-1-2	XOUT204850	赊销	客户004	01.02.2921.234	产品011	2,452	14,140.26	营销五部	班瑞丽
2022-1-3	XOUT204864	赊销	客户004	01.02.2921.234	产品011	3,587	20,682.77	营销一部	李文丽
2022-1-3	XOUT204873	现销	客户048	01.02.2921.234	产品011	1,244	7,175.66	营销一部	李文丽
2022-1-3	XOUT204873	现销	客户048	01.02.3971.297	产品006	244	2,271.99	营销五部	班瑞丽
2022-1-3	XOUT204875	现销	客户049	01.02.2921.234	产品011	366	2,110.49	营销五部	班瑞丽
2022-1-3	XOUT204877	现销	客户119	01.02.3407.300	产品007	342	1,983.54	营销五部	班瑞丽
2022-1-3	XOUT204889	现销	客户315	01.02.2921.234	产品011	32	182.91	营销五部	班瑞丽
2022-1-3	XOUT204893	赊销	客户004	01.02.2921.234	产品011	244	1,406.99	营销五部	班瑞丽
2022-1-3	XOUT204895	现销	客户318	01.02.3595.393	产品128	488	4,200.55	营销五部	班瑞丽
2022-1-3	XOUT204896	现销	客户319	01.02.1230.366	产品004	1,171	12,877.95	营销一部	李文丽
2022-1-3	XOUT204899	赊销	客户121	01.02.2921.234	产品011	1,098	6,331.46	营销五部	班瑞丽
2022-1-3	XOUT204974	现销	客户057	01.02.3154.161	产品113	3,660	26,773.39	营销一部	陈煌
2022-1-4	XOUT204922	赊销	客户274	01.02.2921.234	产品011	5,124	25,565.30	营销五部	班瑞丽
2022-1-4	XOUT204923	赊销	客户004	01.02.2921.234	产品011	2,196	10,956.55	营销五部	班瑞丽
2022-1-4	XOUT204945	赊销	客户007	01.02.2921.234	产品011	915	4,565.23	营销五部	班瑞丽
2022-1-4	XOUT204945	赊销	客户007	01.02.2921.234	产品011	195	973.91	营销五部	班瑞丽

Sheet3 销售出库序时簿

图 3-1 销售出库序时簿

步骤1 创建基本数据透视表，进行布局和格式化处理，如图 3-2 所示。这里先对客户进行统计分析。

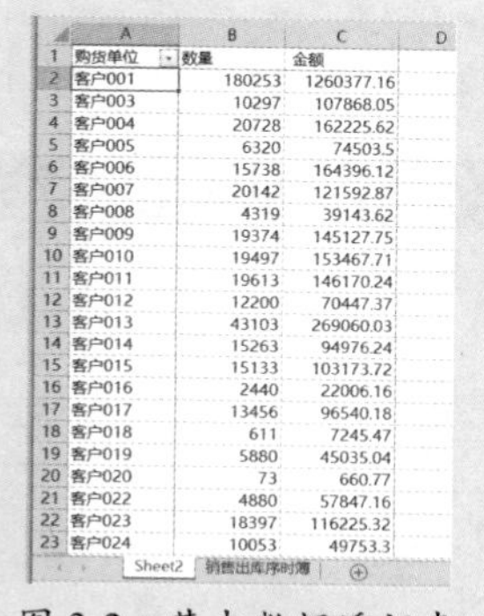

购货单位	数量	金额
客户001	180253	1260377.16
客户003	10297	107868.05
客户004	20728	162225.62
客户005	6320	74503.5
客户006	15738	164396.12
客户007	20142	121592.87
客户008	4319	39143.62
客户009	19374	145127.75
客户010	19497	153467.71
客户011	19613	146170.24
客户012	12200	70447.37
客户013	43103	269060.03
客户014	15263	94976.24
客户015	15133	103173.72
客户016	2440	22006.16
客户017	13456	96540.18
客户018	611	7245.47
客户019	5880	45035.04
客户020	73	660.77
客户022	4880	57847.16
客户023	18397	116225.32
客户024	10053	49753.3

Sheet2 销售出库序时簿

图 3-2 基本数据透视表

步骤2 图 3-2 所示就是客户的销售汇总表。如果要得到销售数量排名前 10 的客户，就先在“数量”列中右击执行“排序”→“降序”命令，如图 3-3 所示，对数量进行从大到小排序。

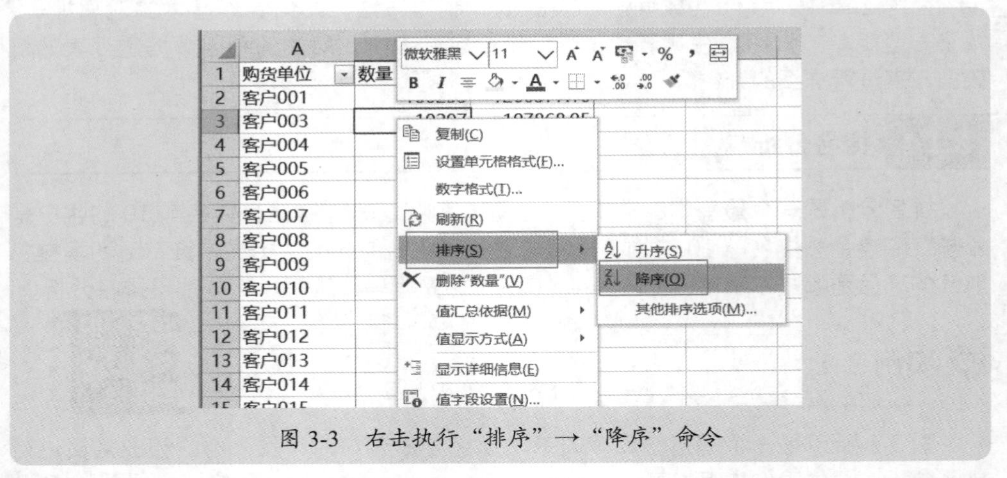

图 3-3　右击执行“排序”→“降序”命令

步骤3 在“购货单位”列右击执行“筛选”→“前 10 个”命令，如图 3-4 所示，打开“前 10 个筛选（购货单位）”对话框，设置相关项目，如图 3-5 所示。

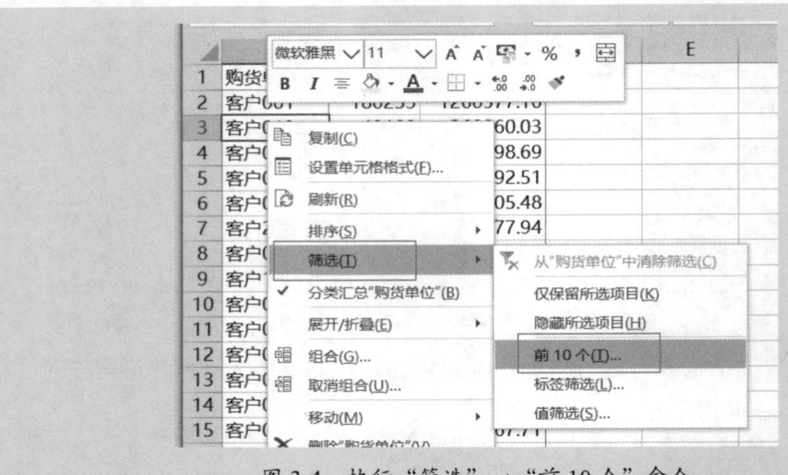

图 3-4　执行“筛选”→“前 10 个”命令

图 3-5　设置前 10 个筛选项目

步骤4 单击“确定”按钮，就得到了销量排名前 10 的客户报表，如图 3-6 所示。

	A	B	C
1	购货单位	数量	金额
2	客户001	180253	1260377.16
3	客户013	43103	269060.03
4	客户034	41026	285898.69
5	客户032	32182	197592.51
6	客户097	31132	167205.48
7	客户274	29988	195277.94
8	客户070	27645	178581.05
9	客户119	27364	172324.79
10	客户044	26986	155382.8
11	客户085	21277	129876.2
12	总计	460956	3011576.65

图 3-6 销量排名前 10 的客户

步骤5 以此方法，也可以制作销售额排名前 10 的客户，如图 3-7 所示。

	A	B	C
1	购货单位	数量	金额
2	客户001	180253	1260377.16
3	客户034	41026	285898.69
4	客户013	43103	269060.03
5	客户032	32182	197592.51
6	客户274	29988	195277.94
7	客户070	27645	178581.05
8	客户119	27364	172324.79
9	客户097	31132	167205.48
10	客户044	26986	155382.8
11	客户085	21277	129876.2
12	总计	460956	3011576.65

图 3-7 销售额排名前 10 的客户

关于销售排名前 10 的产品、前 10 的业务员等，报表制作方法与前面介绍的完全一样，此处不再介绍。

3.1.2 结构占比分析

结构占比分析，主要包括独立占比分析和累计占比分析两项内容，前者如各个部门销售额及占比是多少，谁的贡献份额大；后者如客户销售额合计达全部销售 50% 的有哪些客户。

案例 3-2

以“案例 3-1”的数据为例，下面介绍利用数据透视表进行结构占比分析的具体方法和技能技巧。

1. 独立占比分析

例如，要分析各个部门的销售额大小及占比，首先布局数据透视表，如图 3-8

所示。具体操作步骤如下。

步骤1 拖动两个实发金额到值区域，一个是显示实际销售额数字，一个准备显示百分比数字（占比）。

	A	B	C
1			
2			
3	部门	求和项:实发金额	求和项:实发金额2
4	营销二部	1308688.03	1308688.03
5	营销三部	291981.33	291981.33
6	营销四部	1329809.14	1329809.14
7	营销五部	1637765.25	1637765.25
8	营销一部	4825627.82	4825627.82
9	总计	9393871.57	9393871.57

图 3-8 统计各个部门销售额

步骤2 在第二个销售额列中右击执行“值显示方式”→“列汇总的百分比”命令，如图 3-9 所示，那么就得到了各个部门销售额是百分数的占比结果，如图 3-10 所示。

	A	B	C
1			
2			
3	部门	求和项:实发金额	求和项:实
4	营销二部	1308688.03	1308688.03
5	营销三部	291981.33	
6	营销四部	1329809.14	
7	营销五部	1637765.25	
8	营销一部	4825627.82	
9	总计	9393871.57	

复制(C)
设置单元格格式(F)...
数字格式(T)...
刷新(R)
排序(S)
删除“求和项:实发金额2”(V)
值汇总依据(M)
值显示方式(A)
显示详细信息(E)
值字段设置(N)...

无计算(N)
总计的百分比(G)
列汇总的百分比(C)
行汇总的百分比(R)
百分比(O)...

图 3-9 右击执行“值显示方式”→“列汇总的百分比”命令

	A	B	C
1			
2			
3	部门	求和项:实发金额	求和项:实发金额2
4	营销二部	1308688.03	13.93%
5	营销三部	291981.33	3.11%
6	营销四部	1329809.14	14.16%
7	营销五部	1637765.25	17.43%
8	营销一部	4825627.82	51.37%
9	总计	9393871.57	100.00%

图 3-10 各个部门销售额和占比

步骤3 最后修改标题，设置数字格式，并对占比数字列进行降序排列，就得到了需要的部门销售占比分析报表，如图 3-11 所示。

	A	B	C
1			
2			
3	部门	销售额	占比
4	营销一部	4,825,628	51.37%
5	营销五部	1,637,765	17.43%
6	营销四部	1,329,809	14.16%
7	营销二部	1,308,688	13.93%
8	营销三部	291,981	3.11%
9	总计	9,393,872	100.00%

图 3-11　最终的部门销售占比分析报表

2. 累计占比分析

如果要了解销售额合计达销售总额 50% 的是哪些客户，可以按照下面的方法来设计报表。

步骤1 制作客户销售的基本数据透视表，拖动两个销售额到值区域，并对销售额降序排列，如图 3-12 所示。

	A	B	C	D
1				
2				
3	购货单位	求和项:实发金额	求和项:实发金额2	
4	客户001	1260377.16	1260377.16	
5	客户034	285898.69	285898.69	
6	客户013	269060.03	269060.03	
7	客户032	197592.51	197592.51	
8	客户274	195277.94	195277.94	
9	客户070	178581.05	178581.05	
10	客户119	172324.79	172324.79	
11	客户097	167205.48	167205.48	
12	客户006	164396.12	164396.12	
13	客户004	162225.62	162225.62	
14	客户044	155382.8	155382.8	
15	客户010	153467.71	153467.71	
16	客户011	146170.24	146170.24	
17	客户009	145127.75	145127.75	
18	客户085	129876.2	129876.2	
19	客户007	121592.87	121592.87	
20	客户059	117324.79	117324.79	
21	客户023	116225.32	116225.32	
22	客户003	107868.05	107868.05	
23	客户015	103173.72	103173.72	

Sheet3　销售出库序时簿

图 3-12　基本数据透视表

步骤2 右击第二列销售额，执行“值显示方式”→“按某一字段汇总的百分比”命令，如图 3-13 所示。

	A	B	C
1			
2			
3	购货单位	求和项:实发金额	求和项
4	客户001	1260377.16	1260377.16
5	客户034	285898.69	
6	客户013	269060.03	
7	客户032	197592.51	
8	客户274	195277.94	
9	客户070	178581.05	
10	客户119	172324.79	
11	客户097	167205.48	
12	客户006	164396.12	
13	客户004	162225.62	
14	客户044	155382.8	
15	客户010	153467.71	
16	客户011	146170.24	
17	客户009	145127.75	
18	客户085	129876.2	
19	客户007	121592.87	121592.87
20	客户059	117324.79	117324.79
21	客户023	116225.32	116225.32
22	客户003	107868.05	107868.05
23	客户015	103173.72	103173.72
24	客户170	100557.25	100557.25
25	客户030	100000.28	100000.28
26	客户017	96540.18	96540.18
27	客户053	95946.81	95946.81

微软雅黑 11
复制(C)
设置单元格格式(F)...
数字格式(T)...
刷新(R)
排序(S)
删除"求和项:实发金额2"(V)
值汇总依据(M)
值显示方式(A)
显示详细信息(E)
值字段设置(N)...
数据透视表选项(O)...
隐藏字段列表(D)

无计算(N)
总计的百分比(G)
列汇总的百分比(C)
行汇总的百分比(R)
百分比(O)...
父行汇总的百分比(P)
父列汇总的百分比(A)
父级汇总的百分比(E)
差异(D)...
差异百分比(F)...
按某一字段汇总(T)...
按某一字段汇总的百分比(U)...
升序排列(S)...
降序排列(L)...

图 3-13　右击执行“值显示方式”→“按某一字段汇总的百分比”命令

步骤3 打开“值显示方式（求和项：实发金额 2)”对话框，如图 3-14 所示，基本字段选择“购货单位”。

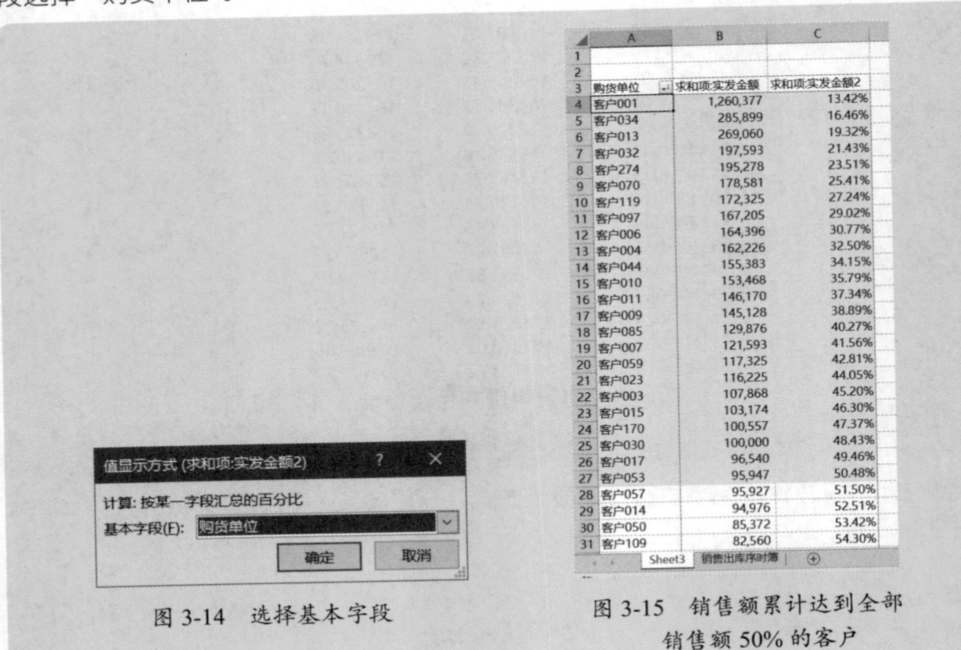

	A	B	C
1			
2			
3	购货单位	求和项:实发金额	求和项:实发金额2
4	客户001	1,260,377	13.42%
5	客户034	285,899	16.46%
6	客户013	269,060	19.32%
7	客户032	197,593	21.43%
8	客户274	195,278	23.51%
9	客户070	178,581	25.41%
10	客户119	172,325	27.24%
11	客户097	167,205	29.02%
12	客户006	164,396	30.77%
13	客户004	162,226	32.50%
14	客户044	155,383	34.15%
15	客户010	153,468	35.79%
16	客户011	146,170	37.34%
17	客户009	145,128	38.89%
18	客户085	129,876	40.27%
19	客户007	121,593	41.56%
20	客户059	117,325	42.81%
21	客户023	116,225	44.05%
22	客户003	107,868	45.20%
23	客户015	103,174	46.30%
24	客户170	100,557	47.37%
25	客户030	100,000	48.43%
26	客户017	96,540	49.46%
27	客户053	95,947	50.48%
28	客户057	95,927	51.50%
29	客户014	94,976	52.51%
30	客户050	85,372	53.42%
31	客户109	82,560	54.30%

Sheet3　销售出库序时簿

图 3-14　选择基本字段

图 3-15　销售额累计达到全部销售额 50% 的客户

步骤4 单击“确定”按钮，就得到了累计百分比销售分析报表，如图 3-15 所示，从这个报表中，可以看出销售额累计达 50% 的是哪些客户。

3.1.3 时间维度趋势分析

如果源数据中有日期字段，要对日期按月、按季度、按年进行统计分析，此时可以使用数据透视表的组合工具。

案例 3-3

例如，要统计分析指定客户各月的发货量，就先做图 3-16 所示的布局。具体操作步骤如下。

步骤1 将“购货单位”拖至筛选区域，将“日期”拖至行区域，将“实发数量”拖至值区域。

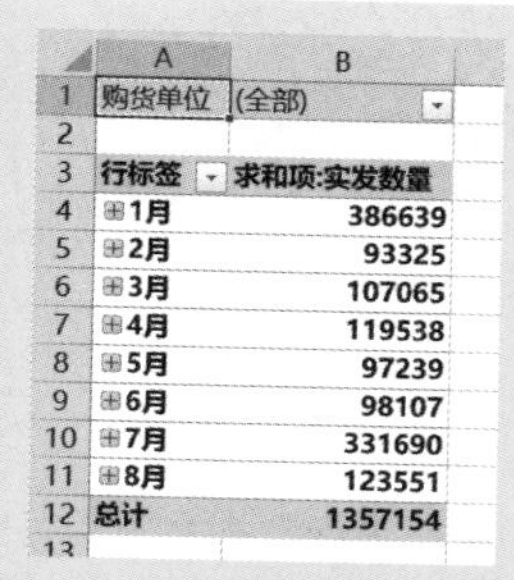

	A	B
1	购货单位	(全部)
2		
3	行标签	求和项:实发数量
4	⊞1月	386639
5	⊞2月	93325
6	⊞3月	107065
7	⊞4月	119538
8	⊞5月	97239
9	⊞6月	98107
10	⊞7月	331690
11	⊞8月	123551
12	总计	1357154

图 3-16 基本数据透视表

步骤2 对数据透视表做基本的格式化处理，然后右击第一列日期，执行“组合”命令，如图 3-17 所示，打开“组合”对话框，在步长列表中选择“月”选项，如图 3-18 所示。

如果要同时分析月度、季度和年度，就可以同时选择“月”“季度”和“年”。

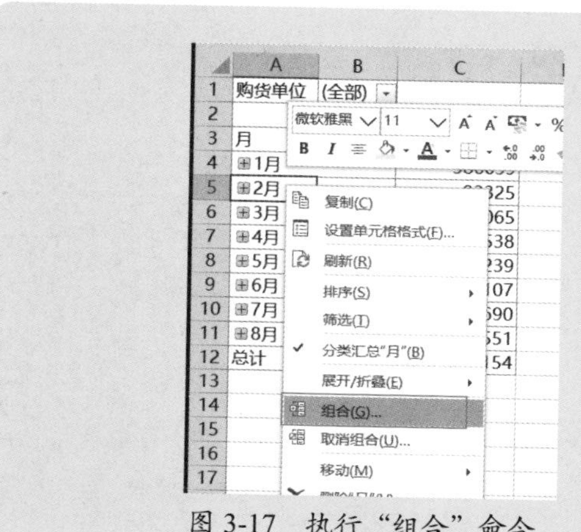

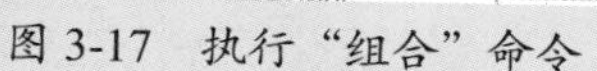
图 3-17 执行“组合”命令

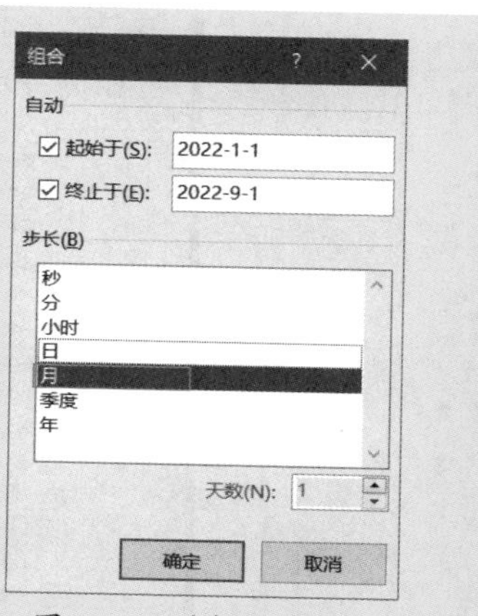

图 3-18 选择“步长”

步骤3 单击“确定”按钮，就得到每个月的发货量统计报表，如图 3-19 所示。

	A	B
1	购货单位	(全部)
2		
3	日期	数量
4	1月	386639
5	2月	93325
6	3月	107065
7	4月	119538
8	5月	97239
9	6月	98107
10	7月	331690
11	8月	123551
12	总计	1357154
13		

图 3-19　每个月发货量统计报表

步骤4 这样，就可以在报表顶部的“购货单位”中选择某个客户，查看该客户的各月发货量，如图 3-20 所示。

	A	B
1	购货单位	客户077
2		
3	日期	数量
4	1月	3209
5	4月	476
6	5月	637
7	7月	3562
8	8月	732
9	总计	8616
10		

图 3-20　查看指定客户各月的发货量

步骤5 但是，在默认情况下，如果某月没有数据，那么在数据透视表中是不显示的，这样就破坏了报表的完整性（月份不连续），此时，可以右击第一列的日期，执行“字段设置”命令，如图 3-21 所示。

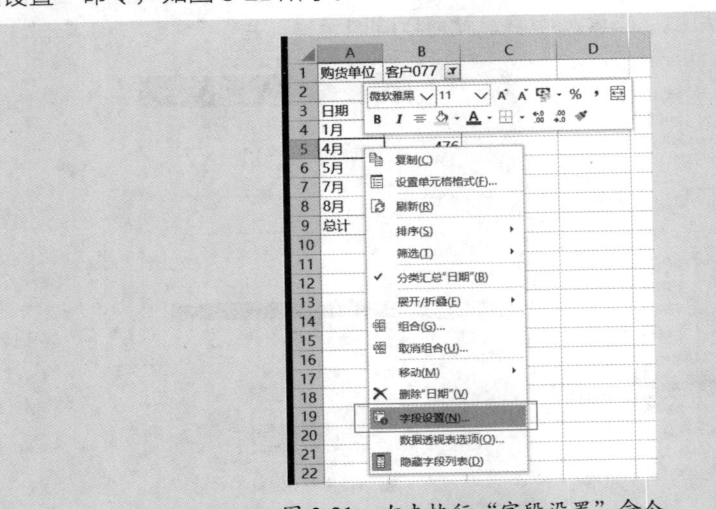

图 3-21　右击执行“字段设置”命令

步骤6 打开“字段设置”对话框，切换为“布局和打印”选项卡，勾选“显示无数据的项目”复选框，如图 3-22 所示。

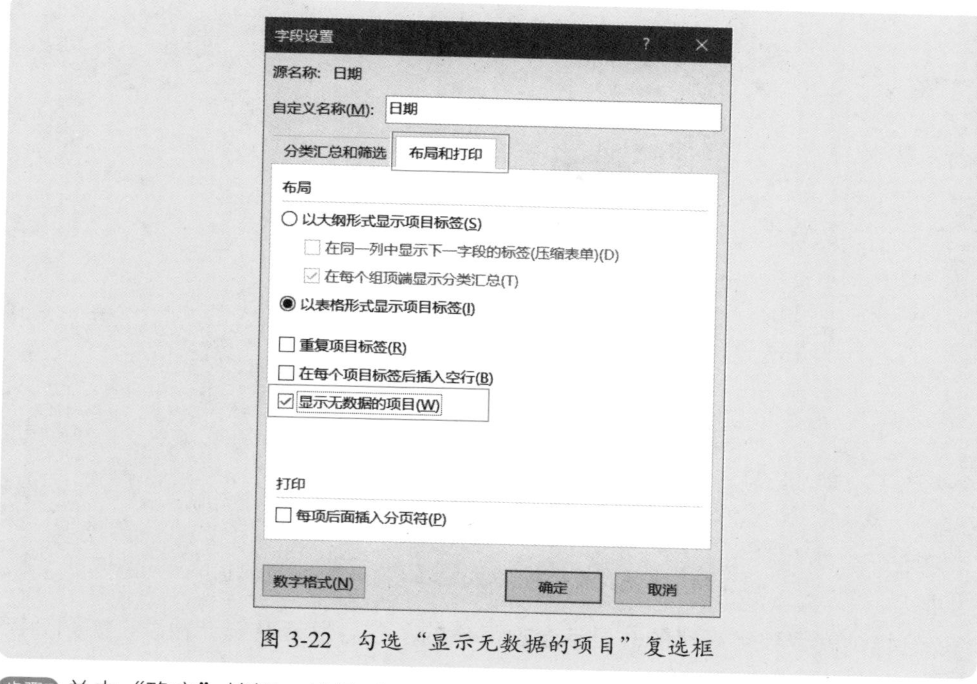

图 3-22 勾选“显示无数据的项目”复选框

步骤7 单击“确定”按钮，就得到显示了全部月份的报表，如图 3-23 所示。

	A	B
1	购货单位	客户077
2		
3	日期	数量
4	<2022-1-1	
5	1月	3209
6	2月	
7	3月	
8	4月	476
9	5月	637
10	6月	
11	7月	3562
12	8月	732
13	9月	
14	10月	
15	11月	
16	12月	
17	>2022-9-1	
18	总计	8616
19		

图 3-23 显示全部月份

不过，这样又带来了一个新问题：月份列中还显示了“<2022-1-1”和“>2022-9-1”这两个项目，这是自动生成的，对数据统计分析没有意义，因此可以筛选掉，如图 3-24 所示。

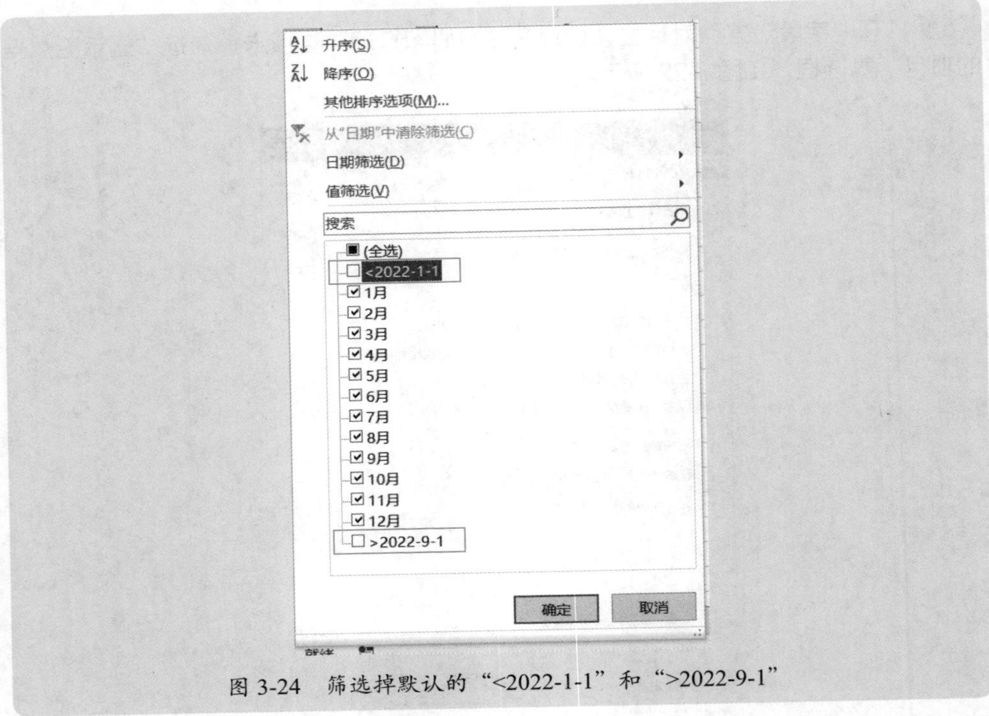

图 3-24　筛选掉默认的“<2022-1-1”和“>2022-9-1”

这样，就得到了最终的、显示全部月份的、各月发货量统计报表，如图 3-25 所示。

	A	B
1	购货单位	客户077
2		
3	日期	数量
4	1月	3209
5	2月	
6	3月	
7	4月	476
8	5月	637
9	6月	
10	7月	3562
11	8月	732
12	9月	
13	10月	
14	11月	
15	12月	
16	总计	8616

图 3-25　最终的各月发货量统计报表

3.1.4 组合分布分析

数据透视表的组合工具，不仅仅可以对日期进行特殊的组合，还可以对数字、文本按照自己的个性化要求进行组合。

案例 3-4

例如，在人力资源数据分析中，需要对员工进行年龄区间分析、工龄区间分析，要了解在不同年龄区间、工龄区间的人数分布，就可以使用组合工具。

图 3-26 所示是一个员工信息表，现在要求分析员工的基本信息。

	A	B	C	D	E	F	G	H	I	J
1	工号	部门	姓名	性别	职务	出生年月	年龄	文化程度	入职时间	工龄
2	10140	办公室	A004	男	总经理	1973-1-16	49	高中	2005-2-16	17
3	10449	五车间	A162	女	副经理	1977-12-3	44	小学	2019-5-2	3
4	10607	后勤部	A530	女	经理	1966-8-26	56	小学	2014-8-6	8
5	10880	办公室	A335	女	助工	1979-1-17	43	本科	2012-7-31	10
6	10899	三车间	A371	男	总监	1964-7-11	58	初中	2013-5-21	9
7	11028	七车间	A401	女	助工	1983-7-8	39	初中	2014-3-6	8
8	11163	一车间	A241	男	总监	1975-6-26	47	小学	2011-7-20	11
9	11311	辅助车间	A428	女	主管	1966-9-20	55	初中	2013-11-4	8
10	11619	办公室	A017	女	助工	1984-11-23	37	高中	2007-3-24	15
11	12195	后勤部	A039	男	职员	1973-8-13	49	初中	2014-7-29	8
12	12363	一车间	A464	女	经理	1965-6-20	57	小学	2014-3-19	8
13	12402	二车间	A277	男	主管	1989-10-11	32	初中	2012-4-6	10
14	12983	五车间	A168	女	副经理	1972-2-4	50	高中	2019-10-8	2
15	13118	成品车间	A444	女	副经理	1968-9-27	53	初中	2014-2-24	8
16	13614	二车间	A278	女	助工	1967-10-20	54	初中	2010-3-2	12
17	13726	七车间	A384	女	总监	1980-11-6	41	初中	2014-10-8	7
18	13979	办公室	A330	男	经理	1975-8-5	47	高中	2021-11-21	0
19	14260	六车间	A138	男	经理	1972-3-28	50	初中	2014-2-20	8
20	14350	一车间	A548	女	经理	1973-12-7	48	初中	2017-3-4	5

Sheet5　Sheet1

图 3-26　员工信息表

1. 自动分组分析

第一个任务是分析各个部门、不同年龄段的人数分布。具体操作步骤如下。

步骤1 创建数据透视表，进行布局，将“部门”拖至行区域，将“年龄”拖至列区域，将“姓名”拖至值区域，设置透视表格式，调整各个部门的顺序，得到基本的报表，如图 3-27 所示。

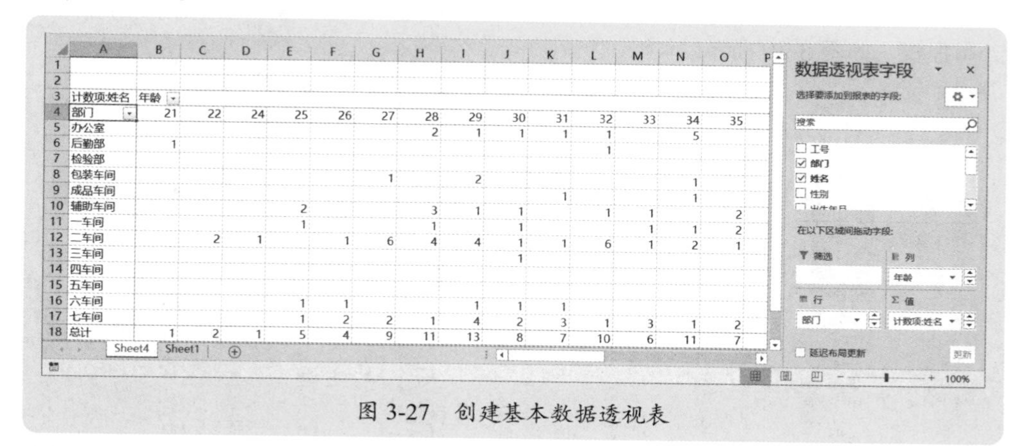

	A	B	C	D	E	F	G	H	I	J	K	L	M	N	O
3	计数项:姓名	年龄													
4	部门	21	22	24	25	26	27	28	29	30	31	32	33	34	35
5	办公室							2	1	1	1	1		5	
6	后勤部	1													
7	检验部											1			
8	包装车间						1		2					1	
9	成品车间										1			1	
10	辅助车间				2			3	1	1		1	1		2
11	一车间				1			1		1			1	1	2
12	二车间		2	1		1	6	4	4	1	1	6	1	2	1
13	三车间									1					
14	四车间														
15	五车间														
16	六车间				1	1			1	1	1				
17	七车间				1	2	2	1	4	2	3	1	3	1	2
18	总计	1	2	1	5	4	9	11	13	8	7	10	6	11	7

图 3-27　创建基本数据透视表

步骤2 右击年龄数据的任意单元格，执行“组合”命令，打开“组合”对话框，设置起始于、终止于和步长 3 个参数，如图 3-28 所示，这里，将起始于设置为 26 岁，终止于设置为 55 岁，步长设置为 5 岁。

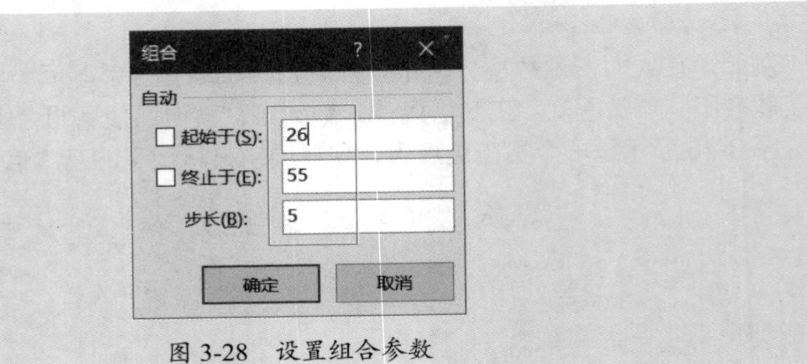

图 3-28　设置组合参数

步骤3 单击“确定”按钮，就得到了每个部门、每个年龄段的人数，如图 3-29 所示。

	A	B	C	D	E	F	G	H	I	J
1										
2										
3	计数项:姓名	年龄								
4	部门	<26	26-30	31-35	36-40	41-45	46-50	51-55	>56	总计
5	办公室		4	7	17	10	4	4	1	47
6	后勤部	1		1	2	3	12	7	10	36
7	检验部				1		5	2	2	10
8	包装车间		3	1	4	5	8	14	11	46
9	成品车间			2	5	16	18	46	15	102
10	辅助车间	2	5	4	7	3	13	10	4	48
11	一车间	1	2	4	5	11	27	22	14	86
12	二车间	3	16	11	8	9	18	23	12	100
13	三车间		1		3	5	3	6	5	23
14	四车间				1		3	3	1	8
15	五车间					2	1	8	4	15
16	六车间	1	3	1	3	5	3	5		21
17	七车间	1	11	10	8	4	2	3	1	40
18	总计	9	45	41	64	73	117	153	80	582

图 3-29　每个部门各个年龄段的人数

步骤4 将年龄段标题修改为直观的名字，例如“<26”改为“25 岁以下”，“26-30”改为“26-30 岁”等，并将“计数项:姓名”改为“人数”，就得到一个清晰的年龄分布报表，如图 3-30 所示。

	A	B	C	D	E	F	G	H	I	J
1										
2										
3	人数	年龄								
4	部门	25岁以下	26-30岁	31-35岁	36-40岁	41-45岁	46-50岁	51-55岁	56岁以上	总计
5	办公室		4	7	17	10	4	4	1	47
6	后勤部	1		1	2	3	12	7	10	36
7	检验部				1		5	2	2	10
8	包装车间		3	1	4	5	8	14	11	46
9	成品车间			2	5	16	18	46	15	102
10	辅助车间	2	5	4	7	3	13	10	4	48
11	一车间	1	2	4	5	11	27	22	14	86
12	二车间	3	16	11	8	9	18	23	12	100
13	三车间		1		3	5	3	6	5	23
14	四车间				1		3	3	1	8
15	五车间					2	1	8	4	15
16	六车间	1	3	1	3	5	3	5		21
17	七车间	1	11	10	8	4	2	3	1	40
18	总计	9	45	41	64	73	117	153	80	582

图 3-30　各个部门年龄分布人数报表

2. 手工分组分析

日期可以按照日期数据特性自动分组，数字可以按照指定步长分组，文本也可以进行分组，不过需要手动来组合了，因为数据透视表不知道哪些文本是一组的，这个需要判断。

例如，我们首先制作出图 3-31 所示的各个职位的人数分布报表。现在要对职务分组，分成 4 个级别：

“高层”：包括总经理、副总经理、总监、副总监；

“中层”：包括经理、副经理、主管；

“基层”：包括职员、助工；

“其他”：包括实习、劳务。

	A	B
1		
2		
3	职务	人数
4	副经理	83
5	副总监	6
6	经理	111
7	职员	102
8	主管	102
9	助工	111
10	总监	18
11	总经理	1
12	劳务	28
13	副总经理	5
14	实习	15
15	总计	582

图 3-31　各个职务的人数分布

由于分组的对象是文本，就无法进行自动分组，需要先分别选择同类的单元格再进行分组，要稍微麻烦些。

例如，要组合“高层”，就先选择高层项目的单元格，本案例中，就是单元格 A5、A10、A11 和 A13，然后右击执行“组合”命令，如图 3-32 所示。

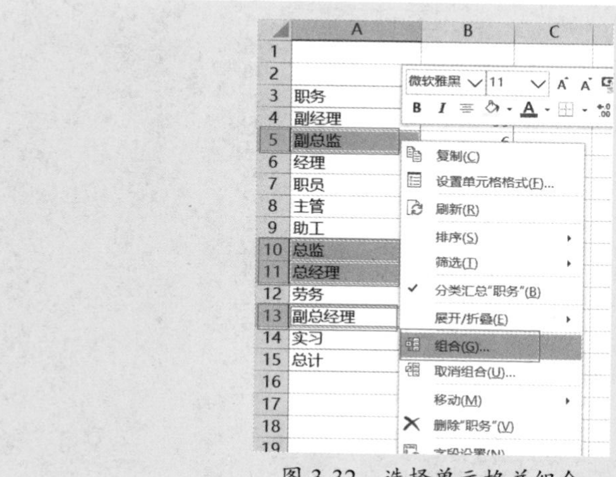

图 3-32　选择单元格并组合

这样，就得到图 3-33 所示的结果，生成了一个新字段“职务 2”，以及该字段下的一个新项目“数据组 1”。

然后将新字段“职务 2”重命名为“职级”，将新项目“数据组 1”改为“高层”，如图 3-34 所示。

	A	B	C
1			
2			
3	职务2	职务	人数
4	⊟副经理	副经理	83
5	副经理 汇总		83
6	⊟数据组1	副总监	6
7		总监	18
8		总经理	1
9		副总经理	5
10	数据组1 汇总		30
11	⊟经理	经理	111
12	经理 汇总		111
13	⊟职员	职员	102
14	职员 汇总		102
15	⊟主管	主管	102
16	主管 汇总		102
17	⊟助工	助工	111
18	助工 汇总		111
19	⊟劳务	劳务	28
20	劳务 汇总		28
21	⊟实习	实习	15
22	实习 汇总		15
23	总计		582

图 3-33　选择单元格，进行组合

	A	B	C
1			
2			
3	职级	职务	人数
4	⊟副经理	副经理	83
5	副经理 汇总		83
6	⊟高层	副总监	6
7		总监	18
8		总经理	1
9		副总经理	5
10	高层 汇总		30
11	⊟经理	经理	111
12	经理 汇总		111
13	⊟职员	职员	102
14	职员 汇总		102
15	⊟主管	主管	102
16	主管 汇总		102
17	⊟助工	助工	111
18	助工 汇总		111
19	⊟劳务	劳务	28
20	劳务 汇总		28
21	⊟实习	实习	15
22	实习 汇总		15
23	总计		582

图 3-34　修改新字段名称和项目名称

采用相同的方法，先选择相应的单元格，再右击执行“组合”命令，将其他几个职级进行组合处理，并调整各个职级的位置和职务的位置，最后得到图 3-35 所示的报表。

	A	B	C
1			
2			
3	职级	职务	人数
4	⊟高层	总经理	1
5		副总经理	5
6		总监	18
7		副总监	6
8	高层 汇总		30
9	⊟中层	经理	111
10		副经理	83
11		主管	102
12	中层 汇总		296
13	⊟基层	职员	102
14		助工	111
15	基层 汇总		213
16	⊟其他	实习	15
17		劳务	28
18	其他 汇总		43
19	总计		582

图 3-35　最终的职级分组报表

3.1.5 增加新的计算分析字段

如果数据源中没有需要分析的字段，而这些字段是由其他已有字段计算出来的，一般情况下，常规的做法是在数据源中增加一列或多列数据，但是，如果数据量很大的话，添加新列则会大大影响计算速度。

新字段既然是已有字段的计算结果，那么在数据透视表中也可以插入计算字段，通过已有字段的计算来完成，下面举例说明。

案例 3-5

例如，对于“案例 3-1”的销售数据，我们想要了解每个产品在各个月的发货平均单价，但是在原始表中，并没有这个单价，此时，可以在数据透视表里把平均单价计算出来，这就需要插入“计算字段”。

即使是原始表里有单价这列数据，也是无法直接使用单价进行计算的，如果要计算每个月的平均单价，需要用每个月的发货总金额除以发货总数量，还是没有单价这列什么事。

首先创建基本数据透视表，将“产品名称”拖至行区域，将“日期”拖至列区域，将日期按月组合，格式化数据透视表，如图 3-36 所示。

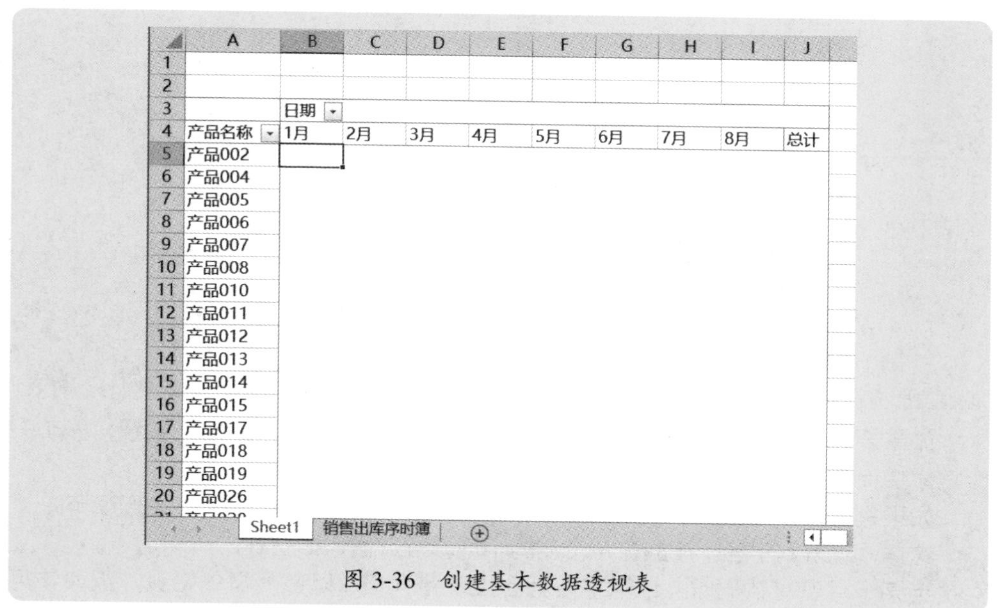

图 3-36 创建基本数据透视表

在“数据透视表分析”选项卡中，执行“字段、项目和集”→“计算字段”命令，如图 3-37 所示。

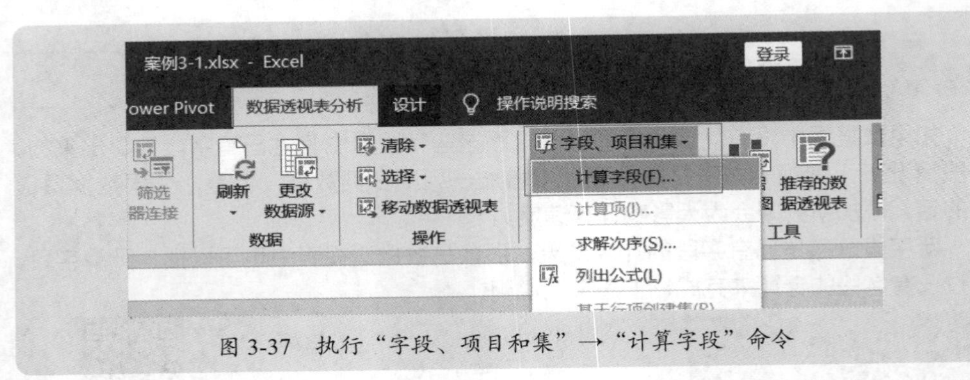

图 3-37 执行“字段、项目和集”→“计算字段”命令

打开“插入计算字段”对话框，如图 3-38 所示，名称中输入“单价”，公式中输入下面的公式：

```
=ROUND( 实发金额 / 实发数量,4)
```

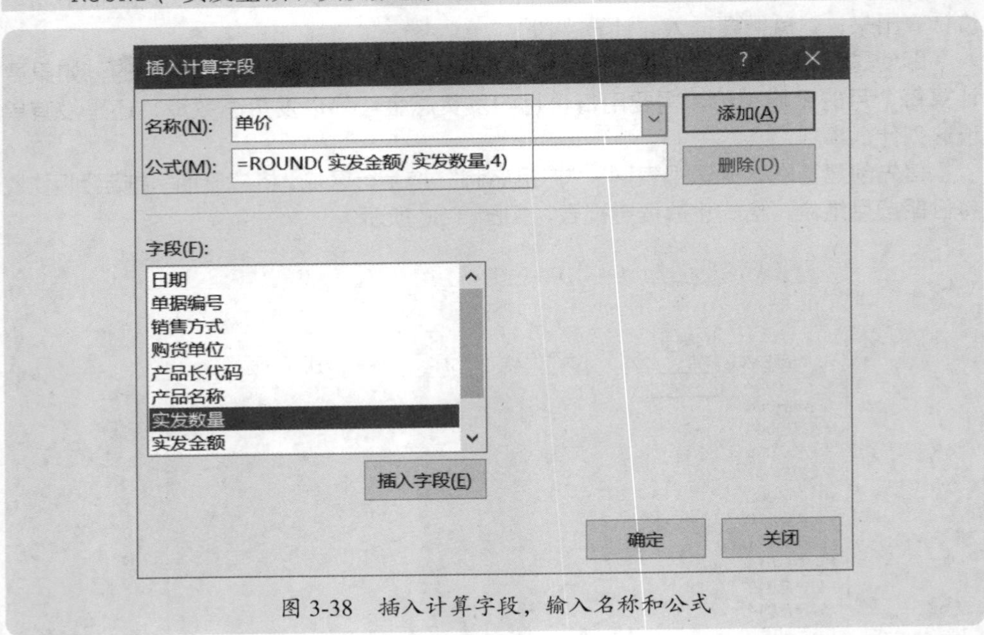

图 3-38 插入计算字段，输入名称和公式

如果要一次性插入多个计算字段，就在对话框中，单击“添加”按钮，一个一个地添加计算字段，待所有计算字段都添加完毕后，单击“确定”按钮。

如果只插入一个计算字段，输入名称和公式后，直接单击“确定”按钮即可。

这样，就得到了各个产品在各个月的平均单价数据，如图 3-39 所示。

当某个月没有数据时，计算字段就会出现错误值（除数为零的错误，因为该月没有发货），此时，可以设置数据透视表选项，将错误值显示为空单元格，如图 3-40 所示。

	A	B	C	D	E	F	G	H	I	J
1										
2										
3	求和项:单价	日期								
4	产品名称	1月	2月	3月	4月	5月	6月	7月	8月	总计
5	产品002	#DIV/0!	#DIV/0!	#DIV/0!	#DIV/0!	4.692	#DIV/0!	4.6905	4.7451	4.6908
6	产品004	10.9967	10.9937	11.625	11.679	11.0039	11.1186	11.6894	11.8531	11.5141
7	产品005	#DIV/0!	#DIV/0!	6.0906	#DIV/0!	#DIV/0!	#DIV/0!	6.0907	6.0906	6.0906
8	产品006	9.3113	9.3111	9.0349	9.0788	9.312	9.3112	9.1682	9.0187	9.199
9	产品007	5.7998	#DIV/0!	5.8066	5.8063	5.8066	5.8068	5.8066	5.807	5.8066
10	产品008	8.7318	8.6818	8.9682	8.8471	8.6452	8.7254	8.9473	8.9579	8.7345
11	产品010	5.4842	5.4842	5.4844	#DIV/0!	5.4842	5.4842	5.4845	5.4877	5.4844
12	产品011	5.4877	5.5741	5.4264	5.4625	5.564	5.6584	5.3675	5.3278	5.4457
13	产品012	5.6319	5.6088	#DIV/0!	#DIV/0!	#DIV/0!	5.6317	5.6311	5.6317	5.6317
14	产品013	5.9549	#DIV/0!	#DIV/0!	5.9306	5.955	#DIV/0!	5.9606	5.955	5.9551
15	产品014	5.8808	#DIV/0!	5.8839	5.8831	5.8839	#DIV/0!	5.8812	#DIV/0!	5.8814
16	产品015	8.9705	8.9699	8.9692	#DIV/0!	#DIV/0!	8.9739	8.9587	8.8724	8.9701
17	产品017	4.792	#DIV/0!	#DIV/0!	4.882	4.7949	4.8767	4.8183	4.8098	4.8201
18	产品018	6.7482	#DIV/0!	#DIV/0!	6.7551	#DIV/0!	6.7512	6.7692	#DIV/0!	6.7486
19	产品019	#DIV/0!	#DIV/0!	#DIV/0!	#DIV/0!	#DIV/0!	#DIV/0!	15.8862	#DIV/0!	15.8862
20	产品026	6.8085	#DIV/0!	6.8145	#DIV/0!	#DIV/0!	6.8084	#DIV/0!	6.8115	6.8093

Sheet1 销售出库序时簿

图 3-39　各个产品在各个月的平均单价

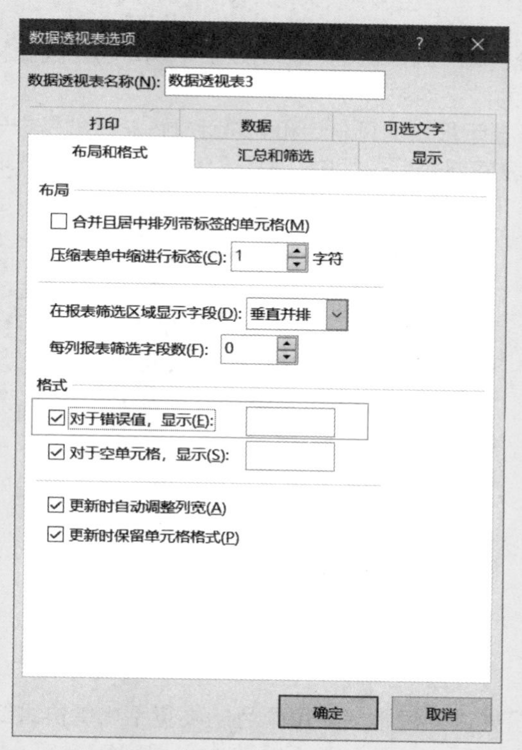

图 3-40　将错误值显示为空单元格

这样，就得到了一个干净的、没有错误值的报表，如图 3-41 所示。

求和项:单价	日期								
产品名称	1月	2月	3月	4月	5月	6月	7月	8月	总计
产品002					4.692		4.6905	4.7451	4.6908
产品004	10.9967	10.9937	11.625	11.679	11.0039	11.1186	11.6894	11.8531	11.5141
产品005			6.0906				6.0907	6.0906	6.0906
产品006	9.3113	9.3111	9.0349	9.0788	9.312	9.3112	9.1682	9.0187	9.199
产品007	5.7998		5.8066	5.8063	5.8066	5.8068	5.8066	5.807	5.8066
产品008	8.7318	8.6818	8.9682	8.8471	8.6452	8.7254	8.9473	8.9579	8.7345
产品010	5.4842	5.4842	5.4844		5.4842	5.4842	5.4845	5.4877	5.4844
产品011	5.4877	5.5741	5.4264	5.4625	5.564	5.6584	5.3675	5.3278	5.4457
产品012	5.6319	5.6088				5.6317	5.6311	5.6317	5.6317
产品013	5.9549			5.9306	5.955		5.9606	5.955	5.9551
产品014	5.8808		5.8839	5.8831	5.8839		5.8812		5.8814
产品015	8.9705	8.9699	8.9692			8.9739	8.9587	8.8724	8.9701
产品017	4.792			4.882	4.7949	4.8767	4.8183	4.8098	4.8201
产品018	6.7482			6.7551		6.7512	6.7692		6.7486
产品019							15.8862		15.8862
产品026	6.8085		6.8145			6.8084		6.8115	6.8093

Sheet1 销售出库序时簿

图 3-41 不显示错误值的报表

本报表是重点分析每个月、每个产品的发货平均单价，因此将默认的字段名“求和项:单价”重命名为“平均单价”。

同时还要设置不显示报表的行总计和列总计（行总计就是报表最右侧的一列“总计”，列总计就是报表底部最后一行的“总计”），在“设计”选项卡中，执行→“总计”→“对行和列禁用”命令即可，如图 3-42 所示。

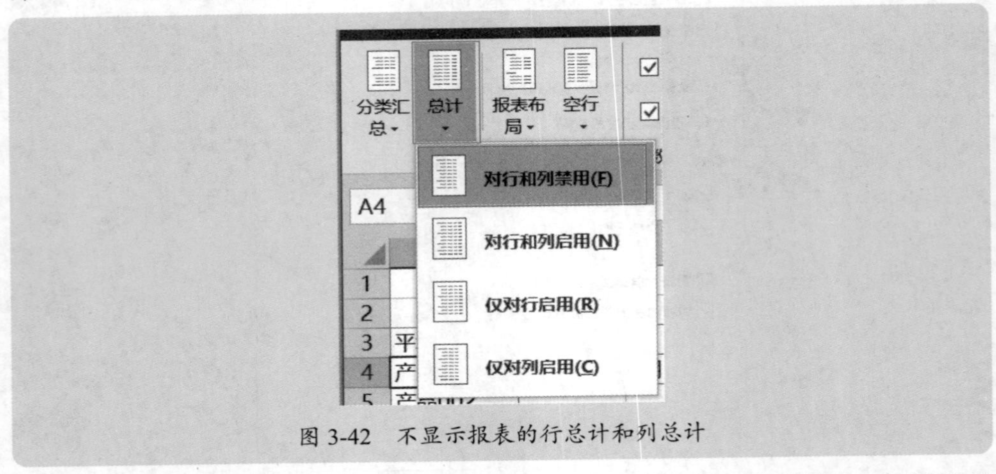

图 3-42 不显示报表的行总计和列总计

这样，便得到了最终的每个产品每个月的发货平均单价跟踪分析表，如图 3-43 所示。

平均单价	日期							
产品名称	1月	2月	3月	4月	5月	6月	7月	8月
产品002					4.692		4.6905	4.7451
产品004	10.9967	10.9937	11.625	11.679	11.0039	11.1186	11.6894	11.8531
产品005			6.0906				6.0907	6.0906
产品006	9.3113	9.3111	9.0349	9.0788	9.312	9.3112	9.1682	9.0187
产品007	5.7998		5.8066	5.8063	5.8066	5.8068	5.8066	5.807
产品008	8.7318	8.6818	8.9682	8.8471	8.6452	8.7254	8.9473	8.9579
产品010	5.4842	5.4842	5.4844		5.4842	5.4842	5.4845	5.4877
产品011	5.4877	5.5741	5.4264	5.4625	5.564	5.6584	5.3675	5.3278
产品012	5.6319	5.6088				5.6317	5.6311	5.6317
产品013	5.9549			5.9306	5.955		5.9606	5.955
产品014	5.8808		5.8839	5.8831	5.8839		5.8812	
产品015	8.9705	8.9699	8.9692			8.9739	8.9587	8.8724
产品017	4.792			4.882	4.7949	4.8767	4.8183	4.8098
产品018	6.7482			6.7551		6.7512	6.7692	
产品019							15.8862	
产品026	6.8085		6.8145			6.8084		6.8115

图 3-43　每个产品每个月的发货平均单价

3.1.6 增加新的计算分析项目

先需要说明一点的是：在数据透视表中，要正确区分“字段”和“项目”。

字段，就是数据源中的每列数据，一列就是一个字段，有多少列就有多少字段，字段名称就是列标题。

项目，就是每个字段下不重复内容，例如，有一个字段“产品名称”，其下有很多产品，每个产品名称就是一个项目。

在数据透视表中，不仅可以插入计算字段（这是对整个数据透视表的操作），还可以为某个字段添加计算项（这是对某个指定字段的操作）。

案例 3-6

图 3-44 所示是一个各个产品两年的销售汇总表，现在要分析每个产品两年销售的同比增长情况。具体操作步骤如下。

去年产品销售统计

月份	产品1	产品2	产品3	产品4	产品5	产品6	合计
1月	1192	847	362	406	922	847	4576
2月	579	1292	901	999	1167	987	5925
3月	825	685	1030	1201	1048	724	5513
4月	776	513	362	408	327	415	2801
5月	1374	742	1156	1026	791	273	5362
6月	1118	1045	1479	1161	729	780	6312
7月	1463	723	895	908	995	367	5351
8月	1426	408	941	862	1088	540	5265
9月	816	1273	513	476	747	873	4698
10月	733	298	289	1166	732	1165	4383
11月	1361	362	1413	1478	429	680	5723
12月	467	1150	809	817	832	559	4634
合计	12130	9338	10150	10908	9807	8210	60543

今年产品销售统计

月份	产品1	产品2	产品3	产品4	产品5	产品6	合计
1月	589	910	762	1262	1392	601	5516
2月	1445	1497	1500	423	1354	967	7186
3月	587	492	346	1145	1279	329	4178
4月	1034	666	674	732	959	457	4522
5月	1327	294	365	1491	948	303	4728
6月	1453	694	634	940	534	1454	5709
7月	688	1221	235	921	1112	1170	5347
8月	885	1369	598	885	1328	982	6047
9月	706	202	279	1325	1106	1436	5054
10月	1463	740	359	1222	1398	774	5956
11月	650	404	625	641	397	1195	3912
12月	708	1133	1023	1200	1383	777	6224
合计	11535	9622	7400	12187	13190	10445	64379

图 3-44　产品两年销售汇总表

步骤1 使用多重合并计算数据区域透视表，将两个表格合并汇总，创建数据透视表，并进行格式化，得到图 3-45 所示的数据透视表。

销售	产品	年份												
	产品1		产品2		产品3		产品4		产品5		产品6		合计	
月份	去年	今年	去年	今年	去年	今年	去年	今年	去年	今年	去年	今年	去年	今年
1月	1192	589	847	910	362	762	406	1262	922	1392	847	601	4576	5516
2月	579	1445	1292	1497	901	1500	999	423	1167	1354	987	967	5925	7186
3月	825	587	685	492	1030	346	1201	1145	1048	1279	724	329	5513	4178
4月	776	1034	513	666	362	674	408	732	327	959	415	457	2801	4522
5月	1374	1327	742	294	1156	365	1026	1491	791	948	273	303	5362	4728
6月	1118	1453	1045	694	1479	634	1161	940	729	534	780	1454	6312	5709
7月	1463	688	723	1221	895	235	908	921	995	1112	367	1170	5351	5347
8月	1426	885	408	1369	941	598	862	885	1088	1328	540	982	5265	6047
9月	816	706	1273	202	513	279	476	1325	747	1106	873	1436	4698	5054
10月	733	1463	298	740	289	359	1166	1222	732	1398	1165	774	4383	5956
11月	1361	650	362	404	1413	625	1478	641	429	397	680	1195	5723	3912
12月	467	708	1150	1133	809	1023	817	1200	832	1383	559	777	4634	6224
合计	12130	11535	9338	9622	10150	7400	10908	12187	9807	13190	8210	10445	60543	64379

图 3-45 两年数据合并的数据透视表

要计算两年同比增长率，就是字段“年份”下的两个项目“去年”和“今年”之间的计算结果，因此需要插入计算项。

步骤2 单击字段“年份”，或者单击“今年”或“去年”任一单元格，执行“字段、项目和集”→“计算项”命令，如图 3-46 所示。

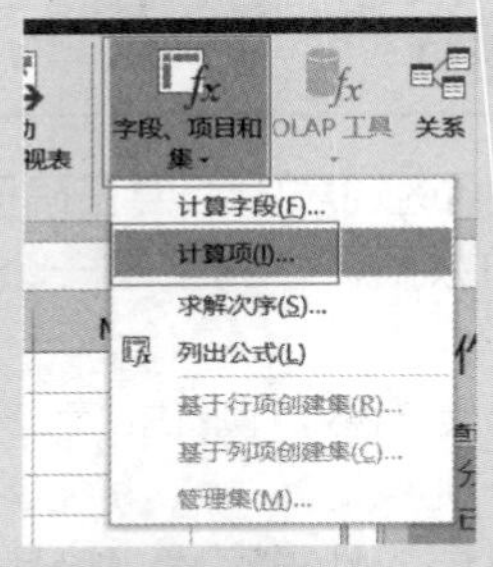

图 3-46 执行“字段、项目和集”→“计算项”命令

步骤3 打开插入字段对话框，如图 3-47 所示，在名称中输入“同比增长率”，在公式中输入下面的计算公式，计算两年同比增长率：

= 今年 / 去年 -1

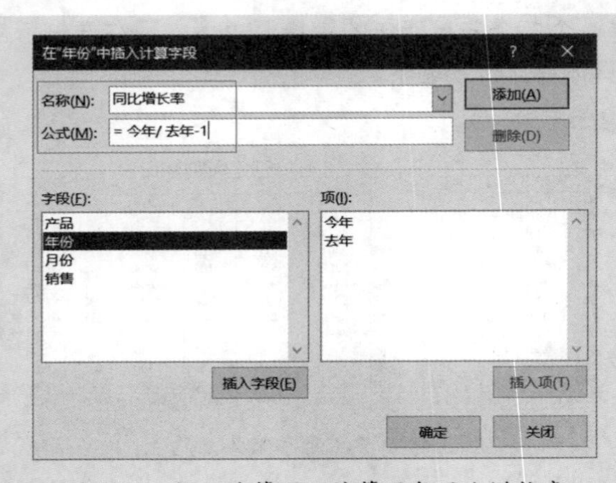

图 3-47 插入计算项，计算两年同比增长率

步骤4 单击“确定”按钮，就得到了每个产品两年增长率数据，然后将所有的同比增长率列数据格式设置为百分比，如图 3-48 所示。

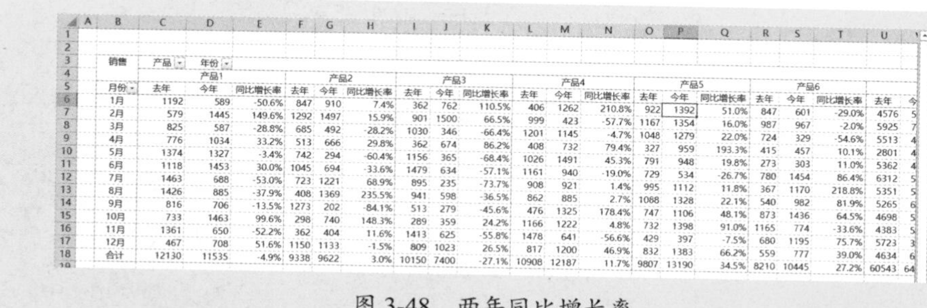

销售	产品	年份								
	产品1			产品2			产品3			
月份	去年	今年	同比增长率	去年	今年	同比增长率	去年	今年	同比增长率	
1月	1192	589	-50.6%	847	910	7.4%	362	762	110.5%	
2月	579	1445	149.6%	1292	1497	15.9%	901	1500	66.5%	
3月	825	587	-28.8%	685	492	-28.2%	1030	346	-66.4%	
4月	776	1034	33.2%	513	666	29.8%	362	674	86.2%	
5月	1374	1327	-3.4%	742	294	-60.4%	1156	365	-68.4%	
6月	1118	1453	30.0%	1045	694	-33.6%	1479	634	-57.1%	
7月	1463	688	-53.0%	723	1221	68.9%	895	235	-73.7%	
8月	1426	885	-37.9%	408	1369	235.5%	941	598	-36.5%	
9月	816	706	-13.5%	1273	202	-84.1%	513	279	-45.6%	
10月	733	1463	99.6%	298	740	148.3%	289	359	24.2%	
11月	1361	650	-52.2%	362	404	11.6%	1413	625	-55.8%	
12月	467	708	51.6%	1150	1133	-1.5%	809	1023	26.5%	
合计	12130	11535	-4.9%	9338	9622	3.0%	10150	7400	-27.1%	

月份	产品4			产品5			产品6				
月份	去年	今年	同比增长率	去年	今年	同比增长率	去年	今年	同比增长率	去年	今
1月	406	1262	210.8%	922	1392	51.0%	847	601	-29.0%	4576	5
2月	999	423	-57.7%	1167	1354	16.0%	987	967	-2.0%	5925	7
3月	1201	1145	-4.7%	1048	1279	22.0%	724	329	-54.6%	5513	4
4月	408	732	79.4%	327	959	193.3%	415	457	10.1%	2801	4
5月	1026	1491	45.3%	791	948	19.8%	273	303	11.0%	5362	4
6月	1161	940	-19.0%	729	534	-26.7%	780	1454	86.4%	6312	5
7月	908	921	1.4%	995	1112	11.8%	367	1170	218.8%	5351	5
8月	862	885	2.7%	1088	1328	22.1%	540	982	81.9%	5265	6
9月	476	1325	178.4%	747	1106	48.1%	873	1436	64.5%	4698	5
10月	1166	1222	4.8%	732	1398	91.0%	1165	774	-33.6%	4383	5
11月	1478	641	-56.6%	429	397	-7.5%	680	1195	75.7%	5723	3
12月	817	1200	46.9%	832	1383	66.2%	559	777	39.0%	4634	6
合计	10908	12187	11.7%	9807	13190	34.5%	8210	10445	27.2%	60543	64

图 3-48 两年同比增长率

3.1.7 不同计算依据的综合分析

在默认情况下，数据透视表对字段的计算依据是：如果是数值字段，计算依据是求和；如果是文本字段，计算依据是计数。

根据实际数据分析的需要，可以将一个字段以多种计算结果来呈现：计数、求和、最大值、最小值、平均值等。

案例 3-7

图 3-49 所示是一个工资表，现要求统计分析每个部门的人数、最低工资、最高工资和人均工资，要求的统计分析报表如图 3-50 所示。

工号	姓名	部门	基本工资	岗位津贴	奖金	考勤工资	应税所得	社保个人	公积金个人	个税	实发工资	社保公司	公积金公司	人工成本
G0001	A001	人力资源部	11,000.00	614.00	1,200.00	-50.00	11,600.00	997.60	635.00	738.48	9,228.92	3,400.01	635.00	15,635.01
G0002	A002	总经办	4,455.00	444.00	2,080.63	1,655.61	8,146.24	836.40	532.00	222.78	6,555.06	2,850.60	532.00	11,528.84
G0003	A003	人力资源部	5,918.00	637.00	1,100.00	-26.90	6,903.10	1,125.70	-	122.74	5,654.66	3,836.90	-	10,740.00
G0004	A004	人力资源部	4,367.00	421.00	1,100.00	-19.85	5,380.15	563.80	359.00	28.72	4,428.63	1,921.70	359.00	7,660.85
G0005	A005	设备部	29,700.00	132.00	2,504.00	-135.00	29,369.00	1,285.80	818.00	4,936.30	22,328.90	4,383.10	818.00	34,570.10
G0006	A006	采购部	5,280.00	513.00	1,100.00	-24.00	6,206.00	617.60	393.00	64.54	5,130.86	2,104.90	393.00	8,703.90
G0007	A007	财务部	4,422.00	457.00	2,076.88	349.56	6,776.44	603.80	-	162.26	6,010.38	2,058.20	-	8,834.64
G0008	A008	总经办	3,586.00	495.00	2,016.62	283.47	5,860.09	609.80	388.00	40.87	4,821.42	2,078.10	388.00	8,326.19
G0009	A009	采购部	3,663.00	487.00	1,300.00	-16.65	4,913.35	482.30	-	-	4,431.05	1,808.41	-	6,721.76
G0010	A010	人力资源部	4,455.00	407.00	2,140.79	1,096.99	7,587.78	668.90	-	236.89	6,681.99	2,507.90	-	10,095.68
G0011	A011	总经办	3,520.00	386.00	1,949.61	1,344.92	6,764.53	583.30	371.00	126.02	5,684.21	1,987.60	371.00	9,123.13
G0012	A012	技术部	7,700.00	414.00	1,200.00	-35.00	8,435.00	735.20	-	314.98	7,384.82	2,756.70	-	11,191.70
G0013	A013	质检部	4,730.00	394.00	1,964.00	585.90	7,119.90	751.70	478.00	134.02	5,756.18	2,562.20	478.00	10,160.10
G0014	A014	设备部	5,280.00	438.00	2,371.71	141.52	7,583.23	761.60	485.00	178.66	6,157.97	2,595.70	485.00	10,663.93
G0015	A015	采购部	5,922.40	340.00	1,100.00	-26.92	6,727.08	551.60	351.00	127.45	5,697.03	1,879.90	351.00	8,957.98
G0016	A016	质检部	3,487.00	323.00	2,060.41	275.64	5,746.05	600.50	382.00	37.91	4,725.64	2,047.00	382.00	8,175.05
G0017	A017	总经办	3,487.00	301.00	2,058.98	275.64	5,744.62	539.00	-	65.56	5,140.06	2,021.10	-	7,765.72
G0018	A018	采购部	4,290.00	355.00	1,607.60	591.12	6,338.72	140.30	-	164.84	6,033.58	444.10	-	6,782.82
G0019	A019	财务部	3,124.00	342.00	1,619.68	-14.20	4,685.48	501.60	319.00	10.95	3,853.93	1,710.00	319.00	6,714.48

Sheet1

图 3-49 工资表

下面是这个统计分析报表的主要制作步骤。

步骤1 创建一个基本数据透视表，做图 3-51 所示的布局，这里，往值区域拖放了三个“应税所得”，以便后面做不同的计算。

	A	B	C	D	E
1	部门	人数	最低工资	最高工资	人均工资
2	总经办	50	3,619	41,500	7,953
3	人力资源部	22	3,627	11,600	6,255
4	财务部	23	3,731	11,519	5,073
5	采购部	50	3,568	16,623	6,334
6	技术部	18	3,688	9,000	5,168
7	设备部	24	3,608	29,600	7,788
8	质检部	31	3,664	18,900	6,096
9	综合部	9	4,482	13,895	7,346
10	一车间	63	3,635	17,596	5,962
11	二车间	39	3,650	20,000	6,941
12	三车间	98	3,516	52,550	9,882
13	四车间	22	3,565	51,000	10,346
14	总计	449	3,516	52,550	7,452

图 3-50　工资分析表

	A	B	C	D	E
1					
2					
3	部门	计数项:姓名	求和项:应税所得	求和项:应税所得 2	求和项:应税所得 3
4	财务部	23	116682.13	116682.13	116682.13
5	采购部	50	316710.62	316710.62	316710.62
6	二车间	39	270710.77	270710.77	270710.77
7	技术部	18	93016.02	93016.02	93016.02
8	人力资源部	22	137613.95	137613.95	137613.95
9	三车间	98	968390.21	968390.21	968390.21
10	设备部	24	186917.41	186917.41	186917.41
11	四车间	22	227617.42	227617.42	227617.42
12	一车间	63	375631.18	375631.18	375631.18
13	质检部	31	188985.13	188985.13	188985.13
14	综合部	9	66116.33	66116.33	66116.33
15	总经办	50	397649.7	397649.7	397649.7
16	总计	449	3346040.87	3346040.87	3346040.87

图 3-51　基本数据透视表

步骤2 右击第一个应税所得的任一单元格，执行“值汇总依据”→“最小值”命令，如图 3-52 所示，就得到了最低工资（最小值），如图 3-53 所示。

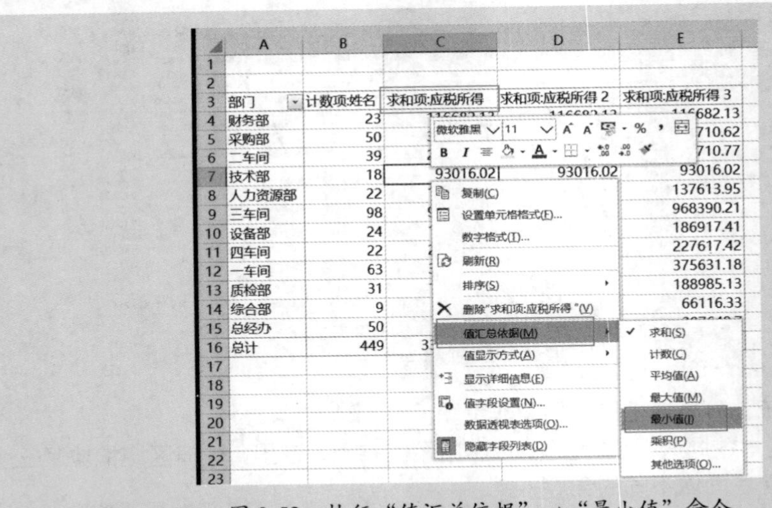

图 3-52　执行“值汇总依据”→“最小值”命令

	A	B	C	D	E
1					
2					
3	部门	计数项:姓名	最小值项:应税所得	求和项:应税所得 2	求和项:应税所得 3
4	财务部	23	3730.9	116682.13	116682.13
5	采购部	50	3568.2	316710.62	316710.62
6	二车间	39	3650.39	270710.77	270710.77
7	技术部	18	3687.83	93016.02	93016.02
8	人力资源部	22	3626.7	137613.95	137613.95
9	三车间	98	3516.22	968390.21	968390.21
10	设备部	24	3607.87	186917.41	186917.41
11	四车间	22	3564.77	227617.42	227617.42
12	一车间	63	3634.92	375631.18	375631.18
13	质检部	31	3664.47	188985.13	188985.13
14	综合部	9	4482.35	66116.33	66116.33
15	总经办	50	3619.15	397649.7	397649.7
16	总计	449	3516.22	3346040.87	3346040.87

图 3-53　应税所得的最小值（最低工资）

步骤3 采用相同的方法，分别对第二个应税所得和第三个应税所得设置最大值和平均值，得到图 3-54 所示的结果。

	A	B	C	D	E
1					
2					
3	部门	计数项:姓名	最小值项:应税所得	最大值项:应税所得 2	平均值项:应税所得 3
4	财务部	23	3730.9	11519.14	5073.136087
5	采购部	50	3568.2	16622.78	6334.2124
6	二车间	39	3650.39	20000	6941.301795
7	技术部	18	3687.83	9000	5167.556667
8	人力资源部	22	3626.7	11600	6255.179545
9	三车间	98	3516.22	52550	9881.532755
10	设备部	24	3607.87	29600	7788.225417
11	四车间	22	3564.77	51000	10346.24636
12	一车间	63	3634.92	17596.27	5962.399683
13	质检部	31	3664.47	18900	6096.294516
14	综合部	9	4482.35	13895.2	7346.258889
15	总经办	50	3619.15	41500	7952.994
16	总计	449	3516.22	52550	7452.206837

图 3-54　得到基本的工资统计报表

步骤4 修改字段名称为具体的名字，设置数字格式，调整各个部门的先后顺序，就得到需要的工资统计报表。

本节知识回顾与测验

1. 排名分析报表要使用数据透视表哪些基本技能？例如，如何快速制作销售额排名前 10 的客户分析报表？

2. 结构占比分析报表要使用数据透视表哪些基本技能？例如，如何快速分析每个部门、每个学历的人数分布？

3. 如何对字段项目进行组合，以便分析每个数据区域间或者每个类别的数据分布？

4. 原始表中只有销售额和销售成本，如何在数据透视表中添加两个新列毛利和毛利率？

5. 有两个表，一个是预算表，另一个是实际表，如何使用数据透视表快速制作预算执行分析报表，计算出每个项目、每个月的预算执行差异和执行率？

3.2 对数据进行切片筛选分析

拖放到数据透视表筛选区域的字段称之为筛选字段，用于控制整个数据透视表，查看指定项目的分析结果。但是，在这个字段中进行筛选毕竟不方便，尤其是有多个筛选字段的情况下，筛选起来就更加不方便了。

例如，以“案例 3-1”的数据透视表为例，要快速查看某个产品的各个月的发货数量和发货金额，一般的操作是将“产品名称”拖至筛选区域，如图 3-55 所示，然后从筛选下拉列表中进行筛选，如图 3-56 所示。显然，这种操作是不方便的。

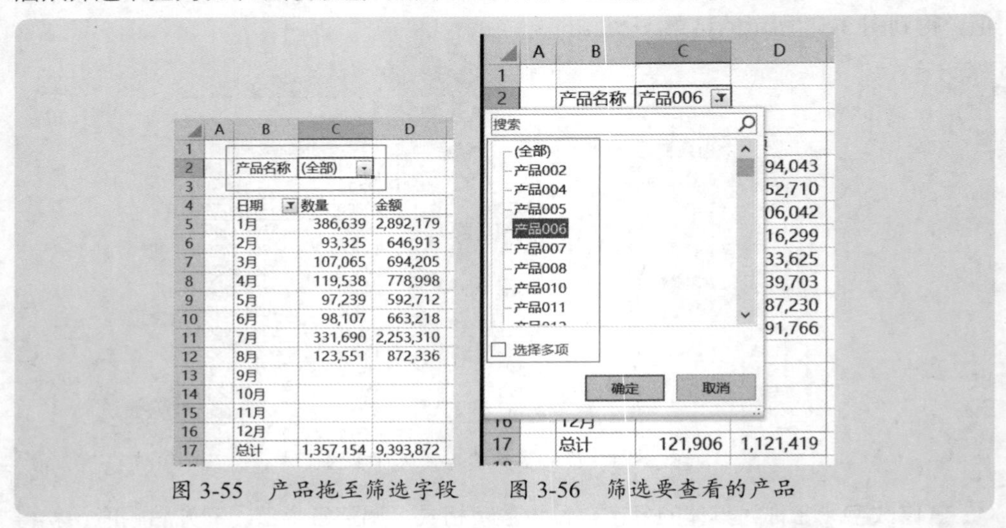

图 3-55 产品拖至筛选字段　　图 3-56 筛选要查看的产品

可以在数据透视表中使用一个或者多个切片器来筛选一个或多个字段，因为对一个或者多个数据透视表进行筛选控制，非常快捷方便。

3.2.1 用一个切片器控制一个数据透视表

不论是插入切片器，还是使用切片器，都是非常简单的。下面以“案例 3-1”的数据为例，介绍如何使用切片器对数据进行切片筛选分析。

案例 3-8

可以插入一个切片器，来快速筛选产品。插入切片器的方法很简单，在“数据透视表分析”选项卡中，单击“插入切片器”命令按钮，如图 3-57 所示。

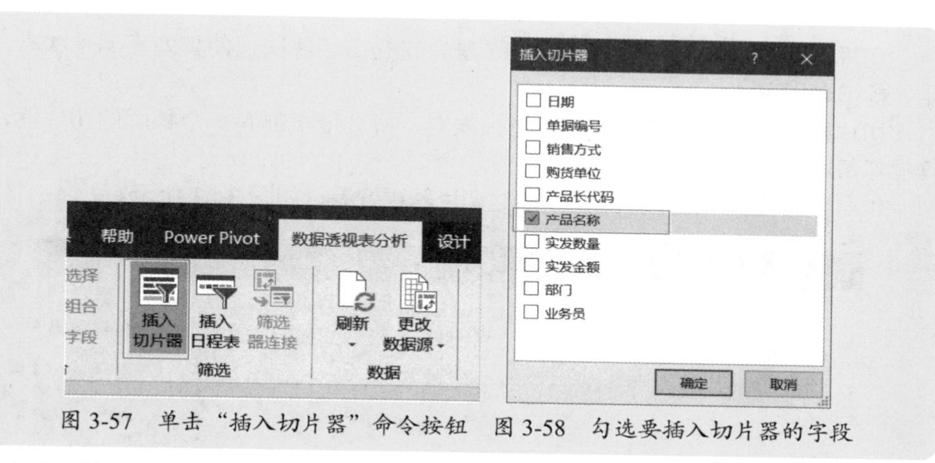

图 3-57　单击“插入切片器”命令按钮　图 3-58　勾选要插入切片器的字段

打开“插入切片器”对话框，勾选“产品名称”复选框，如图 3-58 所示。单击“确定”按钮，就插入了一个“产品名称”切片器，如图 3-59 所示。

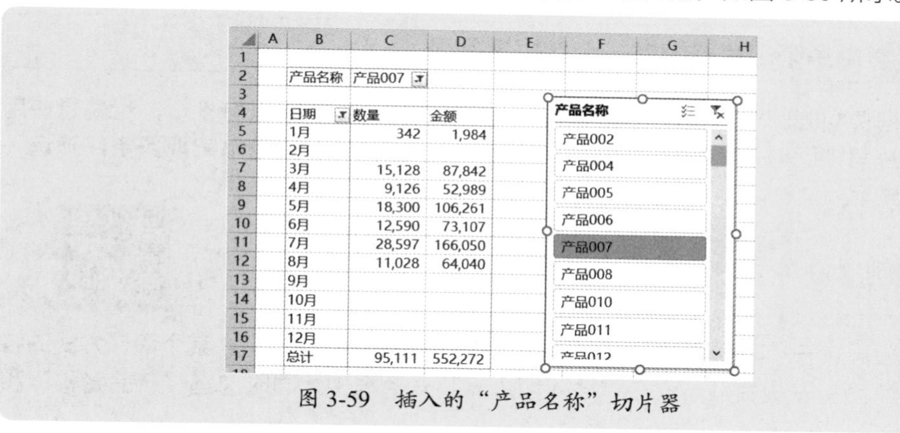

图 3-59　插入的“产品名称”切片器

这样，就可以单击切片器里的某个产品，快速查看该产品各月的发货数量和发货金额，如图 3-60 所示。

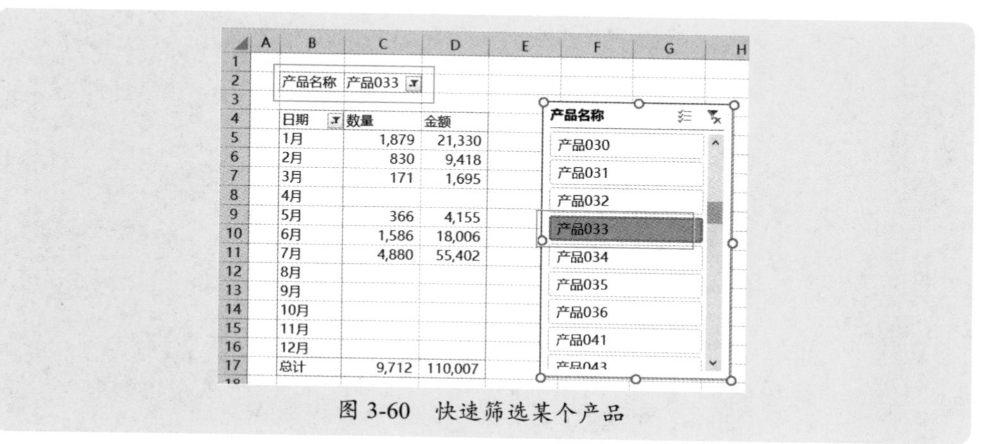

图 3-60　快速筛选某个产品

切片器可以移动到任意位置，方法是，先右击切片器，使其处于编辑状态，再用鼠标拖动即可。

切片器可以复制多个，当有多个报表时，每个报表都有一个相同的切片器，这样操作每个数据透视表就很灵活了。

也可以设置切片器的样式，以便让切片器更好看，如图 3-61 所示。

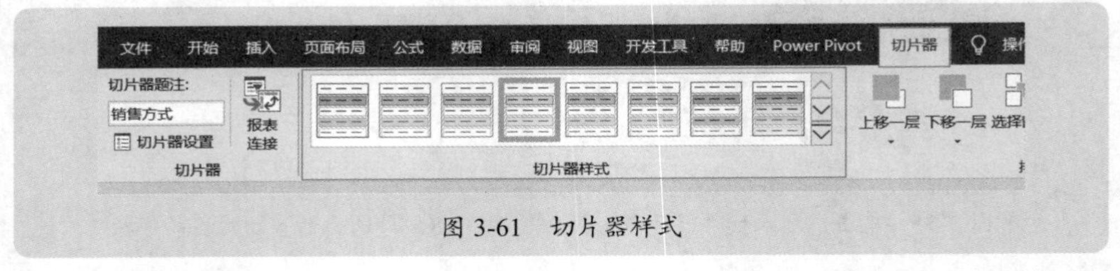

图 3-61　切片器样式

如果不再需要这个切片器了，可以将其删除，方法很简单，右击切片器，执行“剪切”命令，或者直接按 Delete 键。

3.2.2 用多个切片器控制一个数据透视表

数据透视表的筛选字段可以有多个，对应的切片器也可以有多个，也就是使用多个切片器来同时控制同一个数据透视表的显示，这样，就可以实现多条件筛选下的报表显示。

案例 3-9

例如，对于“案例 3-1”的数据透视表，想要查看某个产品、某个销售方式的各月发货数量和发货金额，就在“插入切片器”对话框中，同时勾选“产品名称”和“销售方式”复选框，如图 3-62 所示。

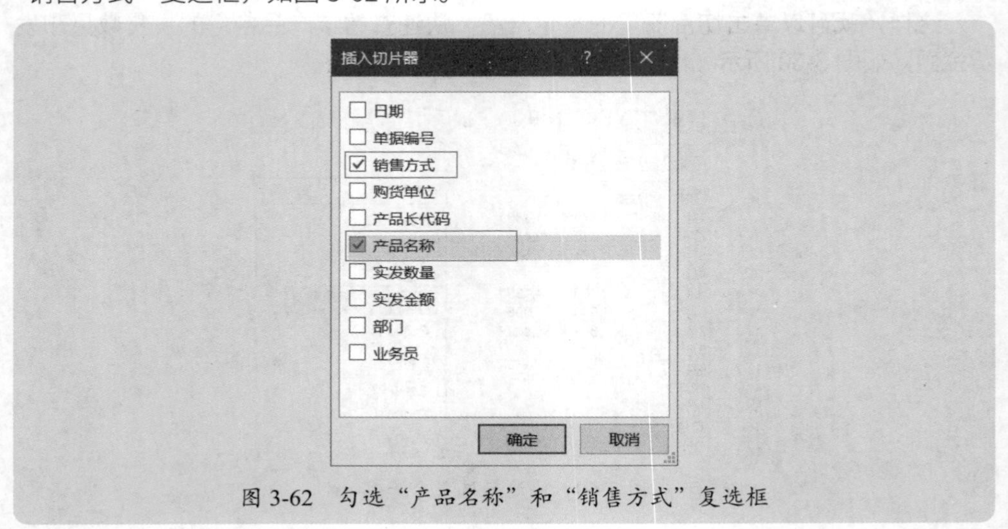

图 3-62　勾选“产品名称”和“销售方式”复选框

这样，就有了两个切片器，分别用于切片“销售方式”和切片“产品名称”，如图3-63所示。

日期	数量	金额
1月	5,509	30,952
2月	20,586	116,190
3月	8,979	44,746
4月	54,680	296,585
5月	12,420	70,055
6月	7,905	44,706
7月	65,786	348,704
8月	43,505	226,472
9月		
10月		
11月		
12月		
总计	219,370	1,178,409

销售方式
赊销
现销

产品名称
产品004
产品006
产品007
产品008
产品010
产品011
产品012
产品013

图 3-63　两个切片器

将销售方式切片器的列数设置为2，如图3-64所示。

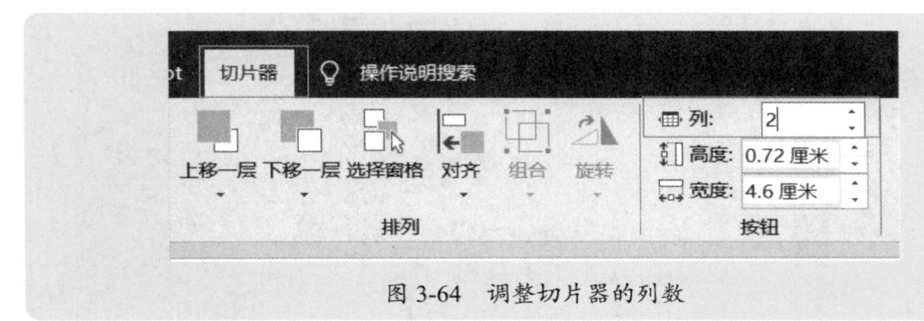

图 3-64　调整切片器的列数

再调整两个切片器的大小和位置，让切片器与数据透视表布局在一起，既美观又便于操作，如图3-65所示。

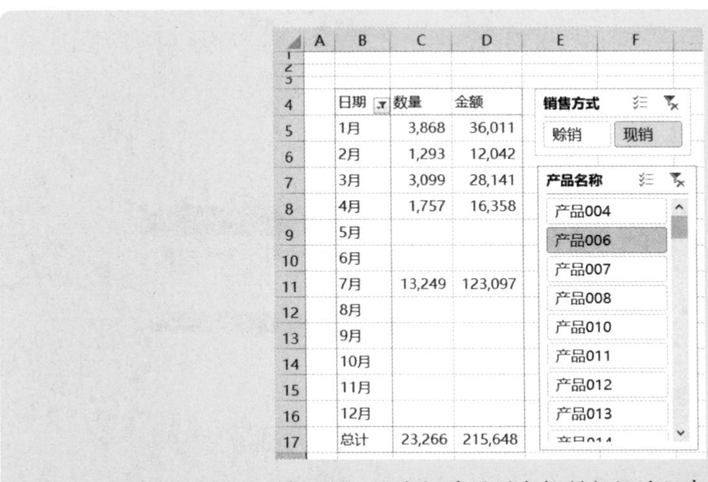

日期	数量	金额
1月	3,868	36,011
2月	1,293	12,042
3月	3,099	28,141
4月	1,757	16,358
5月		
6月		
7月	13,249	123,097
8月		
9月		
10月		
11月		
12月		
总计	23,266	215,648

图 3-65　两个切片器联合控制数据透视表

3.2.3 用一个切片器控制多个数据透视表

如果制作了多个数据透视表，这些数据透视表分别表示不同的分析切入点（注意这些数据透视表必须是第一个数据透视表复制过来后重新布局的，而不能是重新创建一个数据透视表），那么，就可以使用切片器对这些数据透视表进行同时控制。

案例 3-10

例如，对于“案例 3-1”的数据，我们已经制作了两个数据透视表，分别分析各个营业部的销售情况和各个业务员的销售情况，如图 3-66 所示。

报表1：部门销售数量排名分析

部门	数量	金额
营销一部	692,616	4,825,628
营销五部	245,531	1,637,765
营销四部	192,117	1,329,809
营销二部	179,847	1,308,688
营销三部	47,043	291,981
总计	1,357,154	9,393,872

报表2：业务员销售数量排名分析

业务员	数量	金额
班瑞丽	157,227	979,655
郑倩浩	129,203	885,834
陈煌	120,098	804,426
王大林	69,955	494,850
周杰	68,903	471,958
孟辉	66,308	479,462
李文丽	64,983	539,276
崔大庆	49,166	269,283
吴仲达	48,834	332,887
秦佳	41,337	282,923
杨俊清	38,022	368,623
张卫华	36,496	229,908
李峰	33,772	222,557
何雪	32,970	223,368
孟欣会	27,974	193,115

Sheet1　销售出库序时簿

图 3-66　两个数据透视表

现在要分析指定产品的各个部门销售排名和业务员销售排名情况，就单击任一数据透视表，插入一个产品名称切片器，然后右击切片器，执行“报表连接”命令，如图 3-67 所示，打开“报表连接”对话框，勾选这两个数据透视表，如图 3-68 所示。

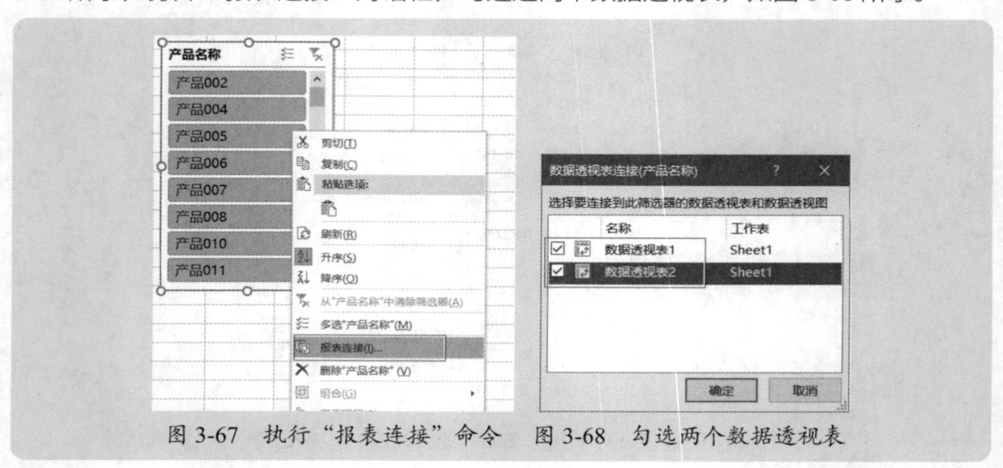

图 3-67　执行“报表连接”命令　图 3-68　勾选两个数据透视表

这样，就将该切片器与两个数据透视表进行了关联，也就是该切片器同时控制两个数据透视表，选择某个产品，两个数据透视表自动变为该产品的销售报表，如图 3-69 所示。

报表1：部门销售数量排名分析

部门	数量	金额
营销一部	54,265	315,098
营销二部	18,300	106,261
营销五部	17,666	102,577
营销四部	4,880	28,336
总计	95,111	552,272

报表2：业务员销售数量排名分析

业务员	数量	金额
陈煌	22,546	130,913
郑倩洁	17,031	98,893
崔大庆	15,860	92,093
班瑞丽	10,980	63,756
王大林	9,760	56,672
李军	8,540	49,588
周杰	4,880	28,336
周珊珊	4,294	24,936
范大海	1,220	7,084
总计	95,111	552,272

图 3-69 指定产品的部门销售排名和业务员销售排名

3.2.4 用多个切片器控制多个数据透视表

也可以使用多个切片器来控制多个数据透视表，方法也很简单，先制作几个数据透视表，插入几个切片器，分别对每个切片器设置报表链接，链接到这些数据透视表，就可以用多个切片器控制多个数据透视表。

案例 3-11

图 3-70 所示就是一个例子，要求查看某个产品在各个月、各个客户的现销或赊销的情况，详细的切片器设置过程，请观看录制的视频。

主要步骤是，制作两个数据透视表，在任一数据透视表插入两个切片器，然后分别选择每个切片器，设置报表链接，链接到两个数据透视表。

日期	数量	金额
1月	3,868	36,011
2月	1,293	12,042
3月	3,099	28,141
4月	1,757	16,358
5月		
6月		
7月	13,249	123,097
8月		
9月		
10月		
11月		
12月		
总计	23,266	215,648

购货单位	数量	金额
客户009	7,662	71,341
客户011	4,807	44,044
客户044	3,611	32,569
客户170	1,830	17,947
客户106	1,220	11,003
客户071	1,220	11,360
客户070	854	7,952
客户048	610	5,680
客户223	586	5,453
客户151	366	3,641
客户015	171	1,590
客户119	146	1,363
客户032	110	1,022
客户359	73	682
总计	23,266	215,648

销售方式：赊销 现销

产品名称：产品004 产品006 产品007 产品008 产品010 产品011 产品012 产品013

图 3-70 查看某个产品在各个月、各个客户的现销或赊销的情况

本节知识回顾与测验

1. 切片器的作用是什么？如何为数据透视表插入切片器？

2. 如何设置切片器格式，例如设置列数，设置样式，设置自定义切片器格式（字体、边框、颜色等）？

3. 如何移动、复制、删除切片器？

4. 如果某个数据透视表插入了多个切片器，如何布局它们，使整体报告美观？

5. 如果想要使用一个或多个切片器，来控制多个数据透视表，那么这些数据透视表必须是怎样做出来的？

6. 请结合实际工作中的数据分析，如何使用数据透视表和切片器来制作分析报表。

3.3 数据透视的可视化分析

数据透视图是将数据透视表进行可视化的图表，它的数据源是数据透视表，因此，必须先制作出数据透视表，才能制作出数据透视图。

联合使用数据透视表、数据透视图和切片器，可以让数据分析变得更加灵活和方便。本节介绍如何使用数据透视图来分析数据。

3.3.1 数据透视图的创建与格式化

当创建数据透视表后，单击数据透视表任一单元格，然后在“插入”选项卡中选择某个类型图表，即可插入数据透视图。

案例 3-12

以“案例 3-1”数据为例，先创建数据透视表，然后插入数据透视图，如图 3-71 所示。

需要注意的是，在数据透视图中，图表是以列绘制的，也就是说，行字段作为分类轴，列字段作为数据系列，每列数据是一个系列。因此，在使用数据透视图分析数据时，要特别注意字段放置的位置，位置的不同会得到不同布局的数据透视图，从而分析的角度也不一样。

创建的数据透视图是比较不美观的，除了图表本身的一些格式不符合要求外（例如间隙宽度、填充颜色、数据标签、图表标题等），数据透视图上还有字段按钮，因此，需要对数据透视图进行格式化处理。

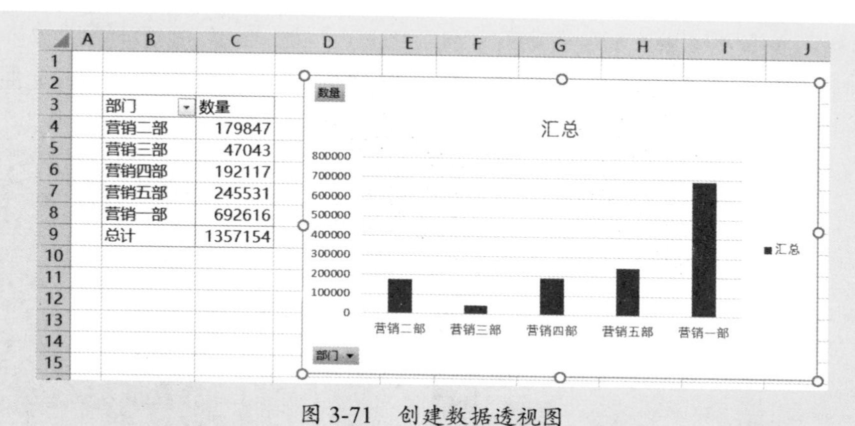

图 3-71　创建数据透视图

1. 隐藏图表上的字段按钮

右击数据透视图上任一字段按钮，执行“隐藏图表上的所有字段按钮”命令，如图 3-72 所示，就会将图表上的所有字段按钮进行隐藏，如图 3-73 所示。

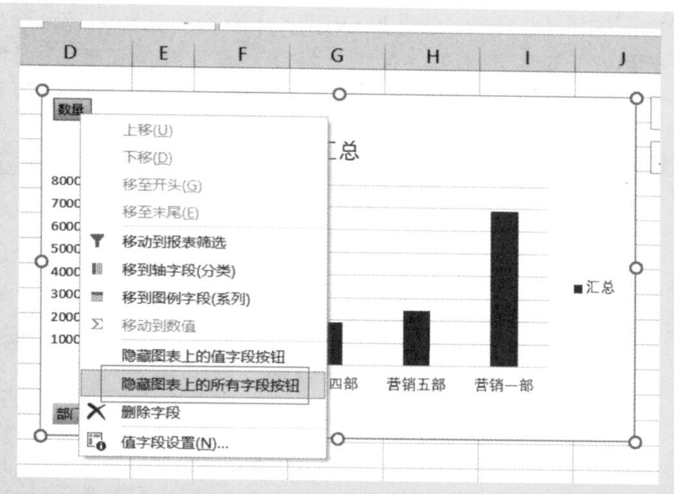

图 3-72　执行“隐藏图表上的所有字段按钮”命令

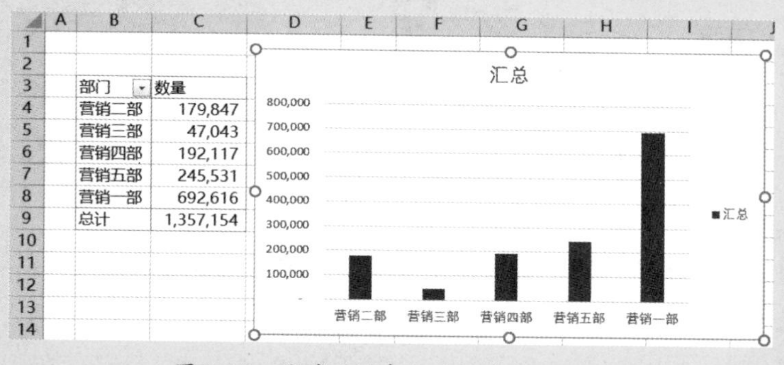

图 3-73　隐藏了图表上的所有字段按钮

2. 设置图表的基本格式

例如，对于柱形图而言，可以设置柱形的间隙宽度和系列重叠比例，让柱形显示更为美观些，如图 3-74 所示。

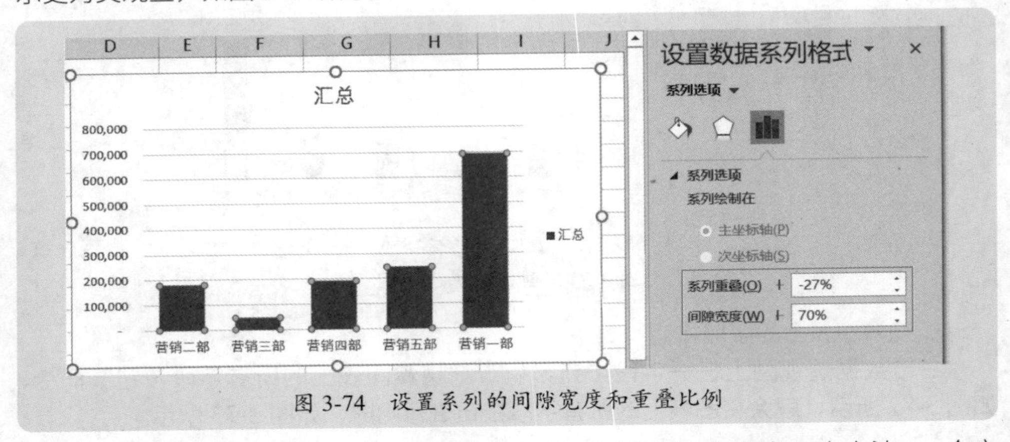

图 3-74 设置系列的间隙宽度和重叠比例

可以设置柱形的填充颜色，如图 3-75 所示。设置填充颜色有两个方法：一个方法是直接单击“格式”选项卡中的颜色填充按钮，展开颜色面板，这种方法最常用，也最方便；另一个方法是在设置数据系列格式面板中，设置填充颜色。

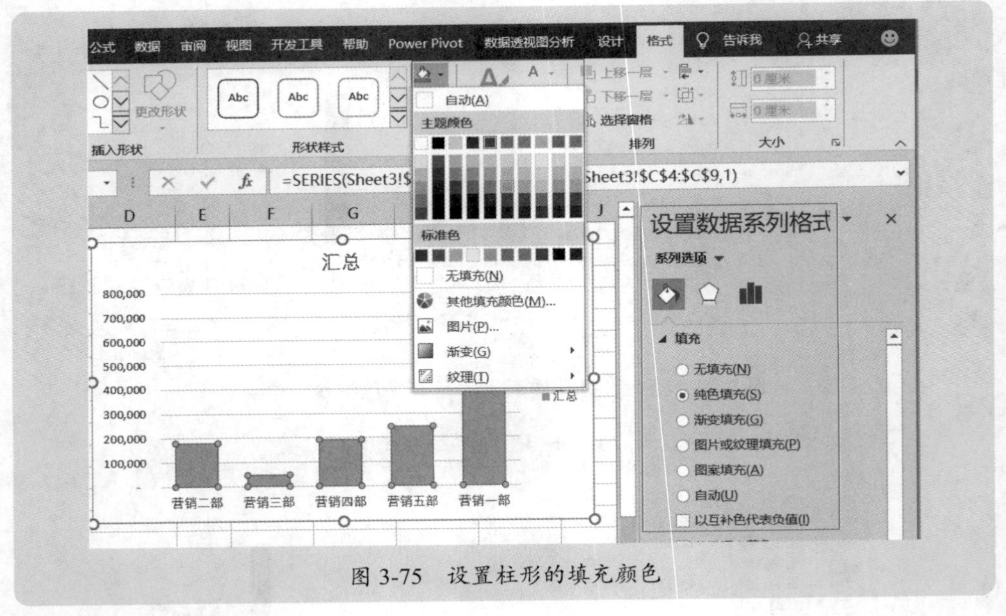

图 3-75 设置柱形的填充颜色

3. 添加数据标签

添加数据标签最简单的方法是单击图表右上角的图表元素按钮[+]，展开元素列表，勾选“数据标签”复选框即可，如图 3-76 所示。

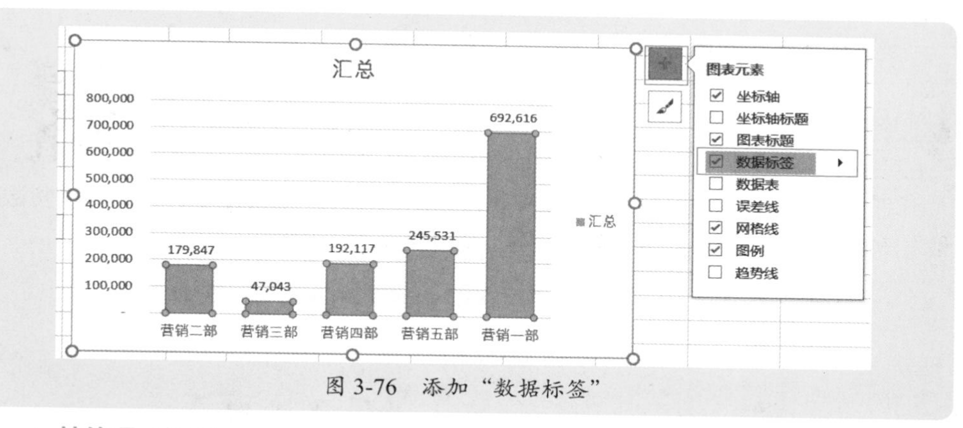

图 3-76　添加“数据标签”

4. 其他项目设置

例如，我们可以：

- 添加或修改图表标题；
- 显示或删除网格线；
- 设置坐标轴格式（例如数值轴的单位）；
- 显示或删除图例；
- 对于折线图，还可以设置线条颜色及样式；
- 对于饼图，可以设置更多的数据标签选项；
- 如果有两个数据系列，可以根据实际情况来设置次轴及不同的图表类型；
- ……

这些操作，是图表的常规操作，这里就不再一一介绍了。

图 3-77 是基本完成的各个部门销售排名分析报告。

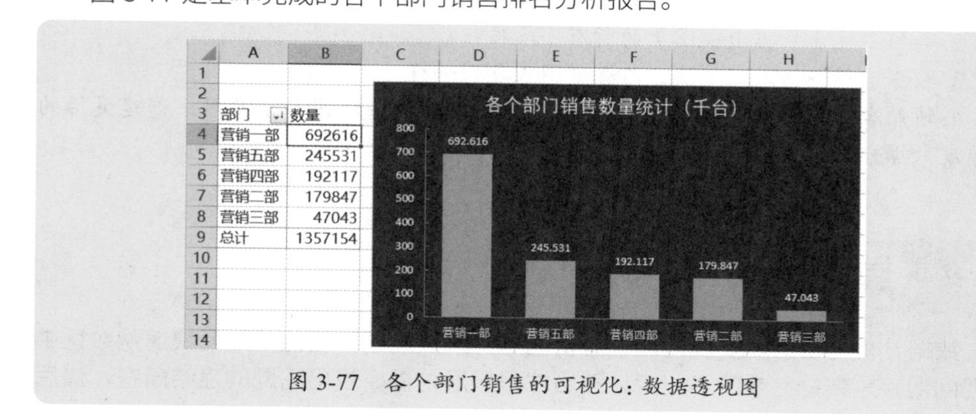

部门	数量
营销一部	692616
营销五部	245531
营销四部	192117
营销二部	179847
营销三部	47043
总计	1357154

图 3-77　各个部门销售的可视化：数据透视图

3.3.2 使用切片器控制数据透视图

与数据透视表一样，我们可以使用切片器来控制数据透视图，这样的图表是动态图表。不过要知道的是，数据透视图是由数据透视表绘制的，所以切片器并不是在控制数据透视图，而是通过控制数据透视表，进而控制数据透视图的显示。

关于切片器的使用方法，3.2 节已经做过介绍，这里就不再重述。

案例 3-13

图 3-78 所示是联合使用数据透视表、数据透视图、切片器制作的各月发货数量和发货金额的分析报告，详细制作过程，请参阅录制的视频。

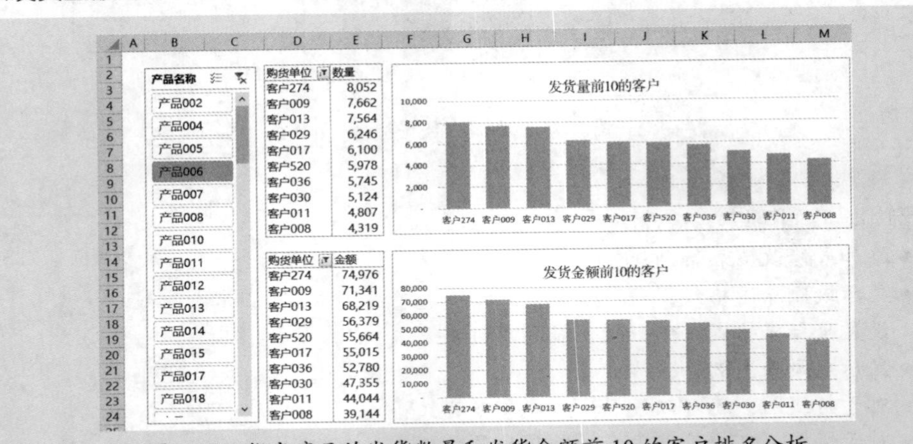

购货单位	数量
客户274	8,052
客户009	7,662
客户013	7,564
客户029	6,246
客户017	6,100
客户520	5,978
客户036	5,745
客户030	5,124
客户011	4,807
客户008	4,319

购货单位	金额
客户274	74,976
客户009	71,341
客户013	68,219
客户029	56,379
客户520	55,664
客户017	55,015
客户036	52,780
客户030	47,355
客户011	44,044
客户008	39,144

图 3-78　指定产品的发货数量和发货金额前 10 的客户排名分析

本节知识回顾与测验

1. 如何正确创建数据透视图？

2. 如何不显示数据透视图上的所有字段按钮？

3. 数据透视图格式化方法，与普通图表是否一样？

4. 请结合实际数据，联合使用数据透视表、数据透视图和切片器，创建灵活的多维度数据分析报告。

3.4 层层挖掘分析数据综合练习：采购分析

数据分析的目的是发现问题、分析问题、解决问题。因此，如何快速从数据中发现问题，是数据分析的第一步，然后才是层层挖掘，找出问题的症结所在，最后是针对这样的问题提出解决方案。

案例 3-14

图 3-79 所示是一个采购明细示例数据表，现在要对该表进行一些必要的分析，希望能从采购数据中发现点问题。

	A	B	C	D	E	F	G	H	I	J
1	日期	供应商名称	物料类别	物料代码	物料名称	规格型号	单位	实收数量	含税单价	价税合计
2	2022-1-4	供应商01	BBB	1.50.3959.3969.41	材料03	29*46	KG	16	235.099	3,761.58
3	2022-1-4	供应商02	BBB	1.50.3959.3969.94	材料25	406-392-69P	卷	19	2495.046	47,405.87
4	2022-1-4	供应商02	BBB	1.50.3959.3969.104	材料34	1800*200*10P	卷	11	1347.516	14,822.68
5	2022-1-4	供应商03	CCC	1.50.3959.3969.47	材料09	GP-39-DF10	KG	357	20.363	7,269.59
6	2022-1-4	供应商03	CCC	1.50.3959.3969.48	材料10	20*1200*12	KG	2113	13.835	29,233.36
7	2022-1-4	供应商20	CCC	1.50.3959.3969.48	材料10	20*1200*12	KG	1735	9.183	15,932.51
8	2022-1-4	供应商03	CCC	1.50.3959.3969.43	材料05	TOP-399	KG	1242	11.174	13,878.11
9	2022-1-4	供应商20	CCC	1.50.3959.3969.44	材料06	05-A	KG	171	14.785	2,528.24
10	2022-1-4	供应商05	BBB	1.50.3959.3969.109	材料36	500*400*3900	卷	269	265.188	71,335.57
11	2022-1-4	供应商03	CCC	1.50.3959.3969.48	材料10	20*1200*12	KG	2466	12.027	29,658.58
12	2022-1-4	供应商03	CCC	1.50.3959.3969.44	材料06	05-A	KG	367	13.419	4,924.77
13	2022-1-4	供应商02	BBB	1.50.3959.3969.93	材料24	295-395-29M	卷	25	2369.448	59,236.20
14	2022-1-4	供应商03	CCC	1.50.3959.3969.43	材料05	TOP-399	KG	638	12.921	8,243.60
15	2022-1-4	供应商03	CCC	1.50.3959.3969.46	材料08	QSP-400	KG	602	19.186	11,549.97
16	2022-1-4	供应商20	CCC	1.50.3959.3969.48	材料10	20*1200*12	KG	1259	9.802	12,340.72
17	2022-1-5	供应商06	DDD	1.50.3959.3969.51	材料12	406*1005	支	686	18.434	12,645.72
18	2022-1-5	供应商06	DDD	1.50.3959.3969.85	材料22	110*960	个	172	8.747	1,504.48

图 3-79　采购示例数据

这个数据表是一个标准规范的表单，使用数据透视表来分析是最方便、最灵活的。下面我们进行一些基本的分析。

3.4.1 按物料类别分析采购金额

首先了解每个物料类别采购金额占比情况，这是一个基本的占比分析表，它由一个数据透视表和数据透视图（饼图）构成，结果如图 3-80 所示。

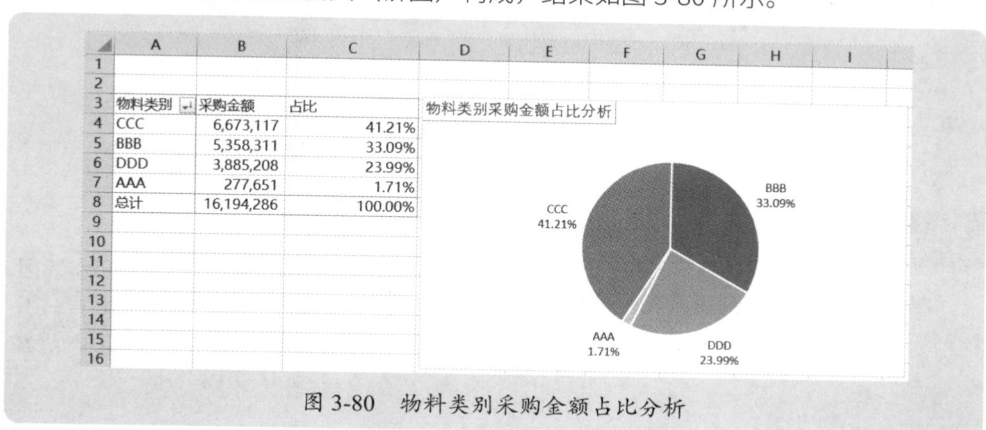

物料类别	采购金额	占比
CCC	6,673,117	41.21%
BBB	5,358,311	33.09%
DDD	3,885,208	23.99%
AAA	277,651	1.71%
总计	16,194,286	100.00%

图 3-80　物料类别采购金额占比分析

从图 3-80 所示可以看出，CCC 类物料采购金额最高，占比达 41.21%，其次是 BBB 类物料，采购金额占比也达到了全部采购金额的 33.09%。

3.4.2 按材料分析采购金额

制作每个物料的采购金额及累计占比分析报表和图表（条形图），使用切片器来快速选择物料类别，效果如图 3-81 所示。

从这个分析报告可以看出，每个类别下，各个材料的采购金额及其累计占比。例如物料类别 BBB 中，共有 15 种物料，前 5 种材料的采购金额就占该类别总金额的 81.9%。

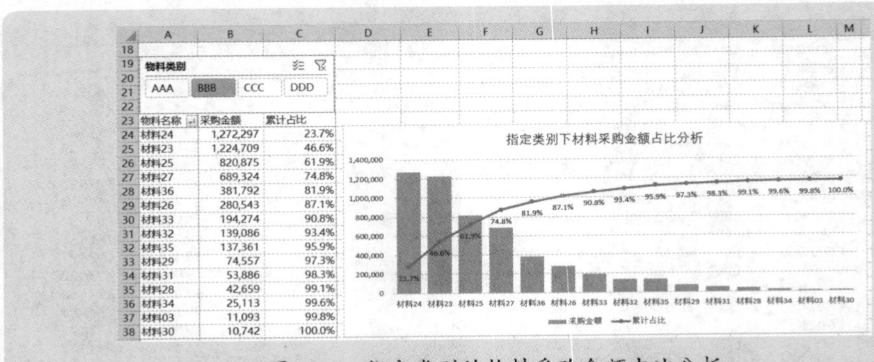

物料名称	采购金额	累计占比
材料24	1,272,297	23.7%
材料23	1,224,709	46.6%
材料25	820,875	61.9%
材料27	689,324	74.8%
材料36	381,792	81.9%
材料26	280,543	87.1%
材料33	194,274	90.8%
材料32	139,086	93.4%
材料35	137,361	95.9%
材料29	74,557	97.3%
材料31	53,886	98.3%
材料28	42,659	99.1%
材料34	25,113	99.6%
材料03	11,093	99.8%
材料30	10,742	100.0%

图 3-81　指定类别的物料采购金额占比分析

在同一种材料中，可能有很多种不同的规格，还可以观察某个材料下，各个规格的库存情况，如图 3-82 所示，这个报告，是上面的材料库存报告的辅助说明，物料类别切片器同时控制这两个透视表。

物料名称：材料03　材料23　材料24　材料25　材料26　材料27　材料28　材料29　材料30　材料31　材料32　材料33

物料类别	物料名称	规格型号	采购金额	累计占比
BBB	材料23	AP-39960-10295	954,570	77.9%
		AP-39960-1494	137,051	11.2%
		AP-32059-34295	46,332	3.8%
		AP-349-5693-20	43,866	3.6%
		AP-39960-1606	42,891	3.5%

图 3-82　某个材料下各个规格的采购金额占比分析

3.4.3 按供应商分析采购金额

首先分析所有供应商的材料采购金额排名及占比，了解哪些供应商的材料采购金额最大，如图 3-83 所示。

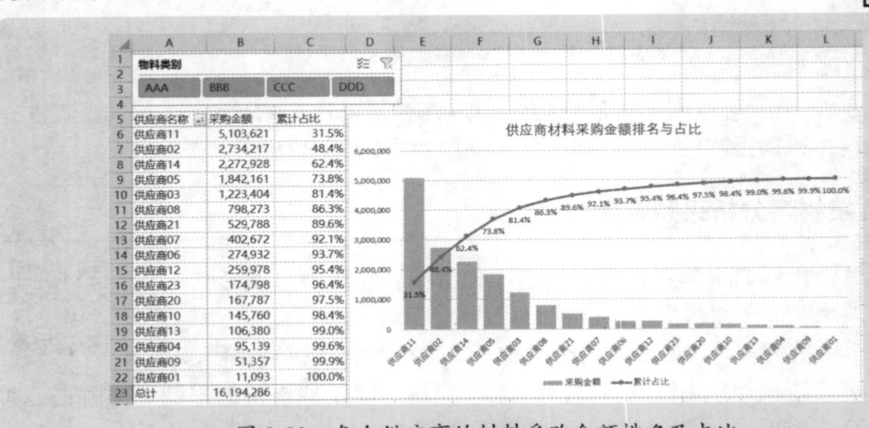

供应商名称	采购金额	累计占比
供应商11	5,103,621	31.5%
供应商02	2,734,217	48.4%
供应商14	2,272,928	62.4%
供应商05	1,842,161	73.8%
供应商03	1,223,404	81.4%
供应商08	798,273	86.3%
供应商21	529,788	89.6%
供应商07	402,672	92.1%
供应商06	274,932	93.7%
供应商12	259,978	95.4%
供应商23	174,798	96.4%
供应商20	167,787	97.5%
供应商10	145,760	98.4%
供应商13	106,380	99.0%
供应商04	95,139	99.6%
供应商09	51,357	99.9%
供应商01	11,093	100.0%
总计	16,194,286	

图 3-83　各个供应商的材料采购金额排名及占比

全部物料中，前 5 个供应商的物料采购金额，占比就达 81.4%。

对于某个类别物料而言，例如类别 BBB，供应商 02 和供应商 05 的物料采购金额就占了该类别物料采购金额的 85.4%，如图 3-84 所示。

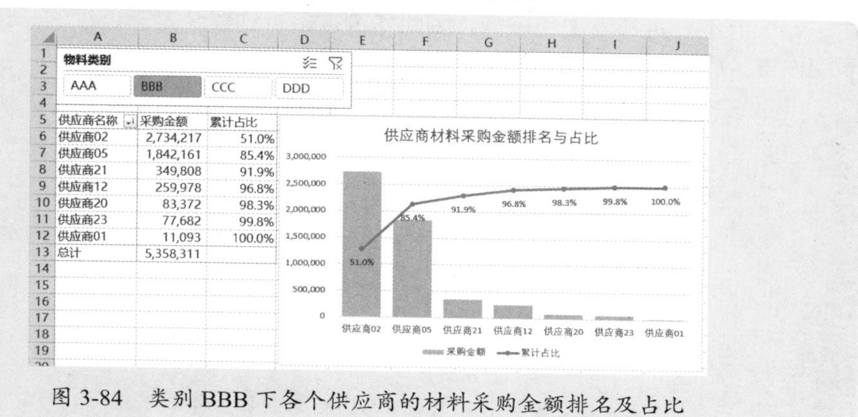

物料类别: AAA | BBB | CCC | DDD

供应商名称	采购金额	累计占比
供应商02	2,734,217	51.0%
供应商05	1,842,161	85.4%
供应商21	349,808	91.9%
供应商12	259,978	96.8%
供应商20	83,372	98.3%
供应商23	77,682	99.8%
供应商01	11,093	100.0%
总计	5,358,311	

图 3-84　类别 BBB 下各个供应商的材料采购金额排名及占比

也可以制作两层分类分析报告，也就是供应商下的材料占比分析，如图 3-84 所示。

物料类别: AAA | BBB | CCC | DDD

供应商名称	物料名称	采购金额	占比
⊟供应商10		145,760	52.5%
	材料40	114,353	78.5%
	材料41	22,201	15.2%
	材料42	6,500	4.5%
	材料43	2,706	1.9%
⊟供应商13		106,380	38.3%
	材料38	83,161	78.2%
	材料45	8,733	8.2%
	材料37	8,387	7.9%
	材料44	4,184	3.9%
	材料39	1,915	1.8%
⊟供应商09		25,511	9.2%
	材料21	25,511	100.0%
总计		**277,651**	**100.0%**

图 3-85　供应商下的材料占比分析

在这个分析报告中，有以下两个特点。

- 报表以压缩形式显示，目的是让报表结构清晰，每个供应商区域的第一行是小计数。
- 占比列显示了两类百分比数字，一个是每个供应商小计行的百分比数字，它是该供应商采购金额小计占该类别库存总额的百分比（整体占比）；另一个是每个材料的百分比数字，它是每个材料采购金额占该供应商采购金额小计的百分比（内部占比）。

3.4.4 按月份分析采购数量、金额和价格

每个月的采购情况如何？物料数量和价格出现了什么样的变化？我们可以制作各个材料的月度采购数量和均价的分析报表，以便分析那些需要重点监控的物料的

采购情况。

图 3-86 所示是一个分析报告示例，使用两个切片器快速查看指定物料类别和物料名称的各月采购数量和均价，这个均价是通过计算字段添加到数据透视表的，此外，由于每个月不一定都发生了采购，因此均价这条折线默认是不连续的，这里，在图表中设置了折线连续。

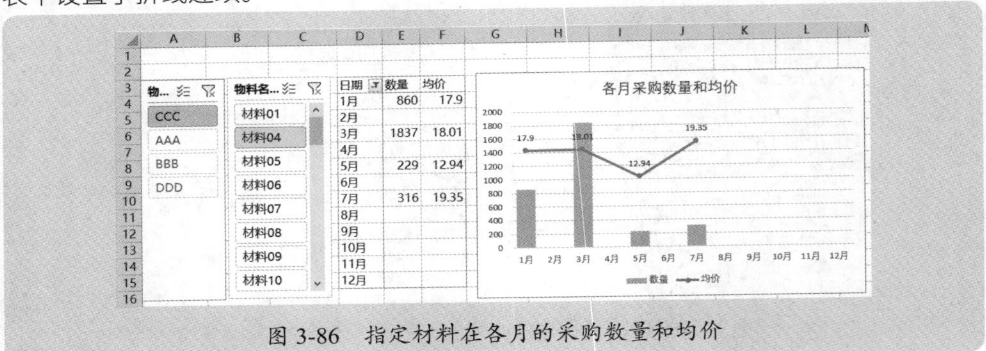

图 3-86　指定材料在各月的采购数量和均价

3.4.5 钻取采购明细数据

前面介绍的是利用数据透视表对物料数量和金额，从各个角度进行汇总分析，如果想进一步了解具体的采购明细，也就是把某个汇总数字进行钻取明细，这种操作也是非常方便的。

例如，供应商的采购金额占比达 31.5%（参阅图 3-83），那么，该供应商的采购明细数据如何？

在图 3-83 中，双击单元格 C6（31.5%），就得到了该供应商的所有数据，并自动保存在一个新工作表中，如图 3-87 所示。

日期	供应商名称	物料类别	物料代码	物料名称	规格型号	单位	实收数量	含税单价	价税合计
2022-6-15	供应商11	CCC	1.50.3959.3969.29	材料01	294*4050*1406	吨	6	11469.417	68816.5
2022-3-7	供应商11	CCC	1.50.3959.3969.34	材料01	123*4050*3040	吨	13	8932.438	116121.69
2022-3-7	供应商11	CCC	1.50.3959.3969.32	材料01	294*5422*1800	吨	34	7395.008	251430.27
2022-3-3	供应商11	CCC	1.50.3959.3969.30	材料01	294*4300*1800	吨	18	8246.468	148436.42
2022-3-2	供应商11	CCC	1.50.3959.3969.36	材料01	356*4050*7754	吨	3	9237.184	27711.55
2022-3-2	供应商11	CCC	1.50.3959.3969.37	材料01	764*4050*7070	吨	9	7588.681	68298.13
2022-2-21	供应商11	CCC	1.50.3959.3969.35	材料01	211*3000*2105	吨	45	10916.609	491247.41
2022-2-18	供应商11	CCC	1.50.3959.3969.38	材料01	299*8643*5600	吨	3	7570.719	22712.16
2022-2-18	供应商11	CCC	1.50.3959.3969.33	材料01	294*4050*3000	吨	46	13332.462	613293.25
2022-2-16	供应商11	CCC	1.50.3959.3969.33	材料01	294*4050*3000	吨	62	6809.275	422175.05
2022-2-16	供应商11	CCC	1.50.3959.3969.33	材料01	294*4050*3000	吨	47	11574.131	543984.16
2022-2-10	供应商11	CCC	1.50.3959.3969.39	材料01	643*1489*1495	吨	45	7314.466	329150.97
2022-2-9	供应商11	CCC	1.50.3959.3969.39	材料01	643*1489*1495	吨	15	7243.424	108651.36
2022-2-9	供应商11	CCC	1.50.3959.3969.31	材料01	294*4050*5000	吨	10	10027.675	100276.75
2022-2-9	供应商11	CCC	1.50.3959.3969.30	材料01	294*4300*1800	吨	24	8579.548	205909.15
2022-1-15	供应商11	CCC	1.50.3959.3969.35	材料01	211*3000*2105	吨	38	8742.738	332224.04
2022-1-12	供应商11	CCC	1.50.3959.3969.37	材料01	764*4050*7070	吨	45	7067.963	318058.34
2022-1-12	供应商11	CCC	1.50.3959.3969.37	材料01	764*4050*7070	吨	56	7794.337	436482.87
2022-1-11	供应商11	CCC	1.50.3959.3969.32	材料01	294*5422*1800	吨	49	10176.34	498640.66

图 3-87　供应商 11 的采购明细

本节知识回顾与测验

1. 在采购数据分析中，如何从各个维度出发，分析采购数据？
2. 各个物料在各个月的采购均价如何计算？
3. 如何快速制作某个供应商、某个材料的采购明细？

3.5 层层挖掘分析数据综合练习：订单分析

前面结合库存例子，介绍了如何使用数据透视表来灵活分析数据，层层挖掘数据，下面再介绍一个订单分析的例子。

案例 3-15

图 3-88 所示是 3 月 1 日至 3 月 6 日一周的订单明细，现在要对这周订单数据进行分析。

	A	B	C	D	E	F	G
1	日期	客户	城区	商品	订货数量	价格	金额
2	2022-3-1	A016	皇城	法拉黑啤	10	7.2	72
3	2022-3-1	A016	皇城	内蒙奶酪	28	8.7	243.6
4	2022-3-1	A016	皇城	三顿半咖啡	6	44.3	265.8
5	2022-3-1	A017	皇城	张飞牛肉干	35	109.5	3832.5
6	2022-3-1	A017	皇城	蚝油	20	26.6	532
7	2022-3-1	A017	皇城	八爪大螃蟹	40	189.7	7588
8	2022-3-1	A017	皇城	三顿半咖啡	140	44.3	6202
9	2022-3-1	A017	皇城	富华牛肉酱	90	75.5	6795
10	2022-3-1	A017	皇城	三顿半咖啡	105	44.3	4651.5
11	2022-3-1	A002	皇城	三顿半咖啡	24	44.3	1063.2
12	2022-3-1	A016	皇城	天路酥油茶	7	16.8	117.6
13	2022-3-1	A016	皇城	三顿半咖啡	5	44.3	221.5
14	2022-3-1	A016	皇城	蔬菜汤	10	14.9	149
15	2022-3-1	A018	皇城	蔬菜汤	10	14.9	149
16	2022-3-1	A018	皇城	三顿半咖啡	16	44.3	708.8
17	2022-3-1	A018	皇城	内蒙奶贝	36	18.5	666
18	2022-3-1	A018	皇城	内蒙奶酪	63	8.7	548.1
19	2022-3-1	A018	皇城	内蒙奶酪	5	8.7	43.5

3.1-3.6

图 3-88 一周的订单明细

3.5.1 要分析什么

这个表格，就是一个最简单的销售分析。但是，需要仔细阅读表格，先弄清楚需要分析什么，要做什么。

有 2 个度量需要去重点关注：订单数量、金额。

有 3 个维度需要去做切片挖掘分析：客户、城区和商品。

例如，站在消费者角度来分析，城北和城南的人，都喜欢买什么？都喜欢吃什么？是喜欢吃着牛肉喝着咖啡？还是喜欢啃着螃蟹吃着奶酪？

因此，对于这个分析，需要站在消费者角度，看看每个城区、每个商品的销售情况。

3.5.2 客户分析

对各个客户的订单及金额进行分析，按照订单数量或者订单金额进行排序，从而了解每个客户的采购活跃度。

1. 客户订单排名分析

对于这个分析，应先制作一个基本数据透视表，进行排序，绘制条形图，如图 3-89 所示和图 3-90 所示。

注意，这里的图表不是数据透视表，而是普通的图表。

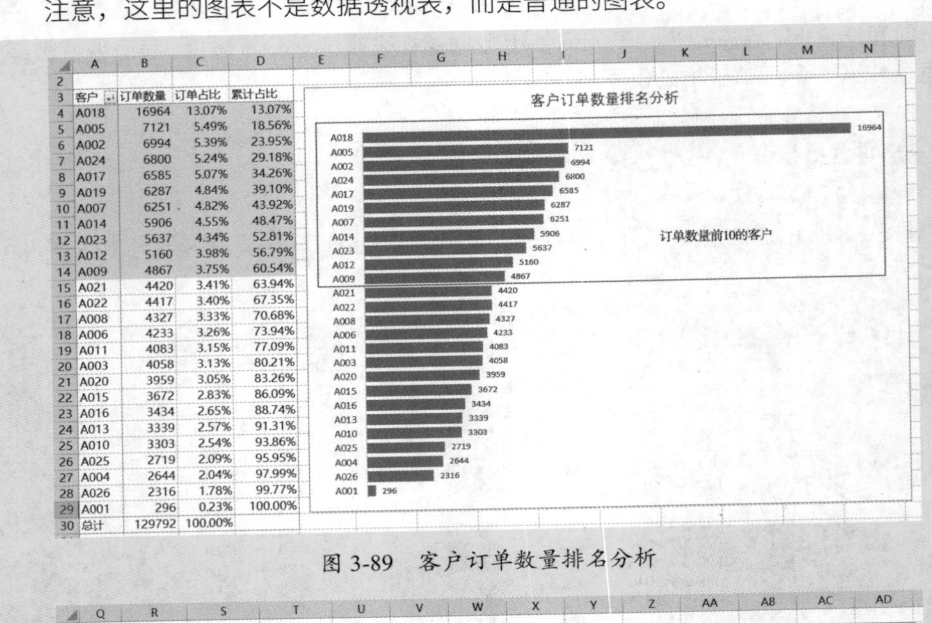

客户	订单数量	订单占比	累计占比
A018	16964	13.07%	13.07%
A005	7121	5.49%	18.56%
A002	6994	5.39%	23.95%
A024	6800	5.24%	29.18%
A017	6585	5.07%	34.26%
A019	6287	4.84%	39.10%
A007	6251	4.82%	43.92%
A014	5906	4.55%	48.47%
A023	5637	4.34%	52.81%
A012	5160	3.98%	56.79%
A009	4867	3.75%	60.54%
A021	4420	3.41%	63.94%
A022	4417	3.40%	67.35%
A008	4327	3.33%	70.68%
A006	4233	3.26%	73.94%
A011	4083	3.15%	77.09%
A003	4058	3.13%	80.21%
A020	3959	3.05%	83.26%
A015	3672	2.83%	86.09%
A016	3434	2.65%	88.74%
A013	3339	2.57%	91.31%
A010	3303	2.54%	93.86%
A025	2719	2.09%	95.95%
A004	2644	2.04%	97.99%
A026	2316	1.78%	99.77%
A001	296	0.23%	100.00%
总计	129792	100.00%	

图 3-89　客户订单数量排名分析

客户	订单金额	金额占比	累计占比
A018	295,976	9.44%	9.44%
A017	284,768	9.09%	18.53%
A024	271,465	8.66%	27.19%
A007	172,342	5.50%	32.69%
A009	135,641	4.33%	37.02%
A006	134,461	4.29%	41.31%
A005	125,680	4.01%	45.31%
A023	124,211	3.96%	49.28%
A014	123,253	3.93%	53.21%
A019	119,146	3.80%	57.01%
A002	116,705	3.72%	60.73%
A021	110,293	3.52%	64.25%
A015	103,457	3.30%	67.55%
A012	100,809	3.22%	70.77%
A003	99,916	3.19%	73.96%
A022	93,446	2.98%	76.94%
A008	91,150	2.91%	79.85%
A011	88,632	2.83%	82.68%
A016	84,768	2.70%	85.38%
A010	79,883	2.55%	87.93%
A004	75,661	2.41%	90.34%
A020	74,845	2.39%	92.73%
A025	74,822	2.39%	95.12%
A013	71,292	2.27%	97.39%
A026	57,710	1.84%	99.23%
A001	24,030	0.77%	100.00%
总计	3,134,363	100.00%	

客户订单金额排名分析

订单金额前10的客户

A018 295,976
A017 284,768
A024 271,465
A007 172,342
A009 135,641
A006 134,461
A005 125,680
A023 124,211
A014 123,253
A019 119,146
A002 116,705
A021 110,293
A015 103,457
A012 100,809
A003 99,916
A022 93,446
A008 91,150
A011 88,632
A016 84,768
A010 79,883
A004 75,661
A020 74,845
A025 74,822
A013 71,292
A026 57,710
A001 24,030

图 3-90　客户订单金额排名分析

2. 客户购买分布分析

如果要了解排名前几名的客户，它们都购买了什么产品，订单数量是多少，订单价值是多少，可以使用切片器来筛选报表和图表，此时，分析报告如图 3-91 所示。

这里使用一个客户切片器，来控制两个数据透视表（订单数量和订单金额）。

需要注意的是，由于数据透视表有两列计算结果（数值和百分比），在绘制条形图时，这两列都会被绘制到图表上，不过，由于百分比数字很小，可以不显示百分比的图例项目，并合理设置重叠比例（设置为 100%），这样，在图表上几乎看不出来百分比条形了。

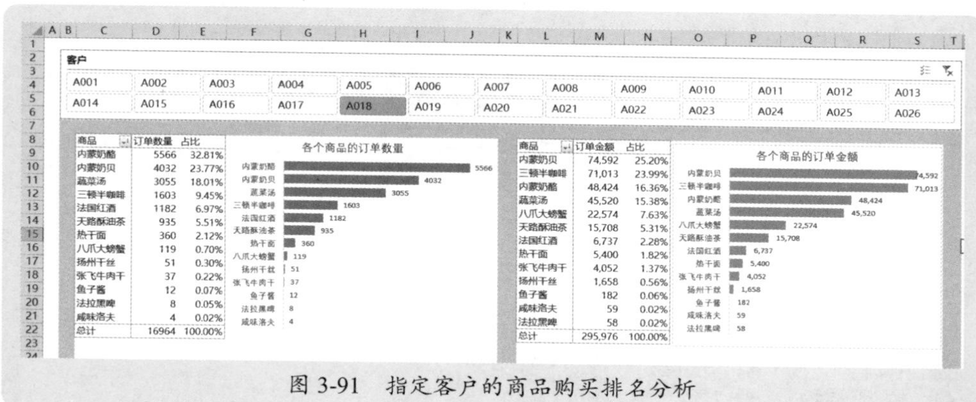

商品	订单数量	占比
内蒙奶酪	5566	32.81%
内蒙奶贝	4032	23.77%
蔬菜汤	3055	18.01%
三顿半咖啡	1603	9.45%
法国红酒	1182	6.97%
天路酥油茶	935	5.51%
热干面	360	2.12%
八爪大螃蟹	119	0.70%
扬州干丝	51	0.30%
张飞牛肉干	37	0.22%
鱼子酱	12	0.07%
法拉黑啤	8	0.05%
咸味洛夫	4	0.02%
总计	16964	100.00%

商品	订单金额	占比
内蒙奶贝	74,592	25.20%
三顿半咖啡	71,013	23.99%
内蒙奶酪	48,424	16.36%
蔬菜汤	45,520	15.38%
八爪大螃蟹	22,574	7.63%
天路酥油茶	15,708	5.31%
法国红酒	6,737	2.28%
热干面	5,400	1.82%
张飞牛肉干	4,052	1.37%
扬州干丝	1,658	0.56%
鱼子酱	182	0.06%
咸味洛夫	59	0.02%
法拉黑啤	58	0.02%
总计	295,976	100.00%

图 3-91　指定客户的商品购买排名分析

3.5.3 地区分析

每个地区的销售如何？每个地区都喜欢吃什么？每个地区的口味如何？等等，我们需要对每个地区的订单数量进行分析。

1. 地区订单数量分析

在商品销往的地区中，哪个地区订单数量最多，哪个地区的订单金额最高？这其实就是一个地区销售占比分析问题，分析报告示例如图 3-92 所示。

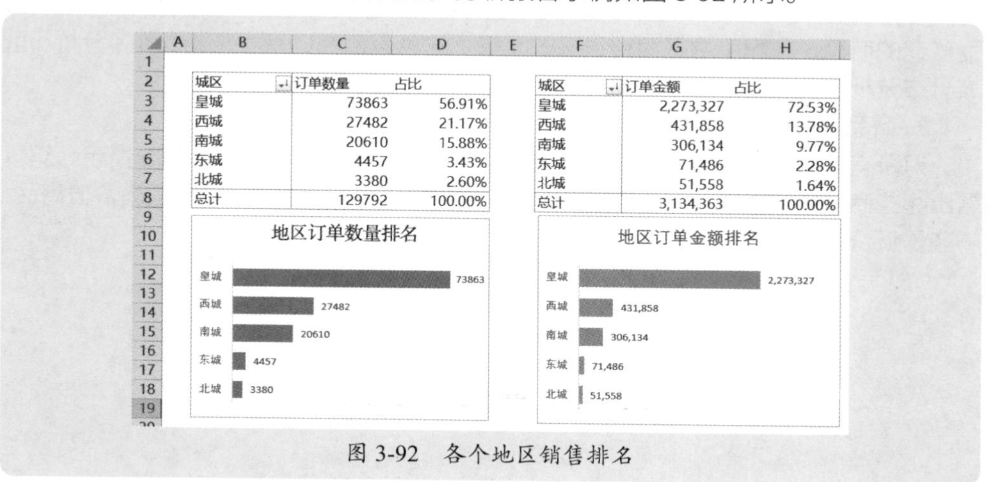

城区	订单数量	占比
皇城	73863	56.91%
西城	27482	21.17%
南城	20610	15.88%
东城	4457	3.43%
北城	3380	2.60%
总计	129792	100.00%

城区	订单金额	占比
皇城	2,273,327	72.53%
西城	431,858	13.78%
南城	306,134	9.77%
东城	71,486	2.28%
北城	51,558	1.64%
总计	3,134,363	100.00%

图 3-92　各个地区销售排名

2. 地区订购商品分析

皇城的人最爱吃，订单数量远远超过其他地区，那么，皇城的人最爱吃什么？看图 3-93 所示就知道了：皇城的人，喜欢吃着奶酪，喝着咖啡，渴了再来一碗蔬菜汤，别有一番滋味。

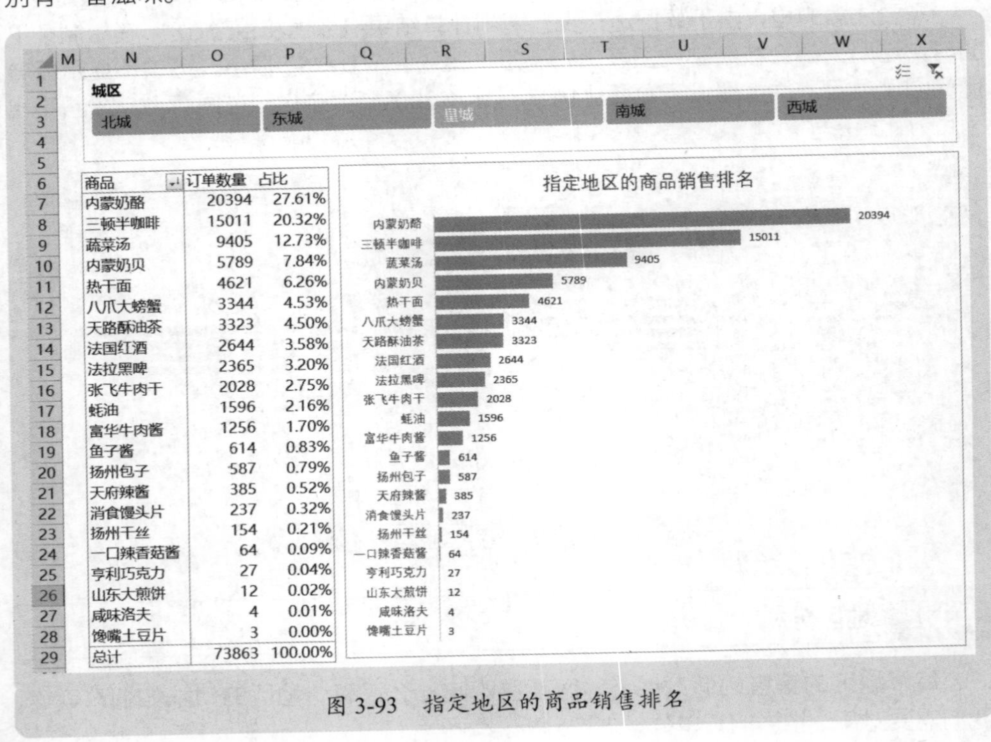

商品	订单数量	占比
内蒙奶酪	20394	27.61%
三顿半咖啡	15011	20.32%
蔬菜汤	9405	12.73%
内蒙奶贝	5789	7.84%
热干面	4621	6.26%
八爪大螃蟹	3344	4.53%
天路酥油茶	3323	4.50%
法国红酒	2644	3.58%
法拉黑啤	2365	3.20%
张飞牛肉干	2028	2.75%
蚝油	1596	2.16%
富华牛肉酱	1256	1.70%
鱼子酱	614	0.83%
扬州包子	587	0.79%
天府辣酱	385	0.52%
消食馒头片	237	0.32%
扬州干丝	154	0.21%
一口辣香菇酱	64	0.09%
亨利巧克力	27	0.04%
山东大煎饼	12	0.02%
咸味洛夫	4	0.01%
馋嘴土豆片	3	0.00%
总计	73863	100.00%

图 3-93　指定地区的商品销售排名

3.5.4 商品分析

与地区分析是一样的逻辑思路。例如，哪些商品销售最好，最受大众欢迎？最受欢迎的商品，在哪个地区卖得最好？等等，这就是商品的基本分析：排名分析和区域分布分析。

1. 商品销售排名

对所有的商品销售订单和销售额进行排名分析，如图 3-94 和图 3-95 所示，可以看出哪些商品最受欢迎，对比两个报表的订单和金额还可以看出，哪些是高价值商品，哪些是低价值大众商品。

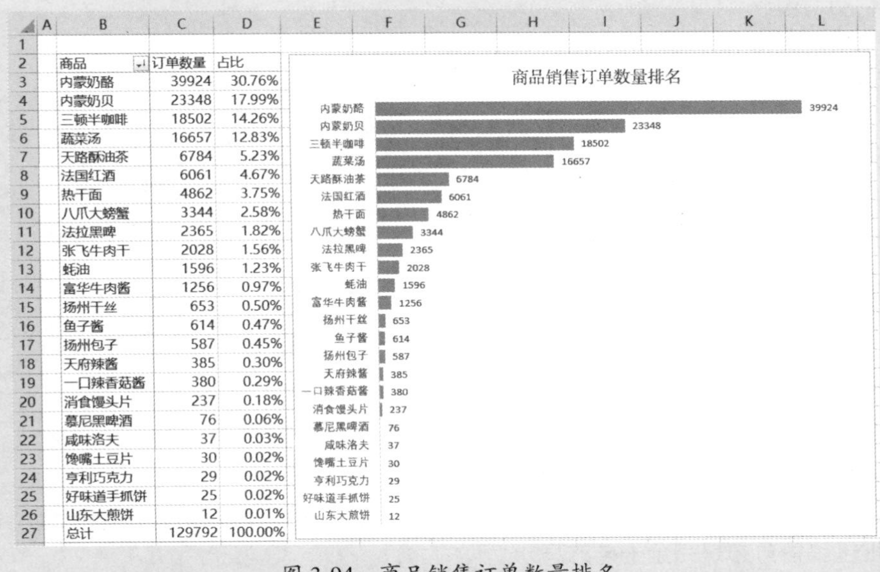

商品	订单数量	占比
内蒙奶酪	39924	30.76%
内蒙奶贝	23348	17.99%
三顿半咖啡	18502	14.26%
蔬菜汤	16657	12.83%
天路酥油茶	6784	5.23%
法国红酒	6061	4.67%
热干面	4862	3.75%
八爪大螃蟹	3344	2.58%
法拉黑啤	2365	1.82%
张飞牛肉干	2028	1.56%
蚝油	1596	1.23%
富华牛肉酱	1256	0.97%
扬州干丝	653	0.50%
鱼子酱	614	0.47%
扬州包子	587	0.45%
天府辣酱	385	0.30%
一口辣香菇酱	380	0.29%
消食馒头片	237	0.18%
慕尼黑啤酒	76	0.06%
咸味洛夫	37	0.03%
馋嘴土豆片	30	0.02%
亨利巧克力	29	0.02%
好味道手抓饼	25	0.02%
山东大煎饼	12	0.01%
总计	129792	100.00%

图 3-94 商品销售订单数量排名

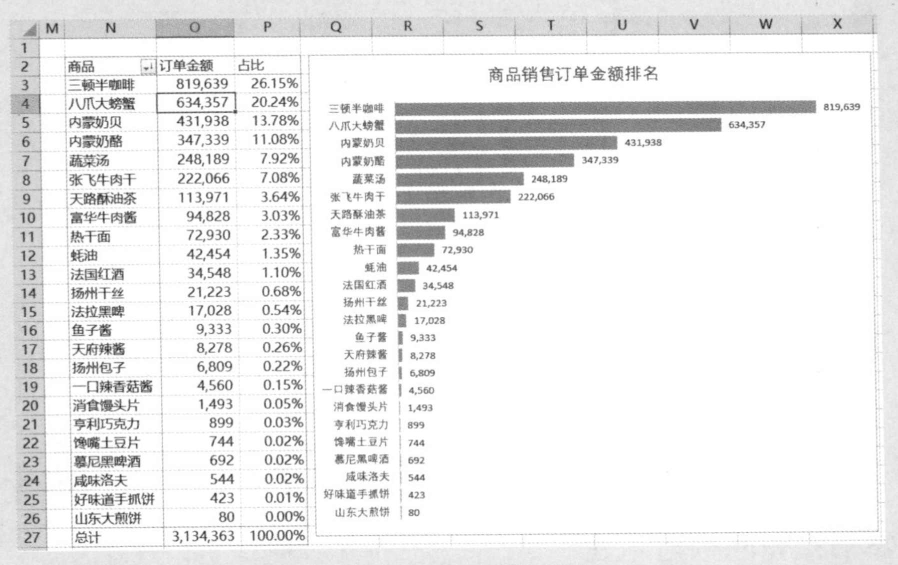

商品	订单金额	占比
三顿半咖啡	819,639	26.15%
八爪大螃蟹	634,357	20.24%
内蒙奶贝	431,938	13.78%
内蒙奶酪	347,339	11.08%
蔬菜汤	248,189	7.92%
张飞牛肉干	222,066	7.08%
天路酥油茶	113,971	3.64%
富华牛肉酱	94,828	3.03%
热干面	72,930	2.33%
蚝油	42,454	1.35%
法国红酒	34,548	1.10%
扬州干丝	21,223	0.68%
法拉黑啤	17,028	0.54%
鱼子酱	9,333	0.30%
天府辣酱	8,278	0.26%
扬州包子	6,809	0.22%
一口辣香菇酱	4,560	0.15%
消食馒头片	1,493	0.05%
亨利巧克力	899	0.03%
馋嘴土豆片	744	0.02%
慕尼黑啤酒	692	0.02%
咸味洛夫	544	0.02%
好味道手抓饼	423	0.01%
山东大煎饼	80	0.00%
总计	3,134,363	100.00%

图 3-95 商品销售订单金额排名

2. 商品销售地区分布

从图 3-94、图 3-95 可以看出，哪些商品最受消费者欢迎。那么，最受欢迎（也就是订单数量最多的）商品都销往了哪些地区？此时，可以使用切片器快速筛选商品，然后对该商品的每个地区销售进行排名分析，如图 3-96 所示。

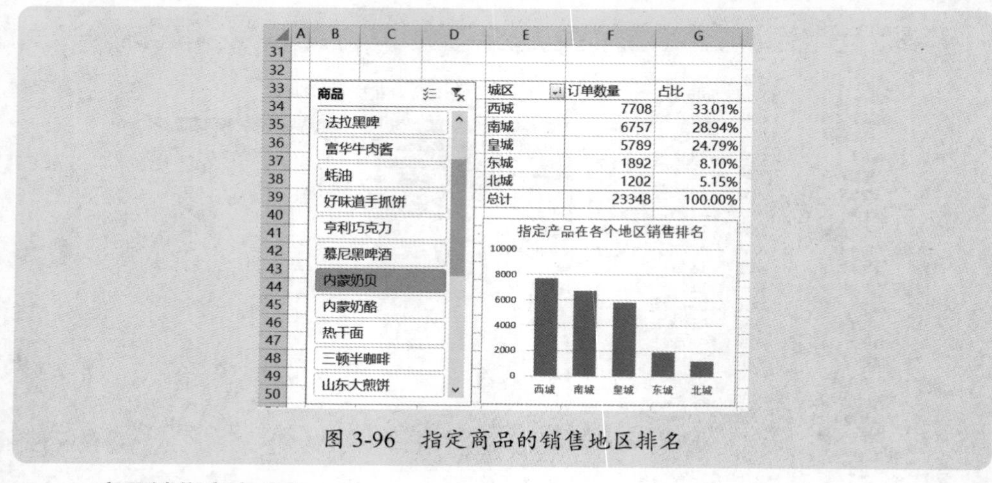

城区	订单数量	占比
西城	7708	33.01%
南城	6757	28.94%
皇城	5789	24.79%
东城	1892	8.10%
北城	1202	5.15%
总计	23348	100.00%

图 3-96　指定商品的销售地区排名

3. 商品销售客户分布

还可以分析指定商品的各个客户销售排名，如图 3-97 所示，方法与上面介绍的商品地区销售分布是完全一样的。

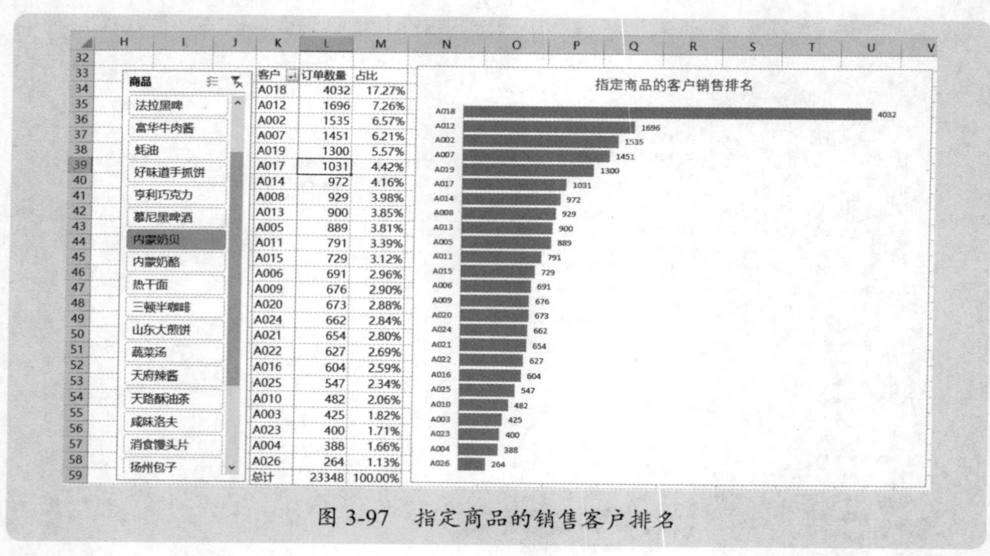

客户	订单数量	占比
A018	4032	17.27%
A012	1696	7.26%
A002	1535	6.57%
A007	1451	6.21%
A019	1300	5.57%
A017	1031	4.42%
A014	972	4.16%
A008	929	3.98%
A013	900	3.85%
A005	889	3.81%
A011	791	3.39%
A015	729	3.12%
A006	691	2.96%
A009	676	2.90%
A020	673	2.88%
A024	662	2.84%
A021	654	2.80%
A022	627	2.69%
A016	604	2.59%
A025	547	2.34%
A010	482	2.06%
A003	425	1.82%
A023	400	1.71%
A004	388	1.66%
A026	264	1.13%
总计	23348	100.00%

图 3-97　指定商品的销售客户排名

本节知识回顾与测验

1. 订单分析，需要先了解数据的维度和度量，明确分析任务，那么，应该站在什么角度去阅读数据，确定任务？

2. 一般情况下，订单数据分析需要使用什么工具来快速完成？

3. 如果要将各种角度的分析结果，在一个页面上展示出来，应该如何设计这个报表页面，既信息全面，又重点突出？

第 4 章

Excel 函数公式：制作个性化分析报告

很多数据分析报告是个性化的固定格式报表，如果使用数据透视表来制作，则无法满足实际的需要，此时，就需要使用 Excel 函数公式来进行个性化的分析计算，制作个性化的分析仪表板。

本节重点介绍如何使用 Excel 函数公式来进行数据分析，包括一些常用 Excel 函数的使用方法和技巧、动态图表制作、实际案例模板等。

Excel 提供了数百个函数，但在数据分析中，常用的函数其实没几个，主要有：

逻辑判断函数：IF、IFS、IFERROR

分类汇总函数：SUMIF、SUMIFS、COUNTIF、COUNTIFS

查找引用函数：VLOOKUP、MATCH、INDEX、INDIRECT、OFFSET、FILTER

文本处理函数：TEXT、LEFT、RIGHT、MID、SUBSTITUTE、FIND

日期处理函数：TODAY、EDATE、EOMONTH、DATEDIF

排名处理函数：LARGE、SMALL、SORT、SORTBY

上述这些函数在数据分析中的应用技能，尤其是利用函数公式解决问题的逻辑思维，是本章要重点讲解的内容。

4.1 文本数据的处理与加工

文本数据的处理与加工，主要是对数据分列、截取字符、查找是否含有字符等，有很多工具可以使用，例如 Excel 函数、Power Query 工具等。这里主要介绍文本函数在数据整理与加工中的常用函数及其应用，常用的文本函数有 LEFT、RIGHT、MID、SUBSTITUTE 等。

LEFT 函数用于从字符串左侧截取指定个数字符；

RIGHT 函数用于从字符串右侧截取指定个数字符；

MID 函数用于从字符串中指定位置截取指定个数字符；

SUBSTITUTE 函数用于将字符串中指定字符替换为另一个字符。

这些函数使用并不难，在第 1 章中有过相关的例子进行介绍，请参阅第 1 章相关内容。

在实际数据处理和分析中，一方面是利用这些文本函数对数据进行整理加工，制作分析底稿；另一方面也经常用在公式中，设计自动化数据汇总与分析模型。

4.1.1 从财务摘要中提取重要信息

一般来说，财务凭证表单数据的摘要中，会存在一些重要的信息，为了满足数据统计分析，则需要从摘要中提取这些重要信息。下面介绍的例子，以复习巩固相关文本文件的使用方法和技能。

案例 4-1

图 4-1 所示是一个简单的表格，要求从摘要列中，将摘要字符串最右侧括号内的 4 位内部支票号提取出来，保存在一个新列。

首先要分析，“括号内的 4 位内部支票号”这句话是什么含义。在摘要中，内部支票号都是括号内的 4 位数字，这里就有一个问题需要注意：会不会出现半角括号和全角括号混杂的情况？如果出现这样的情况，就需要先将半角括号统一替换为全角括号，或者将全角括号统一替换为半角括号，以使括号类型统一，便于使用函数进行处理。

	A	B	C	D	E
1	月	日	凭证号数	摘要	借方金额
2	5	2	银-0039	*列内蒙工程检测费（0742）	47,585.00
3	5	2	银-0040	*列内蒙工程钢筋（0743）	120,000.00
4	5	2	银-0041	*列内蒙工程杂料（7516）	220,000.00
5	5	2	银-0043	*列内蒙工程杂料（7652）	193,000.00
6	5	2	银-0047	*列内蒙工程制作费（0700）	38,590.33
7	5	2	银-0055	*列内蒙工程团费（0745）	29,606.00
8	5	6	银-0182	*列内蒙工程材料（0750）	12,000.00
9	5	6	银-0184	*列内蒙工程工费（0748）	183,000.00
10	5	6	银-0185	*列内蒙工程分包（0747）	100,000.00
11	5	6	银-0186	*列内蒙工程材料（0749）	39,597.79
12	5	6	银-0196	*列内蒙工程地毯（1528）	750,000.00
13	5	6	银-0201	*列内蒙工程工费（1532）	392,900.00
14	5	6	银-0202	*列内蒙工程材料（1529）	938,505.66

图 4-1　示例数据

解决这个问题有很多方法，区别在于思路的不同。

思路 1

内部支票号在括号内，只要使用 FIND 函数找出括号“（”的位置，那么下一个字符开始的 4 位数字就是内部支票号了，因此，可以插入辅助列“内部支票号”，输入下面的公式即可，如图 4-2 所示。

```
=MID(D2,FIND("（",D2)+1,4)
```

公式中，FIND("（",D2) 就是找出括号“（”的位置，这个位置数加 1，就是内部支票号开始的位置，再使用 MID 函数从这个位置提取内部支票号的 4 个数字。

F2　=MID(D2,FIND("（",D2)+1,4)

	A	B	C	D	E	F	G
1	月	日	凭证号数	摘要	借方金额	内部支票号	
2	5	2	银-0039	*列内蒙工程检测费（0742）	47,585.00	0742	
3	5	2	银-0040	*列内蒙工程钢筋（0743）	120,000.00	0743	
4	5	2	银-0041	*列内蒙工程杂料（7516）	220,000.00	7516	
5	5	2	银-0043	*列内蒙工程杂料（7652）	193,000.00	7652	
6	5	2	银-0047	*列内蒙工程制作费（0700）	38,590.33	0700	
7	5	2	银-0055	*列内蒙工程团费（0745）	29,606.00	0745	
8	5	6	银-0182	*列内蒙工程材料（0750）	12,000.00	0750	
9	5	6	银-0184	*列内蒙工程工费（0748）	183,000.00	0748	
10	5	6	银-0185	*列内蒙工程分包（0747）	100,000.00	0747	
11	5	6	银-0186	*列内蒙工程材料（0749）	39,597.79	0749	
12	5	6	银-0196	*列内蒙工程地毯（1528）	750,000.00	1528	
13	5	6	银-0201	*列内蒙工程工费（1532）	392,900.00	1532	
14	5	6	银-0202	*列内蒙工程材料（1529）	938,505.66	1529	

图 4-2　思路 1：FIND 函数找出括号“（”的位置，用 MID 函数提取

思路 2

也可以换个思路。由于摘要中的内部支票号，都是字符串末尾括号内的 4 位数字，如果可以将末尾的括号“）”替换掉，然后再使用 RIGHT 函数提取，也是一样的，公式如下：

```
=RIGHT(SUBSTITUTE(D2,"）",""),4)
```

公式中，SUBSTITUTE(D2,"）","") 就是将末尾的括号“）”替换掉。

思路 3

前面两种思路是比较简单的，下面的思路也是可以采纳的：就是先用 RIGHT 函

数提取右侧的 5 个字符，也就是内部支票号 4 个数字加上右侧的括号“）”，然后再使用 SUBSTITUTE 函数把这 5 个字符的括号“）”去掉，也是正确结果：

```
=SUBSTITUTE(RIGHT(D2,5),"）","")
```

思路 4

如果内部支票号前后的括号不统一，有的是全角括号，有的是半角括号，那么能不能不用先手动查找替换，而是用一个公式直接解决呢？

此时，最简单的方法是采用思路 3 的方法，就是先用 RIGHT 函数提取右侧的 5 个字符，也就是内部支票号 4 个数字加上右侧的括号，然后再使用 SUBSTITUTE 函数把这 5 个字符的全角括号“）”和半角括号“)”去掉：

```
=SUBSTITUTE(SUBSTITUTE(RIGHT(D2,5),"）",""),")","")
```

4.1.2 从订单号中提取月份信息并按月汇总

文本函数也经常用在公式中对文本数据进行一键处理，也就是说，不再设计辅助列，而是在公式中完成计算。

例如，在某些订单数据中，订单号可能是采用了必要的日期信息，那么就可以从订单号中提取日期信息，然后进行快速汇总，建立一键刷新的汇总表。

案例 4-2

例如，图 4-3 所示是一个订单表，A 列的订单号是按照月份编号排列的，订单号的前两个数字是年和月数字，第三个数字是序号，例如“2023-01-123#”就表示 2023 年 1 月份的第 123 号订单。现在的任务是：统计每个月的订单数和订单量。

	A	B	C	D	E	F	G	H
1	订单号	客户	订单量			月份	订单数	订单量
2	2023-01-123#	客户01	9.6616			1月		
3	2023-01-124#	客户02	19.1009			2月		
4	2023-01-125#	客户03	25.1631			3月		
5	2023-01-126#	客户04	52.1574			4月		
6	2023-01-127#	客户03	19.0681			5月		
7	2023-01-128#	客户05	8.4034			6月		
8	2023-01-129#	客户03	7.8493			7月		
9	2023-01-130#	客户03	14.9915			8月		
10	2023-01-131#	客户06	27.9999			9月		
11	2023-01-132#	客户07	9.6239			10月		
12	2023-01-133#	客户08	7.2765			11月		
13	2023-01-134#	客户04	52.1837			12月		
14	2023-01-135#	客户09	14.2044					
15	2023-02-167#	客户10	21.2464					
16	2023-02-168#	客户11	29.5325					
17	2023-02-169#	客户04	23.148					
18	2023-02-170#	客户12	24.7197					
19	2023-02-171#	客户13	10.0355					

图 4-3 订单明细

要统计每个月的订单数和订单量，首先必须明确月份信息在哪里。

A 列订单号的前两个数字分别是年和月数字，但是要求的报告里月份是中文月份名称，因此，我们的基本思路是：首先从 A 列订单号提取月份数字（月份数字就是第 6 个字符开始的两位数字），并转换为中文月份名称，然后再进行统计。

单元格 G2 订单数的公式如下：

```
=SUMPRODUCT((MID($A$2:$A$503,6,2)*1&"月"=F2)*1)
```

单元格 H2 订单量的公式如下：

```
=SUMPRODUCT((MID($A$2:$A$503,6,2)*1&"月"=F2)*$C$2:$C$503)
```

公式中，MID($A$2:$A$503,6,2) 就是从 A 列每个单元格的订单号中提取 2 位月份数字，将其乘以 1，就去掉了数字前面的 0，再连接一个字符“月”，就构成了报表中的月份名称，然后进行判断比较，使用 SUMPRODUCT 函数统计每个月的订单数和订单量。

本节知识回顾与测验

1. 常用的文本函数中，LEFT 函数、RIGHT 函数和 MID 函数，各自用在什么场合？如何使用？

2. 如果要把一个字符串中的指定字符替换为另一个字符，应使用什么函数？

3. 如果要查找某个字符在一个字符串中第 1 次出现的位置，用什么函数？如果该字符出现多次，那么如何查找该字符第 2 次出现的位置？

4. 请结合实际数据，练习 LEFT 函数、RIGHT 函数、MID 函数、FIND 函数、SUBSTITUTE 函数的使用方法和技能。

4.2 数字转换为指定格式文本

在很多数据处理和分析中，往往需要将数字或者日期，转换为指定格式的字符，此时，需要使用 TEXT 函数进行转换。

例如，要从一个日期中提取星期名称，该怎么做？例如，日期“2024-3-6”是星期三，我们需要得到“星期三”这三个汉字，最简单的解决方法是使用 TEXT 函数：

```
=TEXT("2024-3-6","aaaa")
```

又例如，有一个数字“208”，现在要将其转换为6位数字，不足6位就在左侧补足0，那么公式如下：

```
=TEXT(208,"000000")
```

再例如，有一个同比增长率数字“89.53%”，现在要生成一个字符串“同比增长率 89.53%”，那么是不能直接连接下面这样的公式，因为这个公式的结果“同比增长率 0.8953”：

```
="同比增长率"&89.53%"
```

而是要使用下面的公式，才能得到正确的结果：

```
=TEXT(89.53%,"同比增长率 0.00%")
```

TEXT 函数的功能，就是将数值转换为指定格式的文本字符串，用法如下：

```
=TEXT(数值,格式代码)
```

这里的格式代码必须是合法的格式代码，包括合法的自定义格式代码。

4.2.1 直接使用原始数据进行快速汇总

利用 TEXT 函数，可以直接使用原始数据来进行计算，建立更加自动化的数据分析模型，下面举例说明。

案例 4-3

图 4-4 所示是一个从系统导出的销售数据，现在要直接使用这个数据，计算每个月、每个产品的发货量。

首先，这个表格中，A 列的日期是非法日期，一般的处理思路是先使用分列工具对日期进行转换，处理为真正的日期，然后再设计一个辅助列，使用 MONTH 函数提取月份，这种处理过程很麻烦，也无法实时更新报表。

可以直接使用 TEXT 函数对非法日期进行转换，然后再使用 TEXT 函数提取月份名称，最后再使用 SUMPRODUCT 函数进行汇总计算。

	A	B	C	D	E
1	日期	客户	产品	发货量	
2	20220101	客户28	产品18	109	
3	20220101	客户01	产品08	72	
4	20220101	客户21	产品12	100	
5	20220102	客户29	产品17	121	
6	20220102	客户19	产品05	80	
7	20220102	客户20	产品10	67	
8	20220103	客户09	产品14	48	
9	20220103	客户14	产品08	103	
10	20220103	客户15	产品02	38	
11	20220104	客户04	产品18	55	
12	20220105	客户06	产品05	66	
13	20220105	客户23	产品01	96	
14	20220105	客户24	产品05	114	
15	20220105	客户30	产品17	46	
16	20220106	客户20	产品17	101	
17	20220106	客户30	产品10	45	
18	20220107	客户24	产品02	52	
19	20220107	客户25	产品08	26	
20	20220108	客户28	产品19	30	

Sheet1

图 4-4　销售数据

设计报表结构，计算结果如图 4-5 所示，单元格 H2 的计算公式如下：

```
=SUMPRODUCT(
        (TEXT(TEXT($A$2:$A$780,"0000-00-00"),"m月")=H$1)*1,
        ($C$2:$C$780=$G2)*1,
        $D$2:$D$780
        )
```

这个公式很好理解：

TEXT($A$2:$A$780,"0000-00-00") 是将 8 位文本型数字转换为日期；

TEXT(TEXT($A$2:$A$780,"0000-00-00"),"m 月 ") 则是将这个日期转换为月份。

	A	B	C	D
1	日期	客户	产品	发货量
2	20220101	客户28	产品18	109
3	20220101	客户01	产品08	72
4	20220101	客户21	产品12	100
5	20220102	客户29	产品17	121
6	20220102	客户19	产品05	80
7	20220102	客户20	产品10	67
8	20220103	客户09	产品14	48
9	20220103	客户14	产品08	103
10	20220103	客户15	产品02	38
11	20220104	客户04	产品18	55
12	20220105	客户06	产品05	66
13	20220105	客户23	产品01	96
14	20220105	客户24	产品05	114
15	20220105	客户30	产品17	46
16	20220106	客户20	产品17	101
17	20220106	客户30	产品10	45
18	20220107	客户24	产品02	52
19	20220107	客户25	产品08	26
20	20220108	客户28	产品19	30
21	20220109	客户28	产品16	44
22	20220110	客户10	产品01	41
23	20220110	客户24	产品15	20
24	20220111	客户12	产品11	56
25	20220111	客户05	产品01	70

G	H	I	J	K	L	M	N	O	P	Q
产品	1月	2月	3月	4月	5月	6月	7月	8月	9月	10月
产品01	577	419	27	390	243	0	286	128	360	
产品02	330	448	361	540	133	256	464	0	194	
产品03	330	502	232	406	514	129	193	43	0	
产品04	290	0	339	329	570	203	129	399	260	
产品05	260	66	244	783	128	297	419	213	192	
产品06	106	425	241	247	350	341	341	680	268	
产品07	10	445	409	381	673	663	294	417	317	
产品08	469	393	351	363	326	238	186	576	462	
产品09	20	243	353	282	92	265	238	251	51	
产品10	327	170	345	275	220	310	268	111	447	
产品11	331	324	224	305	132	368	124	148	562	
产品12	339	105	94	538	289	319	176	335	146	
产品13	423	345	242	186	448	441	0	359	391	
产品14	145	209	289	554	285	543	267	309	428	
产品15	323	192	394	212	260	362	228	314	500	
产品16	495	707	417	23	365	221	506	506	452	
产品17	400	120	333	345	452	562	376	384	361	
产品18	535	77	263	42	262	351	175	75	546	
产品19	171	74	0	669	283	511	180	297	405	
产品20	45	440	136	191	130	377	253	274	375	

Sheet1

图 4-5　使用 TEXT 函数直接转换计算

如果要制作英文月份名称的汇总表，如图 4-6 所示，那么只能使用 TEXT 函数了，此时公式如下（请仔细对比前后这两个公式，看看它们之间有什么区别）：

```
=SUMPRODUCT(
            (TEXT(TEXT($A$2:$A$780,"0000-00-00"),"mmm")=H$1)*1,
            ($C$2:$C$780=$G2)*1,
            $D$2:$D$780
            )
```

	A	B	C	D
1	日期	客户	产品	发货量
2	20220101	客户28	产品18	109
3	20220101	客户01	产品08	72
4	20220101	客户21	产品12	100
5	20220102	客户29	产品17	121
6	20220102	客户19	产品05	80
7	20220102	客户20	产品10	67
8	20220103	客户09	产品14	48
9	20220103	客户14	产品08	103
10	20220103	客户15	产品02	38
11	20220104	客户04	产品18	55
12	20220105	客户06	产品05	66
13	20220105	客户23	产品01	96
14	20220105	客户24	产品05	114
15	20220105	客户30	产品17	46
16	20220106	客户20	产品17	101
17	20220106	客户30	产品10	45
18	20220107	客户24	产品02	52
19	20220107	客户25	产品08	26
20	20220108	客户28	产品19	30
21	20220109	客户28	产品16	44
22	20220110	客户10	产品01	41
23	20220110	客户24	产品15	20
24	20220111	客户12	产品11	56

G	H	I	J	K	L	M	N	O	P	Q
产品	Jan	Feb	Mar	Apr	May	Jun	Jul	Aug	Sep	Oc
产品01	577	419	27	390	243	0	286	128	360	
产品02	330	448	361	540	133	256	464	0	194	
产品03	330	502	232	406	514	129	193	43	0	
产品04	290	0	339	329	570	203	129	399	260	
产品05	260	66	244	783	128	297	419	213	192	
产品06	106	425	241	247	350	341	341	680	268	
产品07	10	445	409	381	673	663	294	417	317	
产品08	469	393	351	363	326	238	186	576	462	
产品09	20	243	353	282	92	265	238	251	51	
产品10	327	170	345	275	220	310	268	111	447	
产品11	331	324	224	305	132	368	124	148	562	
产品12	339	105	94	538	289	319	176	335	146	
产品13	423	345	242	186	448	441	0	359	391	
产品14	145	209	289	554	285	543	267	309	428	
产品15	323	192	394	212	260	362	228	314	500	
产品16	495	707	417	23	365	221	506	506	452	
产品17	400	120	333	345	452	562	376	384	361	
产品18	535	77	263	42	262	351	175	75	546	
产品19	171	74	0	669	283	511	180	297	405	
产品20	45	440	136	191	130	377	253	274	375	

Sheet1　Sheet2

图 4-6　使用 TEXT 函数直接转换计算

4.2.2 绘制信息更加丰富的图表报告

TEXT 函数不仅仅是用来与其他函数创建一个高效的自动化汇总计算公式，还在某些数据分析报告中起着非常重要的作用。

案例 4-4

例如，对于图 4-7 所示的柱形图，只能显示项目的数值，但没法显示各个项目的占比，如何在数据标签中，能同时显示数值和占比数字呢？并且金额数字要以万元显示？

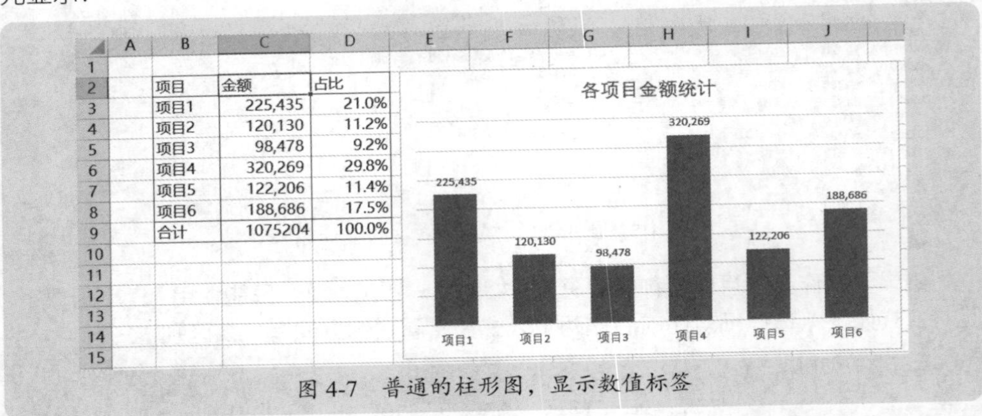

项目	金额	占比
项目1	225,435	21.0%
项目2	120,130	11.2%
项目3	98,478	9.2%
项目4	320,269	29.8%
项目5	122,206	11.4%
项目6	188,686	17.5%
合计	1075204	100.0%

图 4-7 普通的柱形图，显示数值标签

可以设计一个复制列，如图 4-8 所示，使用下面的公式将金额缩小原来的 1/10000，再与占比数字分两行生成一个字符串：

```
=TEXT(C3,"0!.0,")&CHAR(10)&TEXT(D3,"0.0%")
```

公式中：

- TEXT(C3,"0!.0,") 是将金额数字缩小原来的 1/10000 显示，格式代码是“0!.0,”；
- TEXT(D3,"0.0%") 是将占比数字转换为 1 位小数的百分比文本。

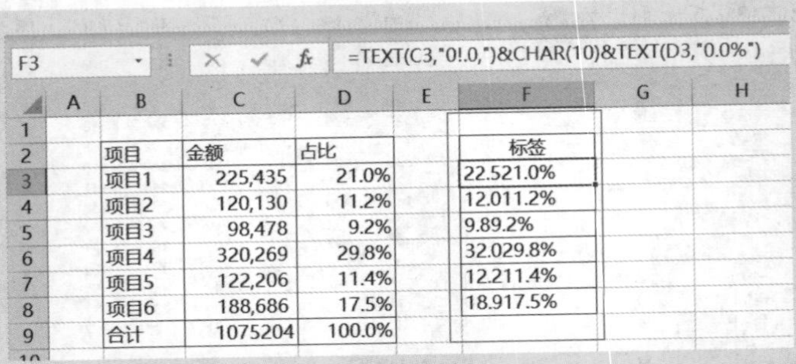

F3 =TEXT(C3,"0!.0,")&CHAR(10)&TEXT(D3,"0.0%")

项目	金额	占比	标签
项目1	225,435	21.0%	22.521.0%
项目2	120,130	11.2%	12.011.2%
项目3	98,478	9.2%	9.89.2%
项目4	320,269	29.8%	32.029.8%
项目5	122,206	11.4%	12.211.4%
项目6	188,686	17.5%	18.917.5%
合计	1075204	100.0%	

图 4-8 设计辅助列

有了这个辅助列，那么就可以将柱形图的标签显示为单元格内容，方法很简单：

打开“设置数据标签格式”面板，勾选“单元格中的值”复选框，在弹出的“数据标签区域”对话框中，选择引用这个辅助列，如图 4-9 所示。

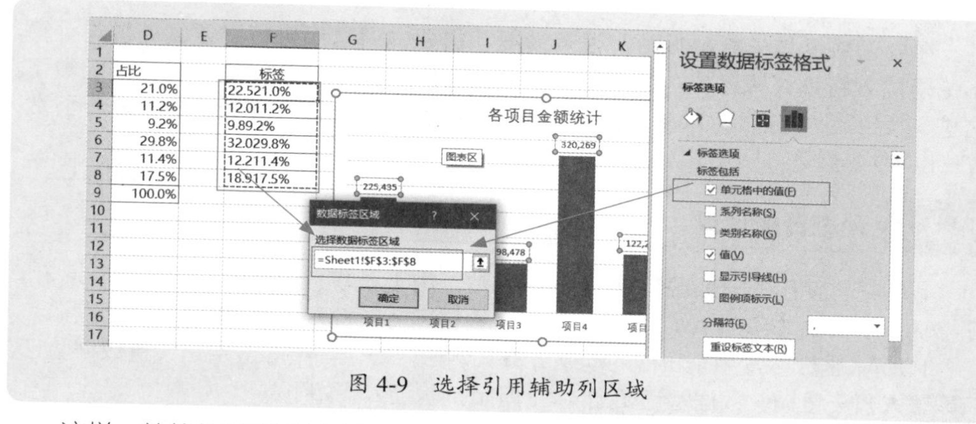

图 4-9　选择引用辅助列区域

这样，就将复制列区域的单元格内容显示到了标签里，最后再取消原来的“值”标签，就是需要的结果了，如图 4-10 所示。

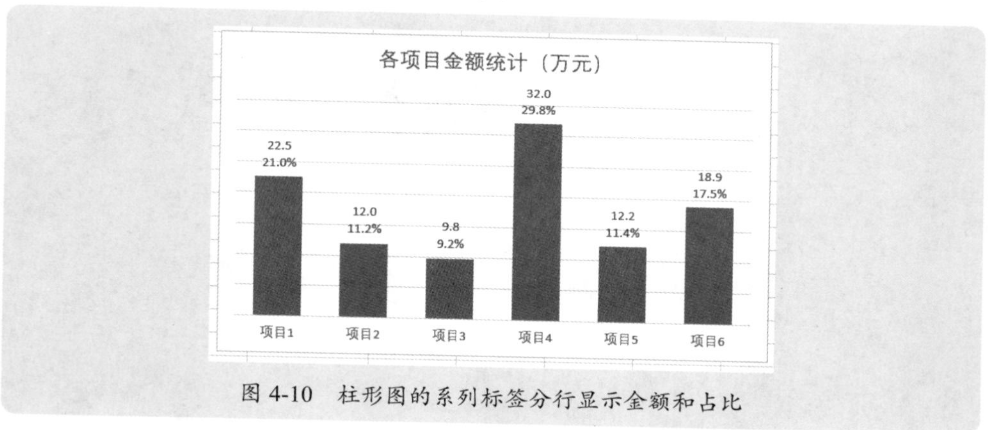

图 4-10　柱形图的系列标签分行显示金额和占比

本节知识回顾与测验

1. TEXT 函数的功能是什么？如何使用？

2. TEXT 函数的对象是什么类型数据？转换的结果又是什么类型数据？

3. 如果要将数字“1380496812.85”转化为以百万为单位的文本“1,380.50”，如何做？

4. 假如要将日期“2024-3-26”转换为英文星期简称，如何设置公式？

5. 假如要将日期“2024-3-26”转换为英文月份简称，如何设置公式？

6. 假如要从日期“2024-3-26”中提取中文月份名称，如何设置公式？

7. 请结合实际案例，练习使用 TEXT 函数联合其他函数设计自动化汇总表。

4.3 日期数据的处理与计算

在处理数据与分析数据时，很多情况下需要先对日期进行必要的处理与计算，不论是插入新列计算还是在公式里计算，此时，都离不开一些常用的日期函数了。这些常用函数包括：TODAY 函数、EDATE 函数、EMONTH 函数、DATEDIF 函数、WEEKDAY 函数等。

4.3.1 动态日期计算

我们经常使用的日期函数是 TODAY 函数，用于获取当天日期。例如，在某个单元格输入了公式"=TODAY()"，这个公式就会得到每次打开工作簿时的当天日期。

TODAY 函数常常用于日期的动态计算。例如，一个简单的应用是设置数据验证，只能输入当天日期，数据验证如图 4-11 所示，验证公式如下：

```
=TODAY()
```

这样，每天打开工作簿，就只能在 A 列单元格输入当天日期。

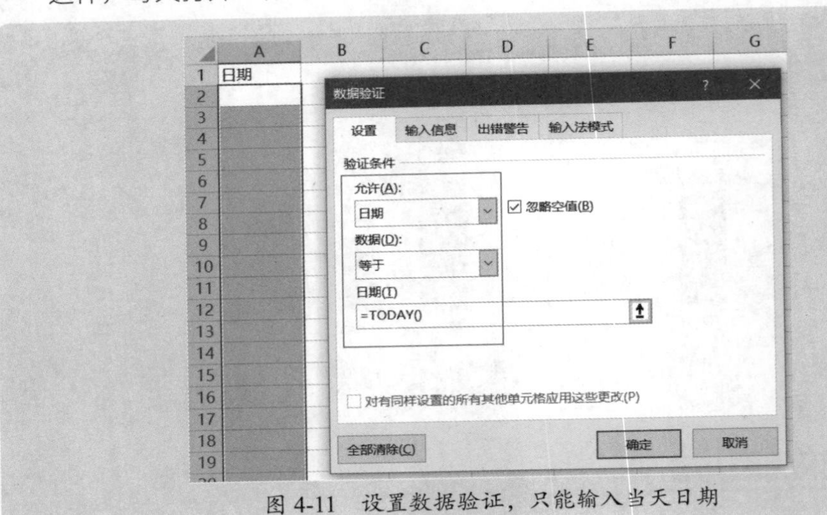

图 4-11 设置数据验证，只能输入当天日期

案例 4-5

图 4-12 所示是另外一个例子，要求从销售流水表中，动态计算各个产品最近 30 天（含当天）的发货量。这里的日期是动态模拟数据，便于观察计算结果。

这个例子是 3 个条件的求和：

条件 1：指定产品；

条件 2：日期要大于或等于最近 30 天的第一天：TODAY()-29；

条件 3：日期要小于或等于今天：TODAY()。

这样，单元格 H2 的汇总公式如下：

```
=SUMIFS(D:D,
        C:C,G2,
        A:A,">="&TODAY()-29,
        A:A,"<="&TODAY()
        )
```

H2 =SUMIFS(D:D,C:C,G2,A:A,">="&TODAY()-29,A:A,"<="&TODAY())

	A	B	C	D	E	F	G	H
1	日期	客户	产品	发货量			产品	最近30天的发货量
2	2024-2-22	客户24	产品02	52			产品02	1319
3	2024-1-24	客户07	产品03	69			产品03	910
4	2024-2-26	客户22	产品08	53			产品08	1505
5	2024-1-1	客户24	产品13	51			产品13	1000
6	2024-2-14	客户09	产品13	121			产品20	828
7	2024-2-27	客户17	产品20	108			产品07	1524
8	2024-2-14	客户09	产品07	60			产品12	737
9	2024-1-20	客户10	产品12	121			产品14	1385
10	2024-2-9	客户04	产品03	65			产品01	1295
11	2024-2-23	客户16	产品14	90			产品10	1163
12	2024-1-27	客户24	产品20	115			产品15	1186
13	2024-2-17	客户08	产品12	59			产品18	978
14	2024-1-7	客户21	产品12	100			产品05	1284
15	2024-1-8	客户10	产品01	41			产品17	1572
16	2024-1-21	客户20	产品10	38			产品06	1314
17	2024-2-7	客户19	产品03	21			产品11	1241
18	2024-2-2	客户16	产品15	97			产品09	865
19	2024-2-25	客户13	产品18	116			产品19	1491
20	2024-2-24	客户26	产品12	27			产品16	2160
21	2024-1-16	客户22	产品15	37			产品04	943
22	2024-2-11	客户09	产品05	56				

图 4-12　统计最近 30 天的各个产品发货量

4.3.2 制作供应商付款计划表

EDATE 函数是另一个很有用的日期函数，用来计算指定月数后或指定月数前的日期，其用法如下：

```
=EDATE(基准日期,月数)
```

例如，今天是“2024-2-16”，那么 3 个月以后的日期是“2024-5-16”：

```
=EDATE("2024-2-16",3)
```

3 个月以前的日期是“2023-11-16”：

```
=EDATE("2024-2-16",-3)
```

与 EDATE 函数对应的还有一个 EOMONTH 函数，它用来计算指定月数后或指定月数前的月底日期，其用法如下：

```
=EOMONTH(基准日期,月数)
```

例如，今天是“2024-2-16”，那么 3 个月以后的月底日期是“2024-5-31”：

```
=EOMONTH("2024-2-16",3)
```

3 个月以前的月底日期是“2023-11-30”：

```
=EOMONTH("2024-2-16",-3)
```

案例 4-6

图 4-13 所示是一个入票明细表，现在要求制作一个未来各月的付款计划表。

公司规定如下：如果收到发票日期（入票日期）是当月 20 日（含）以前，那么付款截止日是当月的月底；如果收到发票日期（入票日期）是当月 20 日以后，那么付款截止日是次月的 10 日。

	A	B	C	D	E	F	G
1	入票日期	供应商名称	发票号	价税合计	税率	币别	发票类别
2	2024-1-2	供应商13	05199463	1,583.45	13	人民币	专票
3	2024-1-2	供应商01	06769319	4,484,408.89	13	人民币	专票
4	2024-1-6	供应商01	01165782	2,395,793.72	13	人民币	专票
5	2024-1-6	供应商11	05562792	2,995,888.90	13	人民币	专票
6	2024-1-8	供应商17	02541903	19,314.19	13	人民币	专票
7	2024-1-8	供应商15	07376979	12,324.00	13	人民币	专票
8	2024-1-17	供应商10	00239406	22,212.86	13	人民币	专票
9	2024-1-20	供应商06	01376203	104,490.26	13	人民币	专票
10	2024-1-21	供应商33	02644016	123,281.17	13	人民币	专票
11	2024-1-22	供应商15	00345592	2,966.66	13	人民币	专票
12	2024-1-25	供应商12	02965509	56,775.06	13	人民币	专票
13	2024-1-28	供应商17	03429649	15,873.69	13	人民币	专票
14	2024-1-31	供应商11	03785948	3,978,171.35	13	人民币	专票
15	2024-2-1	供应商14	07268851	32,447.83	13	人民币	专票
16	2024-2-1	供应商05	05675689	4,439.69	13	人民币	专票
17	2024-2-3	供应商04	02013663	59,814.03	13	人民币	专票

发票明细表　付款计划表

图 4-13　入票明细表

首先在表的右侧插入一列，计算付款截止日，如图 4-14 所示，单元格 H2 计算公式如下：

```
=EOMONTH(A2,0)+(DAY(A2)>20)*10
```

在这个公式中：

（1）EOMONTH(A2,0) 用来计算当月的月底日期；

（2）(DAY(A2)>20)*10 用来处理入票日期是 20 号以前还是 20 号以后。

如果入票日期是 20 号以后，也就是表达式 DAY(A2)>20 成立，则该表达式结果是 TRUE，乘以 10 的结果就是 10，也就是在当月月底日期上加 10 天，公式计算结果是下月的 10 号；

如果入票日期是 20 号以前，也就是表达式 DAY(A2)>20 不成立，则该表达式结果是 FALSE，乘以 10 的结果就是 0，公式计算结果是本月的月底。

也可以使用 IF 函数进行判断处理，此时公式如下：

```
=EOMONTH(A2,0)+IF(DAY(A2)>20,10,0)
```

有了这列付款截止日，就可以使用数据透视表来快速制作各个供应商的付款计划表，如图 4-15 所示。

H2 =EOMONTH(A2,0)+(DAY(A2)>20)*10

	A	B	C	D	E	F	G	H
1	入票日期	供应商名称	发票号	价税合计	税率	币别	发票类别	付款截止日
2	2024-1-2	供应商13	05199463	1,583.45	13	人民币	专票	2024-1-31
3	2024-1-2	供应商01	06769319	4,484,408.89	13	人民币	专票	2024-1-31
4	2024-1-6	供应商01	01165782	2,395,793.72	13	人民币	专票	2024-1-31
5	2024-1-6	供应商11	05562792	2,995,888.90	13	人民币	专票	2024-1-31
6	2024-1-8	供应商17	02541903	19,314.19	13	人民币	专票	2024-1-31
7	2024-1-8	供应商15	07376979	12,324.00	13	人民币	专票	2024-1-31
8	2024-1-17	供应商10	00239406	22,212.86	13	人民币	专票	2024-1-31
9	2024-1-20	供应商06	01376203	104,490.26	13	人民币	专票	2024-1-31
10	2024-1-21	供应商33	02644016	123,281.17	13	人民币	专票	2024-2-10
11	2024-1-22	供应商15	00345592	2,966.66	13	人民币	专票	2024-2-10
12	2024-1-25	供应商12	02965509	56,775.06	13	人民币	专票	2024-2-10
13	2024-1-28	供应商17	03429649	15,873.69	13	人民币	专票	2024-2-10
14	2024-1-31	供应商11	03785948	3,978,171.35	13	人民币	专票	2024-2-10
15	2024-2-1	供应商14	07268851	32,447.83	13	人民币	专票	2024-2-29
16	2024-2-1	供应商05	05675689	4,439.69	13	人民币	专票	2024-2-29
17	2024-2-3	供应商04	02013663	59,814.03	13	人民币	专票	2024-2-29

发票明细表　付款计划表

图 4-14　计算付款截止日

	A	B	C	D	E	F	G	H	I
1	价税合计	付款截止日							
2	供应商名称	1月	2月	3月	4月	5月	6月	7月	8月
3	供应商01	6,880,202.61	329,086.55	2,264,265.68		1,659,644.67		3,414,913.40	6,550,
4	供应商02			471,804.33					
5	供应商03		21,631.89		11,021.96		50,474.41		57,
6	供应商04		67,427.30	32,552.76	202,769.54	17,281.28	4,743.79	14,496.21	110,
7	供应商05		4,439.69	22,528.07	13,741.40			2,523.72	3,
8	供应商06	104,490.26			100,792.24			138,670.71	199,
9	供应商07		24,685.08	91,381.34				238,762.38	64,
10	供应商08						136,238.25		
11	供应商09			274,543.69				119,366.82	83,
12	供应商10	22,212.86				100,186.55	36,926.66	55,390.00	
13	供应商11	2,995,888.90	4,841,034.17	4,284,273.58	2,414,819.65	6,775,734.79	9,058,342.16	3,150,533.01	
14	供应商12		56,775.06	577,114.39		25,086.81	707,770.69		
15	供应商13	1,583.45		49,387.87	55,865.90	153,754.52		106,450.73	
16	供应商14		41,996.77		34,487.41				20,
17	供应商15	12,324.00	5,389.43		3,615.62	10,300.90			
18	供应商16					17,511.53			

发票明细表　付款计划表

图 4-15　各月付款计划表

如果公司没有特殊规定，都是自入票日期起，2 个月后是付款截止日，那么单元格 H2 的付款截止日计算公式就简单了，如下所示：

```
=EDATE(A2,2)-1
```

4.3.3 员工年龄和工龄分组处理

在处理日期数据时，DATEDIF 函数也是一个常用的函数，尤其是在人力资源数据处理和分析中，常常用来计算员工的年龄和工龄。此外，在财务中，也会用于计算固定资产折旧。

DATEDIF 函数用于计算两个日期之间的月数、年数，甚至零头月数、零头天数，其用法如下：

```
=DATEDIF(开始日期，截止日期，类型代码)
```

这里，指定不同的类型代码，就得到不同的计算结果：

- 代码“y”，计算实际总年数，不满一年不算；

- 代码“m”，计算实际总月数，不满一个月不算；
- 代码“d”，计算实际总天数；
- 代码“ym”，计算多出的、不够一年的月数，不满一个月不算；
- 代码“md”，计算多出的、不够一个月的天数。

案例 4-7

图 4-16 所示是一个员工花名册，现在要求插入两列，直接根据出生日期和入职日期，分别计算年龄分组和工龄分组，以便分析各个分组中的人数分布。分组要求如下：

年龄分组：30 岁以下、31 ～ 40 岁、41 ～ 50 岁、51 ～ 59 岁、60 岁以上。

工龄分组：不满 1 年、1 ～ 5 年、6 ～ 15 年、16 年以上。

	A	B	C	D	E	F	G
1	员工编号	员工姓名	性别	部门	最高学历	出生日期	入职日期
2	GH0090	A068	男	工程部	高中	1967-2-4	1998-10-4
3	GH0092	A096	男	质量部	本科	1977-4-1	2002-1-18
4	GH0123	A140	男	研发部	本科	1981-9-18	2003-9-4
5	GH0124	A262	男	工程部	本科	1982-12-19	2010-9-29
6	GH0152	A492	男	财务部	本科	1985-9-12	2014-11-17
7	GH0162	A086	女	质量部	大专	1974-4-6	2000-11-25
8	GH0178	A425	男	工程部	中专	1980-12-17	2014-1-22
9	GH0264	A356	男	工程部	中专	1992-12-20	2013-4-16
10	GH0270	A062	女	质量部	本科	1978-5-14	1998-8-9
11	GH0289	A311	男	质量部	本科	1985-7-21	2012-2-22
12	GH0292	A689	男	工程部	硕士	1988-10-8	2016-6-7
13	GH0294	A659	男	物流部	高中	1988-11-11	2016-3-26
14	GH0308	A752	男	财务部	本科	1985-6-14	2016-11-1
15	GH0339	A606	男	质量部	硕士	1993-2-24	2015-7-9

基本信息

图 4-16　员工花名册

如图 4-18 所示，分组公式分别如下。

单元格 H2，年龄分组：

```
=LOOKUP(DATEDIF(F2,TODAY(),"y"),
        {0,31,41,51,60},
        {"30岁以下","31-40岁","41-50岁","51-59岁","60岁以上"}
        )
```

单元格 I2，工龄分组：

```
=LOOKUP(DATEDIF(G2,TODAY(),"y"),
        {0,1,6,16},
        {"不满1年","1-5年","6-15年","16年以上"}
        )
```

在公式中，DATEDIF(F2,TODAY() 和 DATEDIF(G2,TODAY(),"y") 是分别计算实际年龄和工龄的，然后利用 DATEDIF 函数计算出来的结果进行判断处理，得到各个年龄分组。

在判断处理分组时，不使用 IF 函数嵌套，因为公式会很长，而是使用 LOOKUP 函数，这个公式要简单得多。关于 LOOKUP 函数的用法，将在本章后面进行介绍。

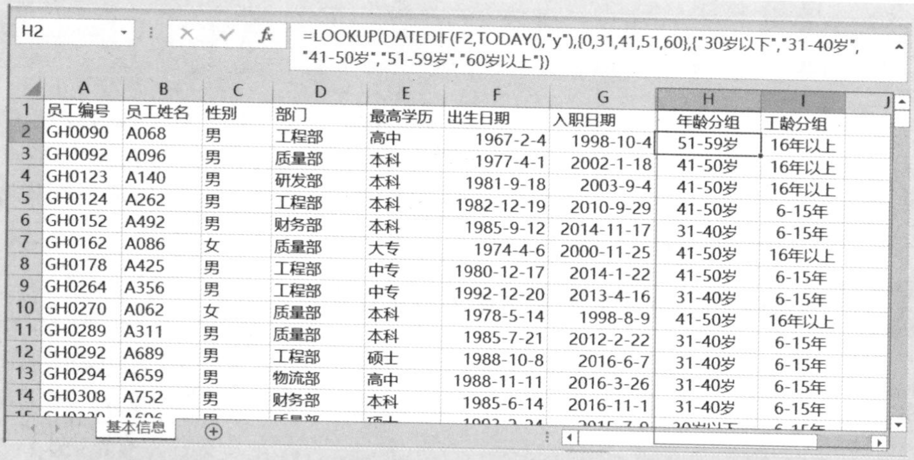

H2 =LOOKUP(DATEDIF(F2,TODAY(),"y"),{0,31,41,51,60},{"30岁以下","31-40岁","41-50岁","51-59岁","60岁以上"})

	A	B	C	D	E	F	G	H	I
1	员工编号	员工姓名	性别	部门	最高学历	出生日期	入职日期	年龄分组	工龄分组
2	GH0090	A068	男	工程部	高中	1967-2-4	1998-10-4	51-59岁	16年以上
3	GH0092	A096	男	质量部	本科	1977-4-1	2002-1-18	41-50岁	16年以上
4	GH0123	A140	男	研发部	本科	1981-9-18	2003-9-4	41-50岁	16年以上
5	GH0124	A262	男	工程部	本科	1982-12-19	2010-9-29	41-50岁	6-15年
6	GH0152	A492	男	财务部	本科	1985-9-12	2014-11-17	31-40岁	6-15年
7	GH0162	A086	女	质量部	大专	1974-4-6	2000-11-25	41-50岁	16年以上
8	GH0178	A425	男	工程部	中专	1980-12-17	2014-1-22	41-50岁	6-15年
9	GH0264	A356	男	工程部	中专	1992-12-20	2013-4-16	31-40岁	6-15年
10	GH0270	A062	女	质量部	本科	1978-5-14	1998-8-9	41-50岁	16年以上
11	GH0289	A311	男	质量部	本科	1985-7-21	2012-2-22	31-40岁	6-15年
12	GH0292	A689	男	工程部	硕士	1988-10-8	2016-6-7	31-40岁	6-15年
13	GH0294	A659	男	物流部	高中	1988-11-11	2016-3-26	31-40岁	6-15年
14	GH0308	A752	男	财务部	本科	1985-6-14	2016-11-1	31-40岁	6-15年

基本信息

图 4-17　年龄分组和工龄分组

如果对 LOOKUP 函数不熟悉，可以使用嵌套 IF 函数，公式分别如下。

单元格 H2，年龄分组：

```
=IF(DATEDIF(F2,TODAY(),"y")<=30,"30 岁以下 ",
 IF(DATEDIF(F2,TODAY(),"y")<=40,"31-40 岁 ",
 IF(DATEDIF(F2,TODAY(),"y")<=50,"41-50 岁 ",
 IF(DATEDIF(F2,TODAY(),"y")<=59,"51-59 岁 ",
 "60 岁以上 "))))
```

单元格 I2，工龄分组：

```
=IF(DATEDIF(G2,TODAY(),"y")<1," 不满 1 年 ",
 IF(DATEDIF(G2,TODAY(),"y")<=5,"1-5 年 ",
 IF(DATEDIF(G2,TODAY(),"y")<=15,"6-15 年 ",
 "16 年以上 ")))
```

本节知识回顾与测验

1. 如果要在公式中动态引用当天日期，用什么函数？

2. 如果工作表的公式使用了 TODAY 函数，那么在关闭工作簿或打开工作簿时，会发生什么情况？

3. 给定一个日期，要计算 5 年后或 5 年前的日期，用什么函数？

4. 以今天为基准，3 个月后的月底日期是哪天？3 个月前的月底日期是哪天？用什么函数来计算？

5. 已经知道了员工的入职日期和离职日期，如何知道他在公司工作了多少年零多少个月零多少天？用什么函数？

4.4 数值分类汇总计算

在数据分析中，如果要进行分类汇总计算（常见的是计数与求和），则常用的函数有 SUM、COUNTIF、COUNTIFS、SUMIF、SUMIFS、SUMPRODUCT，为了帮助大家熟练掌握这些函数在数据处理和数据分析中的实际应用技能与技巧，本节将结合实际案例，学习和复习这些函数的实际应用。

4.4.1 分析任意指定前 N 的客户销售的占比情况

汇总函数中，最简单的是 SUM 函数，它不仅仅用来对一个固定区域求和，还可以联合其他函数，对变动区域进行求和，这样就使得数据分析更加灵活了。

案例 4-8

图 4-18 所示是一个客户销售统计表，现在要制作一个动态分析图表，可以查看任意指定排名前 N 的客户销售的占比情况。

这是一个很有趣的应用案例，对分析排名前 N 的客户占比很有参考价值。

在单元格 F2 指定要查看的排名前 N 的客户数，单元格 F4 计算排名前 N 的客户的销售额合计，其公式如下：

```
=SUM(LARGE(B2:B25,ROW(INDIRECT("1:"&F2))))
```

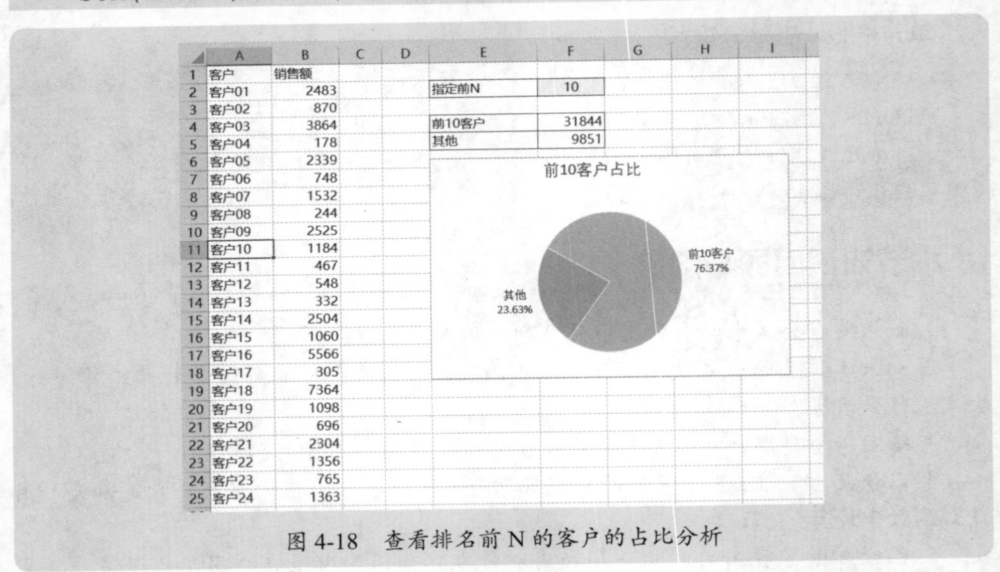

客户	销售额
客户01	2483
客户02	870
客户03	3864
客户04	178
客户05	2339
客户06	748
客户07	1532
客户08	244
客户09	2525
客户10	1184
客户11	467
客户12	548
客户13	332
客户14	2504
客户15	1060
客户16	5566
客户17	305
客户18	7364
客户19	1098
客户20	696
客户21	2304
客户22	1356
客户23	765
客户24	1363

指定前N	10
前10客户	31844
其他	9851

图 4-18　查看排名前 N 的客户的占比分析

这个公式中，使用了 INDIRECT 函数、ROW 函数和 LARGE 函数来获取排名前 N 的客户的销售额，再使用 SUM 函数将这几个数字求和。关于 INDIRECT 函数、ROW 函数和 LARGE 函数的使用方法，将在后面进行详细介绍。

单元格 F5 计算除排名前 N 的客户外的其他客户销售额，计算公式如下：

```
=SUM(B2:B25)-F4
```

最后根据两个计算出来的数据绘制饼图，做适当的图表美化，就是需要的报告了。

4.4.2 直接以系统导出的数据建立自动化汇总表

对于规范的一维表单数据，分类汇总（条件计数、条件求和）的首选方法是使用数据透视表，但在有些情况下，需以系统导出的数据建立自动化汇总表，制作个性化的统计分析报告，此时，就只能使用相应的条件计数函数与条件求和函数了。

案例 4-9

图 4-19 所示是从系统导出的管理费用表，要求以这个表为基础，制作如图 4-20 所示的汇总表。

会计期间		科目编码	科目名称	本期借方	本期贷方
年	月			本币	本币
2024	1	660201	660201\管理费用\折旧费	1,721.00	1,721.00
2024	1	660202	660202\管理费用\无形资产摊销费	1,489.00	1,489.00
2024	1	6602070101	6602070101\管理费用\职工薪酬\工资\固定职工	693.00	693.00
2024	1	6602070301	6602070301\管理费用\职工薪酬\社会保险费\基本养老保险	956.00	956.00
2024	1	6602070303	6602070303\管理费用\职工薪酬\社会保险费\基本医疗保险	1,049.00	1,049.00
2024	1	6602070306	6602070306\管理费用\职工薪酬\社会保险费\工伤保险	1,878.00	1,878.00
2024	1	6602070307	6602070307\管理费用\职工薪酬\社会保险费\失业保险	468.00	468.00
2024	1	6602070308	6602070308\管理费用\职工薪酬\社会保险费\生育保险	1,103.00	1,103.00
2024	1	66020707	66020707\管理费用\职工薪酬\职工福利	1,765.00	1,765.00
2024	1	66020718	66020718\管理费用\职工薪酬\职工教育经费	1,115.00	1,115.00
2024	1	660209	660209\管理费用\差旅费	848.00	848.00
2024	1	660212	660212\管理费用\业务招待费	753.00	753.00
2024	1	66021301	66021301\管理费用\办公费\邮费	920.00	920.00
2024	1	66021303	66021303\管理费用\办公费\办公用品费	1,353.00	1,353.00
2024	1	66021304	66021304\管理费用\办公费\固定电话费	339.00	339.00

图 4-19 系统导出的管理费用表

项目	1月	2月	3月	4月	5月	6月	7月	8月	9月	10月	11月	12月	合计
职工薪酬													
办公费													
差旅费													
业务招待费													
车辆使用费													
修理费													
租赁费													
折旧费													
无形资产摊销费													
税金													
合计													

图 4-20 管理费用汇总表

显然，我们无法直接使用数据透视表来对基础表数据进行分类汇总，除非对 D 列的科目名称进行分列，提取出项目名称来。

不过，可以使用 SUMIFS 函数直接计算，因为不论是 SUMIF 函数还是 SUMIFS

函数，都可以做关键词匹配汇总。

因此，在“汇总表”中单元格 C3 的汇总公式如下，往右往下复制即可得到汇总结果，如图 4-21 所示。

```
=SUMIFS(管理费用!$E:$E,
        管理费用!$D:$D,"*"&$B3&"*",
        管理费用!$B:$B,1*SUBSTITUTE(C$2,"月","")
        )
```

公式的几个关键点说明如下：

- 这是两个条件的求和，因此使用 SUMIFS 函数；
- 项目的判断是关键词，因为在原始数据中，项目名称是包含在科目名称之中的，因此使用通配符（*）做关键词匹配："*"&$B3&"*"；
- 月份的判断则需要进行必要处理，因为原始数据中，月份是 1、2、3 等数字，而在汇总表中，月份是 1 月、2 月、3 月等名称，因此使用 SUBSTITUTE 函数将汇总表标题中的“月”替换掉，再乘以 1 变成数字，这样才能与原始表的月份数字匹配起来：1*SUBSTITUTE(C$2," 月 ","")。

C3 =SUMIFS(管理费用!$E:$E,管理费用!$D:$D,"*"&$B3&"*",管理费用!$B:$B,1*SUBSTITUTE(C$2,"月",""))

项目	1月	2月	3月	4月	5月	6月	7月	8月	9月	10月	11月	12月	合计
职工薪酬	9,027	7,317	7,769	9,027	-	-	-	-	-	-	-	-	33,140
办公费	4,681	3,413	6,026	4,681	-	-	-	-	-	-	-	-	18,801
差旅费	848	1,404	360	848	-	-	-	-	-	-	-	-	3,460
业务招待费	753	575	977	753	-	-	-	-	-	-	-	-	3,058
车辆使用费	734	388	863	734	-	-	-	-	-	-	-	-	2,719
修理费	209	794	1,810	209	-	-	-	-	-	-	-	-	3,022
租赁费	1,471	1,730	323	1,471	-	-	-	-	-	-	-	-	4,995
折旧费	1,721	1,258	1,266	1,721	-	-	-	-	-	-	-	-	5,966
无形资产摊销费	1,489	984	1,185	1,489	-	-	-	-	-	-	-	-	5,147
税金	5,129	3,499	4,184	5,129	-	-	-	-	-	-	-	-	17,941
合计	26,062	21,362	24,763	26,062	-	-	-	-	-	-	-	-	98,249

图 4-21　汇总结果

说明：SUMIFS 函数基本原理及用法。

SUMIFS 用于多条件求和，也就是指定多个条件（可以是具体的精确值，也可以是模糊匹配的模糊值），把满足这些条件的对应单元格数值进行求和：

```
=SUMIFS(实际求和区域,
        条件判断区域 1,  条件 1,
        条件判断区域 2,  条件 2,
        条件判断区域 3,  条件 3,
        ……)
```

如果是指定一个条件求和，可以使用 SUMIF 函数，其用法如下：

```
=SUMIF(条件判断区域, 条件值, 实际求和区域)
```

从函数的名称上就可以理解，如果（IF）满足条件，就求和（SUM）指定区域单元格。

SUMIF 函数的条件值，可以是具体的精确值，也可以是模糊匹配的模糊值。

4.4.3 编制物料库龄分析表

在库存分析中，也经常要制作库存账龄分析表，以了解每个材料、每个类别的库存金额的账龄，下面介绍一个简单例子，重点说明这类汇总计算分析的基本方法。

案例 4-10

图 4-22 所示是一个库存盘点表，由于物料有上千个，因此对物料进行了分类，下面的任务函数按照物料类别制作库龄分析表，其结构如图 4-23 所示。

	A	B	C	D	E	F	G	H
1	物料代码	物料名称	规格型号	单位	日期	数量	金额	物料类别
2	12.53.64.09.026	C0001	A0001-123	//	2021-3-31	2664	59,043.16	电子电器
3	12.53.64.09.027	C0002	A0001-124	//	2021-3-31	36	3,634.64	化学用品
4	12.53.64.09.028	C0003	A0001-125	//	2021-4-30	36	644.34	劳保用品
5	12.53.64.09.029	C0004	A0001-126	//	2021-7-31	36	13,355.00	清洁用品
6	13.78.23.13.14	C0005	A0001-127	//	2023-12-13	36	24.60	办公用品
7	13.78.23.13.053	C0006	A0001-128	//	2023-12-13	192	344.42	化学用品
8	13.78.23.13.082	C0007	A0001-129	//	2018-11-30	36	226.29	备品备件
9	13.78.23.13.083	C0007	A0001-130	//	2018-11-30	60	170.16	备品备件
10	13.78.23.13.167	C0007	A0001-131	//	2018-11-30	60	554.40	备品备件
11	13.78.23.13.184	C0008	A0001-132	//	2020-7-31	60	337.80	清洁用品
12	13.78.23.13.186	C0009	A0001-133	//	2023-7-19	60	585.75	劳保用品
13	13.78.23.15.17	C0010	A0001-134	//	2023-12-13	2856	210.88	备品备件
14	13.78.23.15.33	C0010	A0001-135	//	2023-12-1	9528	702.93	备品备件
15	13.78.23.15.34	C0010	A0001-136	//	2023-12-1	5724	421.76	备品备件
16	13.78.23.15.19	C0010	A0001-137	//	2023-12-1	9528	702.93	备品备件
17	13.78.23.15.35	C0010	A0001-138	//	2023-12-1	312	23.43	备品备件

库存明细表 库龄分析表

图 4-22 库存盘点表

	A	B	C	D	E	F	G	H
1								
2		按物料类别的库存账龄分析					统计日期:	2024-6-30
3		物料类别	半年之内	半年-1年	1-3年	3-5年	5年以上	合计
4		电子电器						
5		化学用品						
6		劳保用品						
7		清洁用品						
8		办公用品						
9		备品备件						
10		易耗品						
11		设备						
12		合计						

图 4-23 库龄分析表

在工作表“库龄分析”中，单元格 H2 是指定的分析日期，先将这个单元格定义为名称“分析日期”。

然后在基础表中插入一列“库龄”，计算每个物料的库龄天数，如图 4-24 所示，单元格 I2 计算公式如下：

```
=分析日期-E2
```

I2 =分析日期-E2

	A	B	C	D	E	F	G	H	I
1	物料代码	物料名称	规格型号	单位	日期	数量	金额	物料类别	库龄
2	12.53.64.09.026	C0001	A0001-123	//	2021-3-31	2664	59,043.16	电子电器	1187
3	12.53.64.09.027	C0002	A0001-124	//	2021-3-31	36	3,634.64	化学用品	1187
4	12.53.64.09.028	C0003	A0001-125	//	2021-4-30	36	644.34	劳保用品	1157
5	12.53.64.09.029	C0004	A0001-126	//	2021-7-31	36	13,355.00	清洁用品	1065
6	13.78.23.13.14	C0005	A0001-127	//	2023-12-13	36	24.60	办公用品	200
7	13.78.23.13.053	C0006	A0001-128	//	2023-12-13	192	344.42	化学用品	200
8	13.78.23.13.082	C0007	A0001-129	//	2018-11-30	36	226.29	备品备件	2039
9	13.78.23.13.083	C0007	A0001-130	//	2018-11-30	60	170.16	备品备件	2039
10	13.78.23.13.167	C0007	A0001-131	//	2018-11-30	60	554.40	备品备件	2039
11	13.78.23.13.184	C0008	A0001-132	//	2020-7-31	60	337.80	清洁用品	1430
12	13.78.23.13.186	C0009	A0001-133	//	2023-7-19	60	585.75	劳保用品	347
13	13.78.23.15.17	C0010	A0001-134	//	2023-12-13	2856	210.88	备品备件	200
14	13.78.23.15.33	C0010	A0001-135	//	2023-12-1	9528	702.93	备品备件	212
15	13.78.23.15.34	C0010	A0001-136	//	2023-12-1	5724	421.76	备品备件	212
16	13.78.23.15.19	C0010	A0001-137	//	2023-12-1	9528	702.93	备品备件	212
17	13.78.23.15.35	C0010	A0001-138	//	2023-12-1	312	23.43	备品备件	212

库存明细表 库龄分析表

图 4-24　计算每个材料的库龄

这样，在库龄分析表中，就可以使用 SUMIFS 函数来设计汇总公式了，计算方法与前面介绍的应收账款账龄分析基本相同。下面是库龄计算公式，结果如图 4-25 所示。

单元格 C4，半年之内：

```
=SUMIFS(库存明细表!G:G,库存明细表!H:H,B4,库存明细表!I:I,"<=180")
```

单元格 D4，半年 -1 年：

```
=SUMIFS(库存明细表!G:G,库存明细表!H:H,B4,库存明细表!I:I,">=181",库存明细表!I:I,"<=365")
```

单元格 E4，1-3 年：

```
=SUMIFS(库存明细表!G:G,库存明细表!H:H,B4,库存明细表!I:I,">=366",库存明细表!I:I,"<=1095")
```

单元格 F4，3-5 年：

```
=SUMIFS(库存明细表!G:G,库存明细表!H:H,B4,库存明细表!I:I,">=1096",库存明细表!I:I,"<=1825")
```

单元格 G4，5 年以上：

```
=SUMIFS(库存明细表!G:G,库存明细表!H:H,B4,库存明细表!I:I,">=1826")
```

	A	B	C	D	E	F	G	H
1								
2		按物料类别的库存账龄分析					统计日期:	2024-6-30
3		物料类别	半年之内	半年-1年	1-3年	3-5年	5年以上	合计
4		电子电器	1,476.07	257,102.52	743,041.06	298,440.92	331,239.96	1,631,300.53
5		化学用品	3,355.13	77,755.46	241,265.10	95,933.67	247,285.56	665,594.92
6		劳保用品	7,356.96	153,330.08	452,489.70	159,281.45	342,076.75	1,114,534.94
7		清洁用品	196.82	165,761.73	209,194.64	175,878.35	334,300.21	885,331.75
8		办公用品	9.05	383,431.83	387,497.56	69,579.81	264,412.46	1,104,930.71
9		备品备件	316.31	37,178.90	226,840.72	51,173.02	326,426.37	641,935.32
10		易耗品	1,122.17	95,412.90	703,987.35	100,746.36	575,075.04	1,476,343.82
11		设备	399.01	84,391.70	402,208.15	195,748.82	351,159.29	1,033,906.97
12		合计	14,231.52	1,254,365.12	3,366,524.28	1,146,782.40	2,771,975.64	8,553,878.96

图 4-25　各个物料类别的库龄分析

本节知识回顾与测验

1. 大多数情况下，单条件求和用什么函数？多条件求和用什么函数？
2. 大多数情况下，单条件计数用什么函数？多条件计数用什么函数？
3. SUMIFS 函数可否替代 SUMIF 函数？
4. SUMPRODUCT 函数是否可以用来做条件计数与条件求和计算？如何做？
5. 请结合实际数据案例，练习几个常用的汇总函数应用。
6. 下图左侧是材料出库记录表，要求制作右侧的统计报表，按月按品名进行汇总。请设计汇总计算公式。

日期	材料	出库数量
2022-1-1	铜排4*25	98
2022-1-1	25*2紫铜管	72
2022-1-1	3*10紫铜板	5
2022-1-2	6*1紫铜管	21
2022-1-2	铜排4*20	74
2022-1-2	铜排12*100	50
2022-1-2	铜排5*80	52
2022-1-2	不锈钢管8*1	71
2022-1-2	铜排4*60	41
2022-1-2	4*25铝排	61
2022-1-3	不锈钢管8*1	35
2022-1-3	铜排4*80	104
2022-1-3	铜排12*80	27
2022-1-3	4*40铝排	84
2022-1-3	铜排6*80	96
2022-1-3	铜排6*160	8
2022-1-3	铜排4*25	6
2022-1-4	不锈钢管6*1	86
2022-1-4	铜排5*125	30

出库记录表 统计报表

月份	铜排	铝排	紫铜管	紫铜板	黄铜管	不锈钢管	合计
1月							
2月							
3月							
4月							
5月							
6月							
7月							
8月							
9月							
10月							
11月							
12月							
合计							

出库记录表 统计报表

4.5 数据逻辑判断与处理

不论是日常数据处理，还是制作数据分析报告，数据的逻辑判断是比比皆是的，要依据指定的条件进行判断，对数据进行各种不同条件下的处理分析，此时，就离不开常用的逻辑判断函数 IF、IFS 和 IFERROR 了。

4.5.1 数据逻辑判断的基本思维训练

数据逻辑判断与处理，是根据指定的一个或多个条件，对数据进行相应的判断处理，得到依据条件成立与否的结果。

数据逻辑判断可以使用条件表达式，也可以使用相关的逻辑函数，包括 IF 函数、IFS 函数、AND 函数、OR 函数等。在使用这些函数时，不仅要了解它们的基本用法，还要能够熟练运用它们来解决各种判断处理问题。

IF 函数的功能是，指定一个判断条件，当条件满足时处理为结果 A，条件不满足时处理为结果 B，其用法如下：

```
=IF(条件判断, 结果A, 结果B)
```

这里的“条件判断”是条件表达式，是函数的非常重要的参数，其结果必须是 TRUE 或 FALSE，是 1 或者 0。

(1)“条件判断”可以是一个条件，例如：

```
A1>100
C2=" 北京 "
```

(2)“条件判断”也可以是多个条件的组合，此时要根据具体情况，使用 AND 函数或者 OR 函数进行组合，例如：

```
AND(A1>100,A1<1000)
OR(C2=" 北京 ",C2=" 苏州 ,C2=" 深圳 )
```

(3) 多个判断条件的组合还可以使用乘号（*）或加号（+），前者相当于 AND 函数，后者相当于 OR 函数，例如：

```
(A1>100)*(A1<1000)
(C2=" 北京 ")+(C2=" 苏州 )+(C2=" 深圳 )
```

当要对条件进行嵌套判断处理时，还可以使用 IFS 函数。IFS 函数在多条件判断处理尤其是嵌套处理方面，比嵌套 IF 函数更加灵活和方便应用，其用法如下：

```
=IFS( 判断条件 1，  条件 1 成立的结果，
      判断条件 2，  条件 2 成立的结果，
      判断条件 3，  条件 3 成立的结果，
      ……)
```

不论是使用 IF 函数及其嵌套，还是使用 IFS 函数，在判断处理数据时，要掌握逻辑流程的梳理技能，以及快速准确输入嵌套函数的方法和技巧。下面结合实际例子来介绍。

案例 4-11

图 4-26 所示是一个示例，已知标准业绩工资是 3000 元。现在要根据每个业务员的业务完成率，计算业绩工资，业绩工资的计算标准如下：

达成率 50% 以下，标准业绩工资的 50%；

达成率 50%（含）至 80%，标准业绩工资的 75%；

达成率 80%（含）至 100%，标准业绩工资的 90%；

达成率 100%（含）至 150%，标准业绩工资的 130%；

达成率 150%（含）至 200%，标准业绩工资的 180%；

达成率 200%（含）以上，标准业绩工资的 200%。

首先绘制逻辑思路图，这个逻辑思路图的绘制过程，就是逻辑思路的梳理过程，也是输入嵌套 IF 函数公式的过程步骤，绘制逻辑思路图是一个基本的逻辑能力的训练，应该多练习，熟练后，就可以将这种逻辑思路图画在脑子里。

	A	B	C	D
1	业务员	标准业绩工资	业绩达成率	实际业绩工资
2	A001	3000	160.67%	
3	A002	3000	98.36%	
4	A003	3000	189.64%	
5	A004	3000	55.63%	
6	A005	3000	151.59%	
7	A006	3000	41.29%	
8	A007	3000	63.22%	
9	A008	3000	83.98%	
10	A009	3000	247.53%	

图 4-26　业务员业绩工资计算

本案例的逻辑思路图，是根据业绩达成率，判断业绩工资比例，如图 4-27 所示。

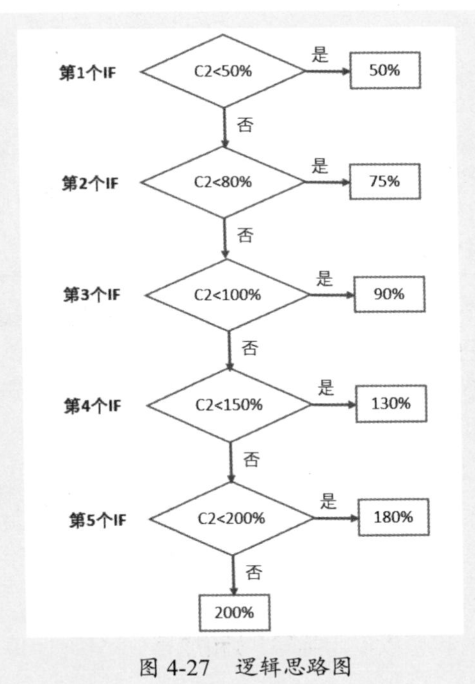

图 4-27　逻辑思路图

有了这个逻辑思路图，就可以快速准确输入嵌套 IF 函数公式了，详细的步骤，请观看录制的视频。最后的业绩工资比例计算公式如下（为了看起来更清楚，这里做了换行处理），结果如图 4-28 所示。

```
= B2*IF(C2<50%,50%,
        IF(C2<80%,75%,
            IF(C2<100%,90%,
                IF(C2<150%,130%,
                    IF(C2<200%,180%,200%)))))
```

	A	B	C	D
1	业务员	标准业绩工资	业绩达成率	实际业绩工资
2	A001	3000	160.67%	5400
3	A002	3000	98.36%	2700
4	A003	3000	189.64%	5400
5	A004	3000	55.63%	2250
6	A005	3000	151.59%	5400
7	A006	3000	41.29%	1500
8	A007	3000	63.22%	2250
9	A008	3000	83.98%	2700
10	A009	3000	247.53%	6000
11				

图 4-28　员工业绩工资计算

这个例子还可以使用 IFS 函数来解决，公式如下：

```
=B2*IFS(C2<50%,50%,
        C2<80%,75%,
        C2<100%,90%,
        C2<150%,130%,
        C2<200%,180%,
        C2>=200%,200%)
```

4.5.2 多个条件组合的判断处理

如果是需要将多个条件组合起来进行判断，则需要根据这些条件的逻辑关系，使用 AND 函数或 OR 函数进行组合。

如果给定了几个不同的条件，这些条件必须都满足才能进行相应的处理，就需要使用 AND 函数了，该函数的用法如下：

```
=AND(条件1，　条件2，　条件3，　……)
```

如果给定了几个不同的条件，这些条件只要有一个满足就进行相应的处理，此时可以使用 OR 函数将这些条件组合起来，该函数的用法如下：

```
=OR(条件1，　条件2，　条件3，　……)
```

在实际数据处理中，也可以使用乘号(*)和加号(+)分别代替 AND 函数和 OR 函数，用法如下：

```
=(条件1)*(条件2)*(条件3)*(……)
=(条件1)+(条件2)+(条件3)+(……)
```

案例 4-12

图 4-29 所示是一个员工加班明细表，现在要统计每个员工的工作日加班和双休日加班情况。这里不允许设计辅助列，直接使用原始数据进行计算。

由于不允许使用辅助列，那么可以联合使用 WEEKDAY 函数和 SUMPRODUCT 函数来设计综合公式，直接计算出加班时间。

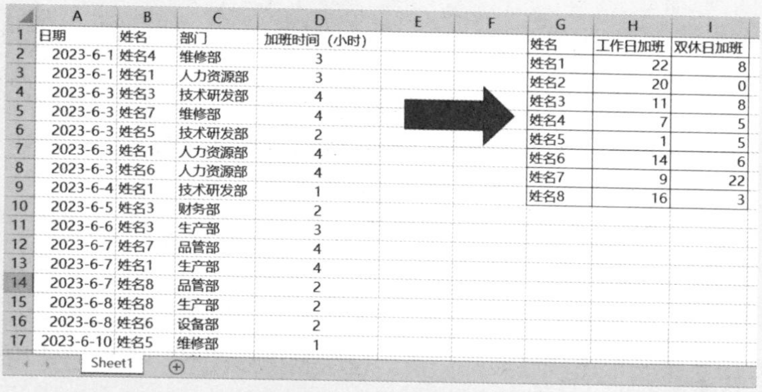

日期	姓名	部门	加班时间（小时）
2023-6-1	姓名4	维修部	3
2023-6-1	姓名1	人力资源部	3
2023-6-3	姓名3	技术研发部	4
2023-6-3	姓名7	维修部	4
2023-6-3	姓名5	技术研发部	2
2023-6-3	姓名1	人力资源部	4
2023-6-3	姓名6	人力资源部	4
2023-6-4	姓名1	技术研发部	1
2023-6-5	姓名3	财务部	2
2023-6-6	姓名3	生产部	3
2023-6-7	姓名7	品管部	4
2023-6-7	姓名1	生产部	4
2023-6-7	姓名8	品管部	2
2023-6-8	姓名8	生产部	2
2023-6-8	姓名6	设备部	2
2023-6-10	姓名5	维修部	1

姓名	工作日加班	双休日加班
姓名1	22	8
姓名2	20	0
姓名3	11	8
姓名4	7	5
姓名5	1	5
姓名6	14	6
姓名7	9	22
姓名8	16	3

图 4-29　员工加班明细表

单元格 H2，工作日加班：

```
=SUMPRODUCT(
            (WEEKDAY($A$2:$A$56,2)<=5)*($B$2:$B$56=$G2),
            $D$2:$D$56
            )
```

单元格 I2，双休日加班：

```
=SUMPRODUCT(
            (WEEKDAY($A$2:$A$56,2)>=6)*($B$2:$B$56=$G2),
            $D$2:$D$56
            )
```

第 1 个公式中，(WEEKDAY($A$2:$A$56,2)<=5)*($B$2:$B$56=$G2) 就是两个“与”条件的组合，条件 (WEEKDAY($A$2:$A$56,2)<=5) 判断是否为工作日，($B$2:$B$56=$G2) 判断是否为指定的姓名，它们用乘号组合起来，就是两个条件必须同时满足。

第 2 个公式中，(WEEKDAY($A$2:$A$56,2)>=6)*($B$2:$B$56=$G2) 也是两个“与”条件的组合，条件 (WEEKDAY($A$2:$A$56,2)>=6) 判断是否为双休日，($B$2:$B$56=$G2) 判断是否为指定的姓名，它们用乘号组合起来，就是两个条件必须同时满足。

4.5.3 处理公式错误值

在设计数据分析模板时，使用函数公式进行分析计算，有时候会出现错误值，这种错误值不是公式本身出现了错误，而是由于原始数据的问题导致公式结果是错误的，对于正常数据公式结果是正确的，此时需要使用 IFERROR 函数将公式错误值处理掉。

IFERROR 函数的逻辑就是：如果表达式是错误值，就把错误值处理为想要的结果：

```
=IFERROR(表达式, 错误值处理为什么结果)
```

一般情况下，公式错误值会被处理为数字 0 或者空值（零长度字符串）。在绘制折线图时，也会把公式 #VALUE 之类的错误值，处理为 #N/A 错误。

案例 4-13

IFERROR 函数是构建自动化数据分析模板的一个必要函数，经常要用来处理公式错误值。

例如，如果 VLOOKUP 函数的结果是错误值（也就是找不到数据），就往单元格输入空值，示例公式如下：

```
=IFERROR(VLOOKUP(B2,Sheet2!C:H,5,0),"")
```

图 4-30 所示是一个比较经典的例子。在绘制折线图时，如果是使用公式处理的空值（也就是零长度字符串 ""），会被当成数字 0 处理的，这样，绘制的折线图就失真了。

表格中，E 列的增长率计算公式如下：

```
=IFERROR(D3/C3-1,"")
```

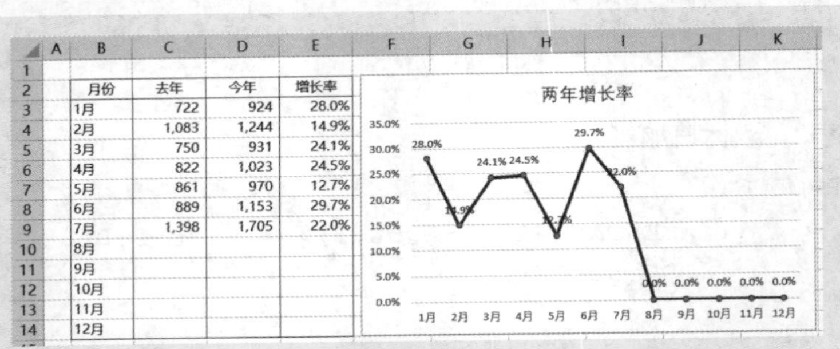

月份	去年	今年	增长率
1月	722	924	28.0%
2月	1,083	1,244	14.9%
3月	750	931	24.1%
4月	822	1,023	24.5%
5月	861	970	12.7%
6月	889	1,153	29.7%
7月	1,398	1,705	22.0%
8月			
9月			
10月			
11月			
12月			

图 4-30 失真的折线图

要解决这个问题，需要将列的增长率计算公式修改如下，就能得到正确的折线图：

```
=IFERROR(D3/C3-1,NA())
```

说明：NA 函数是返回错误值 #N/A，在绘制折线图时，错误值 #N/A 是不绘制的。

如果觉得表格里的错误值不好看，可以设计辅助列，再用辅助列绘制折线图；也可以在原位置设置条件格式不显示单元格的错误值（将错误值显示为背景色就看不见了）。

月份	去年	今年	增长率
1月	722	924	28.0%
2月	1,083	1,244	14.9%
3月	750	931	24.1%
4月	822	1,023	24.5%
5月	861	970	12.7%
6月	889	1,153	29.7%
7月	1,398	1,705	22.0%
8月			#N/A
9月			#N/A
10月			#N/A
11月			#N/A
12月			#N/A

两年增长率

图 4-31 正确的折线图

本节知识回顾与测验

1. IF 函数的基本逻辑是什么？函数的条件判断（又称逻辑测试）如何设置？
2. 如何快速准确输入嵌套 IF 函数公式？
3. IFS 函数的基本逻辑是什么？如何用来替代嵌套 IF 函数？
4. 如果判断条件是几个“与”条件，使用什么函数来组合这些条件？
5. 如果判断条件是几个“或”条件，使用什么函数来组合这些条件？
6. 能否在公式中，使用乘号（*）和加号（+）分别代替 AND 函数和 OR 函数？使用中要注意什么？
7. 在数据分析中，常常使用什么函数来处理公式错误值？

4.6 数据查找与引用之 VLOOKUP 函数

在进行数据处理和数据分析时，把满足条件的数据从基础表单中查找出来，生成需要的分析报告，制作动态的数据分析模板，这就是数据查找与链接问题。

数据查找与链接需要使用相应的查找引用函数，包括 VLOOKUP 函数、HLOOKUP 函数、XLOOKUP 函数、MATCH 函数、INDEX 函数、INDIRECT 函数、OFFSET 函数、FILTER 函数、UNIQUE 函数等。

本节结合大量实际应用案例，介绍这些函数的使用方法以及构建自动化数据分析模板的逻辑思路。

4.6.1 VLOOKUP 函数基本逻辑与使用

想必大家对 VLOOKUP 函数已经非常熟悉了，这是一个功能非常强大的函数，尽管它有被后来者 XLOOKUP 函数替代的趋势，但在大部分的数据处理和分析中，仍然离不开 VLOOKUP 函数。

VLOOKUP 函数查找数据的基本逻辑是，在数据区域的左边一列匹配指定的条件，在数据区域右侧的指定列引用数据，使用方法如下：

```
=VLOOKUP(要匹配的条件, 数据区域, 从左往右指定取数的列号, 精确查询或模糊查询)
```

案例 4-14

例如，图 4-32 所示是一个简单示例，用来解释 VLOOKUP 函数查找数据的逻辑。

现在的任务是要查找“产品 05”在“西区”的数据，查找公式如下，结果是 1284：

```
=VLOOKUP("产品 05",B1:G13,4,0)
```

公式解释：

- 要查找的产品是“产品 05”的数据，这里“产品 05”就是要查找的匹配条件，它在工作表左边的 B 列，因此函数的第 1 个参数就是“" 产品 05"”；
- 由于是根据产品名称查找数据，因此函数的第 2 个参数是从 B 列开始的单元格区域 B1:G13；
- 要获取“西区”的数据，“西区”在工作表右侧的 E 列，从数据区域的条件列（B 列）往右数是第 4 列，因此函数的第 3 个参数指定 4；
- 要做精确查找，因此函数的第 4 个参数输入 0（就是 FALSE）。

	A	B	C	D	E	F	G
1	序号	产品	北区	南区	西区	东区	其他
2	1	产品09	396	399	427	947	299
3	2	产品13	209	1293	1330	576	1112
4	3	产品10	890	1012	710	241	150
5	4	产品07	174	1081	675	545	351
6	5	产品01	528	1144	1108	1080	195
7	6	产品03	721	1357	215	987	1231
8	7	产品05	807	1326	1284	1393	1074
9	8	产品06	517	1071	997	908	240
10	9	产品04	182	416	532	650	391
11	10	产品11	559	457	549	502	373
12	11	产品12	830	241	339	741	1018
13	12	产品02	690	346	666	865	1210

图 4-32　示例数据

4.6.2 VLOOKUP 函数和 MATCH 函数灵活动态查找

VLOOKUP 的第 3 个参数是从左往右提取数据的列号，一般情况下，这个列号是数出来的，但是，如果要获取一个动态的取数位置，就需要使用 MATCH 函数了。

MATCH 函数就是从一组数中，确定指定数据的相对位置：

```
=MATCH(指定值, 数组, 0)
```

例如，在图 4-33 中，两个公式的结果都是 4，因为在这两组数中（一组数是单元格区域 B3:H3，一组数是单元格区域 B7:B13），数据“C”的位置都是第 4 个：

公式 1：

```
=MATCH("C",B3:H3,0)
```

公式 2：

```
=MATCH("C",B7:B13,0)
```

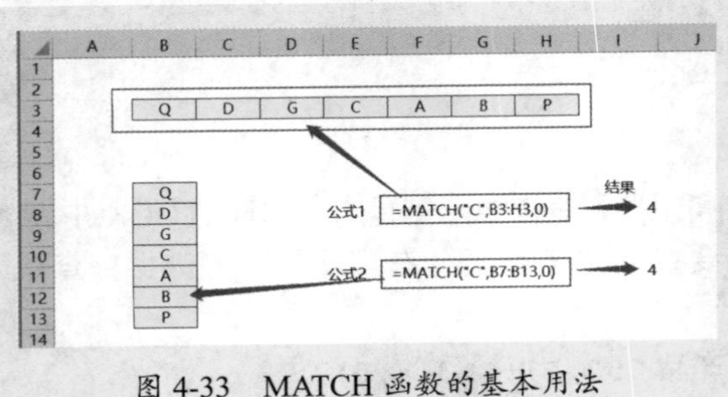

图 4-33　MATCH 函数的基本用法

案例 4-15

以图 4-34 左侧的数据为例，希望分析指定地区下，各个产品销售的对比柱形图，此时，可以设计 J 列至 K 列的辅助区域，其中单元格 K2 给定要分析的地区，单元格 K4 公式如下：

```
=VLOOKUP(J4,
         $B$2:$G$13,
         MATCH($K$2,$B$1:$G$1,0),
         0)
```

K4　=VLOOKUP(J4,$B$2:$G$13,MATCH($K$2,$B$1:$G$1,0),0)

	A	B	C	D	E	F	G	H	I	J	K
1	序号	产品	北区	南区	西区	东区	其他				
2	1	产品09	396	399	427	947	299			选择地区	西区
3	2	产品13	209	1293	1330	576	1112				
4	3	产品10	890	1012	710	241	150			产品09	427
5	4	产品07	174	1081	675	545	351			产品13	1330
6	5	产品01	528	1144	1108	1080	195			产品10	710
7	6	产品03	721	1357	215	987	1231			产品07	675
8	7	产品05	807	1326	1284	1393	1074			产品01	1108
9	8	产品06	517	1071	997	908	240			产品03	215
10	9	产品04	182	416	532	650	391			产品05	1284
11	10	产品11	559	457	549	502	373			产品06	997
12	11	产品12	830	241	339	741	1018			产品04	532
13	12	产品02	690	346	666	865	1210			产品11	549
14										产品12	339
15										产品02	666

图 4-34　设计辅助区域

然后用这个辅助区域绘制柱形图，进行适当的格式化，就得到图 4-35 所示的可以分析任意指定地区下各个产品销售对比图。

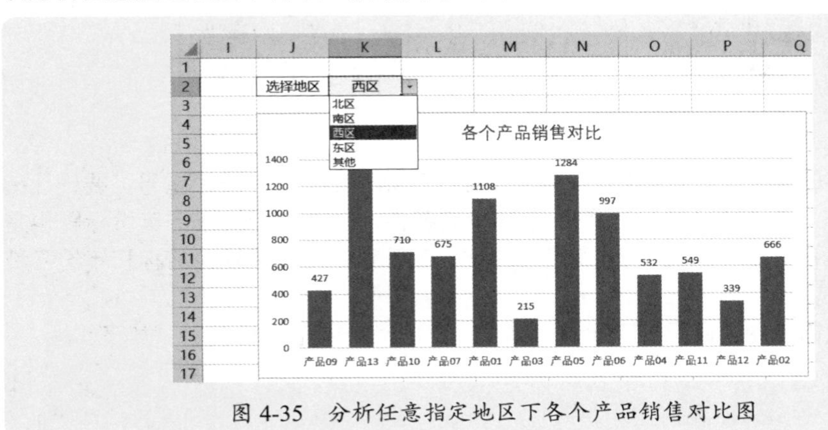

图 4-35　分析任意指定地区下各个产品销售对比图

这个例子给了这样一个启发：利用 MATCH 函数定位出指定项目的位置，那么查找公式就变得灵活了，从而可以制作灵活分析数据的动态图表。

4.6.3 关键词匹配的数据定位与查找

不论是 VLOOKUP 函数，还是 MATCH 函数，如果匹配的条件值是文本数据，则可以使用通配符（*）。

例如，下面公式结果是 2，因为含有“钢筋”的数据是第 2 个：

```
=MATCH("* 钢筋 *",{"30mm 角钢 "," 宝锰钢筋 30mm"," 水泥 "," 凝结剂
P30"},0)
```

这种使用通配符匹配关键词的数据定位和查找，在很多情况下是非常有用的，下面我们举例说明。

案例 4-16

图 4-36 所示是各年年报的资产负债表部分数据，要求设计一个动态报表和图表，查看任意指定项目历年的变化。

	A	B	C	D	E
1	资　产	2020年年报	2021年年报	2022年年报	2023年年报
2	流动资产：				
3	应收票据*	6,200	7,455	5,710	12,038
4	应收账款*	11,387	9,923	15,007	22,382
5	预付款项*	1,520	3,506	4,331	10,173
6	其他应收款*	9,908	11,046	7,440	5,209
7	存货*	23,868	18,023	37,725	43,062
8	其他流动资产*	188,911	227,583	334,775	264,079
9	流动资产合计	241,794	277,536	404,988	356,942
10	非流动资产：				
11	长期股权投资*	5,435	9,709	12,822	21,371
12	固定资产*	38,138	44,143	48,556	57,399
13	减：累计折旧*	6,364	16,615	27,049	33,209
14	固定资产净值*	31,774	27,527	21,508	24,190
15	其他非流动资产*	2,149	13,130	8,108	16,082
16	非流动资产合计	39,358	50,366	42,437	61,643
17	资产总计	281,152	327,902	447,425	418,585

图 4-36　资产负债表部分数据

这个表格的特点是，A 列的每个项目前面是空格，后面还有一个星号，要设计指定项目的动态分析报告，则会提取干干净净的名称，同时设计的报告年份标题也是干干净净的年份名称，如图 4-37 所示，这样，就无法直接使用项目名称和年份名称来查找数据了。

此时，就需要使用通配符匹配关键词查找数据了，单元格 I5 的公式如下：

```
=VLOOKUP("*"&$I$2&"*",
        $A$2:$E$17,
        MATCH(H5&"*",$A$1:$E$1,0),
        0)
```

资　产	2020年年报	2021年年报	2022年年报	2023年年报
流动资产:				
应收票据*	6,200	7,455	5,710	12,038
应收账款*	11,387	9,923	15,007	22,382
预付款项*	1,520	3,506	4,331	10,173
其他应收款*	9,908	11,046	7,440	5,209
存货*	23,868	18,023	37,725	43,062
其他流动资产*	188,911	227,583	334,775	264,079
流动资产合计	241,794	277,536	404,988	356,942
非流动资产:				
长期股权投资*	5,435	9,709	12,822	21,371
固定资产*	38,138	44,143	48,556	57,399
减：累计折旧*	6,364	16,615	27,049	33,209
固定资产净值*	31,774	27,527	21,508	24,190
其他非流动资产*	2,149	13,130	8,108	16,082
非流动资产合计	39,358	50,366	42,437	61,643
资产总计	281,152	327,902	447,425	418,585

指定项目	应收账款
年份	金额
2020年	
2021年	
2022年	
2023年	

图 4-37　分析报告中是干净的项目名称和年份名称

公式中：

- MATCH(H5&"*",$A$1:$E$1,0) 是查找以指定年份开头的列位置，H5&"*" 就是构建的开头是什么匹配；
- "*"&$I$2&"*" 是构建的包含关键词是什么匹配。

以分析报表区域数据绘制柱形图，就得到一个能够查看任意指定项目历年变化的动态图表，如图 4-38 所示。

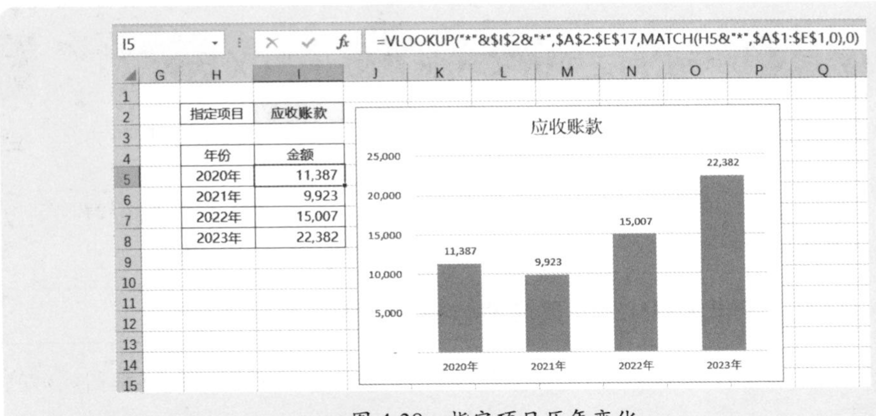

图 4-38　指定项目历年变化

小知识：以关键词“北京”为例，通配符（*）做关键词匹配主要有以下几种情况：

- 开头是北京：北京 *
- 结尾是北京：* 北京
- 包含北京：* 北京 *
- 不包含北京：<>* 北京 *

本节知识回顾与测验

1. VLOOKUP 函数的使用场合是什么？各个参数是什么含义？如何正确设置？

2. 对于 VLOOKUP 函数的第一个参数，什么情况下才能做关键词匹配查找？

3. 如果要提取数据的列位置不固定，应如何快速准确确定某个项目的列位置？

4. 下图是一个利润表，请设计一个动态分析报告，能够观察任意指定利润表项目各月的变化，这里要求在指定项目时，必须是前后都没有杂物的干净本名。

	A	B	C	D	E	F	G	H	I	J	K	L	M	N
1	项目	1月	2月	3月	4月	5月	6月	7月	8月	9月	10月	11月	12月	合计
2	一、营业总收入	28,005	27,736	29,694	33,860	26,431	34,382	24,069	17,346	21,509	24,521	26,730	23,532	317,817
3	营业收入	28,005	27,736	29,694	33,860	26,431	34,382	24,069	17,346	21,509	24,521	26,730	23,532	317,817
4	二、营业总成本	24,791	21,422	22,948	28,622	27,705	25,143	20,565	18,706	16,294	17,472	20,608	22,904	267,180
5	营业成本	18,357	15,791	17,543	22,636	22,415	18,849	14,530	12,068	11,105	13,216	15,474	17,181	199,164
6	研发费用	653	581	477	539	539	443	359	384	381	468	553	398	5,775
7	营业税金及附加	171	196	216	231	264	322	367	452	343	278	228	249	3,318
8	销售费用	478	363	262	197	155	174	141	123	142	123	136	119	2,414
9	管理费用	4,555	3,781	3,860	4,400	3,829	4,787	4,694	5,214	3,914	3,057	3,882	4,582	50,556
10	财务费用	481	592	450	437	346	380	312	306	227	159	207	258	4,156
11	资产减值损失	97	116	139	181	158	188	162	160	181	170	128	116	1,797
12	三、其他经营收益	9,811	9,603	8,990	9,131	8,880	8,485	9,233	9,669	8,070	6,252	6,887	6,686	101,695
13	加：投资收益	396	305	290	304	332	246	180	207	161	132	131	167	2,851
14	资产处置收益	3,467	4,059	4,872	5,799	6,033	6,276	7,345	7,276	5,677	4,088	4,785	4,882	64,561
15	其他收益	5,948	5,238	3,828	3,027	2,515	1,962	1,708	2,187	2,231	2,031	1,971	1,637	34,284
16	四、营业利润	13,025	15,917	15,736	14,369	7,605	17,724	12,737	8,309	13,285	13,302	13,008	7,314	152,332
17	加：营业外收入	622	679	828	597	662	709	745	827	588	459	546	606	7,866
18	减：营业外支出	82	103	129	153	156	188	154	197	185	187	146	187	1,868
19	五、利润总额	13,565	16,493	16,436	14,812	8,111	18,246	13,328	8,938	13,688	13,573	13,408	7,733	158,330
20	减：所得税费用	1,223	1,015	1,137	842	952	1,077	1,292	1,216	876	666	826	1,058	12,180
21	六、净利润	12,342	15,478	15,299	13,970	7,159	17,169	12,036	7,722	12,811	12,907	12,582	6,675	146,150

4.7 数据查找与引用之 MATCH 函数和 INDEX 函数

在很多情况下，联合使用 MATCH 函数和 INDEX 函数来查找数据要更方便、更灵活。

这两个函数联合查找数据的基本原理是：先用 MATCH 函数定位出行位置和列位置，再根据具体的行号和列号，使用 INDEX 函数取出相应单元格的数据。

4.7.1 MATCH 函数和 INDEX 函数联合查找数据的基本逻辑

MATCH 函数的基本原理和用法介绍过了。INDEX 函数是引用指定行号和列号的单元格数据：

```
=INDEX(单元格区域, 指定行号, 指定列号)
```

案例 4-17

例如，在图 4-39 所示中，下面的公式就是从单元格区域 C2:H9 中，把第 5 行、第 3 列的单元格数据提取出来：

```
=INDEX(C2:H9,5,3)
```

要特别注意，这里的行号和列号是所选定的单元格区域行号和列号，并不一定是工作表的行号和列号。

G10 =INDEX(C2:H9,5,3)

	A	B	C	D	E	F	G	H
1								
2			1016	2687	1052	1622	387	2294
3			1566	1219	1584	152	1547	776
4			1529	266	2307	291	1250	2454
5			1254	1088	258	2822	1141	2826
6			570	2175	2857	1321	1124	1465
7			1202	2801	741	710	2598	2418
8			459	2914	869	525	1717	710
9								
10				第5行、第3列的单元格数据			2857	

图 4-39　INDEX 示例

在实际数据分析中，MATCH 函数和 INDEX 函数联合使用是更常见的情况，适合于更多的表格结构。

案例 4-18

例如，对于“案例 4-15”（图 4-34）所示的辅助区域，还可以用如下的公式来查找数据：

```
=INDEX($C$2:$G$13,
        MATCH(J4,$B$2:$B$13,0),
        MATCH($K$2,$C$1:$G$1,0)
        )
```

这个公式的逻辑非常清晰：

- 查找区域是单元格区域 $C$2:$G$13
- 数据所在的行号是 MATCH(J4,$B$2:$B$13,0)
- 数据所在的列号是 MATCH($K$2,$C$1:$G$1,0)

4.7.2 查找销售额最大的客户及其产品销售情况

下面再结合几个实际例子，来说明联合使用 MATCH 函数和 INDEX 函数查找数据的逻辑思路和技能技巧。

案例 4-19

图 4-40 所示是各个客户、各个产品的销售汇总表，现在要查找销售合计最大的客户及其各个产品的销售数据。

这个问题的解决思路是：

- 先用 MAX 函数在最右侧的合计数列（H 列）中计算最大值；

- 然后用 MATCH 函数确定最大值所在的行；
- 再用 INDEX 函数从第一列客户名称中提取出客户名称；
- 再联合使用 VLOOKUP 函数和 MATCH 函数提取出该客户的各个产品的销售，或者联合使用 MATCH 函数和 INDEX 函数提取出该客户的各个产品的销售。

各个单元格公式如下，计算结果如图 4-40 所示。

单元格 L3，计算销售合计的最大值：

```
=MAX(H3:H14)
```

单元格 L4，查找销售合计最大的客户名称：

```
=INDEX(B3:B14,MATCH(L3,H3:H14,0))
```

单元格 L7，提取销售合计最大客户的各个产品销售：

```
=VLOOKUP($L$4,$B$2:$H$14,MATCH(K7,$B$2:$H$2,0),0)
```

或者

```
=INDEX($C$3:$H$14,MATCH($L$4,$B$3:$B$14,0),MATCH(K7,$C$2:$H$2,0))
```

	A	B	C	D	E	F	G	H	I	J	K	L
1												
2		客户	产品1	产品2	产品3	产品4	产品5	合计				
3		客户01	375	779	768	1168	466	3556			合计销售最大值:	8579
4		客户02	737	387	581	364	923	2992			对应客户:	客户05
5		客户03	1383	1137	587	1972	1881	6960				
6		客户04	625	1285	341	1055	1216	4522			该客户各个产品销售情况:	
7		客户05	1900	1627	2733	1114	1205	8579			产品1	1900
8		客户06	1161	619	368	713	428	3289			产品2	1627
9		客户07	1397	945	1084	783	1490	5699			产品3	2733
10		客户08	496	1312	253	991	1120	4172			产品4	1114
11		客户09	1139	1045	971	1055	859	5069			产品5	1205
12		客户10	187	1844	864	677	649	4221				
13		客户11	474	534	394	1232	852	3486				
14		客户12	976	560	530	805	902	3773				

图 4-40　示例数据

本节知识回顾与测验

1. MATCH 函数是用来做什么的？是查找数据本身，还是查找数据的位置？

2. MATCH 函数能不能从一个二维数组或者多行多列单元格区域中，找出指定数据的位置？

3. 当要查找最接近指定数据的最大数据位置时，需要什么条件？

4. 当要查找最接近指定数据的最小数据位置时，需要什么条件？

5. INDEX 函数的基本用法是什么？为什么有的 INDEX 函数公式里会有两个逗号？这是什么情况呢？例如公式“=INDEX(A1:Z1,,8)”。

6. 联合使用 MATCH 函数和 INDEX 函数查找数据的基本逻辑是什么？

7. 请比较 VLOOKUP 函数查找数据与联合使用 MATCH 函数和 INDEX 函数查找数据的区别，哪个方法更简单、更灵活些？

4.8 数据查找与引用之 INDIRECT 函数

在数据分析中，有这样很现实也很头疼的数据汇总问题（如果不会使用某个函数的话）：每个月一张工作表，工作表个数会随时增加或减少，如何建立一个动态的汇总模型，能够自动从各个工作表中抓取特定数据？有人说，这样的问题很容易解决啊，使用 Power Query 就可以的，但是，如果这样的每个工作表结构很特殊，使用 Power Query 也不见得很方便。

另外一个问题，在财务数据处理中经常遇到：每个月一张表，要求计算每个月的累计数，这个累计数就是上月累计数加上本月实际数，而且同样的情况是，工作表个数也是不定的，随时会增减，那么能不能设计一个通用的累计数计算公式，一劳永逸地解决问题，而不是在每个表中做一遍累计数计算公式?

当无法直接引用某个表格的单元格时（例如，某个表格暂时还不存在），如果要构建一个自动化汇总分析模型，那么就可以让某个函数来帮助我们了。

这个函数，就是 INDIRECT 函数，又称间接引用函数。

4.8.1 间接引用的基本原理

INDIRECT 函数就是间接引用的意思，所谓间接引用，就是不直接用鼠标引用或直接键入某个工作表单元格，而是通过一个中间环节来引用，这个中间环节就是使用字符串来构建单元格地址。

案例 4-20

如图 4-41 所示，工作表“Sheet1”的单元格 C3 中有一个字符串“Sheet2!B2”，在单元格 C6 中输入下面的公式：

```
=INDIRECT(C3)
```

那么，这个公式的结果并不是单元格 C3 数据，而是工作表“Sheet2”的单元格 B2 数据，这就是间接引用：通过单元格 C3 中的字符串，引用了工作表“Sheet2”的单元格 B2。

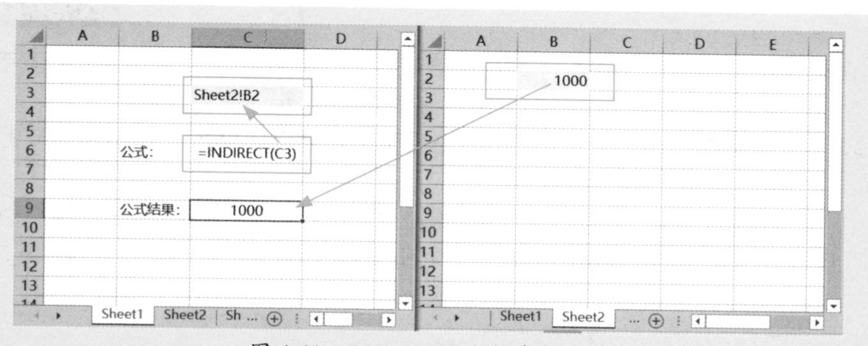

图 4-41 INDIRECT 函数基本逻辑

INDIRECT 的功能是把一个字符串表示的单元格地址转换为对单元格的引用，用法如下：

```
=INDIRECT(字符串表示的单元格地址， 引用方式)
```

这里，需要注意以下几点。

- INDIRECT 转换的对象是一个文本字符串。
- 这个文本字符串必须是表达为单元格或单元格区域的地址，比如"A2"，"分析!C5"。如果这个字符串不能表达为单元格地址，就会出现错误，比如“分析C5”就是错误的（少了一个感叹号，会将“分析”两字认为是文本，而不是工作表名称）。
- 需要使用连接运算符（&），想办法构建这个单元格地址字符串。
- INDIRECT 转换的结果是这个字符串所代表的单元格或单元格区域的引用，如果是一个单元格，会得到该单元格的值；如果是一个单元格区域，结果会存在特殊情况，可能是一个值，也可能是错误值。
- 函数的第 2 个参数如果忽略或者输入 TRUE，表示的是 A1 引用方式（就是常规的方式，列标是字母，行号是数字，比如 C5 就是 C 列第 5 行）；如果输入 FALSE，表示的是 R1C1 引用方式（此时的列标是数字，行号是数字，比如 R5C3 表示第 5 行第 3 列，也就是常规的 C5 单元格）。
- 大部分的情况下，第 2 个参数忽略即可，个别情况需要设置为 FALSE，这样可以简化公式，解决移动取数的问题。

由于 INDIRECT 的结果是引用单元格或单元格区域，因此 INDIRECT 函数常常跟其他函数一起联合使用，作为其他函数的单元格区域引用。

凡是函数参数是 Range 或者 Array 的，都可以使用 INDIRECT 函数来间接引用单元格区域，从而实现数据的灵活查找。

4.8.2 构建动态工作表汇总模型

下面介绍一个例子，通过 INDIRECT 间接引用工作表，实现多个工作表快速自动汇总，随着工作表的增加或减少，能够随时更新数据。

案例 4-21

图 4-42 所示是各个月的费用明细表，现在要求将各月费用进行汇总，如果新增月份，就自动填写到汇总表上，汇总表格式如图 4-43 所示。

这是一个简单的滚动汇总例子，因为月份工作表会不断增加，因此需要汇总表能够自动更新为最新的月份数据。

由于工作表名称与汇总表第一行标题是相同的，因此可以将汇总表第一行标题作为工作表名称来使用，用 INDIRECT 函数和 SUMIF 函数来进行间接汇总计算。

日期	二级科目	三级科目	摘要	金额
2022-1-2	应交税金	城市维护建设税		24,686.88
2022-1-4	财务费用	手续费		7.00
2022-1-8	财务费用	手续费		54.00
2022-1-10	财务费用	手续费		90.00
2022-1-15	应付款	鑫华工贸应付款		29,856.00
2022-1-15	应付款	英华电子应付款		11,377.00
2022-1-15	管理费用	业务招待费		1,562.00
2022-1-15	管理费用	办公费		444.00
2022-1-15	管理费用	差旅费		246.00
2022-1-15	管理费用	差旅费		400.00
2022-1-15	应交税金	应交税金		3,602.20
2022-1-15	管理费用	差旅费		712.00
2022-1-15	应付款	工资		33,713.96

汇总表 1月 2月 3月 4月

图 4-42 各月费用明细表

二级科目	1月	2月	3月	4月	5月	6月	7月	8月	9月	10月	11月	12月	合计
管理费用													
销售费用													
财务费用													
应付款													
应交税金													
合计													

图 4-43 汇总表格式

汇总表中，单元格 C3 的公式如下，汇总结果如图 4-44 所示。

```
=IFERROR(SUMIF(INDIRECT(C$2&"!B:B"),
                $B3,
                INDIRECT(C$2&"!E:E")
                ),
         "")
```

二级科目	1月	2月	3月	4月	5月	6月	7月	8月	9月	10月	11月	12月	合计
管理费用	16,932.46	24,166.99	44,216.79	25,279.07									110,595.31
销售费用	15,931.00	8,465.78	-	-									24,396.78
财务费用	151.00	36.00	268.00	45.00									500.00
应付款	187,482.06	84,388.43	206,283.62	80,523.54									558,677.65
应交税金	28,289.08	23,480.65	13,484.13	16,201.41									81,455.27
合计	248,785.60	140,537.85	264,252.54	122,049.02									775,625.01

图 4-44 汇总结果

4.8.3 动态汇总工作表的任意指定列数据

INDIRECT 函数的第 2 个参数“引用方式”一般情况下是忽略的，因为默认情况下，工作表单元格的地址是 A1 引用方式。

在某些数据动态汇总与分析中，我们要汇总分析的字段可以是变动的，也就是说，可以任意指定要汇总计算的列，这种情况下，就需要将 INDIRECT 函数的第 2 个参数设置为 FALSE，构建 R1C1 引用方式字符串，以便能够引用任意指定的列。

下面介绍一个需要汇总任意指定列数据的例子。

案例 4-22

图 4-45 的左侧是工资表，右侧是统计表，在右侧工作表的单元格 C2 选择输入要汇总的工资项目，然后将各个部门的该项目数据进行合计。

单元格 C5 输入下面的公式，就是汇总各个部门指定工资项目数据：

```
=SUMIF(工资表!B:B,
        B5,
        INDIRECT("工资表!C"&MATCH($C$2,工资
表!$A$1:$L$1,0),FALSE)
        )
```

关于公式解释如下。

- 这是一个单条件求和问题，因此使用 SUMIF 函数。
- 条件判断区域是“工资表”的 B 列，条件值是“统计表”单元格 C2 指定的项目。
- 实际求和区域则使用 INDIRECT 来间接引用“工资表”的指定项目列，这个指定项目所在列使用 MATCH 来定位，因此引用指定列区域就是下面的表达式：

```
INDIRECT("工资表!C"&MATCH($C$2,工资表!$A$1:$L$1,0),FALSE)
```

- 要特别注意，在这个表达式中，“工资表!C”表示“工资表”的某列，这里的 C 代表列的意思（Column），而不是眼睛看到的工作表的绝对 C 列（第 3 列）。
- 是哪列呢（Column=？），使用 MATCH 函数来确定：

```
MATCH($C$2,工资表!$A$1:$L$1,0)。
```

- 假如 MATCH 函数结果为 12，那么 INDIRECT 函数就是下面的表达式：

```
INDIRECT("工资表!C12",FALSE)
```

也就是按照 R1C1 的引用方式，引用了“工资表”的第 12 列区域。

姓名	部门	基本工资	出勤工资	岗位津贴	福利津贴	应发工资	个人所得税	社保金	公积金	四金合计	实发工资
A001	品管部	4456.00	569.00	770.00	115.00	5910.00	27.30	371.00	63.00	434.00	5448.70
A002	人力资源部	7250.00	946.00	522.00	151.00	8869.00	281.90	499.00	234.00	733.00	7854.10
A003	营销部	5185.00	763.00	924.00	511.00	7383.00	133.30	460.00	13.00	473.00	6776.70
A004	财务部	3952.00	966.00	780.00	31.00	5729.00	21.87	74.00	374.00	448.00	5259.13
A005	人力资源部	9766.00	326.00	271.00	493.00	10856.00	616.20	380.00	335.00	715.00	9524.80
A006	人力资源部	10015.00	475.00	998.00	537.00	12025.00	850.00	104.00	340.00	444.00	10731.00
A007	营销部	9956.00	924.00	928.00	86.00	11894.00	823.80	294.00	231.00	525.00	10545.20
A008	财务部	9715.00	110.00	11.00	705.00	10541.00	553.20	438.00	301.00	739.00	9248.80
A009	财务部	6081.00	94.00	957.00	121.00	7253.00	120.30	212.00	325.00	537.00	6595.70
A010	品管部	10408.00	187.00	169.00	86.00	10850.00	615.00	393.00	240.00	633.00	9602.00
A011	技术部	11990.00	344.00	326.00	298.00	12958.00	1036.60	362.00	154.00	516.00	11405.40
A012	营销部	6938.00	26.00	246.00	75.00	7285.00	123.50	500.00	67.00	567.00	6594.50
A013	采购部	4728.00	964.00	866.00	118.00	6676.00	62.60	365.00	450.00	815.00	5798.40
A014	财务部	4664.00	361.00	250.00	272.00	5547.00	16.41	397.00	15.00	412.00	5118.59
A015	人力资源部	11344.00	308.00	42.00	514.00	12208.00	886.60	424.00	144.00	568.00	10753.40
A016	技术部	3475.00	523.00	12.00	738.00	4748.00	0.00	471.00	231.00	702.00	4046.00
A017	生产部	6850.00	426.00	574.00	151.00	8001.00	195.10	87.00	395.00	482.00	7323.90

指定项目：实发工资

部门	金额
人力资源部	71,432
营销部	51,611
财务部	32,627
技术部	30,739
采购部	5,798
生产部	28,348
品管部	23,220
合计	243,773

图 4-45　汇总任意指定工资项目

本节知识回顾与测验

1. INDIRECT 函数的功能是什么？其逻辑原理是什么？
2. INDIRECT 函数转换的对象是什么？得到的结果是什么？
3. 如何快速验证 INDIRECT 函数的结果是否正确？
4. 在某个工作表引用另外一个工作表单元格，引用地址字符串有什么规则要求？
5. 请结合实际数据案例，练习使用 INDIRECT 函数联合其他函数做动态查找。

4.9 数据查找与引用之 OFFSET 函数

在为数不多的几个数据查找与引用函数中，OFFSET 函数或许是很多人不甚了解，或者总是用不好的函数之一。其实，在构建自动化数据分析模型方面，经常要使用 OFFSET 函数来引用一个动态区域，以便灵活分析数据。

4.9.1 OFFSET 函数的基本原理

OFFSET 函数用于动态引用单元格，也就是指定一个基准单元格，从这个基准单元格开始，往下（往上）偏移 M 行，往右（往左）偏移 N 列，到达一个新的单元格，再根据需要确定仅仅是引用这个新单元格，还是引用以这个新单元格在内的一个新单元格区域。

OFFSET 函数的基本用法如下：

```
=OFFSET(基准单元格， 偏移行数， 偏移列数， 新单元格区域高度， 新单元格区域宽度)
```

案例 4-23

例如，基准单元格是 A1，往下偏移 3 行，往右偏移 5 列，就到达新单元格 F4，如图 4-46 所示，此时的公式为：

```
=OFFSET(A1,3,5)
```

	A	B	C	D	E	F
1	基准单元格					
2	1	往下偏移3行				
3	2					
4	3					终点单元格
5			往右偏移5列			
6		1	2	3	4	5
7						

图 4-46　OFFSET(A1,3,5) 运行轨迹：引用一个新单元格

基准单元格是 A1，往下偏移 3 行，往右偏移 5 列，到达新单元格 F4，然后以此单元格为新区域的第一个单元格，新区域有 4 行、6 列，那么 OFFSET 引用的单元格区域就是 F4:K7，此时公式为，如图 4-47 所示。

```
=OFFSET(A1,3,5,4,6)
```

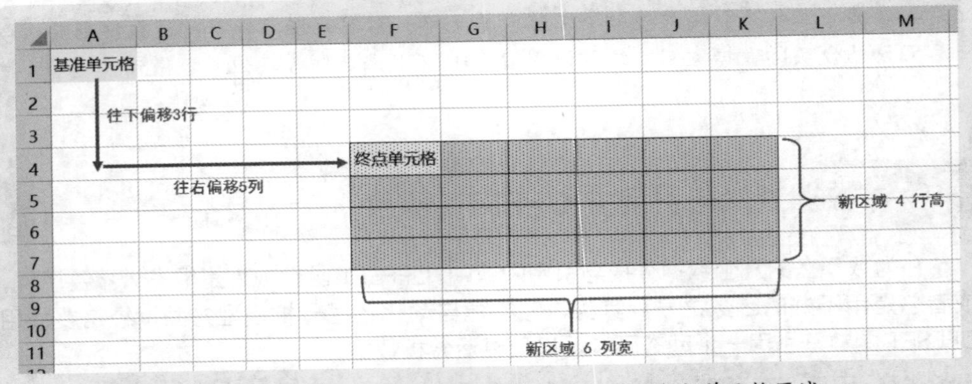

图 4-47　OFFSET(A1,3,5,4,6) 运行轨迹：引用一个新单元格区域

OFFSET 函数的结果可以是一个单元格（不指定最后两个参数），也可以是一个单元格区域，前者就直接得到单元格数据，后者则可以对引用的新单元格区域进行进一步的处理，例如与其他函数联合使用，进行更加灵活和复杂的计算。

4.9.2 计算指定月份的各个产品累计值

OFFSET 函数经典应用之一，是计算任意指定月份的累计值，这在经营分析、财务分析中是非常有用的。

案例 4-24

下面介绍一个简单的例子，如图 4-48 所示，要求对任意指定月份的当月数和累计数进行计算。

单元格 R4，计算当月数，使用 VLOOKUP 函数和 MATCH 函数，公式如下：

```
=VLOOKUP(Q4,$B$4:$N$16,MATCH($R$2,$B$3:$N$3,0),0)
```

单元格 S4，计算累计数，先使用 OFFSET 函数和 MATCH 函数获取动态区域，再用 SUM 函数对这个区域求和，公式如下：

```
=SUM(OFFSET(C4,,,1,MATCH($R$2,$C$3:$N$3,0)))
```

曾经很多人问，为什么 OFFSET 函数里有三个逗号啊？这个问题问得很奇妙，说明对函数参数还是不了解。

产品	1月	2月	3月	4月	5月	6月	7月	8月	9月	10月	11月	12月	合计
产品01	481	539	551	264	195	1175	308	267	125	507	197	919	5528
产品02	1056	1135	1087	925	1189	966	362	304	106	120	502	803	8555
产品03	958	886	1055	508	483	291	1153	416	104	401	121	459	6835
产品04	403	897	738	149	398	558	619	892	992	264	633	1162	7705
产品05	168	1135	711	855	1022	1190	988	350	932	1000	997	340	9688
产品06	1035	1114	243	1090	150	769	388	1025	739	342	924	1177	8996
产品07	1191	398	217	467	486	582	647	560	499	111	765	187	6110
产品08	651	769	942	146	477	386	809	1068	163	561	758	531	7261
产品09	372	664	302	521	681	1007	914	776	564	1031	573	902	8307
产品10	1083	143	137	254	855	231	524	381	662	147	375	797	5589
产品11	859	555	124	611	414	163	1091	1018	665	353	864	447	7164
产品12	1011	891	432	160	356	687	548	348	1138	228	325	214	6338
合计	9268	9126	6539	5950	6706	8005	8351	7405	6689	5065	7034	7938	88076

指定月份	5月	
产品	当月数	累计数
产品01		
产品02		
产品03		
产品04		
产品05		
产品06		
产品07		
产品08		
产品09		
产品10		
产品11		
产品12		
合计		

图 4-48　OFFSET 函数应用示例

Excel 函数的基本语法如下：

= 函数名（参数 1，参数 2，参数 3，参数 4，……）

函数一般都有参数（个别函数是没有参数的，例如 TODAY 函数），参数之间用逗号隔开，如果省略某个参数，是不是就会出现两个相连的逗号？

在本例中，省略了 OFFSET 函数的第 2 个和第 3 个参数（也就是不做行偏移和列偏移），因此就出现了 3 个连续的逗号。

案例 4-25

图 4-49 所示是另外一个例子，要求分析指定地区、指定月份，自营店和加盟店累计销售对比报告（绘制饼图看占比）。

地区	性质	1月	2月	3月	4月	5月	6月	7月	8月	9月	10月	11月	12月	合计
华北	自营	760	547	196	332	1035	1117	918	1002	652	572	825	757	8713
	加盟	996	746	270	766	925	912	1004	1033	705	489	574	970	9390
华南	自营	726	981	989	448	168	224	914	1271	663	247	141	679	7451
	加盟	279	1123	617	827	1022	400	219	925	284	1112	249	962	8019
华中	自营	670	1026	723	1006	274	630	768	960	952	723	355	440	8527
	加盟	826	591	780	712	779	996	776	802	1000	333	603	701	8899
华东	自营	159	400	575	181	581	1242	758	251	785	942	999	1216	8089
	加盟	472	1073	1048	263	1060	637	1018	1036	236	1085	791	259	8978
西南	自营	791	1197	848	1175	549	561	1138	568	1139	939	637	808	10350
	加盟	544	1074	1033	1073	709	221	717	333	617	554	445	254	7574
西北	自营	885	619	953	846	844	711	1077	733	599	278	149	1295	8989
	加盟	505	554	1007	534	317	1137	481	701	321	836	646	509	7548
东北	自营	1217	901	687	371	220	989	1216	517	679	967	243	1049	9056
	加盟	942	861	509	991	633	993	551	208	1014	994	1050	293	9039
合计	自营	5208	5671	4971	4359	3671	5474	6789	5302	5469	4668	3349	6244	61175
	加盟	4564	6022	5264	5166	5445	5296	4766	5038	4177	5403	4358	3948	59447

图 4-49　示例数据

设计报表结构，如图 4-50 所示，先设计计算公式，再绘制饼图。

单元格 S5，计算指定地区、指定月份、自营店的累计数：

```
=SUM(OFFSET(D2,MATCH(S2,B3:B18,0),,1,MATCH(S3,D2:O2,0)))
```

单元格 S6，计算指定地区、指定月份、加盟店的累计数：

```
=SUM(OFFSET(D2,MATCH(S2,B3:B18,0)+1,,1,MATCH(S3,D2:O2,0)))
```

地区	性质	1月	2月	3月	4月	5月	6月	7月	8月	9月	10月	11月	12月	合计
华北	自营	760	547	196	332	1035	1117	918	1002	652	572	825	757	8713
	加盟	996	746	270	766	925	912	1004	1033	705	489	574	970	9390
华南	自营	726	981	989	448	168	224	914	1271	663	247	141	679	7451
	加盟	279	1123	617	827	1022	400	219	925	284	1112	249	962	8019
华中	自营	670	1026	723	1006	274	630	768	960	952	723	355	440	8527
	加盟	826	591	780	712	779	996	776	802	1000	333	603	701	8899
华东	自营	159	400	575	181	581	1242	758	251	785	942	999	1216	8089
	加盟	472	1073	1048	263	1060	637	1018	1036	236	1085	791	259	8978
西南	自营	791	1197	848	1175	549	561	1138	568	1139	939	637	808	10350
	加盟	544	1074	1033	1073	709	221	717	333	617	554	445	254	7574
西北	自营	885	619	953	846	844	711	1077	733	599	278	149	1295	8989
	加盟	505	554	1007	534	317	1137	481	701	321	836	646	509	7548
东北	自营	1217	901	687	371	220	989	1216	517	679	967	243	1049	9056
	加盟	942	861	509	991	633	993	551	208	1014	994	1050	293	9039
合计	自营	5208	5671	4971	4359	3671	5474	6789	5302	5469	4668	3349	6244	61175
	加盟	4564	6022	5264	5166	5445	5296	4766	5038	4177	5403	4358	3948	59447

指定地区	华东
指定月份	5月

自营店	1896
加盟店	3916

图 4-50 分析报告

这些公式不难理解。

用 MATCH 函数确定指定地区偏移的行数：

```
MATCH(S2,B3:B18,0)
```

再用 MATCH 函数确定新单元格区域的宽度（列数）：

```
MATCH(S3,D2:O2,0)
```

就得到了指定地区、指定月份的单元格区域：

```
OFFSET(D2,MATCH(S2,B3:B18,0),,1,MATCH(S3,D2:O2,0))
```

最后用 SUM 函数对这个区域求和。

指定地区自营店偏移的行数就是 MATCH 函数的值，而指定地区加盟店偏移的行数则是 MATCH 函数的结果加 1（下一行是加盟店）。

4.9.3 以动态区域定义名称制作图表

制作动态图表的方法很多，可以设计辅助区域，将满足条件的数据查找出来，再绘制图表。也可以使用 OFFSET 函数引用该区域并定义名称，再使用这个名称绘制图表，这种方法更好，因为不需要设计辅助列，也避免了辅助列数据被破坏的情况。

案例 4-26

图 4-51 是一个简单示例，单元格 P2 选择输入某个客户名称，就自动绘制该客户下各个产品销售柱形图。

这个图表是两个定义的名称绘制的，分别如下。

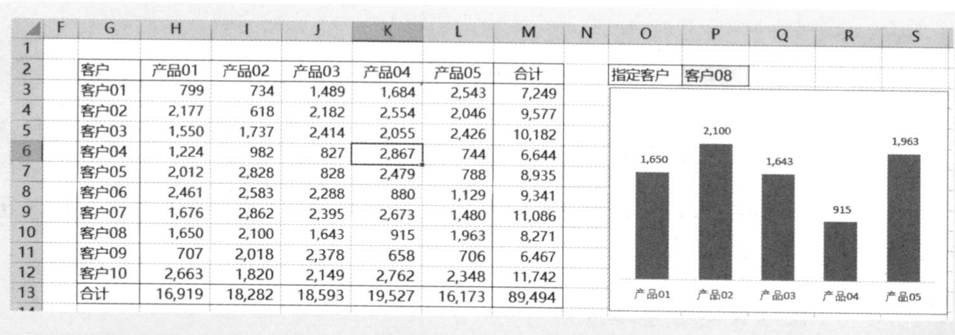

	F	G	H	I	J	K	L	M	N	O	P
1											
2		客户	产品01	产品02	产品03	产品04	产品05	合计		指定客户	客户08
3		客户01	799	734	1,489	1,684	2,543	7,249			
4		客户02	2,177	618	2,182	2,554	2,046	9,577			
5		客户03	1,550	1,737	2,414	2,055	2,426	10,182			
6		客户04	1,224	982	827	2,867	744	6,644			
7		客户05	2,012	2,828	828	2,479	788	8,935			
8		客户06	2,461	2,583	2,288	880	1,129	9,341			
9		客户07	1,676	2,862	2,395	2,673	1,480	11,086			
10		客户08	1,650	2,100	1,643	915	1,963	8,271			
11		客户09	707	2,018	2,378	658	706	6,467			
12		客户10	2,663	1,820	2,149	2,762	2,348	11,742			
13		合计	16,919	18,282	18,593	19,527	16,173	89,494			

图 4-51 动态分析图

名称“产品”，是一个固定区域：

```
=Sheet1!$H$2:$L$2
```

名称“数值”，是一个变动区域，该区域是 1 行 5 列：

```
=OFFSET($H$2,MATCH($P$2,$G$3:$G$13,0),,1,5)
```

这个 OFFSET 函数公式很好理解，以单元格 H2 为基准单元格，MATCH($P$2,$G$3:$G$13,0) 确定指定产品的位置，也就是从单元格 H2 往下偏移的行数，然后取 1 行高 5 列宽的新区域，就是该客户下产品数据区域。

本案例的详细操作过程，请观看录制的视频。

本节知识回顾与测验

1. OFFSET 函数的功能是什么？其逻辑原理是什么？

2. 快速验证 OFFSET 函数的结果是否正确？

3. 有一张年度各月数据汇总表，如何计算截止到指定月份的累计数？

4. 下图是各个项目各个季度预算数和实际数，请分析指定季度下，各个项目的累计预算和累计实际对比分析报告。例如，分析前 3 季度的、分析前 2 季度的等。

	A	B	C	D	E	F	G	H	I	J	K
1											
2	项目	预算					实际				
3		1季度	2季度	3季度	4季度	全年	1季度	2季度	3季度	4季度	全年
4	项目01	1675	665	2957	2786	8083	2187	1632	2951	2917	9687
5	项目02	2265	367	377	1553	4562	338	1530	747	345	2960
6	项目03	1983	865	548	735	4131	626	2761	2019	1393	6799
7	项目04	1003	2812	373	2111	6299	1637	2729	2109	1859	8334
8	项目05	1264	2904	1532	1786	7486	882	994	346	1351	3573
9	项目06	2277	2292	1628	1164	7361	730	347	1273	2679	5029
10	项目07	410	1291	830	1832	4363	2671	2770	906	2033	8380
11	项目08	1229	2352	2263	1342	7186	2619	2025	1785	2056	8485
12	项目09	1194	2079	678	1281	5232	781	2158	1391	960	5290
13	项目10	2808	1140	2049	755	6752	634	2753	395	2252	6034
14	项目11	580	2064	2756	1892	7292	1011	2414	1906	1128	6459
15	项目12	2872	2406	1053	1721	8052	2412	1966	1822	2131	8331
16	合计	19560	21237	17044	18958	76799	16528	24079	17650	21104	79361

4.10 动态筛选数据之 FILTER 函数

筛选数据是人人都会的操作，这种筛选是在基础数据表中进行的，如果要将筛选出来的结果提取到另一个工作表，还需要复制粘贴，很不方便。高版本 Excel 提供了一个功能强大的筛选函数 FILTER，利用这个函数，可以快速筛选数据，制作满足条件的报表。

4.10.1 FILTER 函数基本原理

FILTER 函数用于从一组数据中，将满足指定条件的数据提取出来，其用法如下：

```
=FILTER(要筛选的数组或区域, 筛选条件, 未找到的返回值)
```

函数的参数说明如下。

- 第 1 个参数，指定要筛选的常量数组或者单元格区域；
- 第 2 个参数，指定要筛选的条件表达式，返回值必须是逻辑值 TRUE 或 FALSE，或者返回值必须是数字 1 或 0；
- 第 3 个参数，当筛选不到数据时，返回值是“#CALC!”，如果忽略此参数，就留空。

案例 4-27

以图 4-52 所示的员工信息数据为例，要求筛选出财务部的所有员工信息。

先插入一个新工作表，把基础表的标题复制过来，然后在单元格 A2 输入下面的公式，就迅速得到财务部员工明细表，如图 4-52 所示。

```
=FILTER(基本信息!$A$2:$I$323,
        基本信息!$D$2:$D$323="财务部",
        "未找到数据"
        )
```

这个公式很好理解：

- 第 1 个参数，基本信息!$A$2:$I$323，指定筛选区域是工作表“基本信息”的单元格区域 A2: I323；
- 第 2 个参数，基本信息!$D$2:$D$323="财务部"，筛选条件是判断工作表“基本信息”的 D 列部门是否为财务部；
- 第 3 个参数，"未找到数据"，如果筛选不到数据，就返回说明文字“未找到数据”。

A2 =FILTER(基本信息!$A$2:$I$323,基本信息!$D$2:$D$323="财务部")

	A	B	C	D	E	F	G	H	I
1	员工编号	员工姓名	性别	部门	最高学历	出生日期	入职日期	年龄	工龄
2	GH0152	A492	男	财务部	本科	1985-9-12	2014-11-17	38	9
3	GH0308	A752	男	财务部	本科	1985-6-14	2016-11-1	38	7
4	GH0990	A285	女	财务部	本科	1981-4-22	2011-4-28	42	12
5	GH1097	A115	男	财务部	本科	1980-9-8	2002-4-17	43	21
6	GH1924	A087	女	财务部	本科	1980-3-28	2000-12-4	43	23
7	GH2129	A481	女	财务部	本科	1984-6-23	2014-9-28	39	9
8	GH3640	A674	男	财务部	本科	1987-6-11	2016-5-7	36	7
9	GH5781	A555	女	财务部	本科	1992-10-13	2015-4-10	31	8
10	GH6116	A037	男	财务部	大专	1975-12-6	1996-8-4	48	27
11	GH6117	A1021	男	财务部	本科	1995-5-1	2017-10-17	28	6
12	GH8027	A1011	男	财务部	本科	1986-5-4	2017-10-6	37	6
13	GH8582	A351	男	财务部	博士	1991-10-7	2012-9-27	32	11
14	GH9212	A060	女	财务部	本科	1981-5-23	1998-7-30	42	25
15	GH9339	A181	女	财务部	本科	1978-10-14	2007-2-10	45	17
16	GH9431	A227	女	财务部	本科	1988-1-14	2008-9-29	36	15
17	GH9515	A482	女	财务部	本科	1984-11-25	2014-9-30	39	9
18	GH9700	A322	男	财务部	本科	1973-3-16	2012-4-25	50	11
19	GH9768	A350	男	财务部	本科	1992-8-17	2012-9-14	31	11
20	GH9843	A632	男	财务部	硕士	1965-5-11	2015-10-23	58	8
21	GH9921	A269	男	财务部	本科	1972-5-12	2010-11-15	51	13

图 4-52　筛选财务部的员工

如果要筛选所有年龄在平均年龄以上的员工，则需要先计算出所有员工的平均年龄，再以这个平均年龄作为条件值进行筛选，如图 4-53 所示，此时筛选公式如下：

```
=FILTER(基本信息!$A$2:$I$323,
        基本信息!$H$2:$H$323>AVERAGE(基本信息!$H$2:$H$323),
        "未找到数据"
        )
```

公式中，表达式 AVERAGE(基本信息!$H$2:$H$323) 是计算公司平均年龄，表达式 基本信息!$H$2:$H$323>AVERAGE(基本信息!$H$2:$H$323) 就是判断是否大于这个平均年龄。

A2 =FILTER(基本信息!$A$2:$I$323,基本信息!$H$2:$H$323>AVERAGE(基本信息!$H$2:$H$323),"未找到数据")

	A	B	C	D	E	F	G	H	I	J	K	L
1	员工编号	员工姓名	性别	部门	最高学历	出生日期	入职日期	年龄	工龄			
2	GH0090	A068	男	工程部	高中	1967-2-4	1998-10-4	57	25			
3	GH0092	A096	男	质量部	本科	1977-4-1	2002-1-18	46	22			
4	GH0123	A140	男	研发部	本科	1981-9-18	2003-9-4	42	20			
5	GH0124	A262	男	工程部	本科	1982-12-19	2010-9-29	41	13			
6	GH0162	A086	女	质量部	大专	1974-4-6	2000-11-25	49	23			
7	GH0178	A425	男	工程部	大专	1980-12-17	2014-1-22	43	10			
8	GH0270	A062	女	质量部	本科	1978-5-14	1998-8-9	45	25			
9	GH0365	A699	男	物流部	大专	1982-2-12	2016-6-21	42	7			
10	GH0400	A058	男	工程部	本科	1979-10-10	1998-7-25	44	25			
11	GH0419	A139	男	研发部	高中	1983-8-6	2003-5-11	40	20			
12	GH0451	A113	女	质量部	大专	1974-11-1	2002-4-6	49	21			
13	GH0482	A016	男	质量部	大专	1974-3-13	1995-6-24	49	28			
14	GH0524	A287	男	工程部	大专	1983-7-26	2011-6-19	40	12			
15	GH0536	A025	男	物流部	大专	1975-2-9	1995-8-16	49	28			
16	GH0545	A239	女	物流部	本科	1974-10-15	2009-9-10	49	14			

基本信息　Sheet1　Sheet2

图 4-53　筛选所有年龄在公司平均年龄以上的员工

由此可见，FILTER 函数很简单：指定筛选区域，指定筛选条件，指定筛选不到数据的处理意见，就可以了。

4.10.2 FILTER 函数单条件筛选数据

前面介绍的筛选财务部员工数据就是一个单条件筛选，也就是指定了一个筛选条件。在实际数据处理中，可以构建一个可变单元格，来指定不同部门，从而实现快速筛选。

图 4-54 所示就是设置了一个可以快速选择输入部门名称的可变单元格 B2，此时筛选公式如下：

```
=FILTER(基本信息!$A$2:$I$323,
        基本信息!$D$2:$D$323=$B$2,
        "未找到数据"
        )
```

公式中，表达式基本信息 !$D$2:$D$323=$B$2 就是一个动态筛选条件，依单元格 B2 指定的部门而进行判断筛选。

A5 =FILTER(基本信息!$A$2:$I$323,基本信息!$D$2:$D$323=$B$2,"未找到数据")

	A	B	C	D	E	F	G	H	I
1									
2	指定部门	财务部							
3									
4	员工编号	员工姓名	性别	部门	最高学历	出生日期	入职日期	年龄	工龄
5	GH0152	A492	男	财务部	本科	1985-9-12	2014-11-17	38	9
6	GH0308	A752	男	财务部	本科	1985-6-14	2016-11-1	38	7
7	GH0990	A285	女	财务部	本科	1981-4-22	2011-4-28	42	12
8	GH1097	A115	男	财务部	本科	1980-9-8	2002-4-17	43	21
9	GH1924	A087	女	财务部	本科	1980-3-28	2000-12-4	43	23
10	GH2129	A481	女	财务部	本科	1984-6-23	2014-9-28	39	9
11	GH3640	A674	男	财务部	本科	1987-6-11	2016-5-7	36	7
12	GH5781	A555	女	财务部	本科	1992-10-13	2015-4-10	31	8
13	GH6116	A037	男	财务部	大专	1975-12-6	1996-8-4	48	27
14	GH6117	A1021	男	财务部	本科	1995-5-1	2017-10-17	28	6
15	GH8027	A1011	男	财务部	本科	1986-5-4	2017-10-6	37	6
16	GH8582	A351	男	财务部	博士	1991-10-7	2012-9-27	32	11
17	GH9212	A060	女	财务部	本科	1981-5-23	1998-7-30	42	25
18	GH9339	A181	女	财务部	本科	1978-10-14	2007-2-10	45	17
19	GH9431	A227	女	财务部	本科	1988-1-14	2008-9-29	36	15
20	GH9515	A482	女	财务部	本科	1984-11-25	2014-9-30	39	9
21	GH9700	A322	男	财务部	本科	1973-3-16	2012-4-25	50	11
22	GH9768	A350	男	财务部	本科	1992-8-17	2012-9-14	31	11
23	GH9843	A632	男	财务部	硕士	1965-5-11	2015-10-23	58	8
24	GH9921	A269	男	财务部	本科	1972-5-12	2010-11-15	51	13

图 4-54 设计变量的单条件筛选

4.10.3 FILTER 函数多条件筛选数据

在 FILTER 函数中，可以设置多个筛选条件，不过要特别注意的是，筛选条件需要使用乘号（*）或加号（+）进行组合，其中“与”条件组合使用乘号（*），“或”条件组合使用加号（+）。

案例 4-29

例如，要筛选财务部、年龄在 40—50 岁之间的员工，筛选公式如下，结果如图 4-55 所示。

```
=FILTER(基本信息!$A$2:$I$323,
        (基本信息!$D$2:$D$323="财务部")*(基本信息!$H$2:$H$323>=40)*(基本信息!$H$2:$H$323<=50),
        "未找到数据")
```

此公式中，使用乘号（*）将 3 个条件进行组合：判断部门是财务部，判断年龄大于或等于 40，判断年龄小于或等于 50。

A2 =FILTER(基本信息!$A$2:$I$323,(基本信息!$D$2:$D$323="财务部")*(基本信息!$H$2:$H$323>=40)*(基本信息!$H$2:$H$323<=50),"未找到数据")

	A	B	C	D	E	F	G	H	I	J	K
1	员工编号	员工姓名	性别	部门	最高学历	出生日期	入职日期	年龄	工龄		
2	GH0990	A285	女	财务部	本科	1981-4-22	2011-4-28	42	12		
3	GH1097	A115	男	财务部	本科	1980-9-8	2002-4-17	43	21		
4	GH1924	A087	女	财务部	本科	1980-3-28	2000-12-4	43	23		
5	GH6116	A037	男	财务部	大专	1975-12-6	1996-8-4	48	27		
6	GH9212	A060	女	财务部	本科	1981-5-23	1998-7-30	42	25		
7	GH9339	A181	女	财务部	本科	1978-10-14	2007-2-10	45	17		
8	GH9700	A322	男	财务部	本科	1973-3-16	2012-4-25	50	11		
9											

图 4-55　财务部、年龄在 40—50 岁之间的员工

如果要筛选财务部和人力资源部这两个部门的年龄在 40—50 岁之间的员工，那么就是 4 个条件的筛选了，其中财务部和人力资源部是“或”条件，年龄在 40—50 岁是“与”条件，因此筛选公式如下，结果如图 4-56 所示。

```
=FILTER(基本信息!$A$2:$I$323,
        ((基本信息!$D$2:$D$323="财务部")+(基本信息!$D$2:$D$323="人力资源部"))
        *(基本信息!$H$2:$H$323>=40)*(基本信息!$H$2:$H$323<=50),
        "未找到数据")
```

公式中：

表达式 ((基本信息!$D$2:$D$323="财务部")+(基本信息!$D$2:$D$323="人力资源部")) 是两个部门的“或”条件组合；

表达式 (基本信息!$H$2:$H$323>=40)*(基本信息!$H$2:$H$323<=50) 是年龄区间的“与”条件组合。

A2 =FILTER(基本信息!$A$2:$I$323,((基本信息!$D$2:$D$323="财务部")+(基本信息!$D$2:$D$323="人力资源部"))*(基本信息!$H$2:$H$323>=40)*(基本信息!$H$2:$H$323<=50),"未找到数据")

	A	B	C	D	E	F	G	H	I
1	员工编号	员工姓名	性别	部门	最高学历	出生日期	入职日期	年龄	工龄
2	GH0990	A285	女	财务部	本科	1981-4-22	2011-4-28	42	12
3	GH1097	A115	男	财务部	本科	1980-9-8	2002-4-17	43	21
4	GH1924	A087	女	财务部	本科	1980-3-28	2000-12-4	43	23
5	GH4253	A204	男	人力资源部	硕士	1979-6-4	2007-9-29	44	16
6	GH6116	A037	男	财务部	大专	1975-12-6	1996-8-4	48	27
7	GH8413	A008	男	人力资源部	大专	1976-10-30	1995-4-23	47	28
8	GH9212	A060	女	财务部	本科	1981-5-23	1998-7-30	42	25
9	GH9339	A181	女	财务部	本科	1978-10-14	2007-2-10	45	17
10	GH9700	A322	男	财务部	本科	1973-3-16	2012-4-25	50	11

图 4-56　财务部和人力资源部年龄在 40—50 岁之间的员工

4.10.4 从筛选出来的数据提取关键信息

FILTER 函数的结果不是一个数，而是一个数组，是原始表中满足筛选条件的所有列数据。在数据处理分析中，以筛选出来的数据为基础，对筛选结果进行进一步的加工处理，例如进行排序，提取需要的列数据等，排序要用到后面介绍的 SORT 函数，而提取数据则需要使用 INDEX 函数、VLOOKUP 函数、MATCH 函数等函数。

案例 4-30

例如，对于“案例 4-29”的财务部、年龄在 40—50 岁之间的员工筛选结果，只需要员工姓名、性别、部门、最高学历和年龄这 5 列数据，则提取数据公式如下，结果如图 4-57 所示。

```
=IFERROR(INDEX(FILTER(基本信息!$A$2:$I$323,(基本信息!$D$2:$D$323="财务部")*(基本信息!$H$2:$H$323>=40)*(基本信息!$H$2:$H$323<=50)),ROW(A1),MATCH(A$1,基本信息!$A$1:$I$1,0)),"")
```

A2 =IFERROR(INDEX(FILTER(基本信息!$A$2:$I$323,(基本信息!$D$2:$D$323="财务部")*(基本信息!$H$2:$H$323>=40)*(基本信息!$H$2:$H$323<=50)),ROW(A1),MATCH(A$1,基本信息!$A$1:$I$1,0)),"")

	A	B	C	D	E
1	员工姓名	部门	性别	最高学历	年龄
2	A285	财务部	女	本科	42
3	A115	财务部	男	本科	43
4	A087	财务部	女	本科	43
5	A037	财务部	男	大专	48
6	A060	财务部	女	本科	42
7	A181	财务部	女	本科	45
8	A322	财务部	男	本科	50
9					

图 4-57　提取筛选结果的指定列数据

这样的公式看起来很复杂，主要是 FILTER 函数部分很长，可以把 FILTER 函数部分定义一个名称“筛选结果”，其引用公式如下，如图 4-58 所示。

```
=FILTER(基本信息!$A$2:$I$323,(基本信息!$D$2:$D$323="财务部")*(基本信息!$H$2:$H$323>=40)*(基本信息!$H$2:$H$323<=50))
```

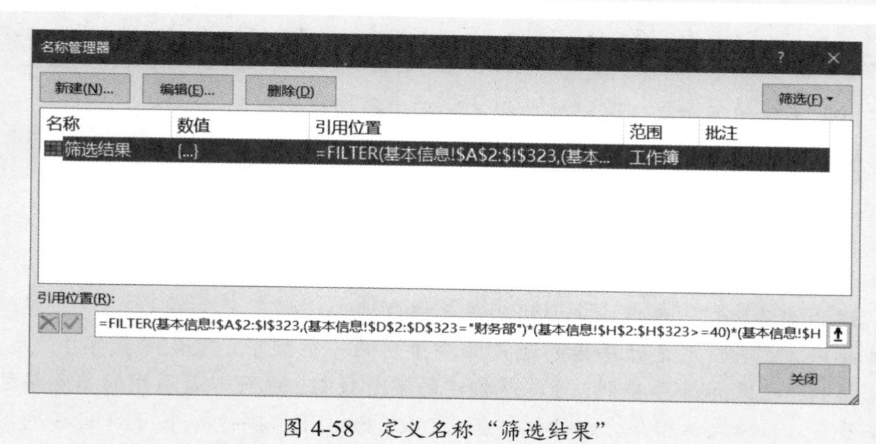

图 4-58 定义名称“筛选结果”

这样，提取数据公式就简洁多了，其公式如下所示：

```
=IFERROR(INDEX(筛选结果,ROW(A1),MATCH(A$1,基本信息!$A$1:$I$1,0)),"")
```

一般来说，如果是使用 FILTER 函数先筛选，然后再对筛选结果进行进一步处理，那么最好的方法是将 FILTER 函数筛选结果定义一个名称，可以大大简化公式，不至于眼花缭乱。

本节知识回顾与测验

1. 筛选函数 FILTER 如何使用？如何正确理解和设置各个参数？
2. 设置 FILTER 函数的参数时，能否选择整列而不是一个固定行数区域？如果这样做，会出现什么情况？
3. 多个“与”条件的筛选，如何组合这些条件？
4. 多个“或”条件的筛选，如何组合这些条件？
5. 多个“与”条件和多个“或”条件的筛选，如何组合这些条件？
6. 筛选出结果后，如何提取筛选结果的某几列数据？

4.11 动态数据排名之 SORT 函数

排名分析是数据分析内容之一，例如，业务员销售业绩排名、客户销售排名、地区销售排名等。一般的排名是通过排序按钮或排序菜单命令来完成的，但是，如果要对不同的指标进行灵活排名，手动排序就不现实了。此时，可以使用 LARGE 函数、SMALL 函数、SORT 函数、SORTBY 函数进行排序，建立自动化排名分析模板。

从数据排名效率来说，高版本 Excel 提供的 SORT 函数和 SORTBY 函数更加强大，本节重点介绍 SORT 函数的应用。

4.11.1 SORT 函数的基本用法与应用技巧

SORT 函数用于对某个区域或数组的内容进行排序，其用法如下：

```
=SORT（要排序的数组或区域， 排序依据， 排序方式， 排序方向）
```

函数各个参数含义如下。

- 要排序的数组或区域：指定要进行排序的数组或单元格区域。
- 排序依据：指定对哪列或哪行进行排序，是列号数字或者行号数字；可以是构建的常量数组，也可以是引用的单元格区域。
- 排序方式：指定是升序排列还是降序排列的一个数字，默认（数字 1）是升序排列，-1 表示降序排列；可以是构建的常量数组，也可以是引用的单元格区域。
- 排序方向：表示排序方向的逻辑值，默认（FALSE）按行排序，TRUE 按列排序。

说明：如果要排序的数据中，有文本、空格等，那么，当升序排列时，文本和空格会排在最后（其中空格是最后，并以数字 0 表示）；当降序排列时，会出现错误。

下面结合实际例子，来说明 SORT 函数的使用方法。

案例 4-31

例如，对于图 4-59 左侧的表格，要求对包装纸降序排列，结果如右侧表所示，公式如下：

```
=SORT(A1:F11,5,-1)
```

公式解释：

- 排序区域是 A1:F11，是带标题选择的数据区域，在排序时，标题会自动获取，不参与排序；
- 排序依据是数据区域的第 5 列，也就是指定的包装纸；
- 排序方式是 -1，也就是降序排列。

I1　=SORT(A1:F11,5,-1)

	A	B	C	D	E	F
1	客户	卡纸	内衬纸	框架纸	包装纸	酒标
2	客户01	541	1211	638	267	1092
3	客户02	1451	588	964	888	694
4	客户03	1902	1188	1175	3851	914
5	客户04	6001	288	6596	888	483
6	客户05	276	3179	859	238	1512
7	客户06	816	823	1347	13394	21441
8	客户07	1582	899	425	584	3516
9	客户08	957	1888	789	888	923
10	客户09	21509	1602	1791	1953	640
11	客户10	1456	355	1160	552	1388

I	J	K	L	M	N
客户	卡纸	内衬纸	框架纸	包装纸	酒标
客户06	816	823	1347	13394	21441
客户03	1902	1188	1175	3851	914
客户09	21509	1602	1791	1953	640
客户02	1451	588	964	888	694
客户04	6001	288	6596	888	483
客户08	957	1888	789	888	923
客户07	1582	899	425	584	3516
客户10	1456	355	1160	552	1388
客户01	541	1211	638	267	1092
客户05	276	3179	859	238	1512

图 4-59 SORT 函数排序基本公式

案例 4-32

在 SORT 函数中，对于第 2 个参数“排序依据”和第 3 个参数“排序方式”这两个参数，可以使用数组来实现多列排序以及多方式排序。

例如，先对包装纸降序排列，再对内衬纸降序排列，那么排序公式如下，结果如图 4-60 所示。

```
=SORT(A1:F11,{5,3},{-1,-1})
```

公式解释：

- 排序区域是 A1:F11；
- 排序依据是 {5,3}，也就是数据区域的第 5 列和第 3 列，即指定的包装纸和内衬纸；
- 排序方式是 {-1,-1}，也就是对第 5 列和第 3 列都做降序排列。

I1 =SORT(A1:F11,{5,3},{-1,-1})

	A	B	C	D	E	F
1	客户	卡纸	内衬纸	框架纸	包装纸	酒标
2	客户01	541	1211	638	267	1092
3	客户02	1451	588	964	888	694
4	客户03	1902	1188	1175	3851	914
5	客户04	6001	288	6596	888	483
6	客户05	276	3179	859	238	1512
7	客户06	816	823	1347	13394	21441
8	客户07	1582	899	425	584	3516
9	客户08	957	1888	789	888	923
10	客户09	21509	1602	1791	1953	640
11	客户10	1456	355	1160	552	1388

I	J	K	L	M	N
客户	卡纸	内衬纸	框架纸	包装纸	酒标
客户06	816	823	1347	13394	21441
客户03	1902	1188	1175	3851	914
客户09	21509	1602	1791	1953	640
客户08	957	1888	789	888	923
客户02	1451	588	964	888	694
客户04	6001	288	6596	888	483
客户07	1582	899	425	584	3516
客户10	1456	355	1160	552	1388
客户01	541	1211	638	267	1092
客户05	276	3179	859	238	1512

图 4-60　SORT 函数排序：多列、多方式

4.11.2 利用 SORT 函数构建自动排名分析报告

通过上面的例子可以知道，SORT 函数结果是对指定列排序后的数据表，可以从这个数据表提取排序列数据，进而绘制动态图表，对数据进行灵活分析。

案例 4-33

例如，对于“案例 4-61”的数据，要对任意产品的客户销售进行排名分析，效果如图 4-62 所示。

在这个动态分析报告中，单元格 J2 指定要排名的产品，自动绘制该产品的各个客户销售排名条形图。条形图是由辅助区域数据绘制的，如图 4-62 所示。这个辅助区域数据就是从 SORT 函数结果中提取的，提取公式如下。

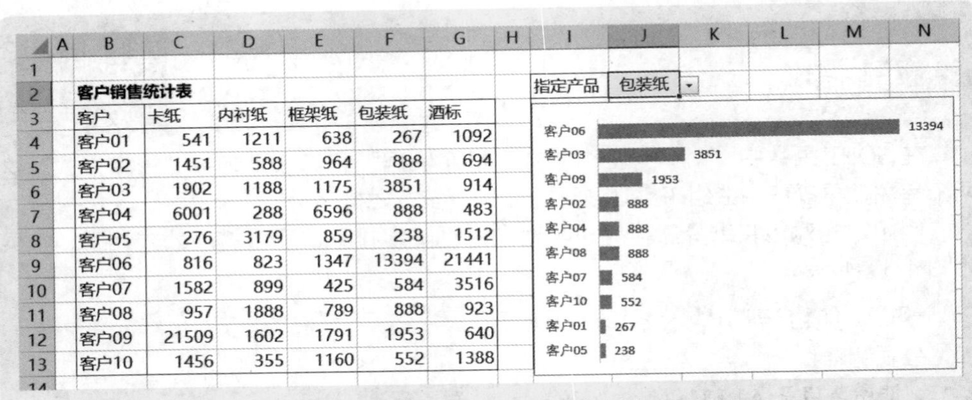

客户销售统计表

客户	卡纸	内衬纸	框架纸	包装纸	酒标
客户01	541	1211	638	267	1092
客户02	1451	588	964	888	694
客户03	1902	1188	1175	3851	914
客户04	6001	288	6596	888	483
客户05	276	3179	859	238	1512
客户06	816	823	1347	13394	21441
客户07	1582	899	425	584	3516
客户08	957	1888	789	888	923
客户09	21509	1602	1791	1953	640
客户10	1456	355	1160	552	1388

图 4-61　对任意指定产品动态排名分析

单元格 I4，提取排名后的客户名称：

```
=INDEX(SORT($B$4:$G$13,MATCH($J$2,$B$3:$G$3,0),-1),
       ROW(A1),
       1
       )
```

单元格 J4，提取排名后的数据：

```
=INDEX(SORT($B$4:$G$13,MATCH($J$2,$B$3:$G$3,0),-1),
       ROW(A1),
       MATCH($J$2,$B$3:$G$3,0)
       )
```

I4　=INDEX(SORT($B$4:$G$13,MATCH($J$2,$B$3:$G$3,0),-1),ROW(A1),1)

客户销售统计表

客户	卡纸	内衬纸	框架纸	包装纸	酒标
客户01	541	1211	638	267	1092
客户02	1451	588	964	888	694
客户03	1902	1188	1175	3851	914
客户04	6001	288	6596	888	483
客户05	276	3179	859	238	1512
客户06	816	823	1347	13394	21441
客户07	1582	899	425	584	3516
客户08	957	1888	789	888	923
客户09	21509	1602	1791	1953	640
客户10	1456	355	1160	552	1388

指定产品	包装纸
客户06	13394
客户03	3851
客户09	1953
客户02	888
客户04	888
客户08	888
客户07	584
客户10	552
客户01	267
客户05	238

图 4-62　辅助区域的绘图数据

公式的几个要点说明如下。

- 由于 SORT 函数的结果是一个排序后的数据表，因此需要使用 INDEX 函数从这个数据表中提取数据。
- 提取数据公式中，使用了 ROW 函数并自动输入提取数据的行号。ROW(A1)

的结果是 1，ROW(A2) 的结果是 2，这样往下复制，就分别得到 1、2、3 等序号数字。

- 客户在数据表第 1 列，但指定的产品列位置需要使用 MATCH 函数从基础表的标题行中定位：MATCH($J$2,$B$3:$G$3,0)。

为了简化公式，可以将 SORT 函数结果定义一个名称“排序结果”，名称公式如下：

```
= SORT($B$4:$G$13,MATCH($J$2,$B$3:$G$3,0),-1)
```

这样，提取数据的公式就可以分别简化如下：

提取排名后的客户名称：

```
=INDEX(排序结果,ROW(A1),1)
```

提取排名后的数据：

```
=INDEX(排序结果,ROW(A1),MATCH($J$2,$B$3:$G$3,0))
```

案例 4-34

前面介绍的是在行方向排序，也就是指定产品，对各个客户进行排序。

如果要在列方向排序，即指定客户，对各列的产品进行排序呢？

例如，要制作一个指定任意客户的产品销售排名分析报告，效果如图 4-63 所示。

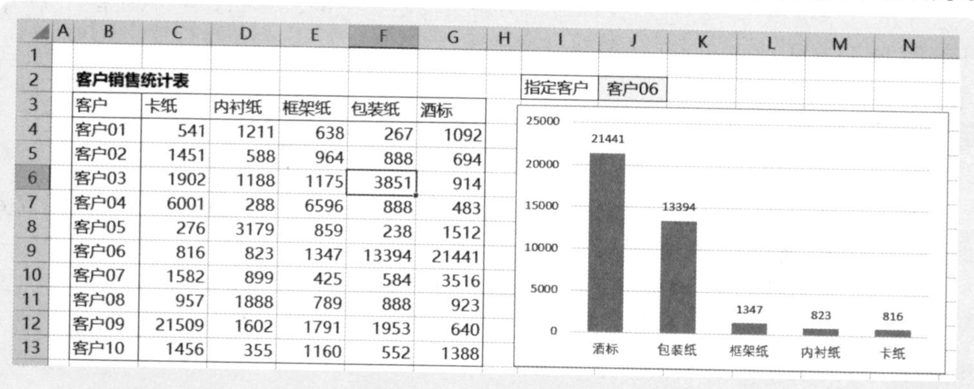

客户销售统计表

客户	卡纸	内衬纸	框架纸	包装纸	酒标
客户01	541	1211	638	267	1092
客户02	1451	588	964	888	694
客户03	1902	1188	1175	3851	914
客户04	6001	288	6596	888	483
客户05	276	3179	859	238	1512
客户06	816	823	1347	13394	21441
客户07	1582	899	425	584	3516
客户08	957	1888	789	888	923
客户09	21509	1602	1791	1953	640
客户10	1456	355	1160	552	1388

指定客户	客户06

图 4-63 指定客户的产品销售排名分析

此时，SORT 排序公式如下：

```
=SORT($B$3:$G$13,MATCH($J$2,$B$3:$B$13,0),-1,TRUE)
```

将此公式定义名称“排序结果”，然后设计辅助区域，提取指定客户下排序后的产品名称及数据，公式分别如下，如图 4-64 所示。

单元格 I4，提取产品名称：

```
=INDEX(排序结果,1,COLUMN(B1))
```

单元格 I5，提取产品数据：

```
=INDEX(排序结果,MATCH($J$2,$B$3:$B$13,0),COLUMN(B1))
```

公式是往右复制，因此在公式中使用了 COLUMN 函数来自动输入要从排序数据表提取数据的列号。

I4 =INDEX(排序结果,1,COLUMN(B1))

	A	B	C	D	E	F	G	H	I	J	K	L	M
1													
2		客户销售统计表							指定客户	客户06			
3		客户	卡纸	内衬纸	框架纸	包装纸	酒标						
4		客户01	541	1211	638	267	1092		酒标	包装纸	框架纸	内衬纸	卡纸
5		客户02	1451	588	964	888	694		21441	13394	1347	823	816
6		客户03	1902	1188	1175	3851	914						
7		客户04	6001	288	6596	888	483						
8		客户05	276	3179	859	238	1512						
9		客户06	816	823	1347	13394	21441						
10		客户07	1582	899	425	584	3516						
11		客户08	957	1888	789	888	923						
12		客户09	21509	1602	1791	1953	640						
13		客户10	1456	355	1160	552	1388						

图 4-64 辅助区域的绘图数据

4.11.3 FILTER 函数与 SORT 函数联合筛选排序

可以将 FILTER 函数与 SORT 函数联合使用，先筛选出满足条件的数据，再对筛选出来的数据进行排序处理，这种数据分析是很有意思的。下面以一个简单的例子，来说明 FILTER 函数与 SORT 函数联合使用的技能技巧。

案例 4-35

图 4-65 所示是各个客户发货量汇总表，现在要把那些发货量占全部发货量 5% 以上的客户筛选出来，并进行降序排列。

在单元格 E5 输入下面筛选排序的公式，即得到需要的结果：

```
=SORT(FILTER($A$2:$B$39,$B$2:$B$39/
SUM($B$2:$B$39)>=0.05),2,-1)
```

公式解释如下。

第 1 步，筛选：

- FILTER($A$2:$B$39,$B$2:$B$39/SUM($B$2:$B$39)>=0.05) 就是筛选占比在 5% 以上的客户；
- 筛选区域是 $A$2:$B$39；
- 筛选条件是 $B$2:$B$39/SUM($B$2:$B$39)>=0.05。

第 2 步，排序：

- 排序列号是筛选结果表的第 2 列；
- 按照降序排列（-1）。

E5 =SORT(FILTER($A$2:$B$39,$B$2:$B$39/SUM($B$2:$B$39)>=0.05),2,-1)

	A	B	C	D	E	F	G	H	I	J
1	客户	发货量								
2	客户01	52			发货量占全部发货量5%以上的客户					
3	客户02	1411								
4	客户03	2196			客户	发货量				
5	客户04	756			客户10	10179				
6	客户05	67			客户07	4060				
7	客户06	354			客户22	4039				
8	客户07	4060			客户30	3744				
9	客户08	822			客户14	3178				
10	客户09	33			客户26	2892				
11	客户10	10179			客户35	2290				
12	客户11	588								
13	客户12	49								
14	客户13	144								
15	客户14	3178								
16	客户15	747								

图 4-65 FILTER 函数与 SORT 函数联合筛选排序

本节知识回顾与测验

1. SORT 函数如何使用？各个参数如何正确设置？
2. SORTBY 函数如何使用？各个参数如何正确设置？
3. SORT 函数与 SORTBY 函数的区别在哪里？
4. 如何从排序的数据表中，提取需要的数据？
5. 给了一个标准二维表，请建立一个能够对任意指定项目、任意指定排序方式（降序或升序）进行排序的分析报告。

4.12 利用函数公式制作数据分析报告实战案例

前面各节中，介绍了在数据处理和数据分析中常用的一些函数及其用法和相关实际案例，本节将这些函数综合应用起来，以巩固大家对数据处理和分析的基本逻辑思维和函数公式的综合运用能力。

案例 4-36

本节综合练习的示例数据如图 4-66 所示，每个月一张表，保存该月的出库明细，现在要求先将每个类别材料在每个月的出库量进行统计汇总，然后以此汇总表进行基本的分析，包括某个月下各类材料的出库量排名分析、结构分析，以及某类材料在各月的出库量情况等。

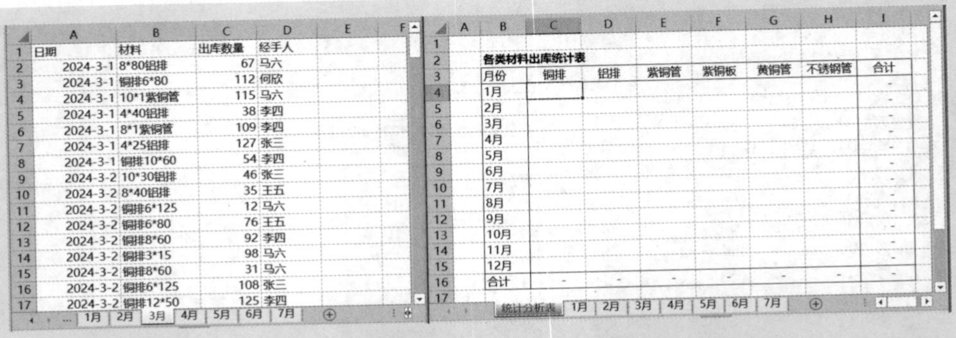

日期	材料	出库数量	经手人
2024-3-1	8*80铝排	67	马六
2024-3-1	铜排6*80	112	何欣
2024-3-1	10*1紫铜管	115	马六
2024-3-1	4*40铝排	38	李四
2024-3-1	8*1紫铜管	109	李四
2024-3-1	4*25铝排	127	张三
2024-3-1	铜排10*60	54	李四
2024-3-2	10*30铝排	46	张三
2024-3-2	8*40铝排	35	王五
2024-3-2	铜排6*125	12	马六
2024-3-2	铜排6*80	76	王五
2024-3-2	铜排8*60	92	李四
2024-3-2	铜排3*15	98	马六
2024-3-2	铜排8*60	31	马六
2024-3-2	铜排6*125	108	张三
2024-3-2	铜排12*50	125	李四

各类材料出库统计表

月份	铜排	铝排	紫铜管	紫铜板	黄铜管	不锈钢管	合计
1月							-
2月							-
3月							-
4月							-
5月							-
6月							-
7月							-
8月							-
9月							-
10月							-
11月							-
12月							-
合计	-	-	-	-	-	-	-

图 4-66 示例数据

4.12.1 各月数据汇总统计

考虑到月份工作表会增加，因此需要使用 INDIRECT 函数进行间接引用，并使用 SUMPRODUCT 函数进行汇总。

在工作表“统计分析表”中，单元格 C4 的汇总公式如下：

```
=IFERROR(
        SUMPRODUCT(
                (TEXT(INDIRECT($B4&"!A2:A1000"),"m月")=$B4)*1,
                ISNUMBER(FIND(C$3,INDIRECT($B4&"!B2:B1000")))*1,
                INDIRECT($B4&"!C2:C1000")
                ),
        0)
```

这个公式看起来很复杂，其实计算逻辑是很简单的，公式说明如下。

使用 INDIRECT 函数引用某个工作表的各列数据区域（这里假设数据最多不超过 1000 行），这样公式往下复制，可以快速引用每个工作表数据区域：

- INDIRECT($B4&"!A2:A1000") 是引用某个月份工作表的 A 列数据区域；
- INDIRECT($B4&"!B2:B1000") 是引用某个月份工作表的 B 列数据区域；
- INDIRECT($B4&"!C2:C1000") 是引用某个月份工作表的 C 列数据区域。

使用 TEXT 函数将某个月份工作表的 A 列日期转换为中文月份名称，并与汇总表的月份标题进行判断：

- TEXT(INDIRECT($B4&"!A2:A1000"),"m 月 ") 是从日期获取月份名称；
- TEXT(INDIRECT($B4&"!A2:A1000"),"m 月 ")=$B4 是判断是否为某个月份名称。

联合使用 FIND 函数和 ISNUMBER 函数判断是否含有指定产品：

- FIND(C$3,INDIRECT($B4&"!B2:B1000")) 是某月份工作表的 B 列单元格是否含有指定产品；
- ISNUMBER(FIND(C$3,INDIRECT($B4&"!B2:B1000"))) 是判断 FIND 函数结果

是否为数字，如果是数字，表明含有指定的产品；

使用 SUMPRODUCT 函数将两个条件判断数组和实际求和数组进行汇总计算；

当月份工作表不存在时，INDIRECT 函数的引用就会出现错误，因此使用 IFERROR 函数将错误值处理为数值 0。

4.12.2 分析指定产品各月的出库量

设计辅助区域，查找指定产品各月的出库量，如图 4-67 所示。

单元格 L2 指定产品，单元格 L4 的查找公式如下：

```
=VLOOKUP(K4,
        $B$3:$I$16,
        MATCH($L$2,$B$3:$I$3,0),
        0)
```

这个公式很好理解，使用 MATCH 函数确定产品的列位置，使用 VLOOKUP 函数提取出各月的数据。

由于辅助区域的月份列表与汇总表的月份列表是一样的，还可以使用 INDEX 函数设计公式，其用法如下所示：

```
=INDEX(C4:I4,MATCH($L$2,$C$3:$I$3,0))
```

然后根据这个辅助区域数据，绘制柱形图，并对图表进行格式化处理，例如设置柱形格式，还有就是显示标签后会在某些月份出现 0，因此需要隐藏数字 0，否则图表很不好看等，就得到可以查看任意产品各月出库量的动态分析图表，如图 4-68 所示。

L4 =VLOOKUP(K4,$B$3:$I$16,MATCH($L$2,$B$3:$I$3,0),0)

各类材料出库统计表

月份	铜排	铝排	紫铜管	紫铜板	黄铜管	不锈钢管	合计
1月	6,605	2,464	1,552	592	64	801	12,078
2月	6,676	2,053	1,038	210	80	470	10,527
3月	6,528	2,755	1,241	85	214	146	10,969
4月	5,986	2,135	1,160	625	111	627	10,644
5月	5,563	3,336	1,350	290	100	674	11,313
6月	6,844	3,099	1,446	285	266	385	12,325
7月	7,539	2,468	1,081	477	82	201	11,848
8月	-	-	-	-	-	-	-
9月	-	-	-	-	-	-	-
10月	-	-	-	-	-	-	-
11月	-	-	-	-	-	-	-
12月	-	-	-	-	-	-	-
合计	45,741	18,310	8,868	2,564	917	3,304	79,704

指定产品	黄铜管
1月	64
2月	80
3月	214
4月	111
5月	100
6月	266
7月	82
8月	0
9月	0
10月	0
11月	0
12月	0

图 4-67 设计辅助区域，查找指定产品各月出库量

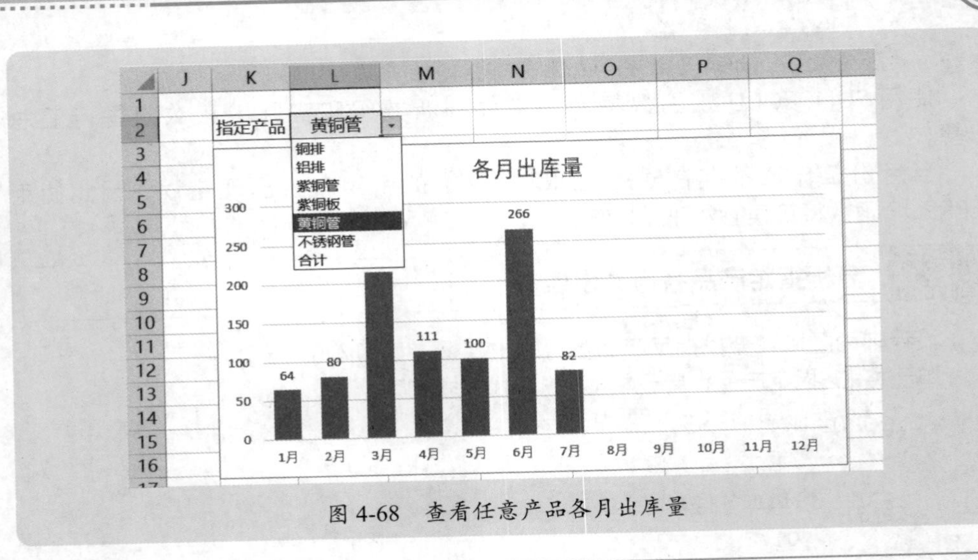

图 4-68　查看任意产品各月出库量

4.12.3 分析指定月份的各个产品出库量排名

下面来分析指定某个月份，分析该月份下各个产品的出库量排名。

不过，这里有个问题需要考虑：是分析某个月份的当月数呢，还是分析截止到该月的累计数呢？

解决这个问题的思路之一，是设计一个辅助区域，先将每个商品的当月数和累计数查找汇总出来，如图 4-69 所示，单元格 T2 指定要分析的月份。查找汇总公式如下。

单元格 T5，查找当月数：

```
=VLOOKUP($T$2,$B$4:$H$15,MATCH(S6,$B$3:$H$3,0),0)
```

单元格 U5，计算累计数：

```
=SUM(OFFSET($B$4,,MATCH(S6,$C$3:$H$3,0),MATCH($T$2,$B$4:
$B$15,0),1))
```

查找当月数公式很好理解，就是使用 VLOOKUP 函数查找数据。

计算累计数公式稍微复杂了些，需要使用 OFFSET 函数来引用某个产品的截止月份的数据区域，然后使用 SUM 函数将这个区域求和。OFFSET 函数部分说明如下。

```
OFFSET($B$4,
         ,
         MATCH(S6,$C$3:$H$3,0),
         MATCH($T$2,$B$4:$B$15,0),
         1
         )
```

- 基准单元格是 B4；
- 不往下偏移（因为是从 1 月份开始计算累计数）；

- 往右偏移列数是 MATCH(S6,$C$3:$H$3,0)，也就是定位出某个产品的位置；
- SUM 的区域行数是 MATCH($T$2,$B$4:$B$15,0)，也就是指定月份的位置；
- SUM 的区域列数是 1 列。

	R	S	T	U
1				
2		指定月份	4月	
3				
4				
5		产品	当月数	累计数
6		铜排	5986	25795
7		铝排	2135	9407
8		紫铜管	1160	4991
9		紫铜板	625	1512
10		黄铜管	111	469
11		不锈钢管	627	2044

图 4-69　计算指定月份下各个产品当月数和累计数

有了这个辅助区域的当月数和累计数，就可以用 SORT 函数进行排序。

设计一个可以选择当月数和累计数的可变单元格 T3，选择是查看当月数还是累计数，然后再设计一个辅助区域，对指定的列进行排序，并提取排序后的结果，如图 4-70 所示，单元格公式分别如下。

单元格 W6，排序后的产品名称：

```
=INDEX(SORT($S$6:$U$11,IF($T$3="当月数",2,3),-1),ROW(A1),1)
```

单元格 X6，排序后的出库量：

```
=INDEX(SORT($S$6:$U$11,IF($T$3="当月数",2,3),-1),ROW(A1),IF($T$3=
"当月数",2,3))
```

W6　=INDEX(SORT($S$6:$U$11,IF($T$3="当月数",2,3),-1),ROW(A1),1)

	R	S	T	U	V	W	X	Y	Z	AA	AB
1											
2		指定月份	4月								
3		当月/累计	累计数								
4											
5		产品	当月数	累计数		数据排序					
6		铜排	5986	25795		铜排	25795				
7		铝排	2135	9407		铝排	9407				
8		紫铜管	1160	4991		紫铜管	4991				
9		紫铜板	625	1512		不锈钢管	2044				
10		黄铜管	111	469		紫铜板	1512				
11		不锈钢管	627	2044		黄铜管	469				

图 4-70　排序处理区域

最后再用排序后的数据区域绘制柱形图，就可以观察指定月份下，各个产品的当月出库量或者累计出库量了，如图 4-71 所示。

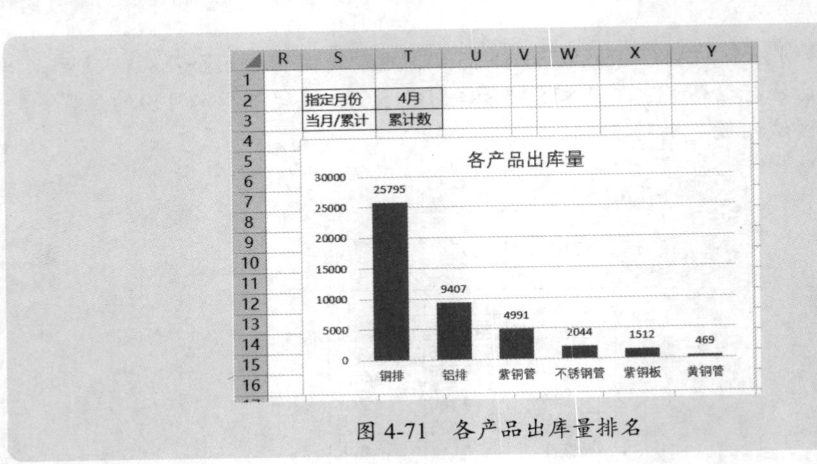

图 4-71 各产品出库量排名

4.12.4 分析结果的自动更新

如果增加了月份工作表，那么所有的汇总表及分析图表会自动更新，如图 4-72 所示。能够自动更新原理就在于：汇总表是使用 INDIRECT 函数间接引用各个工作表，各个分析报告是从汇总表提取数据的。

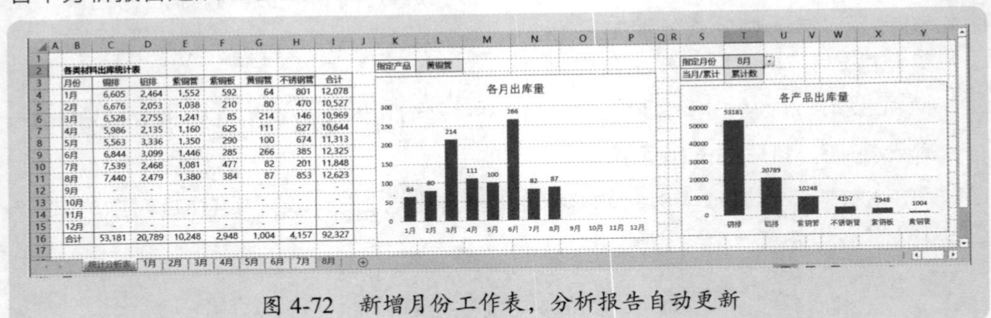

各类材料出库统计表

月份	铜排	铝排	紫铜管	紫铜板	黄铜管	不锈钢管	合计
1月	6,605	2,464	1,552	592	64	801	12,078
2月	6,676	2,053	1,038	210	80	470	10,527
3月	6,528	2,755	1,241	85	214	146	10,969
4月	5,986	2,135	1,160	625	111	627	10,644
5月	5,563	3,336	1,350	290	100	674	11,313
6月	6,844	3,099	1,446	285	266	385	12,325
7月	7,539	2,468	1,081	477	82	201	11,848
8月	7,440	2,479	1,380	384	87	853	12,623
9月	-	-	-	-	-	-	-
10月	-	-	-	-	-	-	-
11月	-	-	-	-	-	-	-
12月	-	-	-	-	-	-	-
合计	53,181	20,789	10,248	2,948	1,004	4,157	92,327

图 4-72 新增月份工作表，分析报告自动更新

本节知识回顾与测验

1. 从本节的案例操练中，你有什么心得体会？

2. 请结合自己的实际情况，尝试使用函数公式，构建自动化数据汇总与分析模型。

第5章

Excel VBA：一键完成数据计算与统计分析

当你对 Excel VBA 有所了解和应用，那么，在很多情况下，你就会发现，那些重复性的、烦琐的、复杂的数据处理与计算，使用 Excel VBA 无疑是比较好的选择之一，它可以实现一个按钮就完成要求的任务。

本章介绍几个实用的利用 Excel VBA 进行数据处理和复杂计算的实际案例，这些案例的 VBA 代码逻辑及所处理的实际问题，都对实际工作有借鉴价值，甚至可以直接套用到工作中。

5.1 大量工作表的一键自动化汇总

不论是标准表单，还是非标准表单，只要汇总的数据是这些表单中都有的，那么基本上都可以编制自动化汇总代码，实现一键完成。

另外，要汇总工作表，既可以是同一个工作簿内的各个工作表，也可以是不同工作簿的各个工作表，编写这样的代码并不复杂。

下面介绍几个相关的工作表合并汇总的例子，例子中的这些代码为大家提供了基本逻辑和思路，并通过这些代码可以了解 Excel VBA 的使用方法和技巧。

关于 Excel VBA 的基本语法知识，不是本书的介绍范围，本章仅仅提供现成的 VBA 代码供参考。

5.1.1 标准表单的自动化汇总：一个工作簿内的工作表

标准表单，一般是指各个工作表的列结构相同，合并的结果是把这些工作表数据合并到新工作表上，形成一个全部工作表在内的所有数据的堆积。

依据工作表来源的不同，可能是一个工作簿内的工作表，也可能是不同工作簿的工作表，VBA 的汇总方法有所不同。

考虑到程序的通用性，我们假设工作簿内要汇总的工作表个数不定，但列结构都是一样的，现在要把这些工作表数据汇总到当前工作簿的一个工作表“汇总表”中，也就是说，除了工作表“汇总表”外，其他的所有工作表要全部汇总在一起。

这种汇总的一个简单思路是：复制粘贴每个工作表的数据（每个工作表数据行数是不一定的，有的多，有的少），因此，在 VBA 代码中，基本逻辑就是：循环要汇总的每个工作表，执行复制粘贴动作即可。

案例 5-1

图 5-1 所示就是一个简单的例子，该表是各个月的工资表，现在要把这些工作表数据汇总起来，汇总表结构如图 5-2 所示。

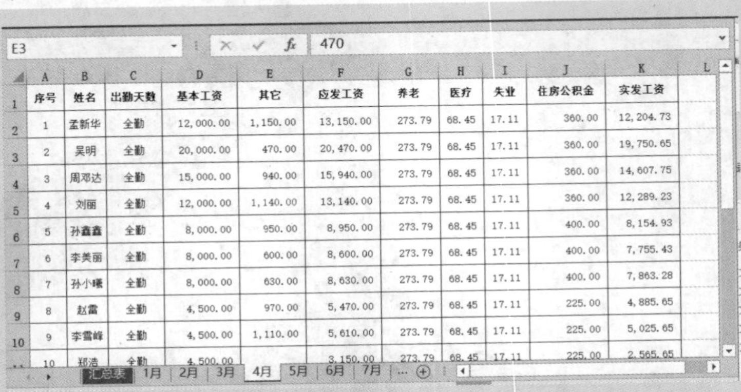

E3 | 470

序号	姓名	出勤天数	基本工资	其它	应发工资	养老	医疗	失业	住房公积金	实发工资
1	孟新华	全勤	12,000.00	1,150.00	13,150.00	273.79	68.45	17.11	360.00	12,204.73
2	吴明	全勤	20,000.00	470.00	20,470.00	273.79	68.45	17.11	360.00	19,750.65
3	周邓达	全勤	15,000.00	940.00	15,940.00	273.79	68.45	17.11	360.00	14,607.75
4	刘丽	全勤	12,000.00	1,140.00	13,140.00	273.79	68.45	17.11	360.00	12,289.23
5	孙鑫鑫	全勤	8,000.00	950.00	8,950.00	273.79	68.45	17.11	400.00	8,154.93
6	李美丽	全勤	8,000.00	600.00	8,600.00	273.79	68.45	17.11	400.00	7,755.43
7	孙小曦	全勤	8,000.00	630.00	8,630.00	273.79	68.45	17.11	400.00	7,863.28
8	赵雷	全勤	4,500.00	970.00	5,470.00	273.79	68.45	17.11	225.00	4,885.65
9	李雪峰	全勤	4,500.00	1,110.00	5,610.00	273.79	68.45	17.11	225.00	5,025.65
10	郑浩	全勤	4,500.00		3,150.00	273.79	68.45	17.11	225.00	2,565.65

汇总表 | 1月 | 2月 | 3月 | 4月 | 5月 | 6月 | 7月 | ...

图 5-1 各月工资表

	A	B	C	D	E	F	G	H	I	J	K
1	月份	姓名	出勤天数	基本工资	其它	应发工资	养老	医疗	失业	住房公积金	实发工资
2											
3											
4											
5											
6											
7											

汇总表 | 1月 | 2月 | 3月 | 4月 | 5月 | 6月 | 7月 | ...

图 5-2　汇总表结构

下面是编写的 VBA 代码，参阅图 5-3。

```
Sub 汇总 ()
    Dim ws As Worksheet, wsHZ As Worksheet, rng As Range
    Dim i As Integer, n As Integer
    Dim p1 As Integer, p2 As Integer
    Set wsHZ = ThisWorkbook.Worksheets(" 汇总表 ")
    wsHZ.Range("A2:K10000").Clear
    n = ThisWorkbook.Worksheets.Count
    p1 = 2
    For i = 1 To n
        Set ws = ThisWorkbook.Worksheets(i)
        If ws.Name <> " 汇总表 " Then
            Set rng = ws.Range("B2:K" & ws.Range("B1000").
End(xlUp).Row)
            rng.Copy Destination:=wsHZ.Range("B" & p1)
            p2 = wsHZ.Range("B10000").End(xlUp).Row
            wsHZ.Range("A" & p1 & ":A" & p2) = ws.Name
            p1 = wsHZ.Range("B10000").End(xlUp).Row + 1
        End If
    Next i
    MsgBox " 汇总完毕 ", vbInformation
End Sub
```

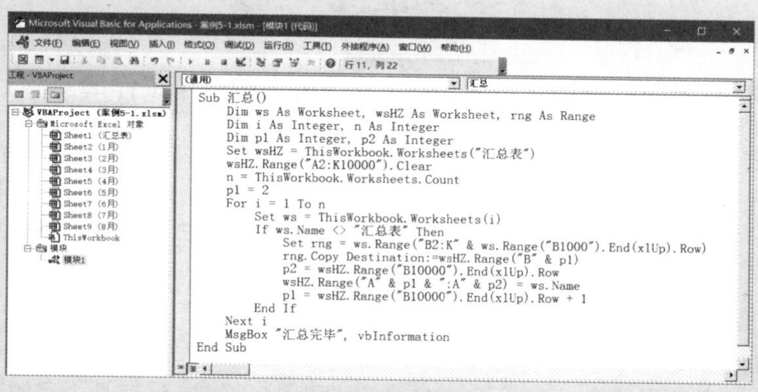

图 5-3　VBA 代码

在汇总表上插入一个按钮，指定宏“汇总”，如图 5-4 所示。

图 5-4　插入按钮，指定宏

那么，只要单击这个按钮，就一键完成各个工作表的汇总合并，如图 5-5 所示。

	A	B	C	D	E	F	G	H	I	J	K
1	月份	姓名	出勤天数	基本工资	其它	应发工资	养老	医疗	失业	住房公积金	实发工资
2	1月	孟新华	全勤	12,000.00	330.00	12,330.00	273.79	68.45	17.11	260.00	11,509.33
3	1月	周邓达	全勤	15,000.00	630.00	15,630.00	273.79	68.45	17.11	260.00	14,710.33
4	1月	刘丽	全勤	12,000.00	200.00	12,200.00	273.79	[illegible]	[illegible]	[illegible]	11,473.23
5	1月	孙鑫鑫	全勤	8,000.00	760.00	8,760.00	273.79	[illegible]	[illegible]	[illegible]	7,970.63
6	1月	李美丽	全勤	8,000.00	860.00	8,860.00	273.79	[illegible]	[illegible]	[illegible]	8,007.63
7	1月	孙小曦	全勤	8,000.00	830.00	8,830.00	273.79	[illegible]	[illegible]	[illegible]	8,062.53
8	1月	赵雷	全勤	4,500.00	910.00	5,410.00	273.79	[illegible]	[illegible]	[illegible]	4,825.65
9	1月	李雪峰	全勤	4,500.00	260.00	4,760.00	273.79	[illegible]	[illegible]	[illegible]	4,175.65
10	1月	郑浩	全勤	4,500.00	470.00	4,500.00	273.79	[illegible]	[illegible]	[illegible]	3,915.65
11	2月	孟新华	全勤	12,000.00	850.00	12,850.00	273.79	[illegible]	[illegible]	[illegible]	11,812.41
12	2月	周邓达	全勤	15,000.00	610.00	15,610.00	273.79	[illegible]	[illegible]	[illegible]	14,390.61
13	2月	刘丽	全勤	12,000.00	250.00	12,250.00	273.79	68.45	17.11	260.00	11,414.31
14	2月	孙鑫鑫	全勤	8,000.00	1,070.00	9,070.00	273.79	68.45	17.11	400.00	8,241.31
15	2月	李美丽	全勤	8,000.00	450.00	8,450.00	273.79	68.45	17.11	400.00	7,516.91
16	2月	孙小曦	全勤	8,000.00	1,130.00	9,130.00	273.79	68.45	17.11	400.00	8,345.41
17	2月	赵雷	全勤	4,500.00	220.00	4,720.00	273.79	68.45	17.11	225.00	4,135.65

汇总表 | 1月 | 2月 | 3月 | 4月 | 5月 | 6月 | 7月 | 8月

开始汇总

Microsoft Excel

汇总完毕

确定

图 5-5　一键汇总各个工作表

5.1.2 标准表单的自动化汇总：一个文件夹内的多个工作簿

如果要汇总的对象是各个工作簿，这些工作簿都保存在一个文件夹里，并且每个工作簿只有一个工作表要汇总，此时，可以分 4 步操作：先搜索文件夹里要汇总的文件，打开每个工作簿，将每个工作簿数据复制粘贴到汇总表，最后关闭源工作簿。

案例 5-2

图 5-6 所示就是这样一个例子，在文件夹“案例 5-2”中，保存几个月的工资簿（工

作簿会增加)，每个工资簿中只有一个工作表，列结构完全一样，现在要把这些工作簿数据汇总到一个新工作簿上。

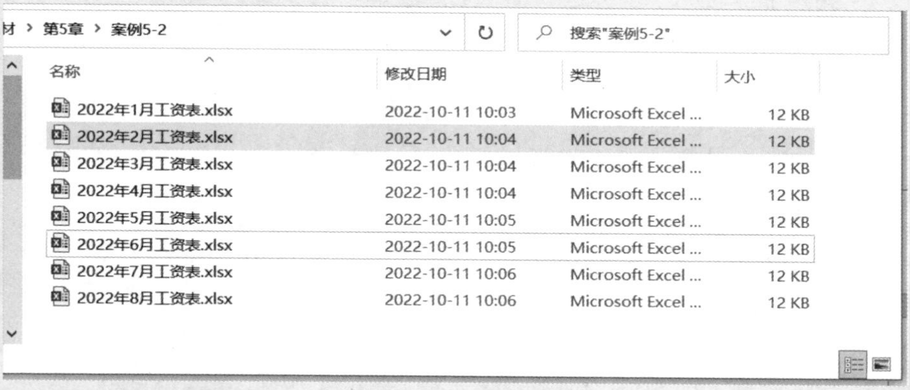

名称	修改日期	类型	大小
2022年1月工资表.xlsx	2022-10-11 10:03	Microsoft Excel ...	12 KB
2022年2月工资表.xlsx	2022-10-11 10:04	Microsoft Excel ...	12 KB
2022年3月工资表.xlsx	2022-10-11 10:04	Microsoft Excel ...	12 KB
2022年4月工资表.xlsx	2022-10-11 10:04	Microsoft Excel ...	12 KB
2022年5月工资表.xlsx	2022-10-11 10:05	Microsoft Excel ...	12 KB
2022年6月工资表.xlsx	2022-10-11 10:05	Microsoft Excel ...	12 KB
2022年7月工资表.xlsx	2022-10-11 10:06	Microsoft Excel ...	12 KB
2022年8月工资表.xlsx	2022-10-11 10:06	Microsoft Excel ...	12 KB

图 5-6　文件夹里的工作簿

建立一个新工作簿，另存为“案例 5-2.xlsm”，在新工作簿上新建两个工作表，一个是“汇总表”，保存汇总数据；一个是“汇总工作簿列表”，保存文件里的工作簿名称。

然后编写如下的 VBA 代码，参阅图 5-7。

```
Sub 汇总 ()
    Dim wb As Workbook, ws As Worksheet, rng As Range
    Dim wsLB As Worksheet, wsHZ As Worksheet
    Dim fPath As String, fName As String
    Dim i As Integer, n As Integer
    Dim p1 As Integer, p2 As Integer, srr As String
    Set wsHZ = ThisWorkbook.Worksheets(" 汇总表 ")
    Set wsLB = ThisWorkbook.Worksheets(" 汇总工作簿列表 ")
    wsHZ.Range("B2:K10000").Clear
    wsLB.Range("A:A").Delete shift:=xlToLeft
    ' 搜索文件夹里要汇总的工作簿， 将工作簿名称保存
    fPath = ThisWorkbook.Path & "\ 案例 5-2\"
    fName = Dir(fPath, 0)
    i = 0
    Do While Len(fName) > 0
        wsLB.Cells(i + 1, 1) = fPath & fName
        fName = Dir()
        i = i + 1
    Loop
    ' 循环打开每个工作簿， 复制粘贴数据
```

```
    p1 = 2
    n = wsLB.Range("A1000").End(xlUp).Row
    For i = 1 To n
        srr = wsLB.Range("A" & i)
        Set wb = Workbooks.Open(Filename:=srr)
        Set ws = wb.Worksheets(1)
        Set rng = ws.Range("B2:K" & ws.Range("B1000").End(x-
lUp).Row)
        rng.Copy Destination:=wsHZ.Range("B" & p1)
        p2 = wsHZ.Range("B10000").End(xlUp).Row
        srr = Replace(Mid(srr, InStr(1, srr, "年") + 1,
100), "工资表.xlsx", "")
        wsHZ.Range("A" & p1 & ":A" & p2) = srr
        p1 = wsHZ.Range("B10000").End(xlUp).Row + 1
        wb.Close savechanges:=False
    Next i
    MsgBox "工作簿汇总完毕", vbInformation
End Sub
```

```
Microsoft Visual Basic for Applications - 案例5-2.xlsm - [模块1 (代码)]
文件(F) 编辑(E) 视图(V) 插入(I) 格式(O) 调试(D) 运行(R) 工具(T) 外接程序(A) 窗口(W) 帮助(H)
行 17, 列 22
工程 - VBAProject
VBAProject (案例5-2.xlsm)
  Microsoft Excel 对象
    Sheet1 (汇总表)
    Sheet2 (汇总工作簿列表)
    ThisWorkbook
  模块
    模块1
(通用)    汇总

Sub 汇总()
    Dim wb As Workbook, ws As Worksheet, rng As Range
    Dim wsLB As Worksheet, wsHZ As Worksheet
    Dim fPath As String, fName As String
    Dim i As Integer, n As Integer
    Dim p1 As Integer, p2 As Integer, srr As String
    Set wsHZ = ThisWorkbook.Worksheets("汇总表")
    Set wsLB = ThisWorkbook.Worksheets("汇总工作簿列表")
    wsHZ.Range("B2:K10000").Clear
    wsLB.Range("A:A").Delete shift:=xlToLeft
    '搜索文件夹里要汇总的工作簿, 将工作簿名称保存
    fPath = ThisWorkbook.Path & "\案例5-2\"
    fName = Dir(fPath, 0)
    i = 0
    Do While Len(fName) > 0
        wsLB.Cells(i + 1, 1) = fPath & fName
        fName = Dir()
        i = i + 1
    Loop
    '循环打开每个工作簿, 复制粘贴数据
    p1 = 2
    n = wsLB.Range("A1000").End(xlUp).Row
    For i = 1 To n
        srr = wsLB.Range("A" & i)
        Set wb = Workbooks.Open(Filename:=srr)
        Set ws = wb.Worksheets(1)
        Set rng = ws.Range("B2:K" & ws.Range("B1000").End(xlUp).Row)
        rng.Copy Destination:=wsHZ.Range("B" & p1)
        p2 = wsHZ.Range("B10000").End(xlUp).Row
        srr = Replace(Mid(srr, InStr(1, srr, "年") + 1, 100), "工资表.xlsx", "")
        wsHZ.Range("A" & p1 & ":A" & p2) = srr
        p1 = wsHZ.Range("B10000").End(xlUp).Row + 1
        wb.Close savechanges:=False
    Next i
    MsgBox "工作簿汇总完毕", vbInformation
End Sub
```

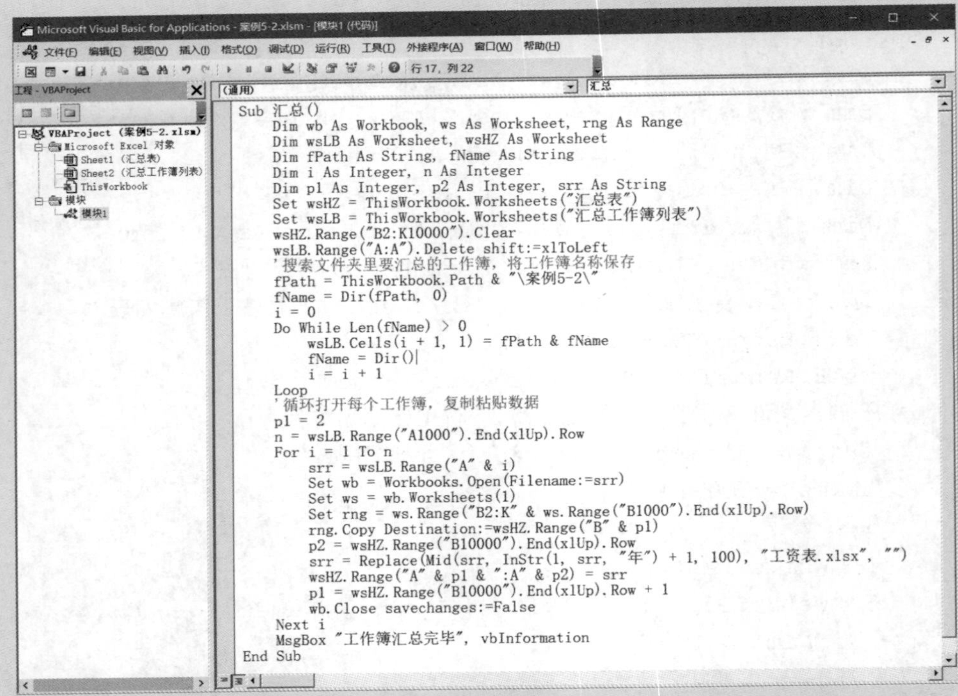

图 5-7　VBA 代码

5.1.3 非标准表单的自动化汇总

所谓非标准表单，是指那些为某些业务设计的特殊表单，例如生产日报表、每日的能源动力消耗日报表、资金日报表等，这样的表单，会是特殊的结构，例如有合并单元格标题、有一些小计行、有一些备注数据等，这样的表格汇总，一般使用手动复制粘贴的方法，非常累人和耗时，但如果能使用 VBA，则可以大幅提升数据汇总效率，一键完成表单汇总。

案例 5-3

图 5-8 所示是各个车间各个机台的电表用电量统计，每天一张工作表。现在要把每天的数据汇总在一张工作表中。

注意这样的表格有几个特征。

（1）第一行的大标题是不需要的。

（2）A 列的车间名称是合并单元格，在汇总时需要处理。

（3）每个车间都有一个小计，这个小计行是不需要的；每个表的底部有一个总计行，这行也不需要。

（4）每个工作表是一天，因此需要在汇总表中单独设置一列保存日期，假设这个表格数据是 2022 年数据，那么工作表“9.1”所代表的日期就是“2022-9-1”。

	A	B	C	D	E	F	G	H	I
1			电用量统计表				2022 年 09 月 01 日		
2	车间	机台	产品名称	工序	机器工时	班产量	班前表数	班后表数	电使用量
3	一车间	JY01	产品35	工序08	11.0	36220	121232	121430	198
4		JY02	产品51	工序15	3.8	13850	242464	242563	99
5		JY04	产品21	工序03	6.5	35700	261640	261829	189
6		JY05	产品33	工序03	11.0	30550	262000	262418	418
7		JY07	产品20	工序13	11.0	31400	208800	208976	176
8		JY09	产品16	工序09	11.0	188800	697920	698382	462
9		JY11	产品011	工序15	7.7	193600	2663120	2663320	200
10		合计			62.0	530120.0	4457176.0	4458918.0	1742
11	二车间	PY01	产品43	工序01	11.0	31700	3007560	3008088	528
12		PY02	产品17	工序14	11.0	63200	1504200	1504321	121
13		PY03	产品12	工序15	8.5	126600	3011100	3011491	391
14		PY05	产品24	工序09	3.7	94230	683376	683520	144
15		PY06	产品16	工序15	11.0	29300	1724920	1725162	242
16		PY07	产品42	工序04	11.0	67250	1726400	1726697	297
17		PY08	产品25	工序06	8.1	23250	215760	216100	340
18		PY11	产品17	工序02	11.0	105300	499032	499351	319
19		PY12	产品12	工序07	11.0	85310	24820	24952	132
20		合计			86.3	626140.0	12397168.0	12399682.0	2514
21	三车间	TR01	产品38	工序04	11.0	99300	24855	25339	484
22		TR02	产品38	工序04	11.0	84100	49740	50103	363
23		TR03	产品43	工序13	8.1	128300	31525	31695	170
24		TR04	产品45	工序05	5.9	22400	63190	63261	71
25		TR05	产品43	工序04	2.3	182400	44240	44275	35
26		TR06	产品06	工序09	11.0	51300	57590	57810	220

9.1 | 9.2 | 9.3 | 9.4 | 9.5 | 9.6

图 5-8　特殊结构的表格

这个问题，仍可以使用“案例 5-1.xlsm”的方法来合并汇总，但是还需要在代码中编写数据处理语句，包括合并单元格的处理、小计行和总计行的处理。

插入一个新工作表，重命名为“汇总表”。

下面是参考代码，请仔细阅读这样的代码，看看哪些代码和思路有借鉴到你的实际工作中。

```
    Sub 汇总 ()
        Dim ws As Worksheet, wsHZ As Worksheet, rng As Range
        Dim i As Integer, n As Integer
        Dim p1 As Integer, p2 As Integer
        Dim YearX As Integer
        YearX = 2022
        Set wsHZ = ThisWorkbook.Worksheets(" 汇总表 ")
        wsHZ.Range("A2:J10000").Clear
        n = ThisWorkbook.Worksheets.Count
        p1 = 2
        For i = 1 To n
            Set ws = ThisWorkbook.Worksheets(i)
            If ws.Name <> " 汇总表 " Then
                Set rng = ws.Range("A3:J" & ws.Range("B10000").
End(xlUp).Row)
                rng.Copy Destination:=wsHZ.Range("B" & p1)
                p2 = wsHZ.Range("C10000").End(xlUp).Row
                wsHZ.Range("A" & p1 & ":A" & p2)=Replace(YearX &
"." & ws.Name,".","-")
                p1 = wsHZ.Range("C10000").End(xlUp).Row + 1
            End If
        Next i
        With wsHZ
            .Select
            n = wsHZ.Range("C10000").End(xlUp).Row
            If .AutoFilterMode = False Then
                .Range("C1").AutoFilter
            End If
            .Range("A1:J" & n).AutoFilter Field:=3, Criteria1:="
合计 "
            Range("A2:J" & n).SpecialCells(xlCellTypeVisible).
EntireRow.Delete
            .Range("C1").AutoFilter
            n = wsHZ.Range("C10000").End(xlUp).Row
```

```
        Range("B2:B" & n).UnMerge
        Range("B2:B" & n).SpecialCells(xlCellTypeBlanks).
FormulaR1C1 = "=R[-1]C"
        Range("B2:B" & n).Copy
        Range("B2:B" & n).PasteSpecial xlPasteValues
        Range("J2:J" & n).Copy
        Range("J2:J" & n).PasteSpecial xlPasteValues
        Application.CutCopyMode = False
    End With
    MsgBox "汇总完毕", vbInformation
End Sub
```

本节知识回顾与测验

1. 如果工作簿里有宏代码，工作簿应该保存为什么类型的文件？
2. 如何打开 VBA 编辑界面，查看和编辑宏代码？
3. 如何在工作表界面快速运行指定的宏？
4. 请练习如何录制宏，例如快速设置单元格边框的宏代码。
5. 请结合实际工作，尝试用 VBA 来快速汇总大量工作表。

5.2 从海量数据中自动筛选并计算指定条件数据

分析数据不一定是需要数据源的全部数据，很多情况下，从系统导出了几十列的数据，但要分析的数据也就是其中的几列，此时，可以从原始数据中，提取那些需要分析的数据，制作分析底稿，可以大幅提升数据处理效率。

在第 2 章中，介绍过 Power Query 导入汇总工作表数据，本章再介绍如何使用 Excel VBA 来快速导入工作表数据的方法和参考代码。

5.2.1 导入指定工作簿的全部数据

可以在不打开源数据工作簿的情况下，从中提取必需的数据，此时，可以使用 ADO+SQL 的方法来实现。

案例 5-4

如图 5-9 所示，假如有一个工作簿“入出库一览表 .xlsx”，它目前有 3 个工作表：“期初库存表”“本期入库表”“本期出库表”。现在要把其中的工作表“期初库存表”的所有数据，导入一个新工作簿。

	A	B	C	D	E	F	G	H	I
1	仓库名称	存货编码	存货名称	存货规格	存货单位	收入数量	收入单价	收入金额	
2	五金库	01.08.037101	CL0001	150mm*32*18	只	1,385	340.49	471,578.65	
3	主材库	01.10.01.0006	CL0002	4*1250*500	KG	523	340.49	178,076.27	
4	主材库	01.10.01.0009	CL0003	φ20*φ14*3000	KG	31	340.64	10,559.84	
5	主材库	01.10.01.001	CL0004	3*300*100	KG	41,706	347.41	14,489,081.46	
6	主材库	01.10.01.0010	CL0005	1300*550*30	KG	908	299.39	271,846.12	
7	主材库	01.10.01.00111	CL0006	210*130*25	KG	154	298.31	45,939.74	
8	主材库	01.10.01.0012	CL0007	20*46*40	KG	385	298.31	114,849.35	
9	主材库	01.10.01.0013	CL0008	20*25*64	KG	231	298.31	68,909.61	
10	主材库	01.10.01.0014	CL0009	5*300*100	KG	13,362	333.71	4,459,033.02	
11	主材库	01.10.01.0015	CL0010	20*200*80	KG	2,521	347.41	875,820.61	
12	主材库	01.10.01.0016	CL0011	150*300*1.5mm	KG	168	340.49	57,202.32	
13	主材库	01.10.01.0016	CL0011	150*300*1.5mm	KG	300	340.49	102,147.00	
14	主材库	01.10.01.0017	CL0012	150*300*2.0	KG	374	347.41	129,931.34	
15	主材库	01.10.01.0018	CL0013	150*300*3.0mm	KG	281	347.41	97,622.21	
16	主材库	01.10.01.0018	CL0013	150*300*3.0mm	KG	577	347.41	200,455.57	
17	主材库	01.10.01.002	CL0014	2*300*100	KG	4,990	347.41	1,733,575.90	

期初库存表 | 本期入库表 | 本期出库表

图 5-9　入出库一览表

这里，保存结果的工作簿与源数据工作簿在同一个文件夹。

下面是参考 VBA 代码，程序中，自动完成以下几个工作：

(1) 创建一个新工作表，重命名为“期初库存”，如果该工作表已经存在，就删除；

(2) 导入源工作簿数据，保存到新建的“期初库存”；

(3) 设置工作表“期初库存表”的单元格格式。

```
Sub 查找数据 ()
    Dim cnn As Object, rs As Object
    Dim cnnstr As String, SQL As String
    Dim wb As Workbook, ws As Worksheet
    Dim i As Integer
    Set wb = ThisWorkbook
    ' 删除可能存在的旧工作表
    Application.DisplayAlerts = False
    On Error Resume Next
    wb.Worksheets(" 期初库存 ").Delete
    On Error GoTo 0
    Application.DisplayAlerts = True
    ' 查询数据
    Set cnn = CreateObject("ADODB.Connection")
    cnnstr = "Provider=Microsoft.ace.Oledb.12.0;" _
        & "Extended Properties='Excel 12.0;HDR=yes';" _
        & "data source=" & wb.Path & "\ 入出库一览表 .xlsx"
    cnn.Open cnnstr
    SQL = "select * from [ 期初库存表 $]"
    Set rs = CreateObject("ADODB.Recordset")
    rs.Open SQL, cnn, 1, 3, 1
    ' 创建新工作表， 保存查询结果， 设置单元格格式
```

```
    Set ws = Worksheets.Add(after:=wb.Sheets(wb.Sheets.Count))
    With ws
        .Name = "期初库存"
        For i = 1 To rs.Fields.Count
          .Cells(1, i) = rs.Fields(i - 1).Name
        Next i
        .Range("A2").CopyFromRecordset rs
        .Cells.Font.Name = "微软雅黑"
        .Cells.Font.Size = 10
        .Columns.AutoFit
    End With
    MsgBox "数据查询完毕", vbInformation
End Sub
```

这个代码利用了 ADO 和 SQL 技能，实现在不打开源工作簿的情况下，从源文件指定工作表中提取数据，非常方便。

5.2.2 导入指定工作簿的部分数据

可以在 SQL 语句中设置条件（where 子句），并且可以导出满足指定条件的数据，实现更加灵活的数据采集和查找。

案例 5-5

例如，要从工作簿“入出库一览表 .xlsx”的工作表“本期入库表”中，将半成品库中只有数量没有单价和金额的数据查询出来，保存到新工作簿“案例 5-5.xlsm”中，由于没有单价和金额，这两个字段就不要了。

下面是本案例练习的参考代码。

```
Sub 查找数据()
    Dim cnn As Object, rs As Object
    Dim cnnstr As String, SQL As String
    Dim wb As Workbook, ws As Worksheet
    Dim i As Integer
    Set wb = ThisWorkbook
    '删除可能存在的旧工作表
    Application.DisplayAlerts = False
    On Error Resume Next
    wb.Worksheets("半成品入库无单价").Delete
    On Error GoTo 0
    Application.DisplayAlerts = True
```

```
    '查询数据
    Set cnn = CreateObject("ADODB.Connection")
    cnnstr = "Provider=Microsoft.ace.Oledb.12.0;" _
        & "Extended Properties='Excel 12.0;HDR=yes';" _
        & "data source=" & wb.Path & "\入出库一览表.xlsx"
    cnn.Open cnnstr
    SQL="select 仓库名称,存货编码,存货名称,存货规格,存货单位,收入数量 from [本期入库表$]"_
        & "where 仓库名称='半成品库' and (收入单价 is null or 收入金额 is null)"
    Set rs = CreateObject("ADODB.Recordset")
    rs.Open SQL, cnn, 1, 3, 1
    '创建新工作表，保存查询结果，设置单元格格式
    Set ws = Worksheets.Add(after:=wb.Sheets(wb.Sheets.Count))
    With ws
        .Name = "半成品入库无单价"
        For i = 1 To rs.Fields.Count
            .Cells(1, i) = rs.Fields(i - 1).Name
        Next i
        .Range("A2").CopyFromRecordset rs
        .Cells.Font.Name = "微软雅黑"
        .Cells.Font.Size = 10
        .Columns.AutoFit
    End With
    MsgBox "数据查询完毕", vbInformation
End Sub
```

可以利用 where 子句设置各种查询条件，利用 and 或 or 来组合这些条件，就可以实现各种复杂条件下的数据筛选和采集。

5.2.3 导入并同时进行统计计算

利用 VBA，不仅可以实现数据的灵活查找，还可以同时进行复杂的计算，将数据采集和统计计算一键完成。

案例 5-6

例如，在不打开工作簿“入出库一览表.xlsx”的情况下，将该工作簿中的期初库存、本期入库和本期出库 3 个工作表数据进行统计计算，自动生成一个库存统计表，保存到工作簿“案例 5-6.xlsm”中，库存统计表的结构如图 5-10 所示。

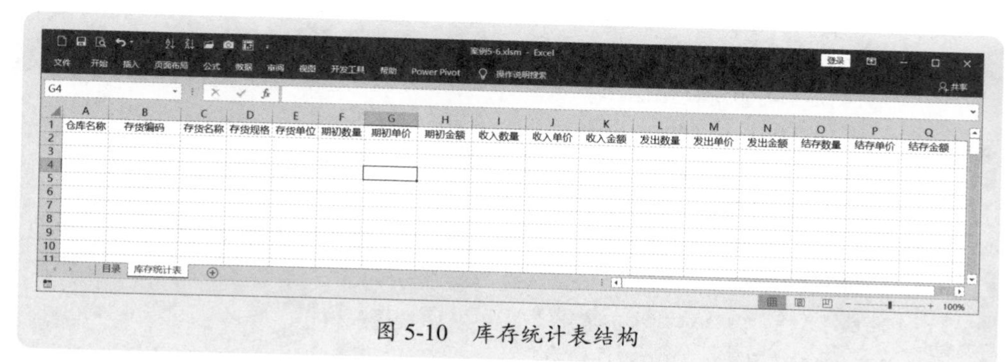

图 5-10　库存统计表结构

在进行这样的统计计算时，需要注意的问题是，期初库存表仅仅是期初盘点后的表格，本期入库的材料可能在期初库存表里存在，也可能不存在（新入库的）；同样地，本期出库的材料，也可以在期初库存表里存在，也可能不存在（本期入库后又全部出库）。因此，库存统计表里的材料列表，应该是包含期初、入库和出库的全部不重复材料，在编写代码时，就需要将 3 个表的材料全部列示并去重，然后再进行统计计算。

下面是制作库存统计表的参考 VBA 代码。

```
Sub 查找数据 ()
    Dim cnn As Object, rs As Object
    Dim cnnstr As String, SQL As String
    Dim ws As Worksheet
    Dim i As Integer, n As Integer, ID As String
    '准备工作表
    Set ws = ThisWorkbook.Worksheets("库存统计表")
    ws.Range("2:10000").Delete shift:=xlUp
    '建立连接
    Set cnn = CreateObject("ADODB.Connection")
    cnnstr = "Provider=Microsoft.ace.Oledb.12.0;" _
        & "Extended Properties='Excel 12.0;HDR=yes';" _
        & "data source=" & ThisWorkbook.Path & "\入出库一览表.xlsx"
    cnn.Open cnnstr
    '获取期初库存材料列表
    SQL = "select 仓库名称,存货编码,存货名称,存货规格,存货单位 
from [期初库存表$]"
    Set rs = CreateObject("ADODB.Recordset")
    rs.Open SQL, cnn, 1, 3, 1
    ws.Range("A2").CopyFromRecordset rs
    '获取本期入库存材料列表
    SQL = "select 仓库名称,存货编码,存货名称,存货规格,存货单位 
from [本期入库表$]"
```

```
    Set rs = CreateObject("ADODB.Recordset")
    rs.Open SQL, cnn, 1, 3, 1
    n = ws.Range("A100000").End(xlUp).Row + 1
    ws.Range("A" & n).CopyFromRecordset rs
    '获取本期出库存材料列表
    SQL = "select 仓库名称,存货编码,存货名称,存货规格,存货单位
from [本期出库表$]"
    Set rs = CreateObject("ADODB.Recordset")
    rs.Open SQL, cnn, 1, 3, 1
    n = ws.Range("A100000").End(xlUp).Row + 1
    ws.Range("A" & n).CopyFromRecordset rs
    '开始制作库存统计表
    With ws
        '材料列表去重处理
        n = .Range("A100000").End(xlUp).Row
        .Range("A1:E" & n).RemoveDuplicates Columns:=Ar-
ray(1, 2, 3, 4, 5), Header:=xlYes
        '统计计算
        n = .Range("A100000").End(xlUp).Row
        For i = 2 To n
            Application.StatusBar="正在计算第" & i & "个，共
" & n & "个，请稍候...."
            DoEvents
            ID = .Range("B" & i)
            '获取期初库存数据
             SQL = "select 期初数量 ,期初单价,期初金额 from [期
初库存表$] " _
                 & "where 存货编码='" & ID & "'"
            Set rs = CreateObject("ADODB.Recordset")
            rs.Open SQL, cnn, 1, 3, 1
            If rs.RecordCount > 0 Then
                If IsNull(rs!期初数量) Then .Range("F" & i) =
"" Else .Range("F" & i) = rs!期初数量
                If IsNull(rs!期初单价) Then .Range("G" & i) =
"" Else .Range("G" & i) = rs!期初单价
                If IsNull(rs!期初金额) Then .Range("H" & i) =
"" Else .Range("H" & i) = rs!期初金额
            End If
            '获取本期入库数据
```

```
        SQL = "select 收入数量，收入单价，收入金额 from [本期
入库表$] where 存货编码='" & ID & "'"
        Set rs = CreateObject("ADODB.Recordset")
        rs.Open SQL, cnn, 1, 3, 1
        If rs.RecordCount > 0 Then
            If IsNull(rs!收入数量) Then .Range("I" & i) =
"" Else .Range("I" & i) = rs!收入数量
            If IsNull(rs!收入单价) Then .Range("J" & i) =
"" Else .Range("J" & i) = rs!收入单价
            If IsNull(rs!收入金额) Then .Range("K" & i) =
"" Else .Range("K" & i) = rs!收入金额
        End If
        '获取本期出库数据
        SQL = "select 发出数量，发出单价，发出金额 from [本期
出库表$] where 存货编码='" & ID & "'"
        Set rs = CreateObject("ADODB.Recordset")
        rs.Open SQL, cnn, 1, 3, 1
        If rs.RecordCount > 0 Then
            If IsNull(rs!发出数量) Then .Range("L" & i) =
"" Else .Range("L" & i) = rs!发出数量
            If IsNull(rs!发出单价) Then .Range("M" & i) =
"" Else .Range("M" & i) = rs!发出单价
            If IsNull(rs!发出金额) Then .Range("N" & i) =
"" Else .Range("N" & i) = rs!发出金额
        End If
        '计算结存数据
        .Range("O" & i) = .Range("F" & i) + .Range("I" & i)
- .Range("L" & i)
        If .Range("O" & i) = 0 Then .Range("O" & i) = ""
        .Range("Q" & i) = .Range("H" & i) + .Range("K" & i)
- .Range("N" & i)
        If .Range("Q" & i) = 0 Then .Range("Q" & i) = ""
        If .Range("O" & i) <> "" Then
            If .Range("Q" & i) = "" Then
                .Range("P" & i) = ""
            Else
                .Range("P" & i) = Round(.Range("Q" & i) /
.Range("O" & i), 2)
            End If
```

```
            End If
        Next i
        '设置单元格格式
        .Cells.Font.Name = "微软雅黑"
        .Cells.Font.Size = 10
        .Columns.AutoFit
    End With
    Application.StatusBar = ""
    MsgBox "库存统计表制作完毕", vbInformation
End Sub
```

为了便于观察统计计算进程，在工作表底部的状态栏显示计算过程。

本节知识回顾与测验

1. 使用 ADO 之前，如果是使用前绑定，如何引用 ADO？
2. 请复习 ADO 连接工作簿的语句代码。
3. SQL 基本查询语句是什么？语法结构是什么？
4. 如果要查找满足条件的某些字段，SQL 语句如何编写？
5. 请结合实际表格数据，练习从不打开的工作簿中采集数据。

第6章

自定义报表格式，增强报表阅读性

数据汇总分析报表，不仅仅是要得到需要的数据，还必须使分析报告易读易懂，这就需要对报表和数据进行必要的格式处理。例如，对数字设置自定义格式或者条件格式来标注数据大小或执行情况等。

本章主要介绍如何使用自定义数字格式和条件格式，增强报表的阅读性，突出报表重要信息。

6.1 报表的第一眼很重要

数据可视化，一般是指将数据以图形展示，例如各种分析图表。但是，对于那些不能用图表来表示的数据，可以在表格中使用其他工具来做可视化处理，例如使用自定义数字格式、使用条件格式等。

6.1.1 常规表格的阅读性较差，重点信息不突出

很多报表，不论是整体布局，还是内部数据显示，阅读性都比较差，重点信息不突出，给我们的第一眼就觉得表格普普通通，观察数据之间的逻辑以及差异就比较费劲了。

案例 6-1

有这样两个统计表，如图 6-1 所示，分别是公司收入和成本的两年数据，以及收入结构的两年数据。

这两个表格，单独从表格结构和数字看，并不能给我们一个清晰的展示。

1、营业收入和营业成本（万元）

项目	本期发生额		上期发生额	
	收入	成本	收入	成本
主营业务	259,316	184,296	237,938	158,694
其他业务	5,067	1,611	6,803	2,529
合计	264,383	185,907	244,741	161,223

2、收入构成（万元）

大类	子类	本期收入	上期收入	同比增长
行业分类	包装印刷	201,877	176,474	14.39%
	包装材料	16,920	18,650	-9.28%
	其他行业	45,586	49,617	-8.12%
	合计	264,383	244,741	8.03%
客户地区分类	华东地区	84,741	95,921	-11.66%
	华南地区	49,166	51,029	-3.65%
	西南地区	39,878	35,490	12.36%
	其他地区	90,598	62,301	45.42%
	合计	264,383	244,741	8.03%

图 6-1 两个统计表

例如，对于表 1，它只是一个陈述句而已，去年收入和成本几何、今年收入和成本几何等，对于一个非常重要的毛利指标，却没有计算出来。此外，表格的结构也不合理，因为这个表格是两年同比分析，因此将两年数据分开展示，就很不容易看出两年数据的差异了。

对于表 2，尽管表格结构基本满足需求，也计算出了两年增长率，但从增长率数字来看，由于表格全部边框的干扰，很难一眼看出哪些数据是同比增长，哪些数据是同比下降。另外，如果还要了解每个子类的两年同比增减数值，这个数据也没出现。

6.1.2 合理的报表结构和数字格式，能一眼了解重要信息

图 6-1 所示表格不美观，需要优化，包括报表结构和数字格式。

例如，表 1 中，因为是要先了解总收入、总成本等两年同比情况，所以可以先优化一个图 6-2 所示报表。

在这个报表中，横向上是按照“收入 - 成本 = 毛利”的逻辑列示数据，纵向上则是两年数据的对比，并且使用自定义数字格式将两年同比增减金额和同比增长百分数表示为不同颜色字体，用上下三角标识增长和下降情况。

	总收入	总成本	总毛利
去年	244,741	161,223	83,518
今年	264,383	185,907	78,476
同比增减	▲19,642	▲24,684	▼5,042
同比增长	▲8.0%	▲15.3%	▼6.0%

图 6-2　优化两年同比分析报表：总收入 - 总成本 - 总毛利

对于表 1，如果还要将收入和成本的构成也一并列示出来，可以设计图 6-3 所示结构的报表，同时也使用自定义数字格式标识数据。

	收入			成本			毛利		
	主营业务	其他业务	合计	主营业务	其他业务	合计	主营业务	其他业务	合计
去年	237,938	6,803	244,741	158,694	2,529	161,223	79,244	4,274	83,518
今年	259,316	5,067	264,383	184,296	1,611	185,907	75,020	3,456	78,476
同比增减	▲21,378	▼1,736	▲19,642	▲25,602	▼918	▲24,684	▼4,224	▼818	▼5,042
同比增长	▲9.0%	▼25.5%	▲8.0%	▲16.1%	▼36.3%	▲15.3%	▼5.3%	▼19.1%	▼6.0%

图 6-3　优化两年同比分析报表：分项展示

对于表 2，可以做图 6-4 所示的优化，同样是从表格结构、外观和数字格式上进行设置，以清晰展示每个大类和每个子类的同比分析结果。

大类	子类	本期收入	上期收入	同比增减	同比增长
行业分类	包装印刷	201,877	176,474	▲25,403	▲14.4%
	包装材料	16,920	18,650	▼1,730	▼9.3%
	其他行业	45,586	49,617	▼4,031	▼8.1%
	合计	264,383	244,741	▲19,642	▲8.0%
客户地区分类	华东地区	84,741	95,921	▼11,180	▼11.7%
	华南地区	49,166	51,029	▼1,863	▼3.7%
	西南地区	39,878	35,490	▲4,388	▲12.4%
	其他地区	90,598	62,301	▲28,297	▲45.4%
	合计	264,383	244,741	▲19,642	▲8.0%

图 6-4　大类收入和子类收入的同比分析报表

上面介绍的报表优化问题，不仅仅是报表结构的优化展示，更重要的是自定义数字格式的运用，对不同数字进行不同展示，使数字信息一目了然。

本节知识回顾与测验

1. 如何结合实际数据分析结果，合理设计分析报表？
2. 请结合实际工作中的数据分析，改善目前的表格结构及数据表达方式。

6.2 利用自定义数字格式增强报表阅读性

对于分析报表来说，枯燥的数字看起来很不舒服，也不直观，在大多数情况下，可以根据实际情况，对报表的数字进行格式化处理，用醒目的颜色或标记来标识重要信息，这就是自定义数字格式。

6.2.1 自定义数字格式的基本方法

单元格的数据无非就是文本和数字两种类型，对于数字来说，又有正数、负数、零之分，因此，对于单元格设置自定义数字格式，需要了解自定义数字格式代码的编写规则。

自定义数字格式代码结构如下所示：

```
正数；负数；零；文本
```

自定义格式代码分成 4 部分，分别对整数、负数、零和文本进行格式设置，每部分格式可以设置不同的代码，如果忽略某部分，就是隐藏该部分数据。

例如，下面的代码，就是将整数和负数显示为千分位符的 2 位小数，零显示为横杠“-”，文本不显示：

```
#,##0.00;-#,##0.00;-;
```

下面的代码是将负数显示为正数，零值显示为横杠“-”，隐藏文本：

```
#,##0.00;#,##0.00;-;
```

下面的代码是隐藏零值，正数和负数显示为不带小数的整数：

```
0;-0;;
```

下面的代码是将数字显示为 2 位小数的百分数，零值显示为横杠“-”，隐藏文本：

```
0.00%;-0.00%;-;
```

设置自定义数字格式很简单，选择单元格区域，打开“设置单元格格式”对话框，选择“自定义”选项，然后输入自定义格式代码即可，如图 6-5 所示。

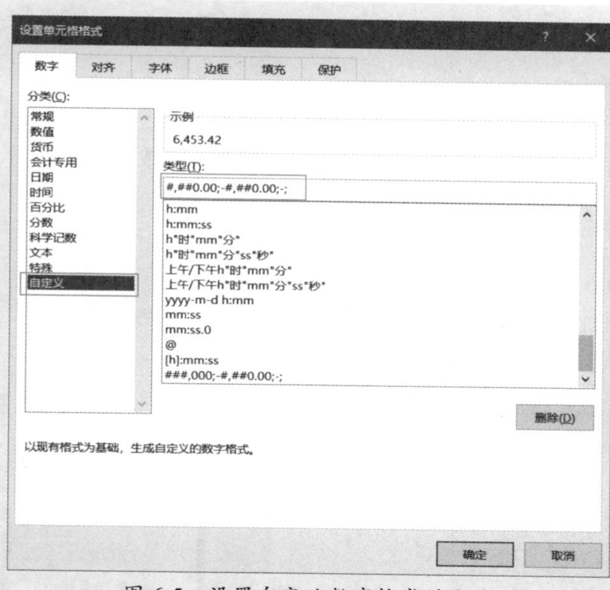

图 6-5　设置自定义数字格式的方法

案例 6-2

图 6-6 所示就是自定义格式设置前后的对比效果练习，这里的自定义格式如下，也就是数字显示千分位符、两位小数，零值显示为横杠（-）、隐藏文本。

```
#,##0.00;-#,##0.00;-;
```

	A	B	C	D	E
1					
2		原始数据		自定义格式后	
3		586939.38		586,939.38	
4		10300059.2		10,300,059.22	
5		-19580.15		-19,580.15	
6		0		-	
7		-95960		-95,960.00	
8		加工费			
9		FALSE			
10		TRUE			
11		-395949.38		-395,949.38	
12		-439		-439.00	

图 6-6　自定义数字格式前后效果对比

6.2.2 将负数显示为正数

在有些情况下，需要将负数显示为正数，以便制作正确的可视化分析报告，此时，在自定义格式代码中，负数部分不设置负号就行了。

下面就是将负数显示为正数，保留两位小数：

```
0.00;0.00;0;
```

例如，为了绘制某些特殊图表，需要将数字整理为负数，但是又不能在表格或图表上显示负数，否则就不伦不类了，此时就需要将负数显示为正数。

案例 6-3

图 6-7 所示左侧是各月收入和支出报表，都是以正数记录的，如果绘制柱形图，那么这样的图表就不知所云了。

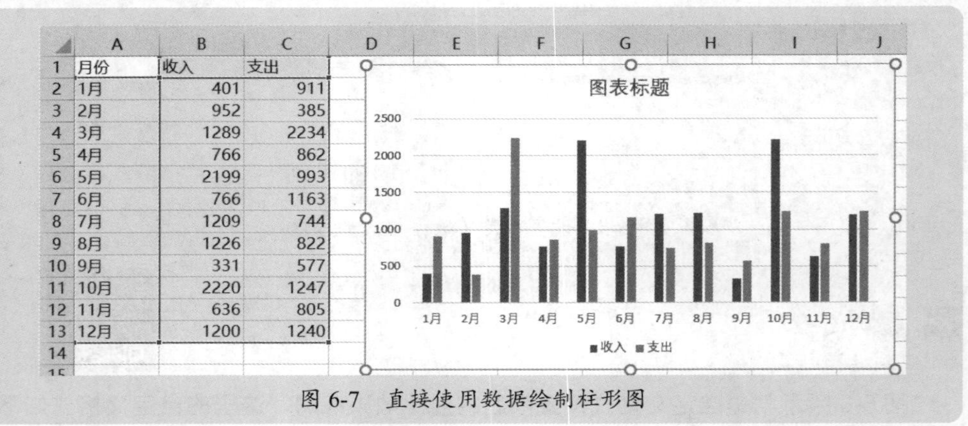

月份	收入	支出
1月	401	911
2月	952	385
3月	1289	2234
4月	766	862
5月	2199	993
6月	766	1163
7月	1209	744
8月	1226	822
9月	331	577
10月	2220	1247
11月	636	805
12月	1200	1240

图 6-7 直接使用数据绘制柱形图

收入是流入，支出是流出，它们是两个方向的数据流，因此在图表中是不能按照同一方向绘制，必须处理为收入是坐标轴向上的柱形，支出是坐标轴向下的柱形，而要把支出数据绘制为坐标轴向下的柱形，就必须把支出数据处理为负数，如图 6-8 所示。

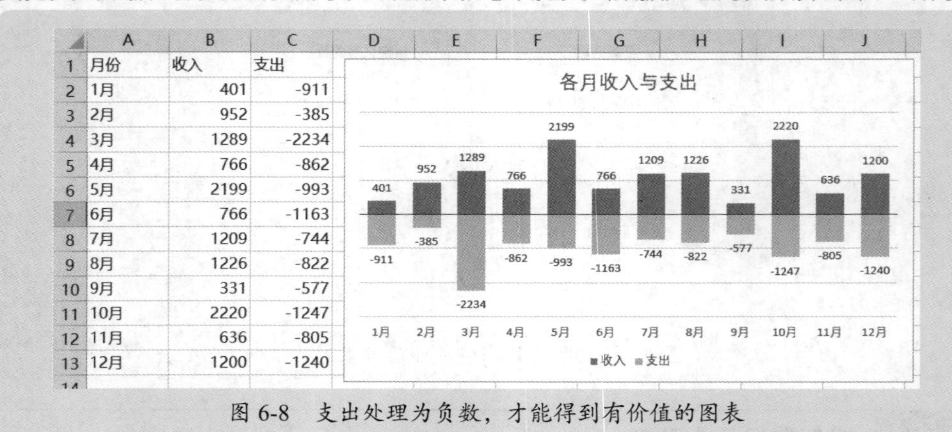

月份	收入	支出
1月	401	-911
2月	952	-385
3月	1289	-2234
4月	766	-862
5月	2199	-993
6月	766	-1163
7月	1209	-744
8月	1226	-822
9月	331	-577
10月	2220	-1247
11月	636	-805
12月	1200	-1240

图 6-8 支出处理为负数，才能得到有价值的图表

不过，表格的支出一列数字是负数，就显得比较不好看了，同时图表上的支出柱形标签也是负数，也不好看，此时可以将 C 列单元格格式设置如下：

```
0;0;0
```

这样，表格和图表就变为了图6-9所示的情形，也就是正常的报告结果了。

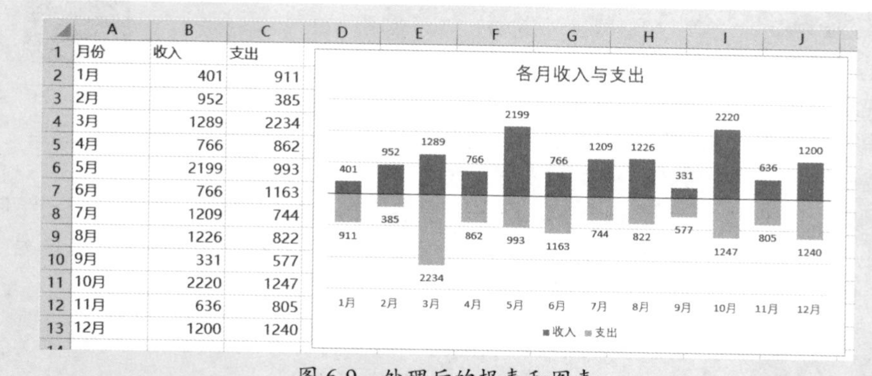

	A	B	C
1	月份	收入	支出
2	1月	401	911
3	2月	952	385
4	3月	1289	2234
5	4月	766	862
6	5月	2199	993
7	6月	766	1163
8	7月	1209	744
9	8月	1226	822
10	9月	331	577
11	10月	2220	1247
12	11月	636	805
13	12月	1200	1240

图 6-9 处理后的报表和图表

6.2.3 隐藏数字零

不论是表格还是图表，都会有大量零值的存在，这样会干扰我们阅读表格和图表。此时，可以使用自定义格式来隐藏这些零值（而不是清除，因为这些零值可能是公式的计算结果），此时，自定义格式如下（这里假设正数和负数正常显示，保留两位小数）：

```
0.00;-0.00;;
```

案例 6-4

例如，图6-10和图6-11所示是一个简单示例，原始数据有大量的数值0，这些数值0是公式的计算结果，因此是不能清除单元格数据的，但可以隐藏起来，这样表格就清晰多了。自定义格式代码如下：

```
#,##0.00;-#,##0.00;;
```

	A	B	C	D	E
1	日期	摘要	收入	支出	余额
2		期初余额			9,596.44
3	2022-9-28	AA1	16,013.87	0.00	25,610.31
4	2022-9-8	AA2	11,514.78	7,609.47	29,515.62
5	2022-9-26	AA3	16,906.21	4,056.02	42,365.81
6	2022-9-19	AA4	0.00	0.00	42,365.81
7	2022-9-21	AA5	16,577.51	10,229.16	48,714.16
8	2022-9-3	AA6	3,567.24	0.00	52,281.40
9	2022-9-2	AA7	6,259.31	0.00	58,540.71
10	2022-9-9	AA8	0.00	10,879.71	47,661.00
11	2022-9-7	AA9	10,520.22	0.00	58,181.22
12	2022-9-28	AA10	7,105.47	19,586.69	45,700.00
13	2022-9-23	AA11	19,291.77	3,263.30	61,728.47
14	2022-9-17	AA12	0.00	4,893.24	56,835.23
15	2022-9-8	AA13	17,573.51	0.00	74,408.74
16	2022-9-25	AA14	0.00	6,641.94	67,766.80
17	2022-9-23	AA15	9,407.42	20,580.57	56,593.65
18	2022-9-9	AA16	0.00	17,390.28	39,203.37

图 6-10 自定义格式前

	A	B	C	D	E
1	日期	摘要	收入	支出	余额
2		期初余额			9,596.44
3	2022-9-28	AA1	16,013.87		25,610.31
4	2022-9-8	AA2	11,514.78	7,609.47	29,515.62
5	2022-9-26	AA3	16,906.21	4,056.02	42,365.81
6	2022-9-19	AA4			42,365.81
7	2022-9-21	AA5	16,577.51	10,229.16	48,714.16
8	2022-9-3	AA6	3,567.24		52,281.40
9	2022-9-2	AA7	6,259.31		58,540.71
10	2022-9-9	AA8		10,879.71	47,661.00
11	2022-9-7	AA9	10,520.22		58,181.22
12	2022-9-28	AA10	7,105.47	19,586.69	45,700.00
13	2022-9-23	AA11	19,291.77	3,263.30	61,728.47
14	2022-9-17	AA12		4,893.24	56,835.23
15	2022-9-8	AA13	17,573.51		74,408.74
16	2022-9-25	AA14		6,641.94	67,766.80
17	2022-9-23	AA15	9,407.42	20,580.57	56,593.65
18	2022-9-9	AA16		17,390.28	39,203.37

图 6-11 自定义格式后

案例 6-5

在绘制图表时，一般是对处理后的数据绘制图表，此时，处理后的报表可以是公式得到的空单元格（实际上是零长度的字符串），那么如果显示数据标签，这些“空”单元格就会显示为数字 0，使得图表很不美观。

例如，图 6-12 所示是一个实际例子，是各个分公司的销售，现在我们要绘制两种颜色的柱形图，销售在平均值以上的是一种颜色，销售在平均值以下的是另一种颜色，同时在图表上显示正确的数据标签。

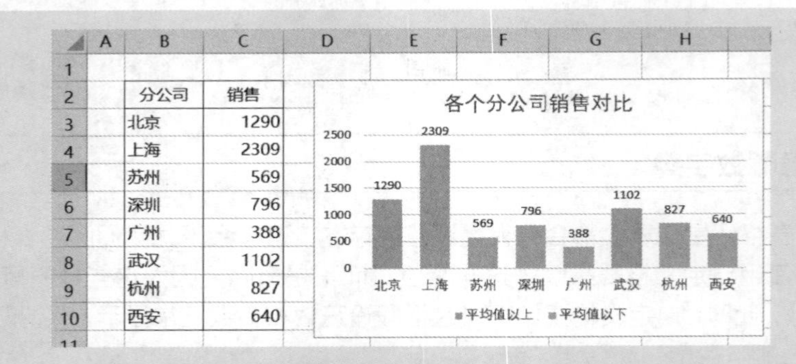

分公司	销售
北京	1290
上海	2309
苏州	569
深圳	796
广州	388
武汉	1102
杭州	827
西安	640

图 6-12　两种颜色分别表示平均值以上和平均值以下

要绘制这样的图表，首先设计辅助区域，如图 6-13 所示，单元格公式分别如下。

单元格 F3，平均值以上：

```
=IF(C3>=AVERAGE($C$3:$C$10),C3,"")
```

单元格 G3，平均值以下：

```
=IF(C3<AVERAGE($C$3:$C$10),C3,"")
```

分公司	销售		辅助区域:	平均值以上	平均值以下
北京	1290		北京	1290	
上海	2309		上海	2309	
苏州	569		苏州		569
深圳	796		深圳		796
广州	388		广州		388
武汉	1102		武汉	1102	
杭州	827		杭州		827
西安	640		西安		640

图 6-13　设置辅助区域

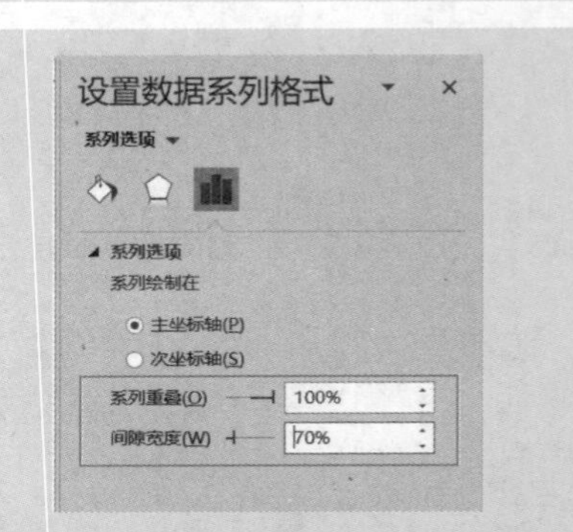

图 6-14　设置系列重叠和间隙宽度

利用这个辅助区域绘制柱形图，将系列重叠设置为 100%，间隙宽度为一个合适的比例，如图 6-14 所示。

然后添加数据标签，可以看到，没有数据的“空”单元格，标签就显示了数字 0，如图 6-15 所示。

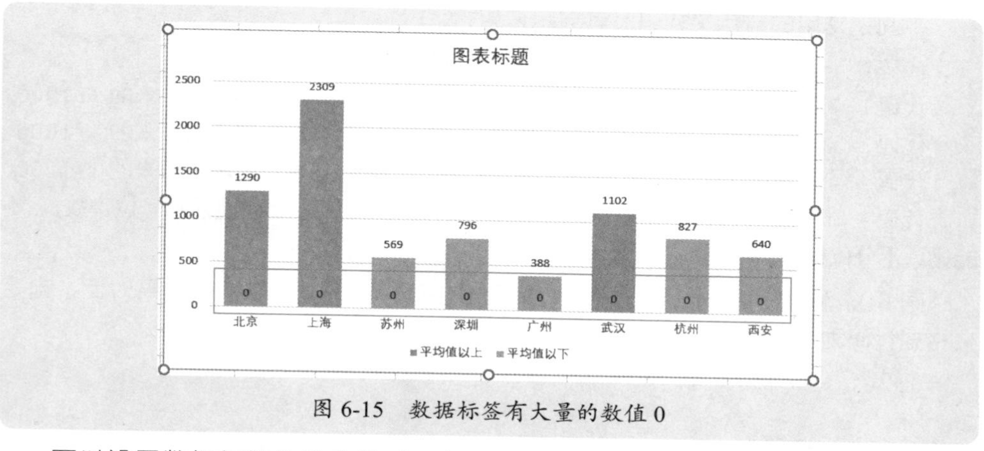

图 6-15　数据标签有大量的数值 0

可以设置数据标签的数字格式，如图 6-16 所示，就会隐藏所有数字为 0 的标签了。

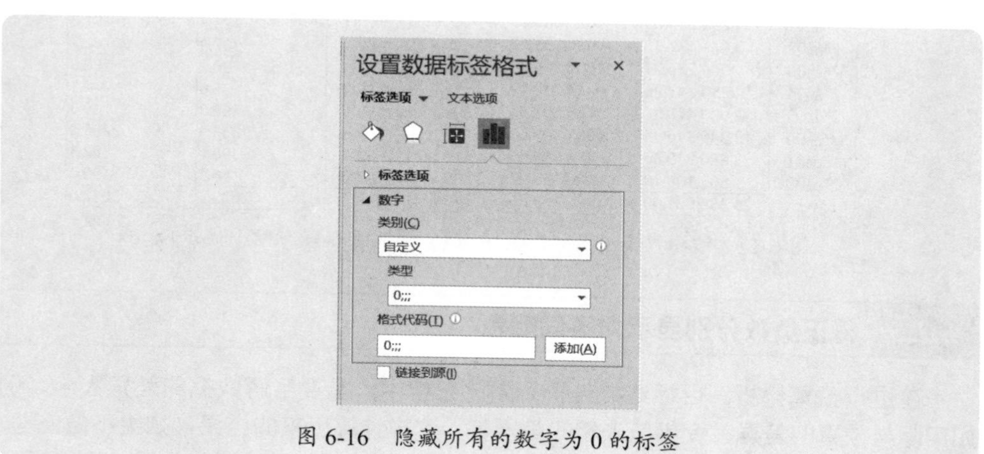

图 6-16　隐藏所有的数字为 0 的标签

6.2.4 缩小位数显示数字

金额数字一般都比较大，为了让报表数字看起来更清楚，一般情况下会以千元或者万元为单位，通常的处理方法是将数据都除以 1000 或者 1 万，这样会增加计算量，也可能会造成计算误差（可以验证一下，在单元格输入公式 =1-6.2+6.1，这个公式结果并不是 0.9）。

案例 6-6

其实，可以通过自定义数字格式的方法来缩小位数显示数字，可以以千元显示、

以万元显示、以百万元显示等，这样在不改变单元格数值的情况下，显示为需要的效果。

下面是常用的自定义代码及其显示效果：

```
代码：#,##0              显示千分位符， 不要小数
代码：#,##0,             显示千分位符， 不要小数， 缩小为原来的 1/1000
代码：#,##0.00,          显示千分位符， 两位小数， 缩小为原来的 1/1000
代码：#,##0.00,,         显示千分位符， 两位小数， 缩小为原来的 1/10000
代码：0!.0,              缩小为原来的 1/10000， 但只能显示一位小数， 不能显示千分位符
```

图 6-17 和图 6-18 所示就是缩小为原来的 1/10000 显示的前后效果对比，自定义格式代码为：

```
0!.0,
```

	A	B	C	D
1				
2		产品两年销售统计		单位：元
3		产品	去年	今年
4		产品01	1,233,054.89	876,086.65
5		产品02	3,079,177.39	626,565.40
6		产品03	904,276.21	804,908.39
7		产品04	355,747.26	44,942.12
8		产品05	2,900,470.52	189,505.88
9		产品06	13,340,316.34	22,055,409.60
10		产品07	3,980,830.38	3,622,684.65
11		产品08	563,108.10	1,900,366.97
12		合计	26,356,981.09	30,120,469.66

图 6-17　缩小显示前

	A	B	C	D
1				
2		产品两年销售统计		单位：万元
3		产品	去年	今年
4		产品01	123.3	87.6
5		产品02	307.9	62.7
6		产品03	90.4	80.5
7		产品04	35.6	4.5
8		产品05	290.0	19.0
9		产品06	1334.0	2205.5
10		产品07	398.1	362.3
11		产品08	56.3	190.0
12		合计	2635.7	3012.0

图 6-18　缩小显示后

6.2.5 将正负数分别显示为不同颜色

在进行预算分析、目标达成分析、同比分析中，需要了解数据的差异大小，例如实际与预算的差异、今年与去年的差异等，这样计算出来的结果，如果不做处理，就无法直观看出哪些项目差异大，哪些项目差异小，哪些项目是正差异，哪些项目是负差异，哪些产品同比增加了，哪些产品同比下降了。

针对这样在一列里有正数、有负数以及有零的情况，可以将正数和负数显示为不同的颜色，这样就可以看出增长（增加）还是下降（减少）。

颜色名称的编写规则是：颜色名称要写在方括号里面，例如：[红色]、[蓝色]、[绿色]。

案例 6-7

对于“案例 6-6”数据，添加一列计算同比增加额，并将同比增加额的正数显示为蓝色，缩小为原来的 1/10000，将负数显示为红色，缩小为原来的 1/10000，如果正好是数字 0，就显示为横杠“-”，那么自定义格式代码如下，效果如图 6-19 所示。

```
[蓝色]0!.0,;[红色]0!.0,;-
```

	A	B	C	D	E
1					
2		产品两年销售统计			单位：万元
3		产品	去年	今年	同比增加
4		产品01	123.3	87.6	35.7
5		产品02	307.9	62.7	245.3
6		产品03	90.4	80.5	9.9
7		产品04	35.6	4.5	31.1
8		产品05	290.0	19.0	271.1
9		产品06	1334.0	2205.5	871.5
10		产品07	398.1	362.3	35.8
11		产品08	56.3	190.0	133.7
12		合计	2635.7	3012.0	376.3

图 6-19 正数和负数分别显示为不同颜色

6.2.6 添加标注文字或符号对数字进行强化处理

在图 6-19 中，尽管用两种颜色表示了正数和负数，但还不是很清晰，可以添加文字或符号对数字的正负分别进行强化显示标注。

案例 6-8

例如，对图 6-19 所示中的同比增减数据，使用上升箭头来醒目表示同比增加，使用下降箭头来醒目表示同比减少，此时，可以参考下面的自定义格式代码，显示效果如图 6-20 所示，这种设置更加清楚。

```
▲[蓝色]0!.0,;▼[红色]0!.0,;-
```

	A	B	C	D	E
1					
2		产品两年销售统计			单位：万元
3		产品	去年	今年	同比增加
4		产品01	123.3	87.6	▼35.7
5		产品02	307.9	62.7	▼245.3
6		产品03	90.4	80.5	▼9.9
7		产品04	35.6	4.5	▼31.1
8		产品05	290.0	19.0	▼271.1
9		产品06	1334.0	2205.5	▲871.5
10		产品07	398.1	362.3	▼35.8
11		产品08	56.3	190.0	▲133.7
12		合计	2635.7	3012.0	▲376.3

图 6-20 用不同颜色和不同符号显示正数和负数

在这个例子中，还可以添加一列同比增长率，此时，对正负增长率数字设置自定义格式，用不同颜色和不同符号显示正百分比数字和负百分比数字，此时的自定义代码如下，效果如图 6-21 所示。

```
▲[蓝色]0.00%,;▼[红色]0.00%,;-
```

	A	B	C	D	E	F
1						
2		产品两年销售统计				单位：万元
3		产品	去年	今年	同比增加	同比增长
4		产品01	123.3	87.6	▼35.7	▼28.95%,
5		产品02	307.9	62.7	▼245.3	▼79.65%,
6		产品03	90.4	80.5	▼9.9	▼10.99%,
7		产品04	35.6	4.5	▼31.1	▼87.37%,
8		产品05	290.0	19.0	▼271.1	▼93.47%,
9		产品06	1334.0	2205.5	▲871.5	▲65.33%,
10		产品07	398.1	362.3	▼35.8	▼9.00%,
11		产品08	56.3	190.0	▲133.7	▲237.48%,
12		合计	2635.7	3012.0	▲376.3	▲14.28%,

图 6-21　用不同颜色和不同符号显示正百分比数字和负百分比数字

6.2.7 依据条件将数字显示为不同颜色

在自定义数字格式中，还可以使用条件进行判断，根据判断结果来处理为不同的格式。

例如，在预算分析中，预算执行率是一个正数，要么小于100%（未完成预算）、要么大于100%（超额完成预算），或者等于100%（正好完成预算），这样的自定义格式，就需要进行条件判断了。

在自定义格式代码中，条件判断必须写在方括号里，下面是几种情况：

```
代码：    [>1000]       判断数字是否大于 1000
代码：    [>=1000]      判断数字是否大于或者等于 1000
代码：    [<1000]       判断数字是否小于 1000
代码：    [<=1000]      判断数字是否小于或等于 1000
代码：    [=1000]       判断数字是否等于 1000
代码：    [<>1000]      判断数字是否不等于 1000
```

案例 6-9

图6-22所示是各个产品预算执行情况分析报告，现在要对这个报表数字进行自定义格式化处理，以便让报表阅读起来更容易。自定义格式要求如下：

- 预算数和实际数，缩小为原来的1/10000显示；
- 预算差异数，缩小为原来的1/10000显示，正数显示为蓝色，添加上升箭头；负数显示为红色，添加下降箭头；数值0就显示为横杠“-”；
- 预算执行率，大于或等于100%的，显示为蓝色，添加上升箭头；小于100%的，显示为红色，添加下降箭头。

下面是各列数据的自定义格式代码，设置后的效果如图6-23所示。

	A	B	C	D	E	F
1						
2		2022年1-9月预算执行情况				单位：元
3		项目	预算数	实际数	差异	执行率
4		项目01	2,308,170.53	2,187,052.80	-121,117.73	94.8%
5		项目02	456,634.03	431,635.75	-24,998.28	94.5%
6		项目03	28,647.87	40,261.53	11,613.66	140.5%
7		项目04	627,719.44	295,512.54	-332,206.90	47.1%
8		项目05	1,485,122.20	1,291,341.63	-193,780.57	87.0%
9		项目06	974,247.33	878,654.52	-95,592.81	90.2%
10		项目07	165,101.49	218,169.90	53,068.41	132.1%
11		合计	2,445,642.89	1,942,628.67	-503,014.22	79.4%

图 6-22　项目预算执行情况：原始报表

C 列和 D 列的预算数和实际数：

```
0!.0,
```

E 列的差异数：

```
▲[蓝色]0!.0,;▼[红色]0!.0,;-
```

F 列的预算执行率：

```
▲[蓝色][>=1]0.00%;▼[红色][<1]0.00%;-
```

	A	B	C	D	E	F
1						
2		2022年1-9月预算执行情况				单位：万元
3		项目	预算数	实际数	差异	执行率
4		项目01	230.8	218.7	▼12.1	▼94.75%
5		项目02	45.7	43.2	▼2.5	▼94.53%
6		项目03	2.9	4.0	▲1.2	▲140.54%
7		项目04	62.8	29.6	▼33.2	▼47.08%
8		项目05	148.5	129.1	▼19.4	▼86.95%
9		项目06	97.4	87.9	▼9.6	▼90.19%
10		项目07	16.5	21.8	▲5.3	▲132.14%
11		合计	244.6	194.3	▼50.3	▼79.43%

图 6-23　用不同颜色和符号标识预算执行情况

本节知识回顾与测验

1. 自定义数字格式的格式代码结构是什么？

2. 将数字缩小为原来的 1/10000 显示的格式代码是什么？这种格式能不能显示千分位符？

3. 将正数显示为红色，将负数显示为蓝色，负数的符号不再显示，零值仍显示为零，那么自定义数字格式代码怎么写？

4. 将一列的正负小数，分别显示为不同颜色的百分比数字，如何编写格式代码？

5. 如何将一列的金额数字（都是正数），10000 以上和以下分别设置为不同颜色字体？

6. 当不需要自定义数字格式时，如何清除这些自定义数字格式？

第 7 章

Excel 图表：数据分析可视化

数据分析的目的，是要快速从数据中发现问题，因此需要对数据进行可视化处理。例如，除了第 6 章介绍的对报表格式进行处理外，重要的是将数据用图形表达出来，绘制分析图表，这就是数据分析可视化。

本章介绍数据分析可视化的逻辑思维和常用技能技巧。关于数据分析可视化的全面详细介绍，请参阅有关专著。

7.1 数据分析可视化的基本思维

数据可视化，一般是指将数据以图形展示，例如各种分析图表，此外，对于那些不能用图表展示的数据，可以在表格中使用其他工具来做可视化处理，例如使用自定义数字格式、使用条件格式等。

7.1.1 可视化是数据重要信息的提炼

数据可视化，是数据分析的一个重要内容。不是说，把汇总表做完了就万事大吉了，而是还要将表格数据进行可视化处理，便于快速发现问题。

下面结合一个实际案例，来说明数据信息提炼与展示的基本逻辑。

案例 7-1

在第 6 章的“案例 6-1”给了两个统计表，分别是公司收入和成本的两年数据，以及收入结构的两年数据。

那么，对于这样的表格，如何用更加清晰的形式展示出来，让我们一目了然发现，公司这两年的经营出现了什么样的变化？

单独从表格数字看，数字并不能给我们一个清晰的展示。例如，对于表 1，两年的主营业务收入增长情况如何？毛利率变化情况如何？如果将表格进行进一步的处理，使用自定义数字格式来标识两年增长情况，同时绘制如图 7-1 所示的图表，那么就一目了然看出两年增长情况了。

尽管主营业务同比增长 9.0%，但主营业务成本增长更多，达到 16.1%，导致毛利同比下降了 5.3%，原因就是在今年，原材料价格出现了大幅上涨，增加了产品成本，也导致毛利率从去年的 33.3% 下降到今年的 28.9%。

在图 7-1 中，将表格、图形与文字结合，全面展示两年主营业务收入、成本和毛利的重要信息。

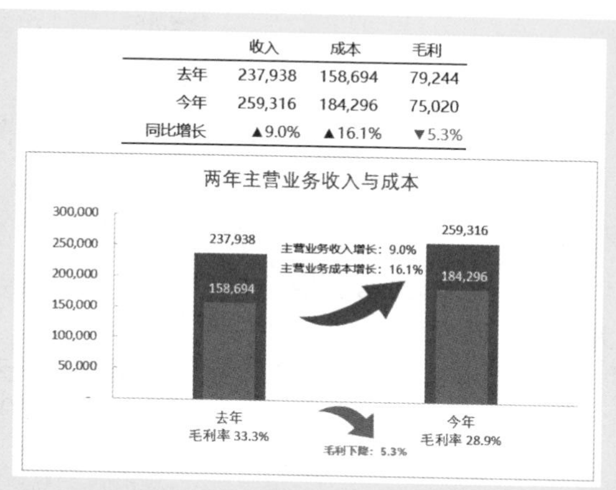

	收入	成本	毛利
去年	237,938	158,694	79,244
今年	259,316	184,296	75,020
同比增长	▲9.0%	▲16.1%	▼5.3%

图 7-1　两年主营业务收入与成本分析

对于第 2 个表格，反映的是产品销售的行业分类结构和客户地区分类结构。这些信息，给出了公司产品的结构是否合理，以及各个地区市场销售分布，反映了公司的销售策略，以及产品结构和地区分布在两年中的变化情况。但是，从这个表格来看，要想快速了解这样的信息，是很费时间的。

这是一个多维度结构分析与对比分析的例子：年份对比增长情况、类别结构及变化情况等，需要使用几个图表来分别展示想要了解的信息。

首先将表格进行自定义数字格式设置，醒目标识每个行业类别和客户区域的同比增长情况，这样，从表格中就能看出两年的变化，如图 7-2 所示。这是一个很简单的补充计算与数字格式设置，但让原表格信息变得更加清晰。

	A	B	C	D	E	F
10		2、收入构成（万元）				
11		大类	子类	本期收入	上期收入	同比增长
12		行业分类		264,383	244,741	▲8.0%
13			包装印刷	201,877	176,474	▲14.4%
14			包装材料	16,920	18,650	▼9.3%
15			其他行业	45,586	49,617	▼8.1%
16		客户地区分类		264,383	244,741	▲8.0%
17			华东地区	84,741	95,921	▼11.7%
18			华南地区	49,166	51,029	▼3.7%
19			西南地区	39,878	35,490	▲12.4%
20			其他地区	90,598	62,301	▲45.4%

图 7-2　补充计算同比增长率，设置增长率自定义格式

分别对行业分类和客户地区分类绘制两年收入的同比分析图表，分别如图 7-3 和图 7-4 所示，通过这两个图表来观察各个子类数值的大小，以及各个子类的年同比增长情况。

图 7-3　按行业分类的各项收入同比分析

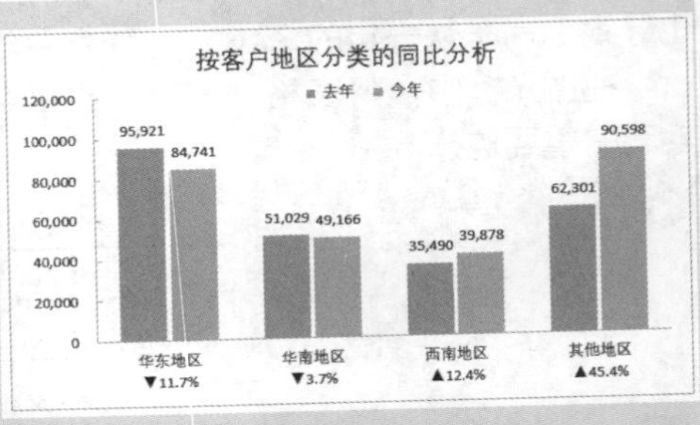

图 7-4　按客户地区分类的各项收入同比分析

再对两个类别的各项占比的两年变化情况进行分析，如图 7-5 和图 7-6 所示，从这两个图表可以很清晰看出两年的变化情况。

例如，在按行业分类中，包装印刷收入占比同比增加，由去年的 72.1% 增加到 76.4%。在按客户地区分类中，华东地区去年销售占比为 39.2%，今年下降为 32.1%。

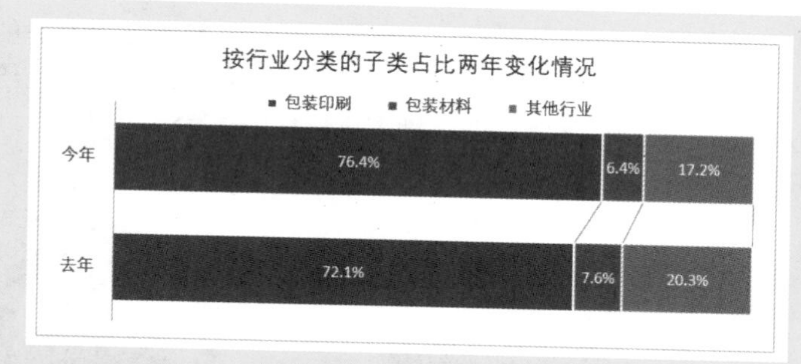

图 7-5　按行业分类的子类结构两年变化

图 7-6　按客户地区分类的子类结构两年变化

对于上面各个可视化分析报表和图表，可从不同方面对数据进行分析，全面了解两年收入的增长情况，以便发现问题。

7.1.2 越简单的表格，信息越丰富

实际工作中，会制作一些比较综合的统计分析报表，对于这样的报表，进行可视化也是非常必须的，因为越是简单的表格，信息越浓缩，信息量越丰富。

案例 7-2

例如，对于图 7-7 所示的报表，如何进行可视化处理，通过可视化图表，尽可能多了解一些信息？

大类	子类	销售额
包装印刷	标准	8577
	定制	2325
包装材料	镭射纸	10568
	瓦楞纸	6890
	办公纸	17890
其他	酒类	3256
	化妆品类	875
总计		50,381 万元

图 7-7　简单的汇总表

对于图 7-7 所示表格，至少要了解以下几方面的信息：每个大类的占比如何？每个大类下的各个子类占比如何？哪些类别的贡献最大？等等，可以绘制图 7-8 和图 7-9 所示的对比图表和结构图表，清晰地得到这样的信息。

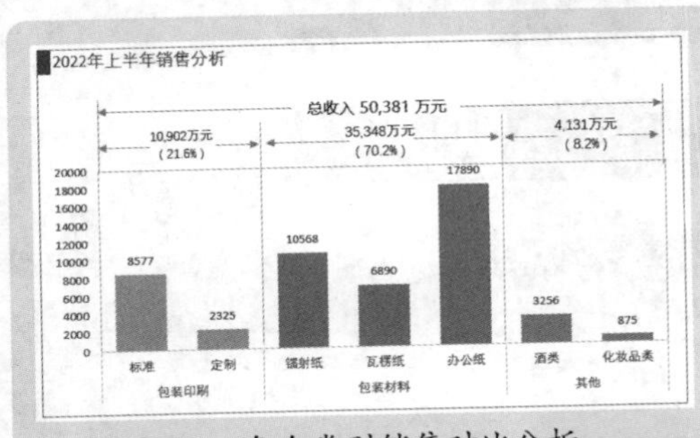

图 7-8　各个类别销售对比分析

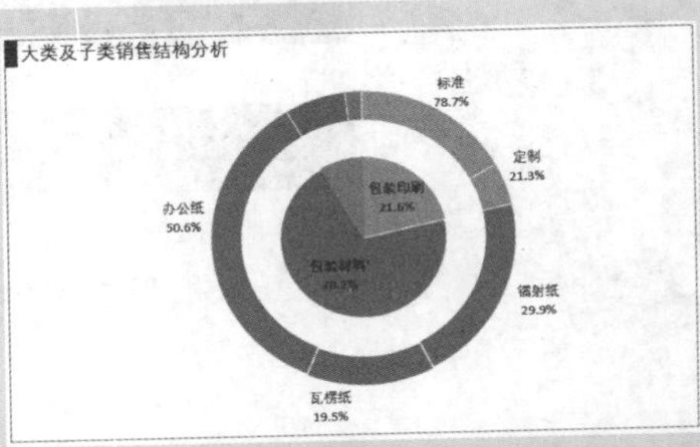

图 7-9　各个类别销售占比分析

7.1.3 层层展示分析结果，才能发现问题

我们一再强调，数据分析的目的不只是做做汇总计算、算算合计数，而是要从数据中发现问题、分析问题、解决问题，因此，在进行数据分析时，首先要找出数据的差异（不同项目之间的差异、与目标的差异、与去年同期的差异等），进而一步一步去分析造成这种差异的背后原因是什么。

案例 7-3

图 7-10 所示是各个产品两年销售统计表，现在要求对这个统计表进行可视化分析。

产品两年销售统计

产品	去年				今年			
	销量	销售额	销售成本	毛利	销量	销售额	销售成本	毛利
产品1	2,244	51,612	43,856	7,756	4,676	69,564	62,832	6,732
产品2	12,903	2,012,868	1,690,293	322,575	9,736	1,883,838	1,112,868	770,970
产品3	796	152,832	119,400	33,432	1,486	160,792	129,500	31,292
产品4	4,729	600,583	378,320	222,263	2,396	425,610	331,030	94,580
产品5	842	248,390	222,288	26,102	1,295	252,600	215,022	37,578
产品6	1,295	385,910	334,110	51,800	769	222,165	184,615	37,550
产品7	2,005	495,235	276,690	218,545	2,923	234,585	107,265	127,320
合计		3947430	3,064,957	882,473		3249154	2,143,132	1,106,022

图 7-10　各个产品两年销售统计表

这个表格从结构上看，它并不是数据分析报表，仅仅是一个汇总表而已。

为了醒目显示两年的对比结果，需要将这个表的结构进行调整，添加同比增长的计算结果，并设置自定义数字格式，如图 7-11 所示。

这样，一眼就可以从报表中，观察销量、销售额、销售成本和毛利的同比增长情况，很清晰。

产品两年销售统计

产品	销量				销售额				销售成本				毛利			
	去年	今年	同比增减	同比增长	去年	今年	同比增减	同比增长	去年	今年	同比增减	同比增长	去年	今年	同比增减	同比增长
产品1	2,244	4,676	▲2,432	▲108.4%	51,612	69,564	▲17,952	▲34.8%	43,856	62,832	▲18,976	▲43.3%	7,756	6,732	▼1,024	▼13.2%
产品2	12,903	9,736	▼3,167	▼24.5%	2,012,868	1,883,838	▼129,030	▼6.4%	1,690,293	1,112,868	▼577,425	▼34.2%	322,575	770,970	▲448,395	▲139.0%
产品3	796	1,486	▲690	▲86.7%	152,832	160,792	▲7,960	▲5.2%	119,400	129,500	▲10,100	▲8.5%	33,432	31,292	▼2,140	▼6.4%
产品4	4,729	2,396	▼2,333	▼49.3%	600,583	425,610	▼174,973	▼29.1%	378,320	331,030	▼47,290	▼12.5%	222,263	94,580	▼127,683	▼57.4%
产品5	842	1,295	▲453	▲53.8%	248,390	252,600	▲4,210	▲1.7%	222,288	215,022	▼7,266	▼3.3%	26,102	37,578	▲11,476	▲44.0%
产品6	1,295	769	▼526	▼40.6%	385,910	222,165	▼163,745	▼42.4%	334,110	184,615	▼149,495	▼44.7%	51,800	37,550	▼14,250	▼27.5%
产品7	2,005	2,923	▲918	▲45.8%	495,235	234,585	▼260,650	▼52.6%	276,690	107,265	▼169,425	▼61.2%	218,545	127,320	▼91,225	▼41.7%
合计					3,947,430	3,249,154	▼698,276	▼17.7%	3,064,957	2,143,132	▼921,825	▼30.1%	882,473	1,106,022	▲223,549	▲25.3%

图 7-11　重新整理报表

下面对该报表进行可视化处理，绘制分析图表，并一步一步剖析两年增长情况。

以销售额同比增长分析为例，首先绘制一个简单的柱形图，直观了解销售额两年增长情况，如图 7-12 所示。这个图表重点就是要表达两年数据的大小比较结果，以及增长情况。由于销售额同比下降了 17.7%，因此使用一个下降箭头来强调这个信息。

图 7-12　销售额两年同比增长分析

销售总额同比减少了 698,276，同比下降了 17.7%，那么，造成同比下降的原因是什么？也就是说，销售总额是各个产品销售额计算出来的合计数，那么，哪些产品销售额出现了同比下降，哪些销售额出现了同比增长？

此时，可以绘制销售总额的各个产品影响分析图表，观察各个产品的增减情况，如图 7-13 所示。

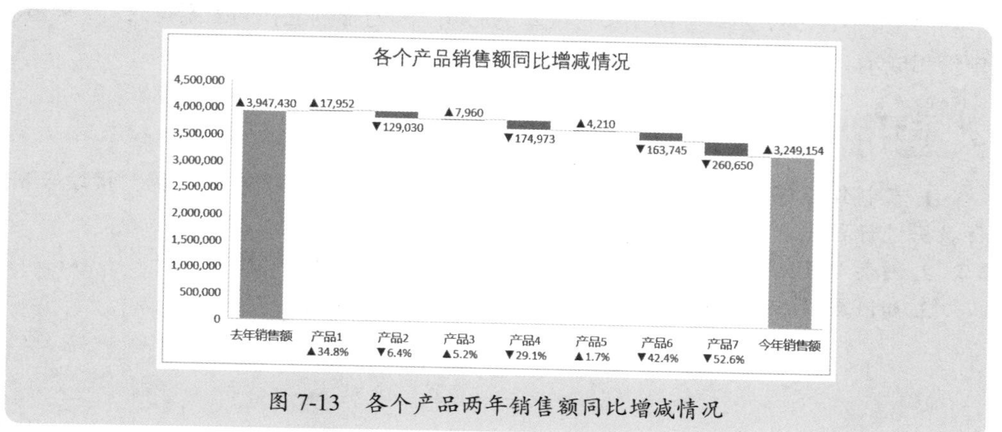

图 7-13　各个产品两年销售额同比增减情况

可以看出，产品 4、产品 6 和产品 7 的销售额下降最多，合计达 599,368，那么，销售额的下降是销量引起的，还是价格引起的？继续往下挖掘分析，绘制产品销售额的量价分析的动态图表，方便查看任意指定产品的情况，如图 7-14 所示。

选择“产品 7”，如图 7-14 所示，可以看到，该产品销售额出现同比大幅下降的原因，是产品价格出现了大幅下降，实际上，该产品的销售量还是出现了同比增长的。

选择“产品 4”，如图 7-15 所示，可以看到，该产品销售额出现同比大幅下降的原因，是该产品的销量出现了大幅下降。

图 7-14　产品销售额的量价影响分析

图 7-15　产品销售额的量价影响分析

这样，先看销售总额的同比增长情况，再看各个产品的影响大小，最后再看每个产品的销量和价格影响，就一步一步找到了为什么两年销售额出现了同比下降的原因。

如果手头还有两年的销售明细表，那么还可以继续往下分析：产品 4 销量同比出现大幅下降，是哪些客户引起的？是不是某几个贡献最大的客户销量出现大幅下降，甚至流失了？此时，可以再分析该产品两年销售客户的同比变化情况。

两年毛利的同比增长分析，思路和方法与销售额分析相同，但在分析每个产品毛利的影响因素时，还需要增加单位成本的影响，因为影响毛利的因素有三个：销量、单价和成本。

本节知识回顾与测验

1. 在制作可视化数据分析报告时，应该从哪些角度理解并展示数据？请结合实际数据进行思考并练习。

2. 图表是数据可视化的主要工具，那么绘制图表的目的是什么？

3. 如何层层钻取数据，挖掘数据背后的秘密？

7.2 数据分析图表制作方法和格式化

图表是把表格数据变成真正意义上可视化的重要工具，所谓一图抵万言，表不如图，用图表来展示分析结果，让人一目了然就能看到数据所表达的信息。本节介绍 Excel 图表制作和格式化的技能技巧。

7.2.1 绘制图表的基本方法：常规方法

在 Excel 中，绘制图表是非常简单的，下面举例说明。

案例 7-4

以一个固定的数据区域制作图表的基本方法很简单，首先单击数据区域的任一单元格，或者选择要绘制图表的数据区域，再在“插入”选项卡中，选择某个类型图表即可，如图 7-16 所示。

图 7-16　选择要插入的图表

也可以单击“图表”组右下角的插入图表按钮，打开“插入图表”对话框，选择要插入的图表，如图 7-17 所示。

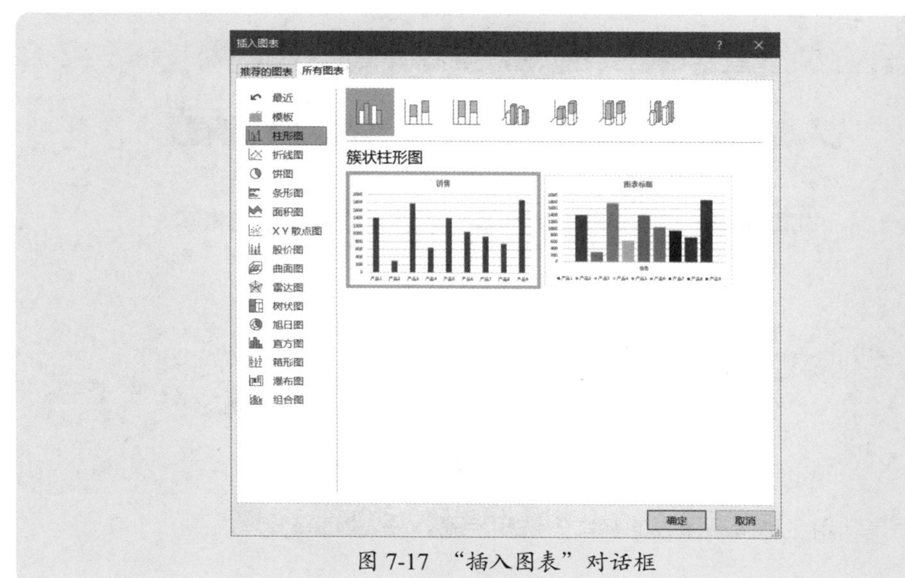

图 7-17　“插入图表”对话框

图 7-18 所示就是创建的一个柱形图示例。

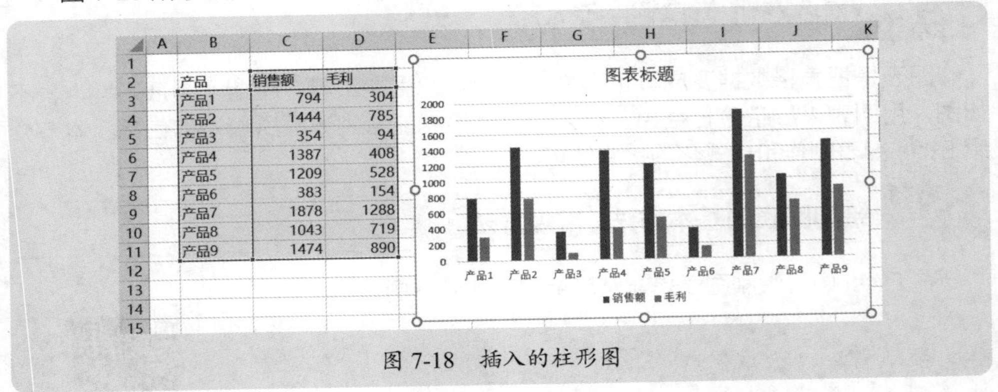

图 7-18　插入的柱形图

7.2.2 绘制图表的基本方法：名称绘制法

在制作动态图表时，很多情况下需要定义动态名称，然后用定义好的名称来绘制图表，此时，就不能采用常规的方法绘制图表了。

案例 7-5

例如，定义了两个名称“月份”和“销售额”，如图 7-19 所示，它们的引用公式如下：

名称“月份”：

```
=OFFSET(Sheet1!$B$3,,,COUNTA(Sheet1!$B$3:$B$14),1)
```

名称“销售额”：

```
=OFFSET(Sheet1!$C$3,,,COUNTA(Sheet1!$B$3:$B$14),1)
```

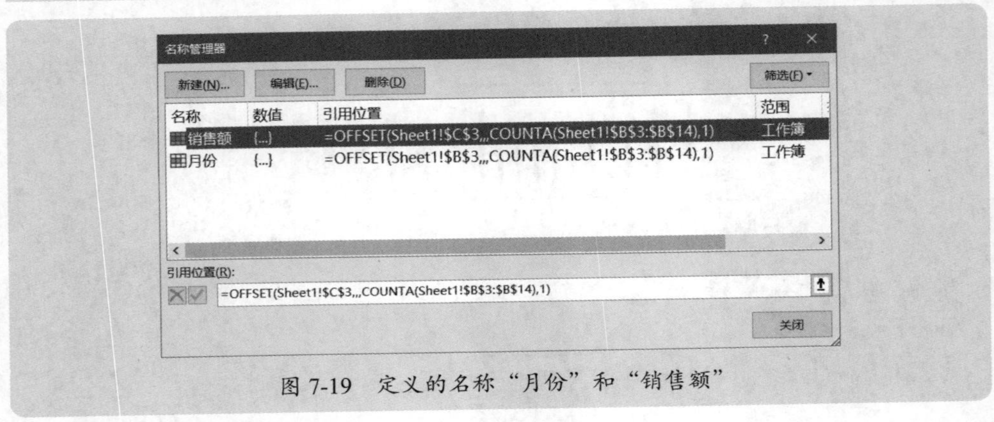

图 7-19　定义的名称“月份”和“销售额”

下面是利用名称绘制图表的基本方法和步骤。

步骤1 单击工作表任一空白单元格，插入一个空白的图表，如图 7-20 所示。

图 7-20　插入空白图表

步骤2 在图表上右击执行“选择数据”命令，如图 7-21 所示，或者单击图表工具选项卡中的“设计”→“选择数据”命令按钮，如图 7-22 所示。

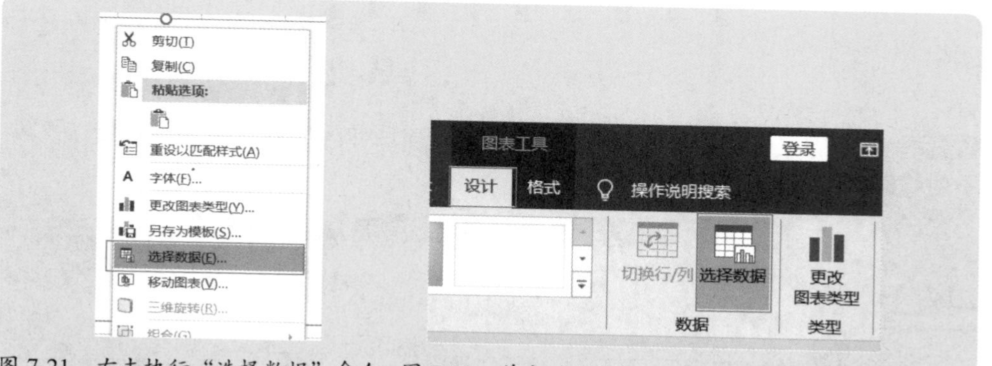

图 7-21　右击执行“选择数据”命令　图 7-22　单击“设计”→“选择数据”命令按钮

步骤3 打开“选择数据源”对话框，如图 7-23 所示。

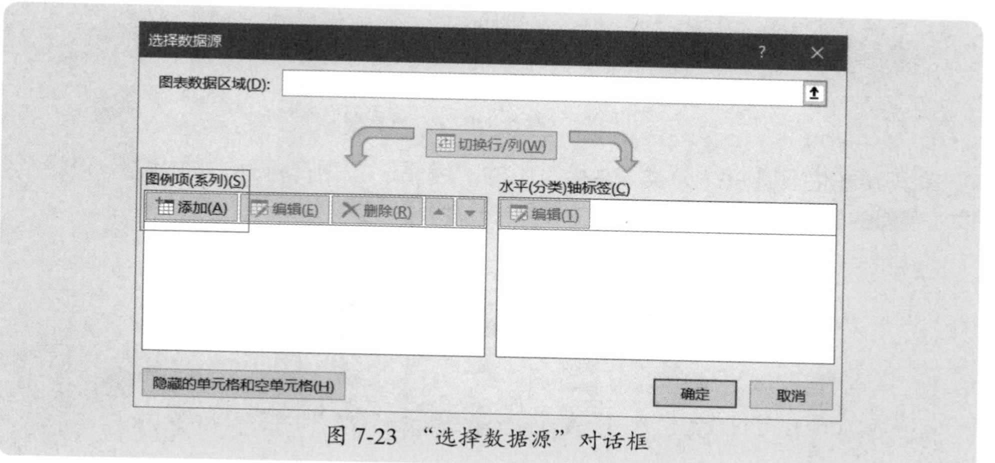

图 7-23　“选择数据源”对话框

步骤4 单击“添加”按钮，打开“编辑数据系列”对话框，在系列名称输入框中输入销售额，在系列值输入框中输入下面的公式，如图 7-24 所示。

```
=Sheet1! 销售额
```

注意：系列值公式的输入方法是：先输入等号（=），再输入工作表名称和感叹号，最后输入定义的名称：

```
= 工作表名称 ! 定义的名称
```

不能直接输入定义的名称，名称前面必须有工作表名称前缀。

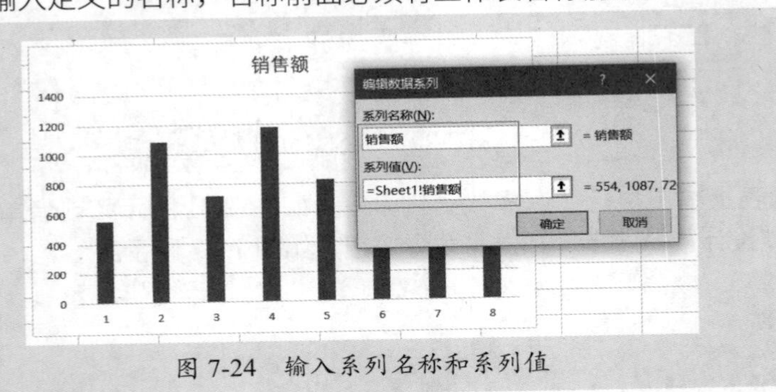

图 7-24　输入系列名称和系列值

步骤5 单击“确定”按钮，返回“选择数据源”对话框，如图 7-25 所示，可以看到，系列“销售额”已经添加到了图表中。

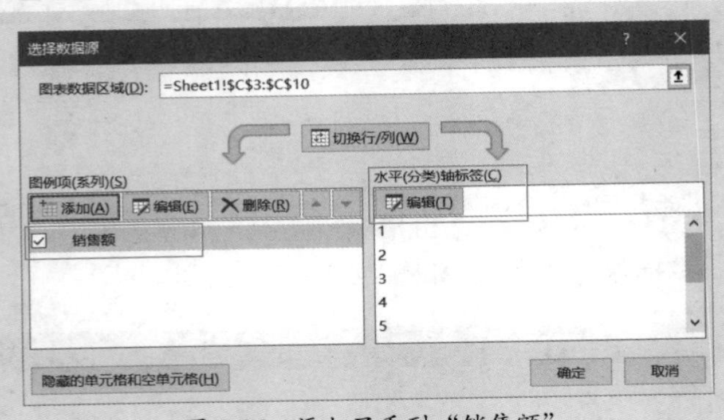

图 7-25　添加了系列“销售额”

步骤6 再单击右侧水平（分类）轴标签中的“编辑”按钮，打开“轴标签”对话框，输入下面的轴标签区域引用公式，如图 7-26 所示：

```
=Sheet1! 月份
```

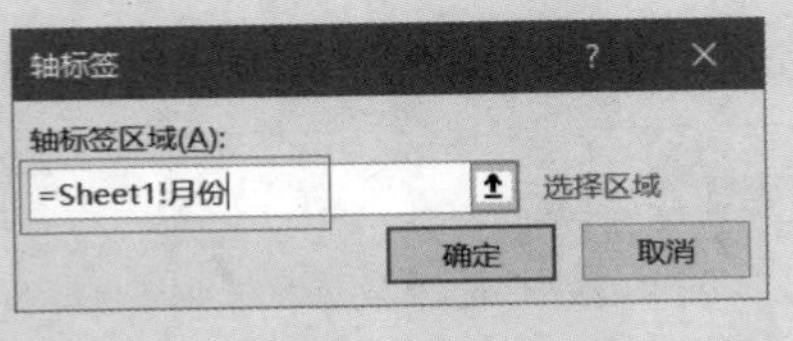

图 7-26　输入轴标签区域引用公式

步骤7 单击"确定"按钮，返回"选择数据源"对话框，如图 7-27 所示，就完成了图表的系列值和轴标签的添加工作。

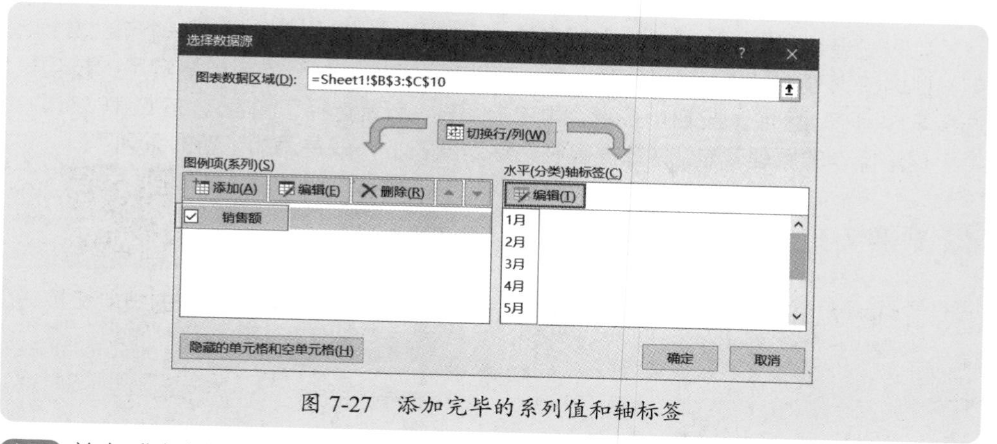

图 7-27　添加完毕的系列值和轴标签

步骤8 单击"确定"按钮，关闭"选择数据源"对话框，就得到了以名称绘制的图表，如图 7-28 所示。

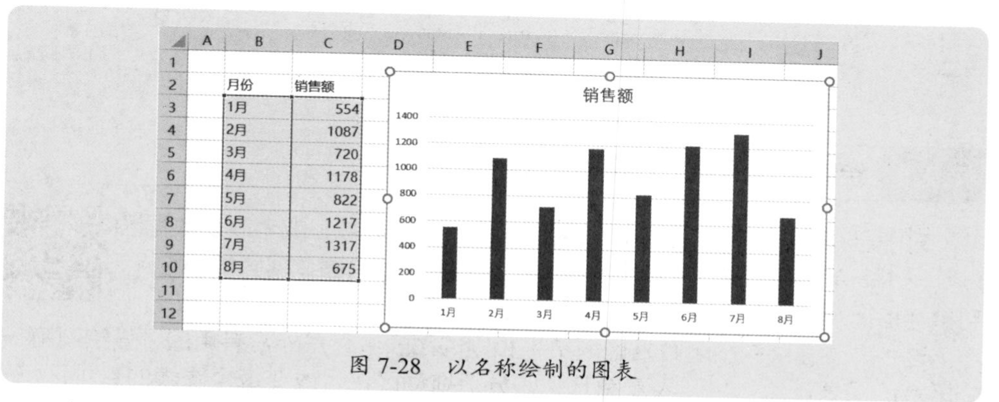

图 7-28　以名称绘制的图表

这个图表是动态的，因为系列值区域和分类轴区域是 OFFSET 函数定义的名称，当月份增加时，图表就自动调整，如图 7-29 所示。

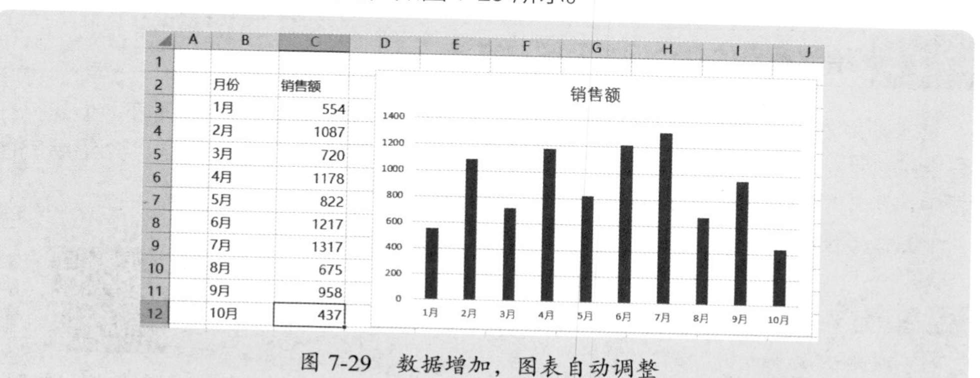

图 7-29　数据增加，图表自动调整

7.2.3 绘制图表的基本方法：复制粘贴法

如果已经绘制了一个或几个系列的图表，现在想往图表上再添加一个新的数据系列，此时没必要在“选择数据源”对话框里手动添加，一个最简单最实用的技巧是：选择新数据系列区域，按 Ctrl+C 键，再单击图表（就是选择了图表），按 Ctrl+V 键。

这个操作的原理就是：将数据复制粘贴到图表上，就是添加了新的系列了。

案例 7-6

请用图 7-30 所示的数据，练习复制粘贴法为图表添加新数据系列的技能和技巧。

	A	B	C	D	E	F
1						
2		地区	产品1	产品2	产品3	
3		华北	672	1528	929	
4		华东	148	232	1494	
5		华南	2209	1031	110	
6		华中	633	1574	895	
7		西北	1554	362	1299	
8		西南	855	1205	2096	
9		东北	1614	405	2145	

图 7-30　图表练习示例数据

7.2.4 绘制图表的基本方法：拖拉区域法

对于已经绘制完成的图表，如果想要扩展数据区域，或者改变数据区域，一个简单的方法是：先单击图表，然后就会出现绘图数据区域的轮廓，用鼠标指针对准数据区域边框，拖动数据区域即可。

这种方法在绘制多个数据区域结构相同的图表中，是非常有用的。先绘制第一个区域的图表，然后将图表复制几个，分别拖动区域，改变每个图表的数据区域，就迅速批量完成多个图表的制作。

请用图 7-30 的示例数据练习拖拉区域法。

7.2.5 绘制图表的几个问题及解决方法

大部分人绘制图表都是采用常规的方法：先选择区域，然后插入图表，但是，在有些情况下，这种常规方法制作图表会出现问题。下面结合实际数据，介绍绘制图表中，几个常见的问题及其解决方法。

1. 分类数据是数字的情况

案例 7-7

如果分类数据（也就是分类轴标签）是数值，那么这个分类数据不会绘制分类轴，

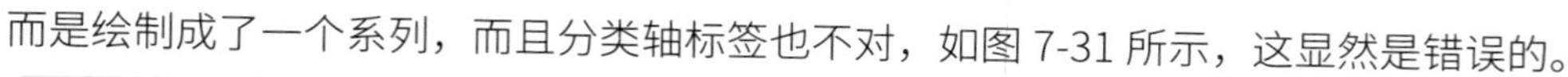

而是绘制成了一个系列，而且分类轴标签也不对，如图 7-31 所示，这显然是错误的。

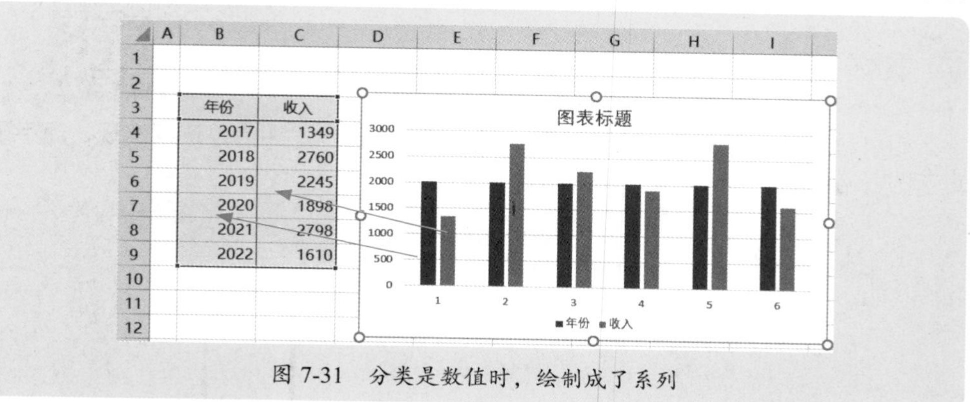

图 7-31　分类是数值时，绘制成了系列

要解决这个问题，需要将图表中默认的年份系列删除，重新编辑轴标签，如图 7-32 所示。

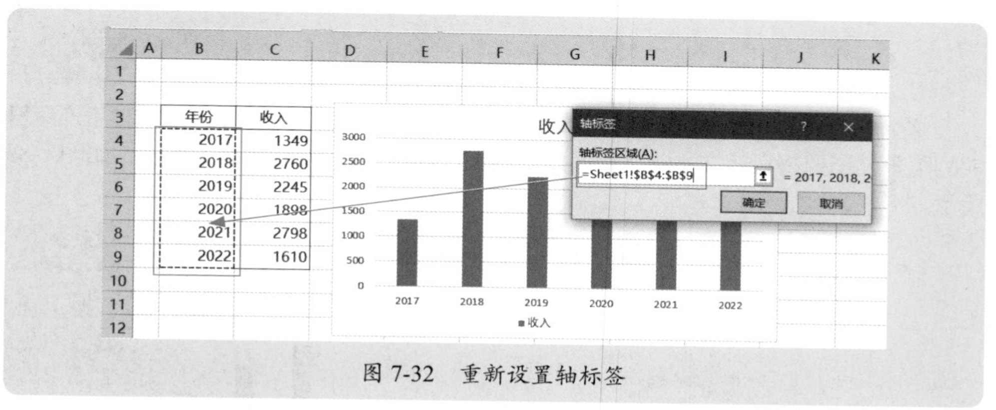

图 7-32　重新设置轴标签

为了避免两列发生这种情况，可以先将第一列年份标题删除，然后选择区域绘制图表，就能得到正确的图表，如图 7-33 所示，绘制完图表后，再输入年份标题。

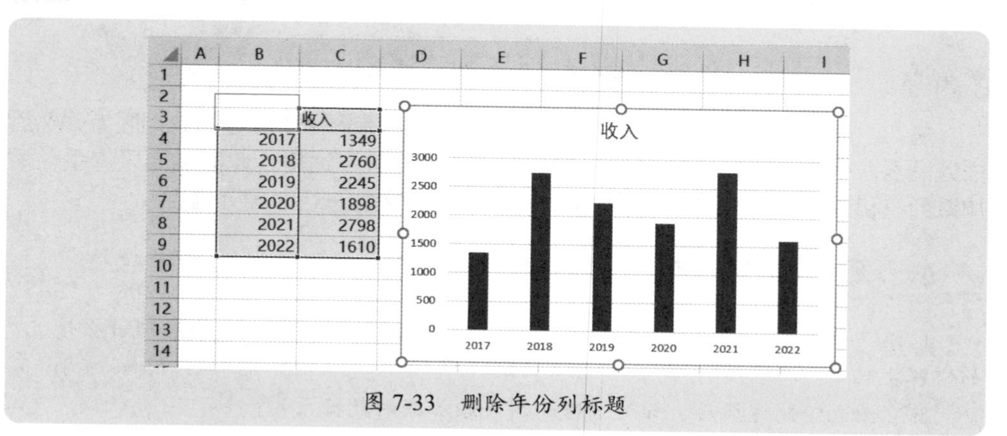

图 7-33　删除年份列标题

2. 分类数据是不连续日期的情况

案例 7-8

如果分类轴区域是不连续的日期，当绘制图表时，日期会是连续出现，而不是真正的表格日期序列，如图 7-34 所示。

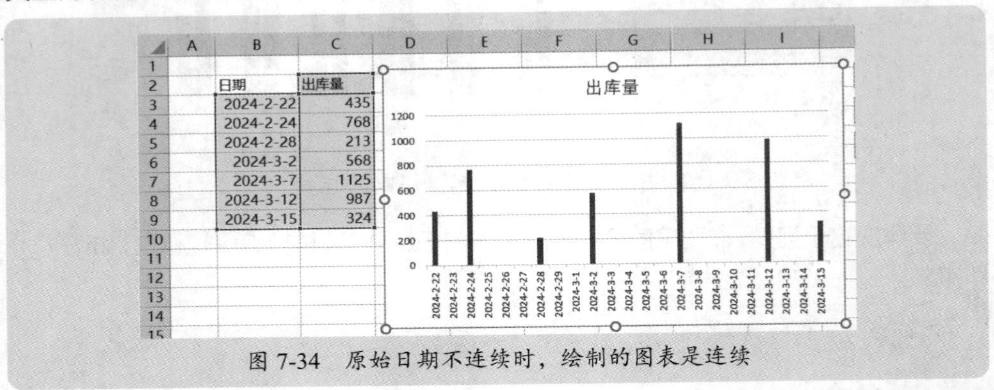

图 7-34　原始日期不连续时，绘制的图表是连续

这个问题是因为日期是一个连续的序列号引起的，为了能够真正反映这种不连续日期的图表，需要将日期文本化（转换为文本型日期），才能得到正确的图表，如图 7-35 所示。

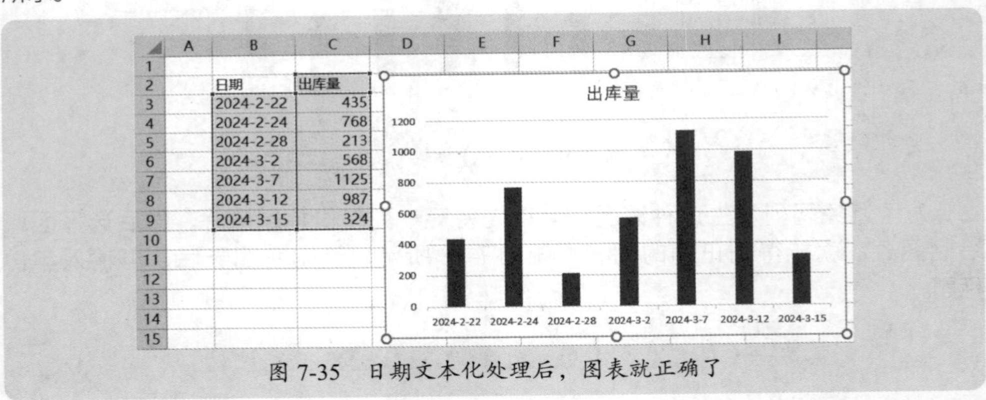

图 7-35　日期文本化处理后，图表就正确了

总之，在一般情况下，可以使用最简单的方法绘制图表：先选择数据区域，然后插入图表。但是，在有些情况下，这种偷懒的方法并不适用，此时需要采用手动添加系列值和轴标签的方法绘制图表了，或者对原始数据进行必要处理。

本节知识回顾与测验

1. 以一个固定区域数据绘制图表，如果分类轴标签数据是数字，会出现什么情况？如何解决？

2. 当图表绘制完毕后，如何快速向图表添加新的数据系列？

3. 当图表绘制完毕后，发现数据区域选择不够，如何快速扩展数据区域？
4. 如何使用定义的名称绘制图表？应注意哪些问题？

7.3 图表格式化技能与技巧

初步完成的图表，并不是最终我们需要的，还需要对图表进行格式化处理，主要包括：

- 图表区；
- 绘图区；
- 图表标题；
- 图例；
- 数据标签；
- 系列填充颜色和轮廓；
- 系列间隙宽度和重叠比例；
- 网格线；
- 数值轴；
- 分类轴；
- 其他项目。

点击图表，就会在功能区出现两个选项卡：“设计”和“格式”，如图 7-36 和图 7-37 所示，这两个选项卡包含了编辑和格式化图表的主要命令。

当然，也可以使用右击快捷菜单，只要右击某个图表元素，就出现相应的快捷菜单，然后选择相应的命令即可。

图 7-36　图表的“设计”选项卡

图 7-37　图表的“格式”选项卡

案例 7-9

本节主要介绍图表常规项目的格式化方法和技能，在一些经典数据分析图表案例中，还会对这些格式化技能进行综合应用，以及使用一些特殊的格式化工具和方法。

本节所使用的示例数据及图表，均在“案例 7-9”中，请使用该案例数据参照本书介绍内容进行练习。

7.3.1 设置图表区格式

图表区是整个图表，包括图表的所有元素，因此，可以统一对图表所有元素的字体进行设置，也可以单独设置图表区本身的格式（例如背景、轮廓、大小等）。

如果要强化图表信息，可以将图表区背景设置为深色，字体设置为白色，这样展示效果可能会更强烈，如图 7-38 所示。

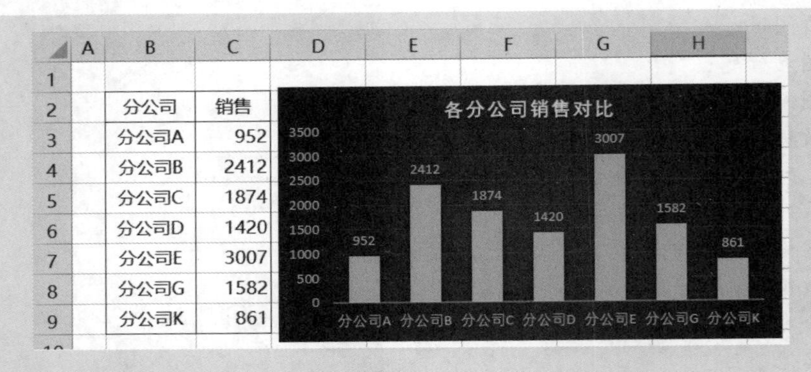

分公司	销售
分公司A	952
分公司B	2412
分公司C	1874
分公司D	1420
分公司E	3007
分公司G	1582
分公司K	861

图 7-38　深色图表背景，突出显示各个数据

7.3.2 设置绘图区格式

一般情况下，从图表的简洁性来说，绘图区设置为无轮廓、无填充，以便与图表区格式协调。不过，如果要强化绘图区，可以单独设置绘图区的轮廓和填充，如图 7-39 所示。

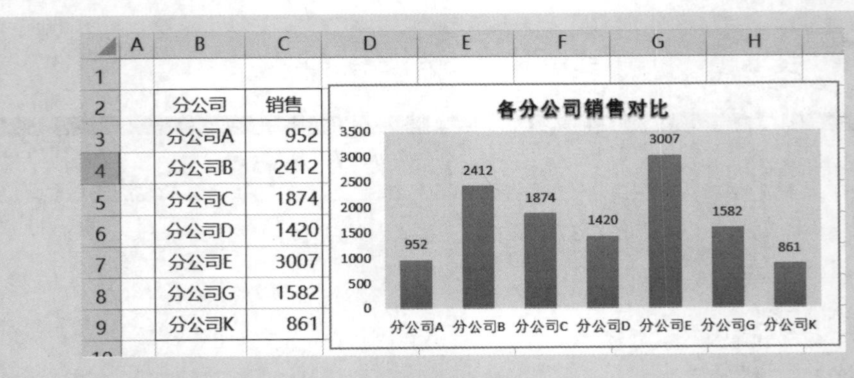

分公司	销售
分公司A	952
分公司B	2412
分公司C	1874
分公司D	1420
分公司E	3007
分公司G	1582
分公司K	861

图 7-39　设置绘图区格式

7.3.3 设置图表标题格式

图表标题是图表的重要说明文字，图表标题的格式包括位置、字体等，一般将图表标题置于图表顶部中间，在某些情况下，将图标标题置于左上角可以更好看些。

图 7-40 所示是不同的图表中，图表标题在不同的位置。

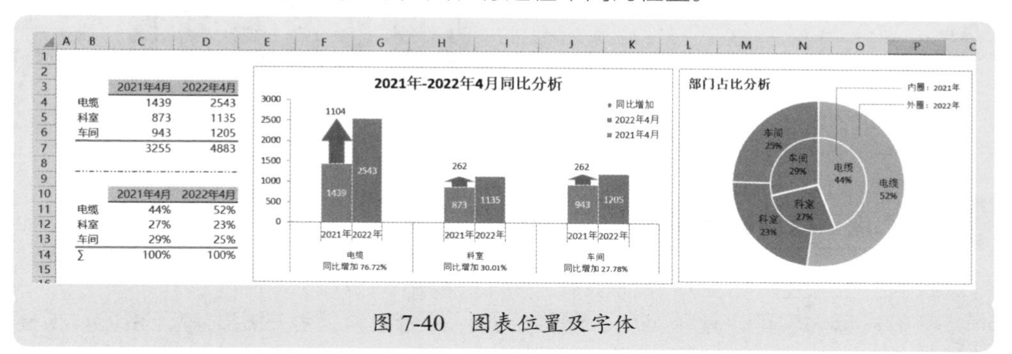

图 7-40　图表位置及字体

7.3.4 设置图例格式

如果图表只有一个系列，图例就是多余的了，最好删除图例。

如果图表有多个系列，那么就需要在适当位置显示图例，根据实际情况还可以设置图例的字体等。

图 7-41 所示是默认的图例在图表底部的情况，对于这个簇状柱形图来说，这种布局是比较合理的。

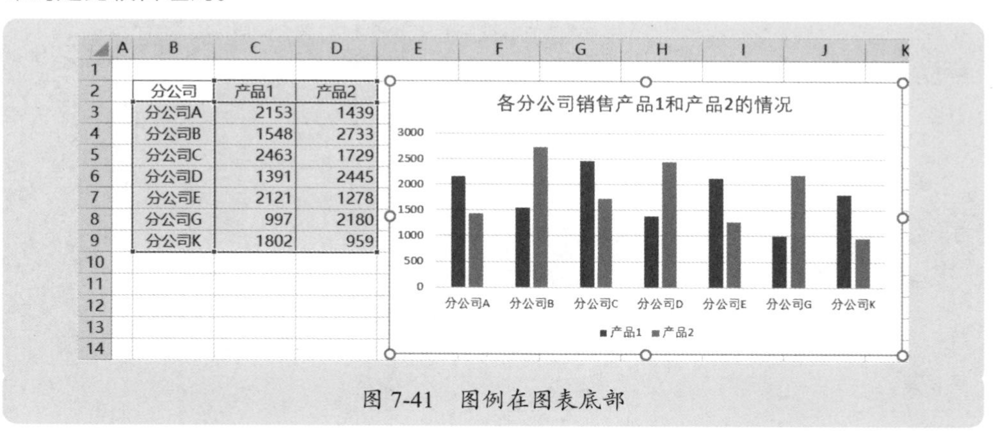

图 7-41　图例在图表底部

图 7-42 所示是堆积柱形图，那么图例显示在图表右侧就比较合理了。

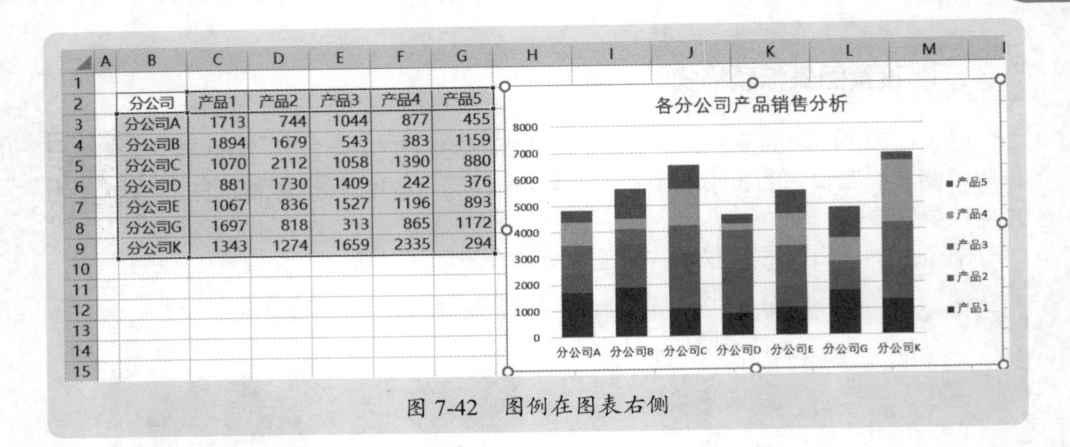

分公司	产品1	产品2	产品3	产品4	产品5
分公司A	1713	744	1044	877	455
分公司B	1894	1679	543	383	1159
分公司C	1070	2112	1058	1390	880
分公司D	881	1730	1409	242	376
分公司E	1067	836	1527	1196	893
分公司G	1697	818	313	865	1172
分公司K	1343	1274	1659	2335	294

图 7-42　图例在图表右侧

7.3.5 设置数据标签格式

数据标签，包括标签显示的内容、字体、数字格式等。

标签显示内容可以是系列值、分类标签、百分比，或者指定的单元格值，根据具体的图表类型，来设置相应的标签内容。

例如，对于柱形图、条形图、折线图来说，一般是显示系列值；对于饼图和圆环图来说，一般是显示百分比值。

数据标签的位置可以是居中、数据标签内、轴内侧、数据标签外等，根据实际情况，来决定是否显示数据标签，以及标签显示在什么位置。

显示标签一般是在“设置数据标签格式”面板中进行设置的，如图 7-43 所示，设置项目包括：标签内容、标签位置、数字格式。

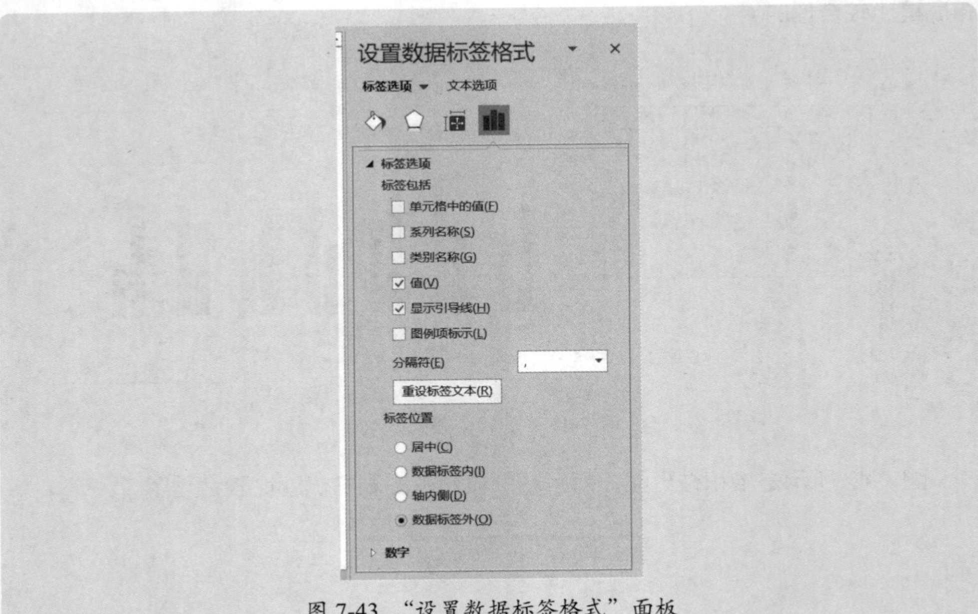

图 7-43　“设置数据标签格式”面板

如果图表是数据系列不多的簇状柱形图，可以将数据标签显示在数据标签外，如图 7-44 所示。但如果有很多系列，显示标签就会使得图表很凌乱。

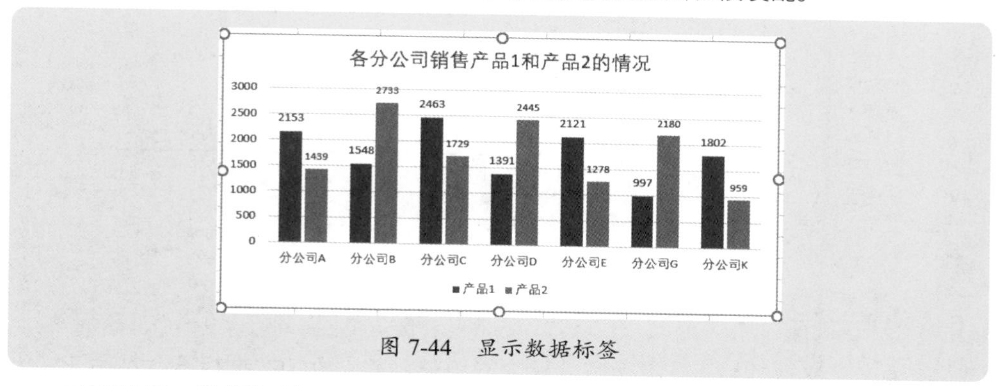

图 7-44　显示数据标签

对于饼图，数据标签一般显示百分比数，根据扇形的多少，居中显示，或者显示在标签外，图 7-45 就是一个示例，标签内容包括类别名称和百分比，显示在数据标签外，数字格式设置为两位小数的百分数。

由于在数据标签中显示了类别名称，因此图例就不需要显示了，将图例删除。

数据标签的数字格式设置也是很重要的，可以根据实际情况，设置各种格式，包括自定义数字格式。

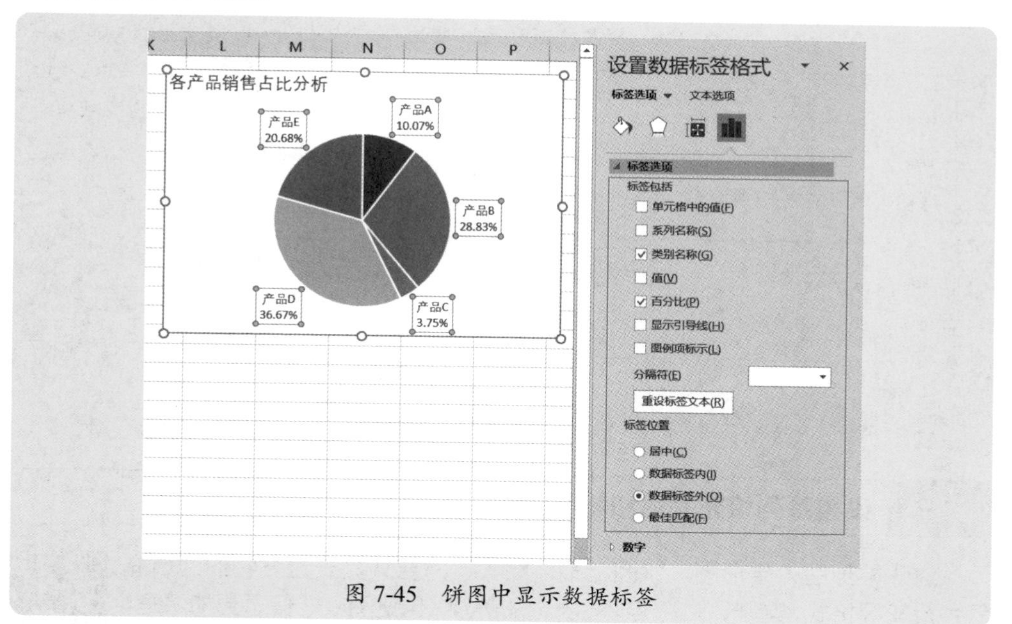

图 7-45　饼图中显示数据标签

图 7-46 是一个示例，反映的是各个产品的同比增长率，如果增长率是正数，就显示蓝色字体，添加上箭头；如果是负数，就显示红色字体，添加下箭头；不论是正数还是负数，都是一位小数的百分数。

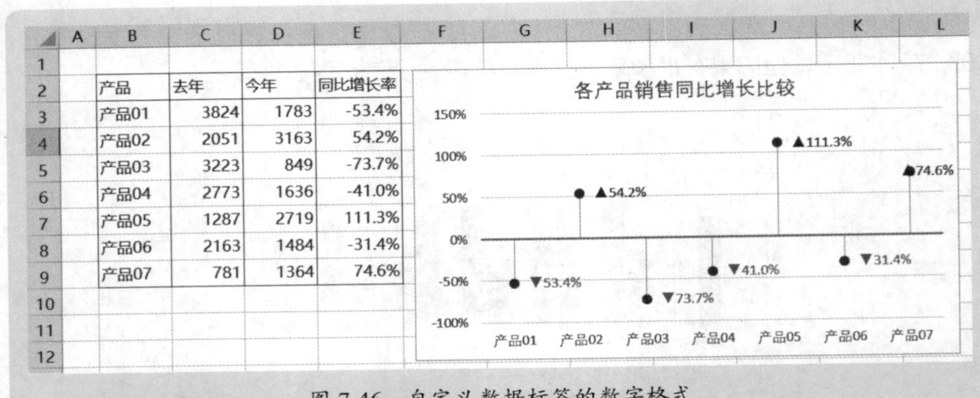

产品	去年	今年	同比增长率
产品01	3824	1783	-53.4%
产品02	2051	3163	54.2%
产品03	3223	849	-73.7%
产品04	2773	1636	-41.0%
产品05	1287	2719	111.3%
产品06	2163	1484	-31.4%
产品07	781	1364	74.6%

图 7-46　自定义数据标签的数字格式

这种自定义数据标签的数字格式是很简单的，首先添加数据标签，然后在“设置数据标签格式”面板中，类别选择“自定义”，在格式代码输入栏中输入下面的自定义代码，然后单击旁边的“添加”按钮，如图 7-47 所示。

```
[蓝色]▲0.0%;[红色]▼0.0%
```

这种自定义数字格式，就让数据标签变得更加清晰，一眼就可以看出哪些产品在同比增长，哪些产品在同比下降。

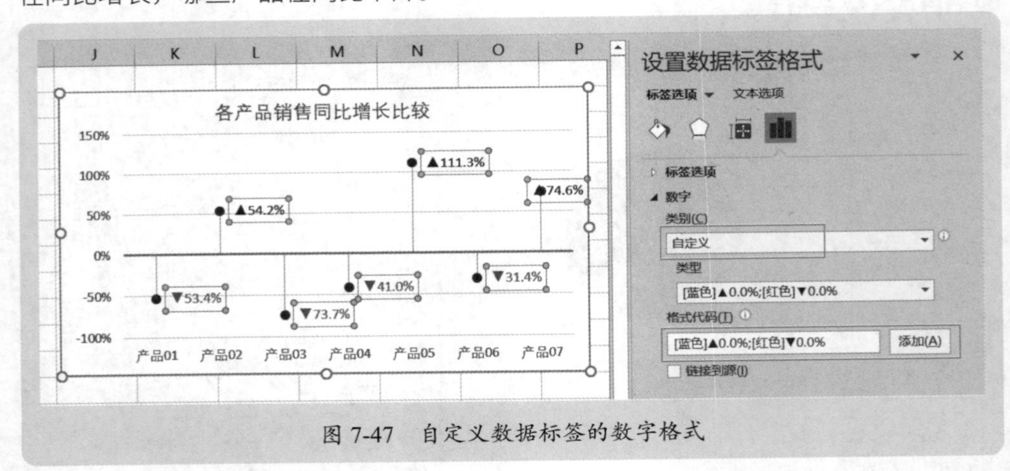

图 7-47　自定义数据标签的数字格式

7.3.6 设置系列填充颜色和轮廓

对于柱形图、条形图、饼图、圆环图等，需要认真去设置它们的填充颜色及轮廓格式，这样，不仅仅使图表更加美观，也让图表的信息更加清楚。

设置图表的任何一个元素的填充颜色，可以在两个地方使用相应命令，一个是在“格式”选项卡下的“形状填充”面板中，如图 7-48 所示，也可以在“设置数据系列格式”面板中进行，图 7-49 所示就是“设置数据系列格式”面板。

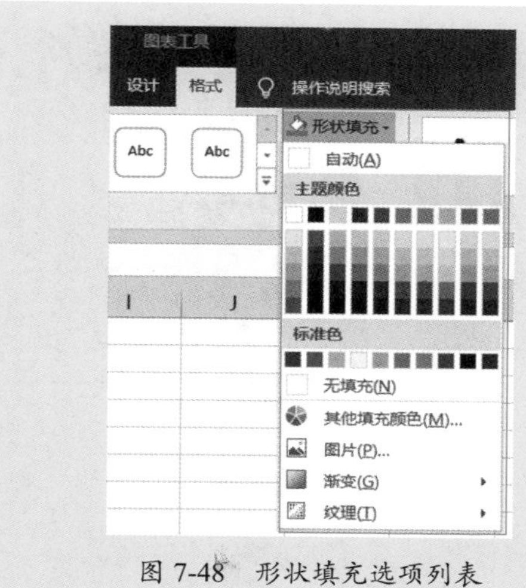

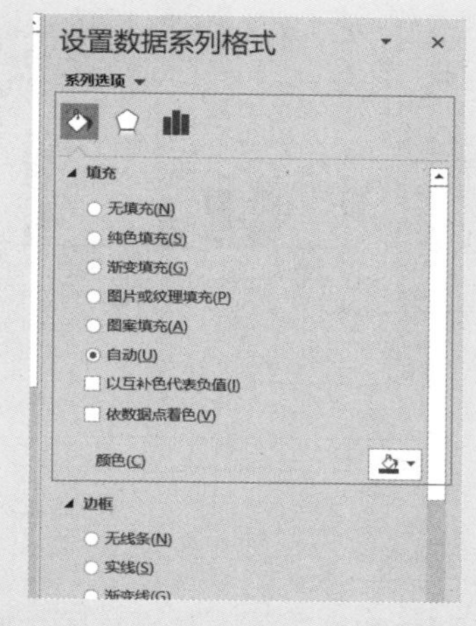

图 7-48　形状填充选项列表　　图 7-49　“设置数据系列格式”面板

例如，对于柱形图，柱形的填充颜色就需要进行合理的设置，否则柱形很难看。一般来说，可以设置为浅色，不至于太突兀和色差强烈。

如果是排名分析的柱形图，可以将柱形从高到低设置为渐变颜色，这样的柱形图看起来更直观，排名对比效果更好，如图 7-50 所示。

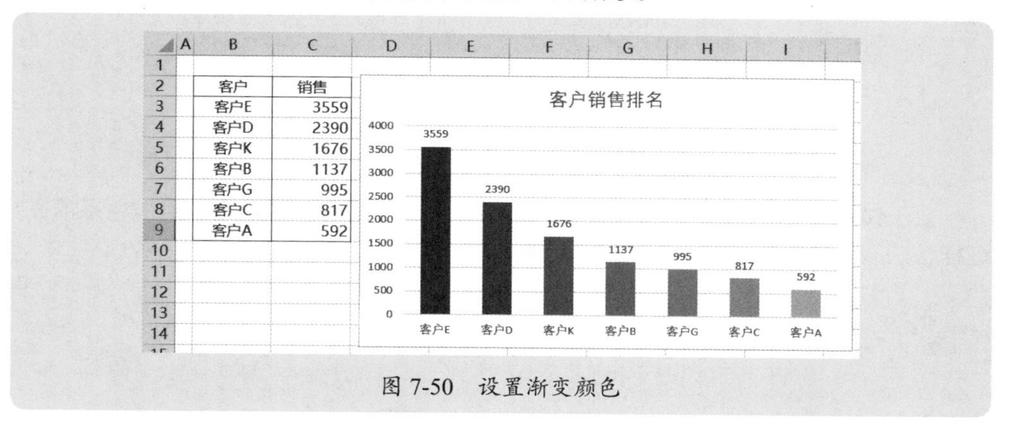

客户	销售
客户E	3559
客户D	2390
客户K	1676
客户B	1137
客户G	995
客户C	817
客户A	592

图 7-50　设置渐变颜色

对于有正数有负数的柱形图（例如利润分析时），可以用互补色来填充正数柱形和负数柱形，如图 7-51 所示。

在柱形图中，最好不设置轮廓（就是柱形边框），对于折线图、饼图之类的图表，轮廓设置就比较重要。

例如，对于有几个系列的折线图，就需要合理设置各个系列的轮廓（线条颜色、粗细、箭头等），如图 7-52 所示，预算数和实际数分别是两种颜色，实际数还显示结尾箭头。

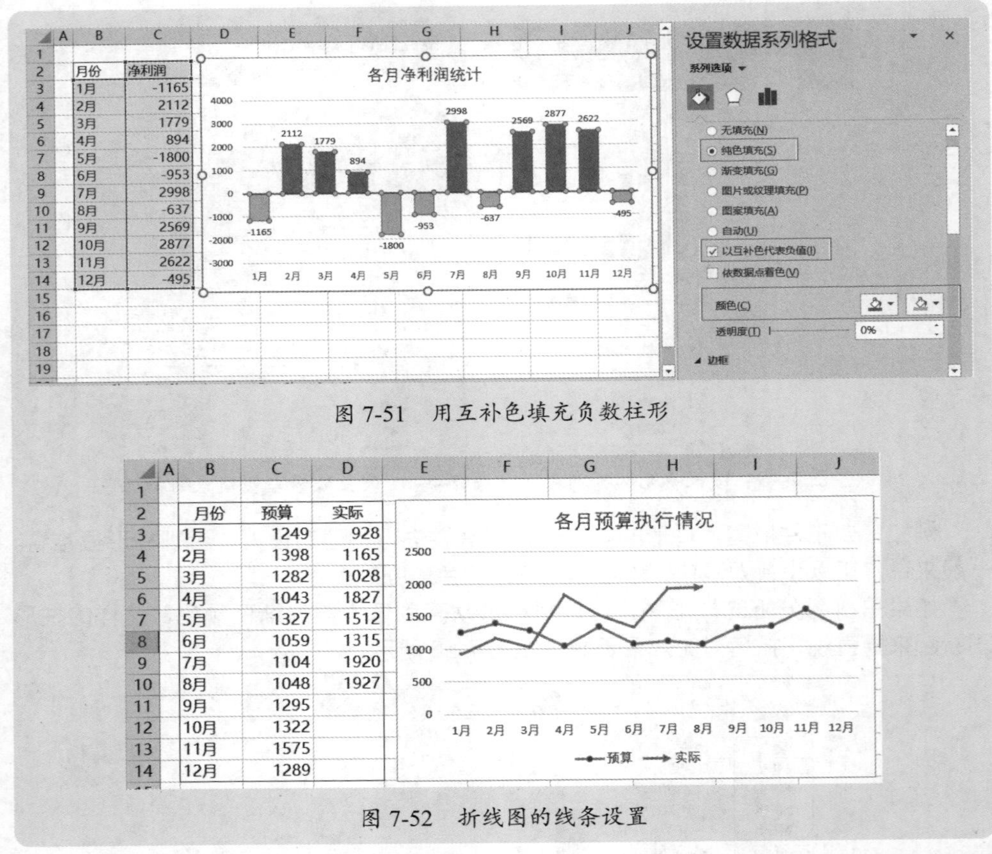

图 7-51　用互补色填充负数柱形

图 7-52　折线图的线条设置

对于饼图，可以将扇形轮廓设置为白色的、较细的线条，各块扇形用浅色系填充，这样各块扇形之间更清楚，如图 7-53 所示。

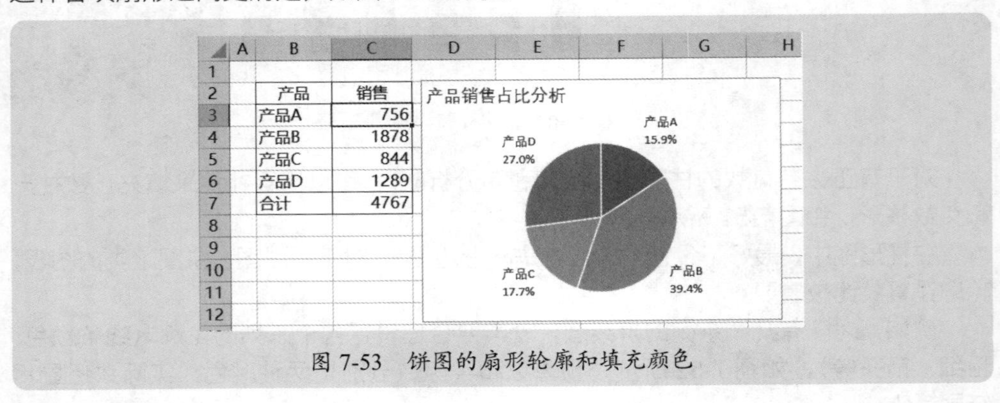

图 7-53　饼图的扇形轮廓和填充颜色

7.3.7 设置系列的间隙宽度和重叠比例

对于柱形图和条形图来说，需要合理设置系列的间隙宽度和系列重叠，一般来说，

系列间隙宽度设置为 50% ～ 80% 比较合适，这取决于数据个数的多少。此外，在某些图表中，系列重叠也需要设置为一个合适的比例。

图 7-54 所示是设置柱形的间隙宽度和系列重叠后的效果。

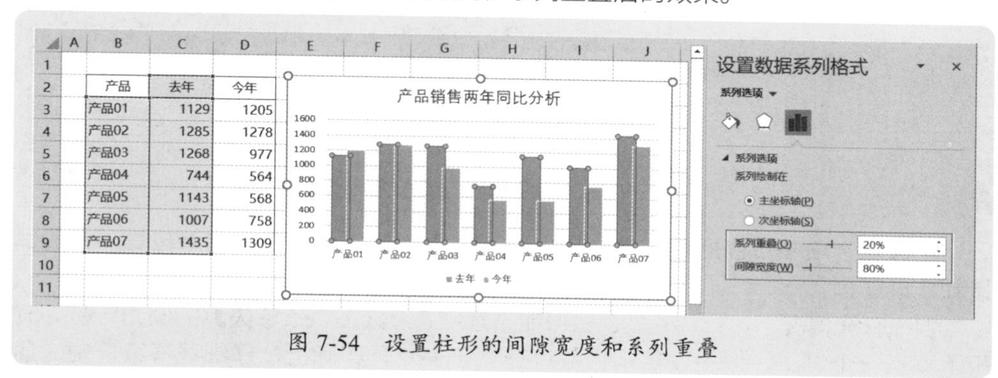

产品	去年	今年
产品01	1129	1205
产品02	1285	1278
产品03	1268	977
产品04	744	564
产品05	1143	568
产品06	1007	758
产品07	1435	1309

图 7-54　设置柱形的间隙宽度和系列重叠

7.3.8 设置网格线

一般情况下，图表会默认有水平网格线，有的图表不需要这些网格线，将其删除即可。

对于某些图表来说，例如折线图、XY 散点图，我们需要设置水平网格线和垂直网格线，这样在数据的定位方面就更直观、更清楚了。

图 7-55 所示是各个产品毛利率对比图，绘制的是折线图，不显示折线轮廓，数据标记显示为圆圈，图表背景填充色为深色，字体为白色，添加水平网格线和垂直网格线，线条颜色为白色。

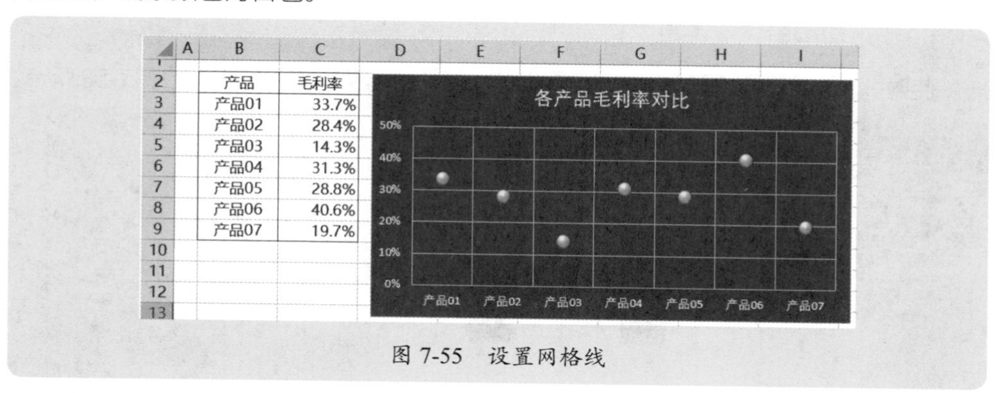

产品	毛利率
产品01	33.7%
产品02	28.4%
产品03	14.3%
产品04	31.3%
产品05	28.8%
产品06	40.6%
产品07	19.7%

图 7-55　设置网格线

7.3.9 设置数值轴格式

数值轴就是常说的 Y 轴，用于显示数字刻度值。

数值轴的格式包括：坐标轴选项、刻度线、标签、数字，如图 7-56 所示。在设置坐标轴格式面板中，重点是设置坐标轴选项和数字格式。

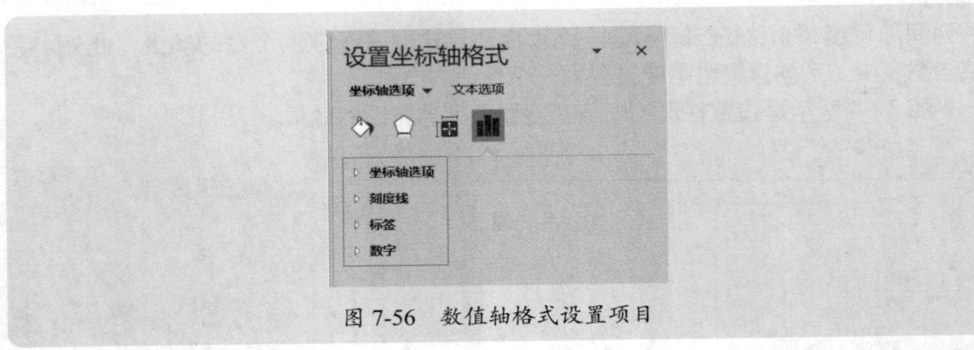

图 7-56 数值轴格式设置项目

坐标轴选项中，包括最大值、最小值、主要刻度值、是否显示单位等，一般保持默认设置。

但在有些情况下，默认的最小值可能不是零，造成图表信息失真。例如，图 7-57 所示就是一个例子，似乎今年销售额远远低于去年，实际上，仔细观察数值轴的最小刻度是 5100，而不是 0，就造成了这样的情况。

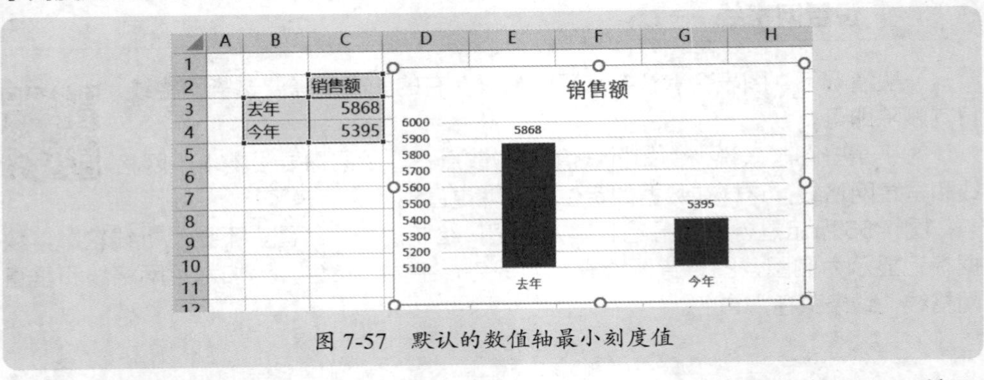

图 7-57 默认的数值轴最小刻度值

此时,就必须将数值轴的最小刻度设置为0,才能得到正确的图表,如图7-58所示。

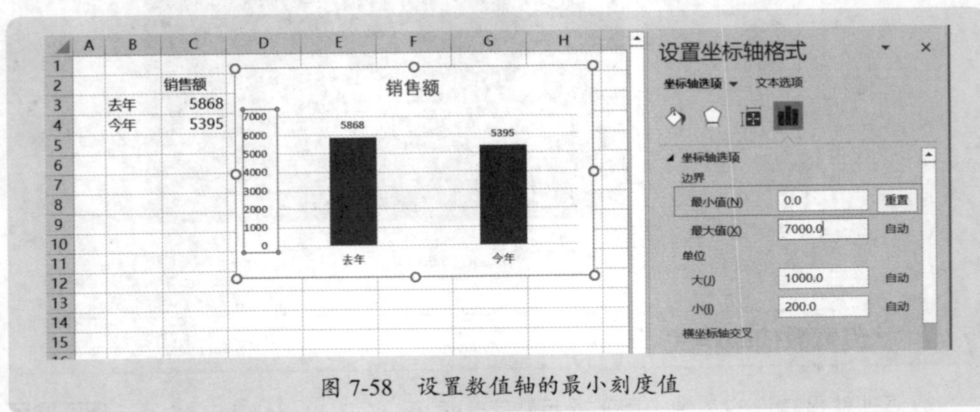

图 7-58 设置数值轴的最小刻度值

在有正数有负数的情况下，数值轴的最大刻度值和最小刻度值保持默认，如果数据都是正数，除非想要看数据之间的细微差别而把最小刻度值设置为一个合适的数字，否则就需要将最小刻度值设置为 0。

当数字很大时，数值轴的数字也是很大的，这样数值轴就不美观了，如果再显示数据标签，那么图表就显得更乱了，如图 7-59 所示。

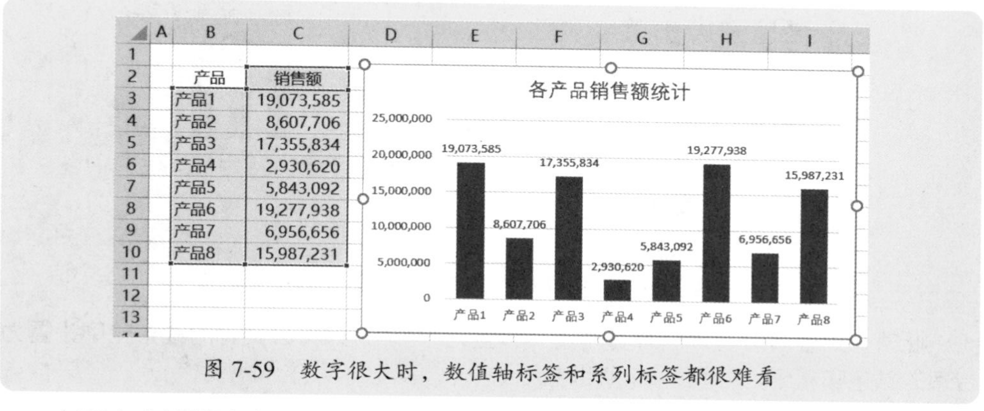

产品	销售额
产品1	19,073,585
产品2	8,607,706
产品3	17,355,834
产品4	2,930,620
产品5	5,843,092
产品6	19,277,938
产品7	6,956,656
产品8	15,987,231

图 7-59 数字很大时，数值轴标签和系列标签都很难看

有两个方法解决这个问题，一个方法是直接设置单元格的自定义数字格式，缩小位数显示；另一个方法是，不动单元格，而是在图表上设置数值轴格式，显示单位即可，如图 7-60 所示，这里的单位有很多，根据需要选择合适的单位。

当数值轴选择显示单位时，默认情况下，会在数值轴旁显示单位标签，这个标签可以不要，也可以对这个标签格式进行设置（字体、对齐、位置等）。

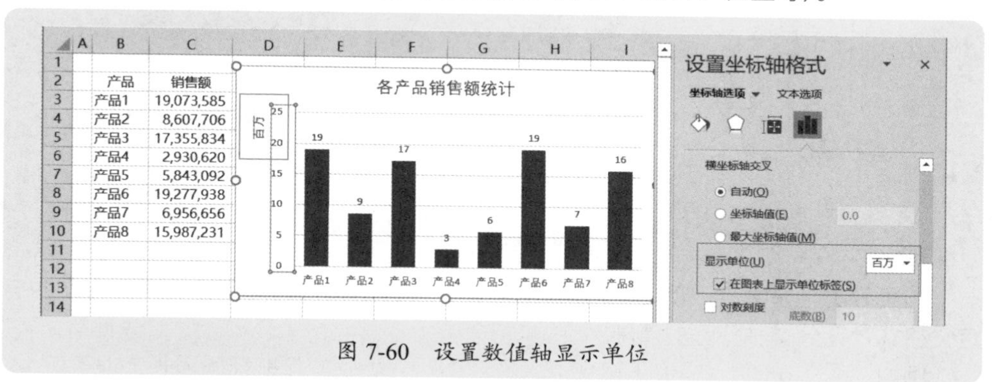

产品	销售额
产品1	19,073,585
产品2	8,607,706
产品3	17,355,834
产品4	2,930,620
产品5	5,843,092
产品6	19,277,938
产品7	6,956,656
产品8	15,987,231

图 7-60 设置数值轴显示单位

7.3.10 设置分类轴格式

分类轴就是平常说的 X 轴，是显示类别标签的，分类轴格式一般情况下不需要去理会，但在某些特殊情况下，则需要去设置了。

例如，对于条形图，分类轴是垂直的，坐标轴方向是从上往下，一般需要逆序类别，以便使图表上分类的上下顺序与表格里的上下顺序一致。

对于有正数、有负数的图表（柱形图、条形图、折线图等），需要设置分类标签的位置，以便使分类轴标签清晰显示。

例如，图 7-61 所示是各月净利润柱形图，由于有正数也有负数，默认情况下，分类轴标签显示的位置是“轴旁”，很是难看，不仅看不清，也干扰对图表的阅读。

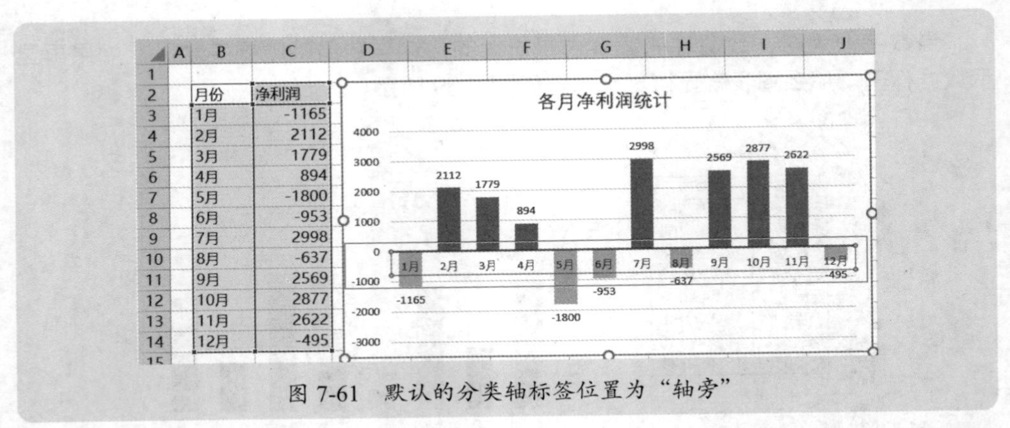

图 7-61　默认的分类轴标签位置为“轴旁”

此时，需要将分类轴“标签位置”设置为“低”，并将分类轴的线条轮廓设置为合适的颜色和粗细，如图 7-62 所示。

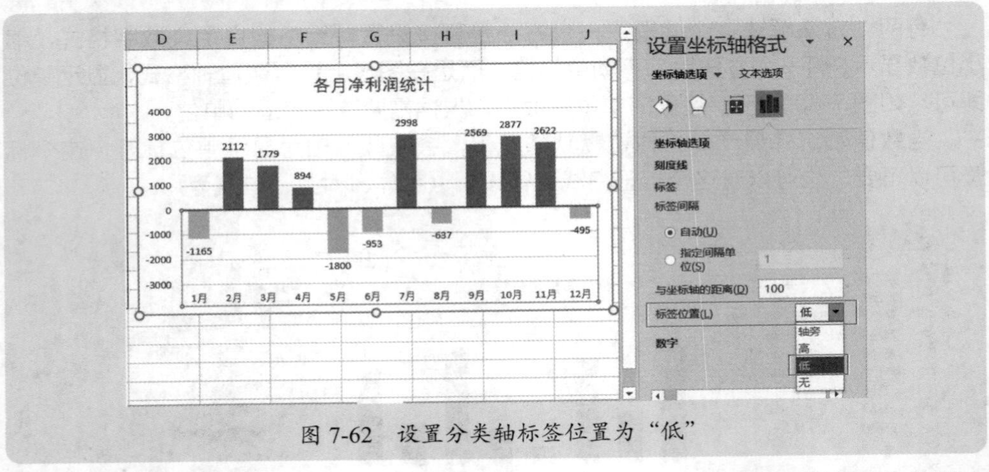

图 7-62　设置分类轴标签位置为“低”

如果分类轴是数字（例如绘制 XY 散点图）或日期，还可以设置数字或日期的自定义格式，让分类轴标签更清晰。

例如，图 7-63 所示是每天资金流入柱形图，分类轴的日期标签很长，很不好看。

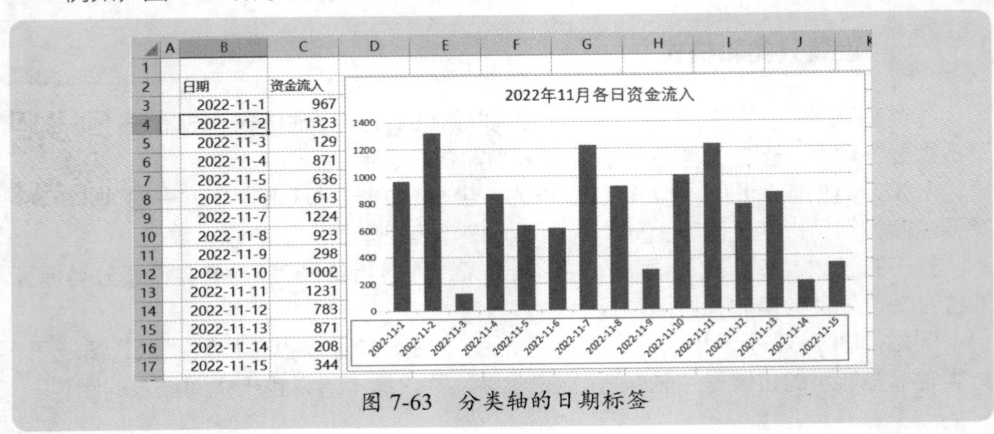

图 7-63　分类轴的日期标签

可以设置分类轴日期标签的数字格式，让日期标签简洁清晰，如图 7-64 所示。

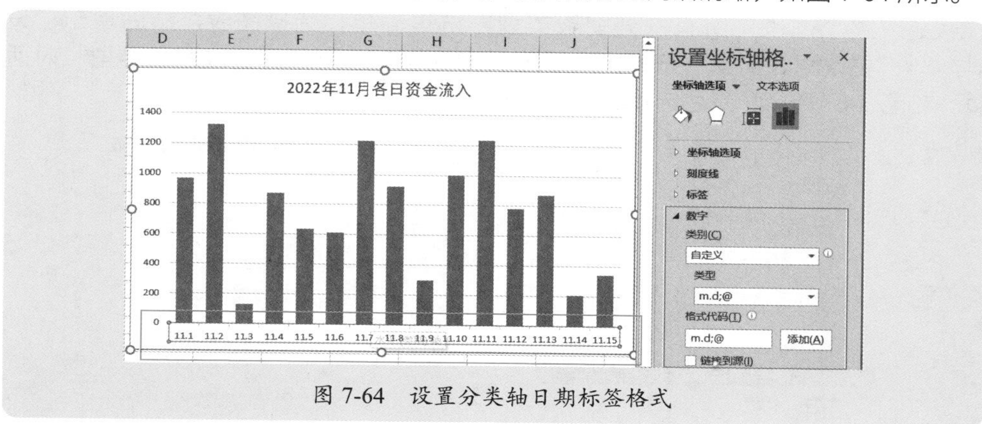

图 7-64　设置分类轴日期标签格式

7.3.11 为图表添加不存在的元素

如果图表上没有某些元素，我们可以随时给图表添加这些需要元素，方法很简单，执行“设计”→“添加图表元素”下的相关命令即可，如图 7-65 所示。

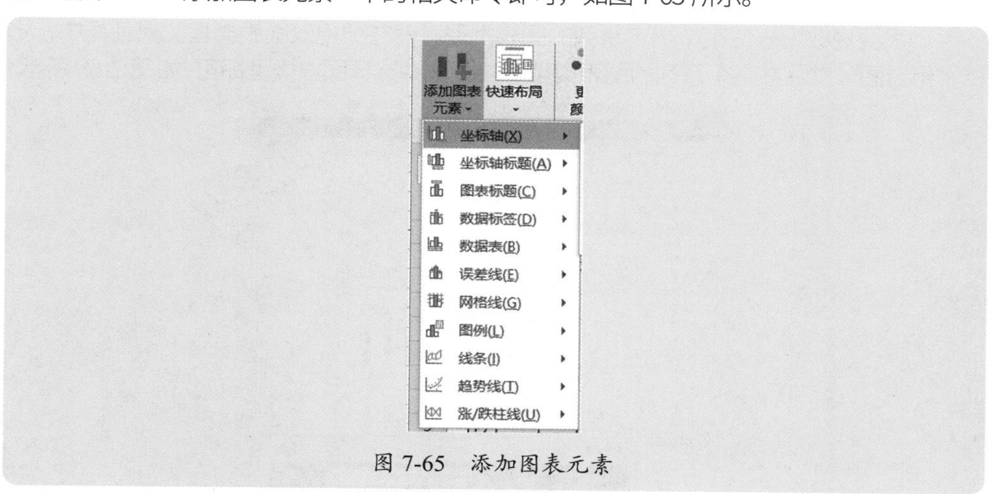

图 7-65　添加图表元素

有些元素是某些图表所特有的，例如，高低点连线、垂直线、涨跌柱线是折线图特有的；系列线是堆积柱形图和堆积条形图特有的。

有些元素是所有图表所共有的，例如图表标题、数值轴、分类轴、图例、网格线、坐标轴等。

7.3.12 更改图表类型

绘制完成的图表，可以随时更改图表类型，包括对整个图表的所有系列更改图表类型，或者仅仅更改某个数据系列的图表类型。

1. 更改所有系列图表类型

更改整个图表中所有系列图表类型方法很简单，选择图表，然后单击“设计”→“更改图表类型”按钮，如图 7-66 所示，就打开了“更改图表类型”对话框，如图 7-67 所示，然后选择需要更改的图表类型即可。

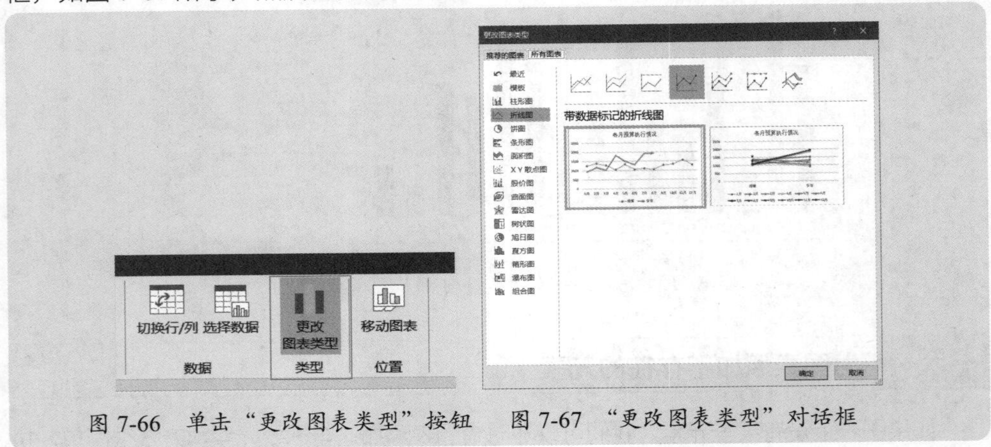

图 7-66　单击“更改图表类型”按钮　　图 7-67　“更改图表类型”对话框

2. 更改某个系列的图表类型

如果要更改图表的某个指定系列的图表类型，就在“更改图表类型”对话框中，选择“组合图”，然后在某个系列的图表类型下拉列表中选择图表类型即可，如图 7-68 所示。

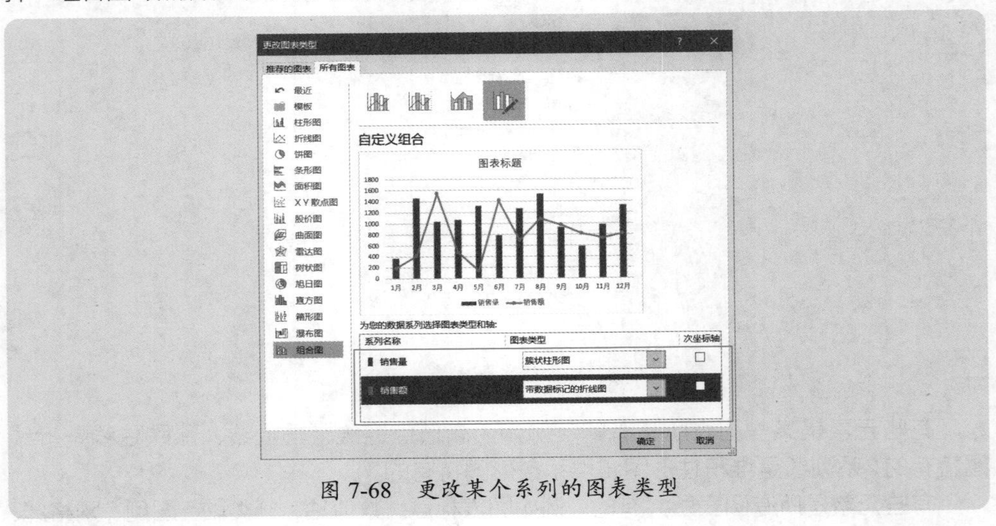

图 7-68　更改某个系列的图表类型

7.3.13 设置数据系列的绘制坐标轴

在数据分析中，如果每个数据系列的数据类型不一样，它们就不能绘制在同一个数值轴上，此时，需要将不同类型的数据分别绘制在主轴和次轴上，这样才能区分它们。

例如，两年的销售额可以绘制为柱形图，绘制到主坐标轴上，而同比增长率绘制为折线图，绘制在次坐标轴上，如果不这么处理，同比增长率在图表上是无法显示的。

而且，通过次坐标轴的设置，我们还可以绘制一些复杂的图表，来分析更多的信息。

设置次坐标轴有两种方法：一种仅仅是设置系列的次坐标轴，图表类型不同去更改，此时在“设置数据系列格式”对话框中选择“次坐标轴”选项即可，如图 7-69 所示。

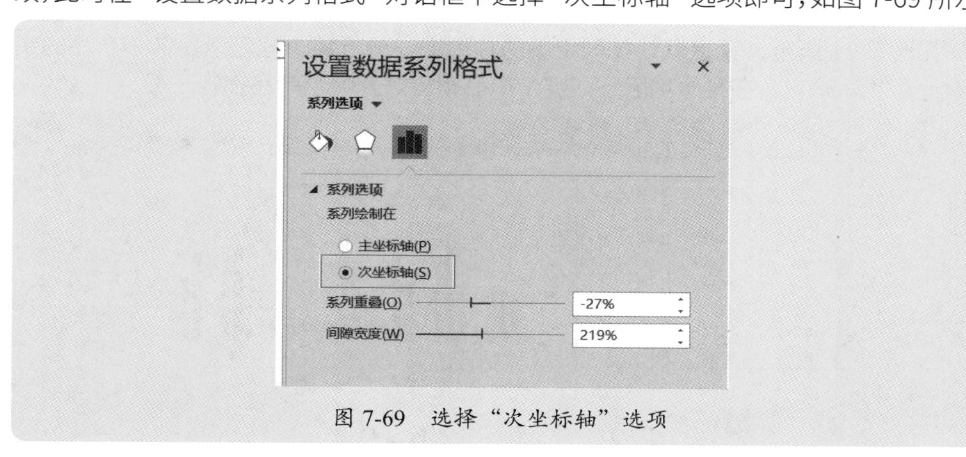

图 7-69　选择“次坐标轴”选项

这种设置，可以绘制某些特殊的图表，例如，要比较每个产品的销售额和毛利的情况，毛利是销售额的一部分，可以将销售额绘制成较宽的柱形，毛利绘制成较窄的柱形，毛利嵌套在销售额里面，要达到这样的效果，就需要将销售额绘制在主坐标轴上，将毛利绘制在次坐标轴上，然后分别设置它们的间隙宽度，就得到了需要的图表，如图 7-70 所示。

这里有两个要点需要注意：一是，想把哪个系列绘制在前方（不被另一个系列遮挡住），就把哪个系列绘制在次坐标轴上；二是，要删除次数值轴，以便让两个系列的数值轴刻度一致，不至于出现刻度不一致造成的错误。

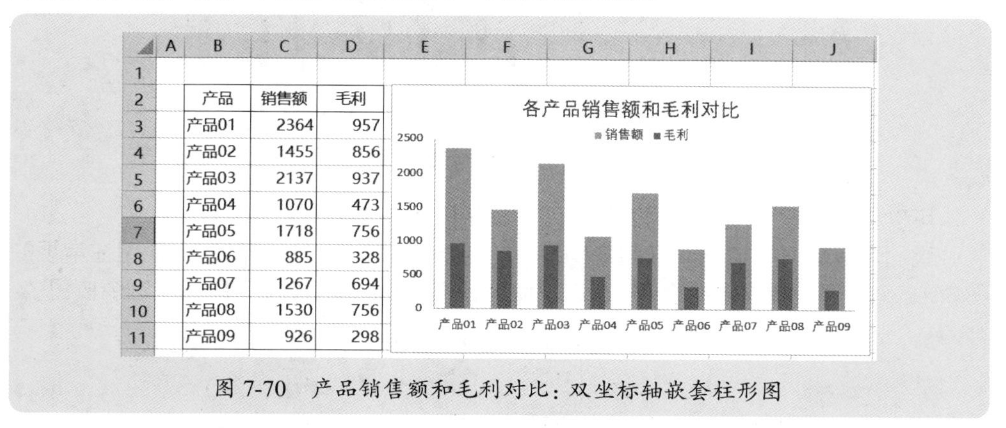

产品	销售额	毛利
产品01	2364	957
产品02	1455	856
产品03	2137	937
产品04	1070	473
产品05	1718	756
产品06	885	328
产品07	1267	694
产品08	1530	756
产品09	926	298

图 7-70　产品销售额和毛利对比：双坐标轴嵌套柱形图

还有一种设置次坐标轴的方法是对某个指定系列设置次坐标轴，同时也更改图表类型，则可以在“更改图表类型”对话框中来设置，选择“次坐标轴”复选框，更改图表类型，是很简单的操作。

7.3.14 改变图表绘制方向

默认情况下，图表都是按列绘制的，也就是说，一列是一个数据系列，有几列就有几个数据系列，这种图表分析的角度，是以数据区域第一列的项目为分类，考察每个项目下各个系列的对比关系。

如图 7-71 所示，就是默认按列绘制的柱形图，分析每个地区下，各个产品的销售对比，也就是说，在某个地区下，哪个产品销售好，哪个产品销售一般。

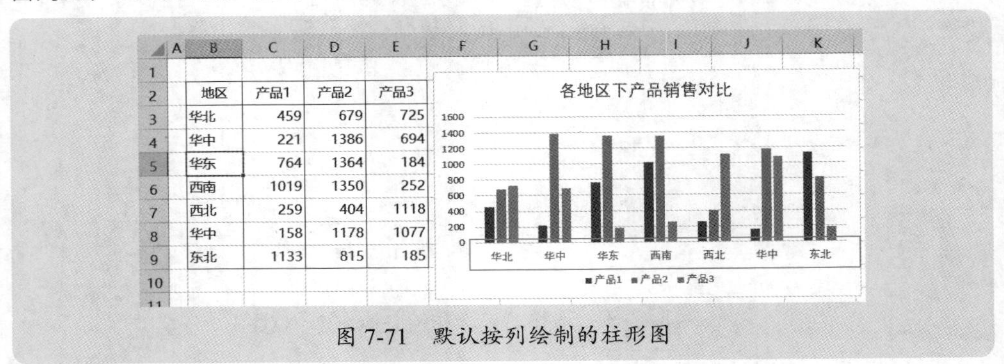

图 7-71　默认按列绘制的柱形图

如果要以产品为分类，查看每个产品下，各个地区的销售对比呢？也就是说，对某个产品，哪个地区销售好，哪个地区销售一般？此时，需要按行绘制图表了，如图 7-72 所示。

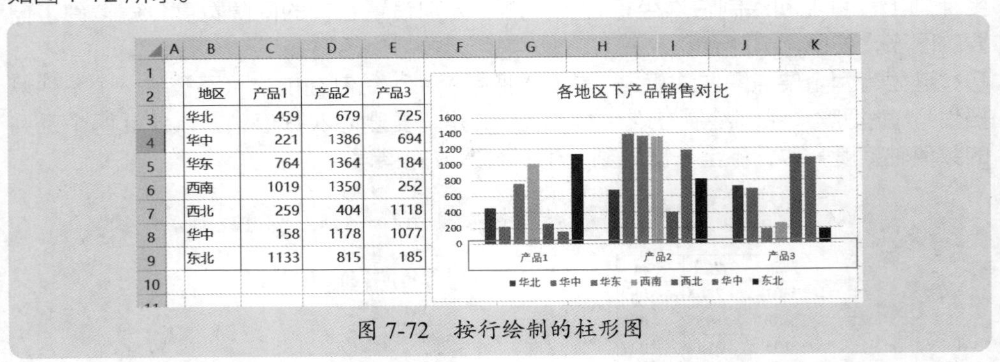

图 7-72　按行绘制的柱形图

可以单击“设计”→“切换行 / 列”命令按钮，如图 7-73 所示。

我们可以随时单击这个按钮来切换行 / 列绘制，不过，这个按钮只能用在常规的图表中，对于某些复杂的组合图表，以及使用名称绘制的图表，就不能使用这个按钮了。

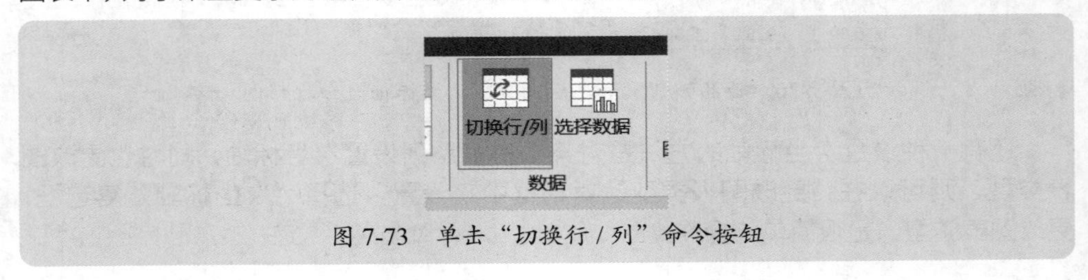

图 7-73　单击“切换行 / 列”命令按钮

本节知识回顾与测验

1. 如何为图表添加不存在的元素？
2. 设置图表元素格式的基本方法和步骤是什么？
3. 如何将细长的柱形变成一个合适宽度的柱形？
4. 如何快速转换绘图方向，以便快速发现数据分析的视觉是否合理？
5. 请结合数据绘制柱形图、条形图、折线图、饼图等，练习图表格式化的基本方法和技能技巧。

7.4 常用排名及对比分析经典图表

7.3 节介绍了图表的制作方法和格式化的基本技能，本节将介绍数据分析中，一些常用的经典数据分析图表制作及其实际应用。

排名与对比分析，就是比较各个项目的大小，一般用柱形图来表示。但是，如果项目名称数据较长的字符串，使用柱形图就很难看了，此时最好使用条形图。

既然是排名分析，那么对数据先进行排序是必要的，如果是固定格式的报表，不能在报表中进行排序，则可以使用 SORT 函数进行排序并绘制图表。

为了更加清晰比较各个项目大小，还可以添加一个参考线，例如平均值线、标准值线等，将参考值线以下的项目和参考值线以上的项目分别用两种颜色来表示。

7.4.1 排名分析之柱形图

案例 7-10

图 7-74 所示是一个经典的客户排名分析例子，在这个图表中，客户销售额从大到小排列，并用一条平均值线，将各个客户销售额分为平均值以上和平均值以下两种颜色。

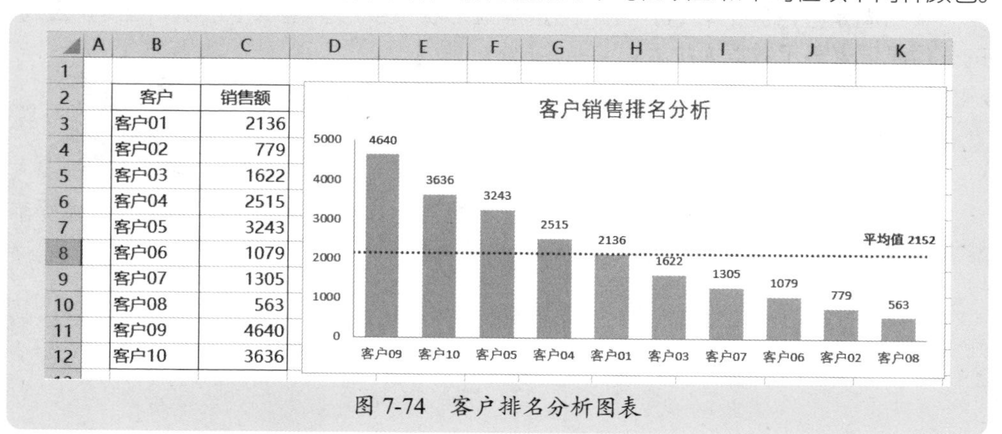

客户	销售额
客户01	2136
客户02	779
客户03	1622
客户04	2515
客户05	3243
客户06	1079
客户07	1305
客户08	563
客户09	4640
客户10	3636

图 7-74　客户排名分析图表

这是一个比较综合的案例，涉及函数公式应用、图表制作、图表格式化、自定义数字格式、设置趋势线，详细制作步骤请观看视频，下面是几个要点的简要说明。

要点 1：首先设计辅助区域，如图 7-75 所示，使用 SORT 函数降序排列，然后根据排序后的数据计算平均值、均值以上和均值以下。

F3 =SORT($B$3:$C$12,2,-1)

	A	B	C	D	E	F	G	H	I	J
1										
2		客户	销售额			客户	排序后	平均值	均值以上	均值以下
3		客户01	2136			客户09	4640	2152	4640	
4		客户02	779			客户10	3636	2152	3636	
5		客户03	1622			客户05	3243	2152	3243	
6		客户04	2515			客户04	2515	2152	2515	
7		客户05	3243			客户01	2136	2152		2136
8		客户06	1079			客户03	1622	2152		1622
9		客户07	1305			客户07	1305	2152		1305
10		客户08	563			客户06	1079	2152		1079
11		客户09	4640			客户02	779	2152		779
12		客户10	3636			客户08	563	2152		563

图 7-75　设计辅助区域

要点 2：用辅助区域数据绘制柱形图，然后进行如下的主要设置：

- 将系列重叠设置为 100%，间隙宽度设置为合适比例；
- 将系列“平均值”设置为无填充、无轮廓，也就是设置为透明，然后为其添加线性趋势线，设置趋势线线条格式，向前和向后各推 0.5 周期。

要点 3：为系列“平均值”最后一个柱形添加数据标签，标签内容包括系列名称和值。

要点 4：为选择系列“均值以上”和“均值以下”添加数据标签，设置标签的自定义数字格式，隐藏数字 0。

要点 5：删除图例，修改图表标题，设置柱形填充颜色。

7.4.2 排名分析之条形图

如果项目名称较长，使用柱形图不是一个明智的选择，最好是使用条形图。

条形图是柱形图的转置，柱形图是垂直形状，条形图是水平形状，都是以形状的长短高低来表示数据大小。

案例 7-11

图 7-76 是一个发货量前 10 的客户排名报告，绘制的是条形图。这里已经提前将各个客户发货量做了降序排列。

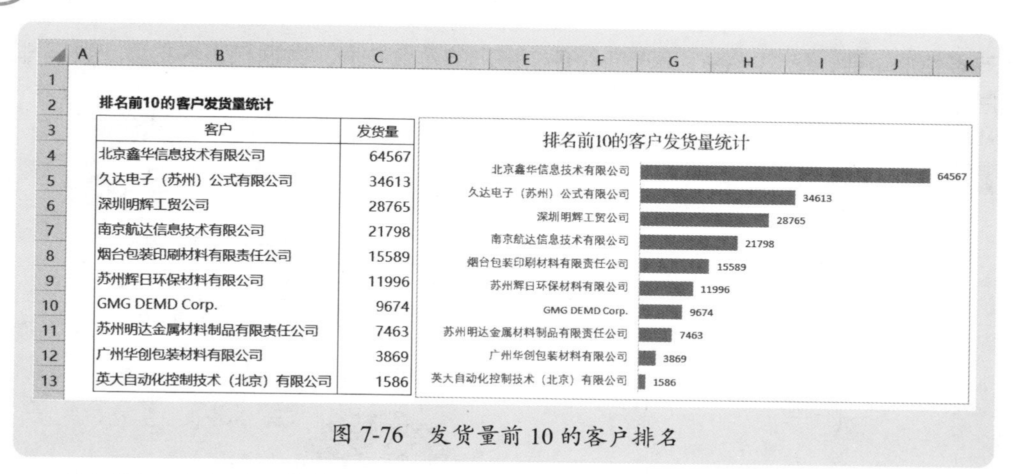

图 7-76　发货量前 10 的客户排名

下面是这个条形图的绘制要点，详细制作步骤请观看视频。

要点 1：选择数据区域，绘制基本条形图。

要点 2：设置坐标轴格式，选择“逆序类别”选项，将客户名称上下次序倒过来。

要点 3：设置条形的间隙宽度，设置填充颜色，删除网格线，删除数值轴，添加数据标签。

本节知识回顾与测验

1. 排名分析图表常用的图表类型是柱形图或条形图，在绘制时要注意什么？

2. 嵌套柱形图或嵌套条形图如何制作？关键点是什么？

3. 绘制三维立体柱形图时，要注意设置哪些项目？

4. 如果原始数据是一个二维表，要分析某个项目的排名情况，那么如何自动化排序？

7.5 常用结构分析经典图表

结构分析是数据分析重要内容之一。例如，每个产品的贡献有多大，每个项目占所有项目的比例有多高，排名前 10 的客户的销售额占比是多少？等等，都是结构分析。

结构分析一般使用饼图和圆环图，但是当项目很多，或者项目数值相差很大时，饼图和圆环图就不一定合适了，此时可以使用柱形图或条形图来分析结构占比。

如果要分析的维度是多个，可以使用堆积条形图来进行多维结构分析。

7.5.1 结构分析：常规饼图

绘制饼图很简单，但要注意，饼图不适合项目很多的情况，此外，饼图的视觉效果也很重要，例如，各个扇形的颜色、扇形的角度布局、数据标签的布局、数据排序等。

案例 7-12

图 7-77 和图 7-78 所示是两个饼图对比，后者要比前者视觉效果好得多。

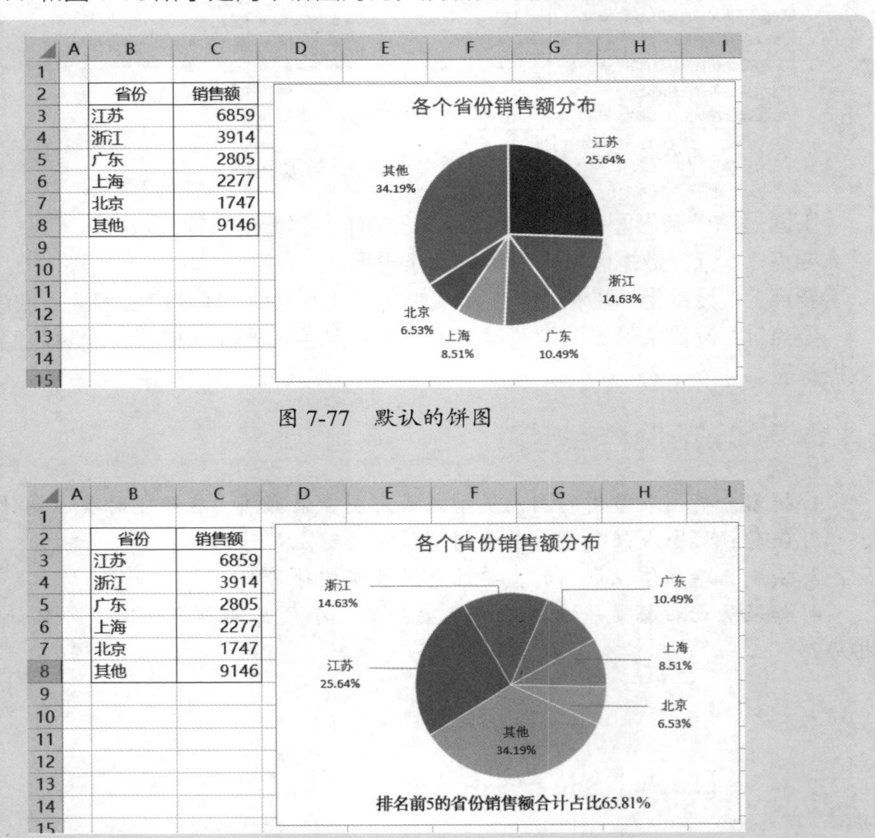

省份	销售额
江苏	6859
浙江	3914
广东	2805
上海	2277
北京	1747
其他	9146

图 7-77 默认的饼图

图 7-78 仔细格式化后的饼图

在图 7-78 所示的饼图中，对第一扇形起始角度进行了调整，调整方法如图 7-79 所示，调整第一扇形起始角度的目的，使各个扇形以一个便于阅读的顺序排列。

此外，饼图要合理设置各个扇形的填充颜色，插入形状来标注数据标签（不使用默认的引导线），在图表底部插入一个文本框，输入排名前 5 的省份合计占比的说明文字。

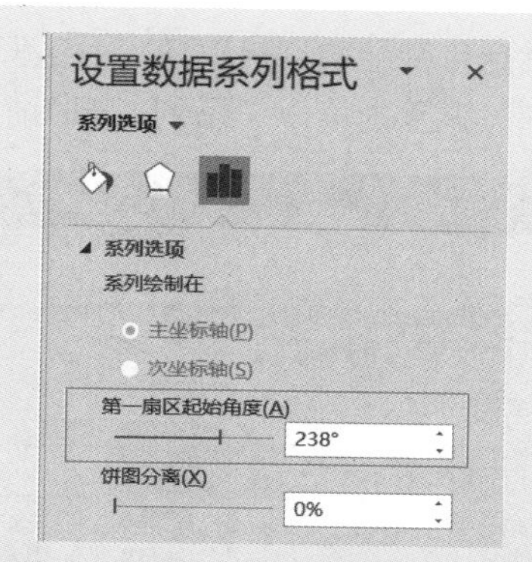

图 7-79　设置第一扇区起始角度

如果项目的名称比较长，在饼图上显示数据标签就很不好看了，最好是使用项目简称，只要看得明白就可以了，没必要用太长的全称来表示。

如果项目很多，最大数与最小数相差很大，或者某几个数相差很小，使用饼图显然不是一个好的选择，此时，可以使用柱形图或者条形图来展示各个项目的大小，将占比数字显示在分类轴标签中，或者在数据标签中同时显示数值和百分比。

7.5.2 结构分析：常规嵌套饼图（两个度量）

7.5.1 节介绍的是两个维度的嵌套饼图，如果是两个度量，例如各个产品的销售额和毛利，也可以绘制嵌套饼图。

案例 7-13

图 7-80 就是一个这样的例子，在这个图表中，内圈表示毛利，外圈表示销售额，同一个产品用同一种颜色标识，内圈的毛利仅仅显示百分比数字，外圈的销售额则显示产品名称和百分比数字。

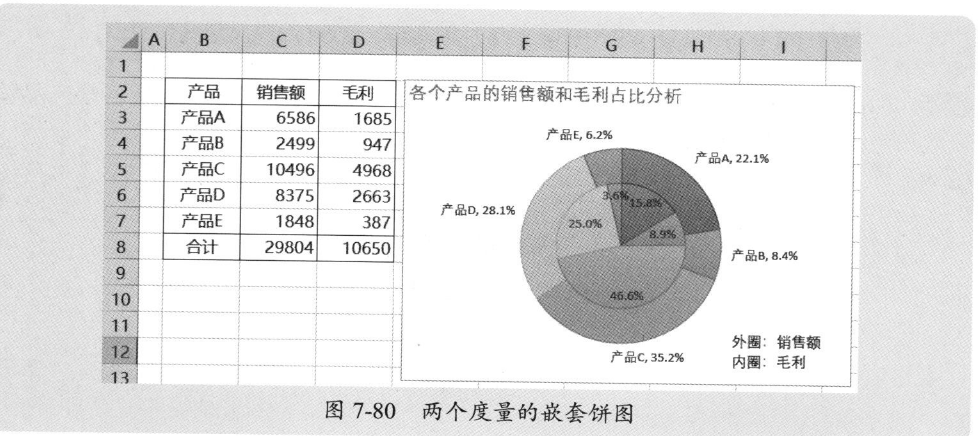

产品	销售额	毛利
产品A	6586	1685
产品B	2499	947
产品C	10496	4968
产品D	8375	2663
产品E	1848	387
合计	29804	10650

图 7-80　两个度量的嵌套饼图

下面是这个图表的主要制作步骤。

步骤1 插入一个空白图表，然后打开“选择数据源”对话框，添加两个系列“销售额”和“毛利”，并将系列“毛利”调整为第 1 个系列，如图 7-81 所示。

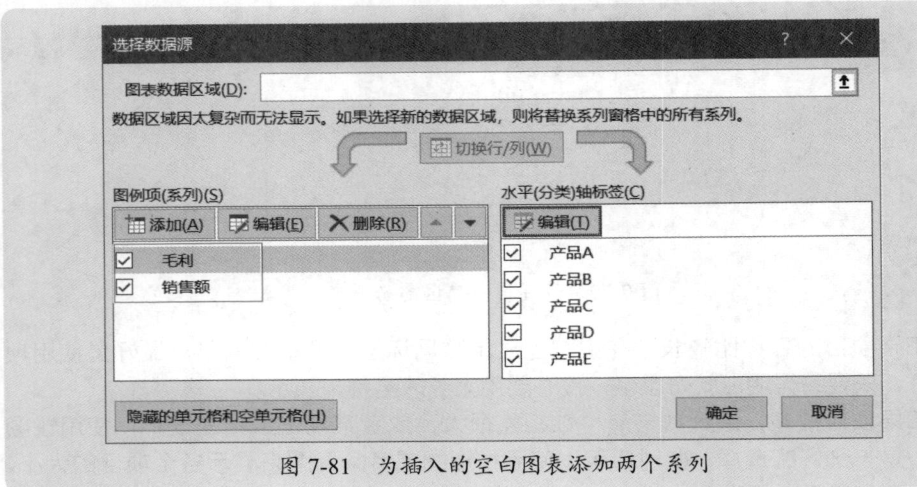

图 7-81　为插入的空白图表添加两个系列

步骤2 选择系列“毛利”，将其设置为“次坐标轴”，并调整其饼图分离比例，如图 7-82 所示。

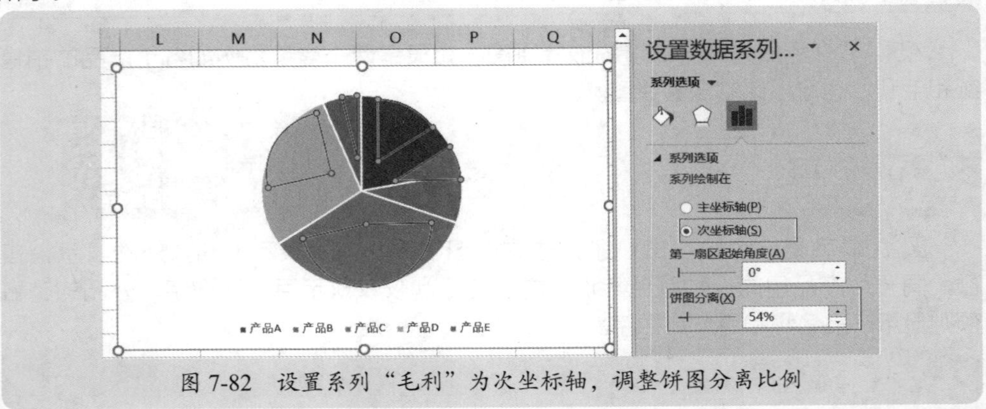

图 7-82　设置系列“毛利”为次坐标轴，调整饼图分离比例

步骤3 将系列“毛利”的每块扇形手动拖至饼图中心，就得到了同时显示各个产品销售额和毛利的嵌套饼图，如图 7-83 所示。

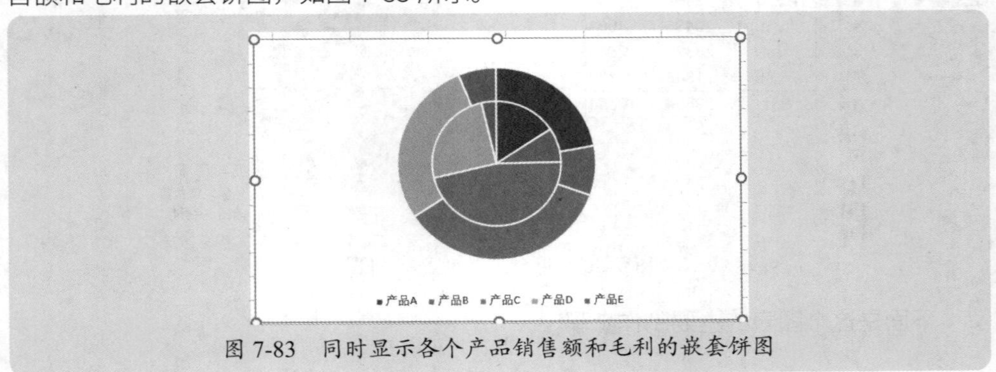

图 7-83　同时显示各个产品销售额和毛利的嵌套饼图

步骤4 对内圈的毛利，显示数据标签，仅显示百分比；对外圈的销售额，同时显示类别名称和百分比，得到图 7-84 所示的图表。

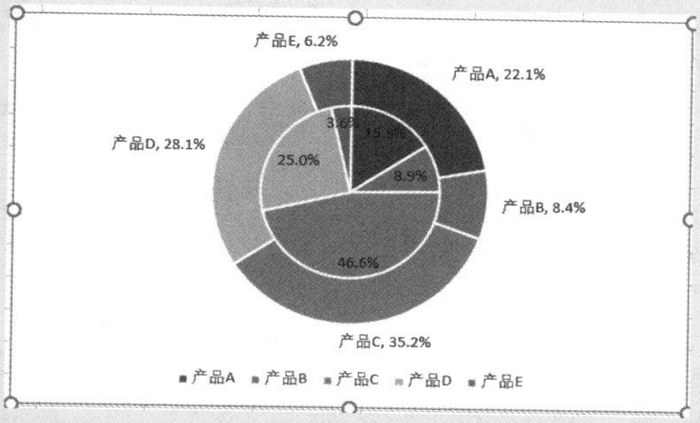

图 7-84　添加数据标签

步骤5 添加图表标题，删除图例，在图表右下角插入一个文本框，分两行输入文字“外圈：销售额”和“内圈：毛利”，如图 7-85 所示。

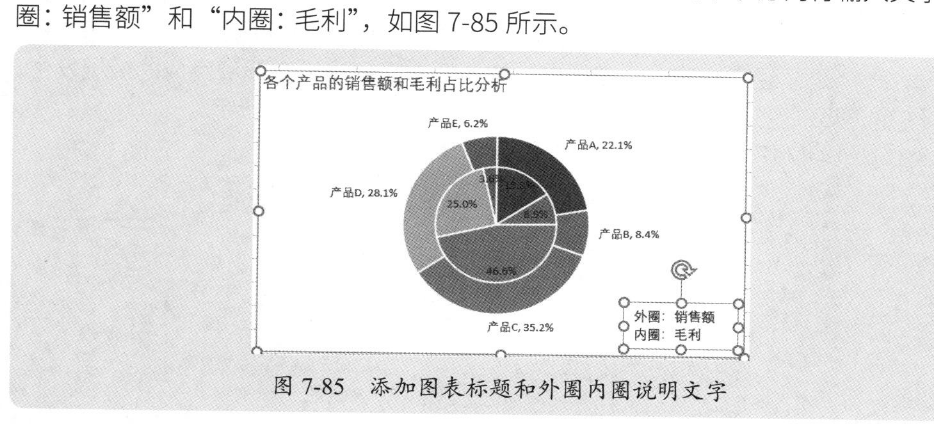

图 7-85　添加图表标题和外圈内圈说明文字

步骤6 设置内圈和外圈的各个扇形的填充颜色。

7.5.3 结构分析：圆环图

与饼图一样，圆环图也是主要用于结构分析，并且不适合用于项目较多的场合。另外，在圆环图中，数据标签的显示不美观，数据标签只能居中显示，为了使图表美观，只能手动拖动数据标签，改变位置。例如，图 7-86 就是一个普通的圆环图示例。

圆环图的格式设置，包括每个圆环的填充颜色、边框、圆环大小等，尤其是填充颜色和圆环大小需要认真去设置。如图 7-87 所示，就是设置系列的三个选项。

圆环图中间有空心圆，在这个空心圆中，可以做很多事情。

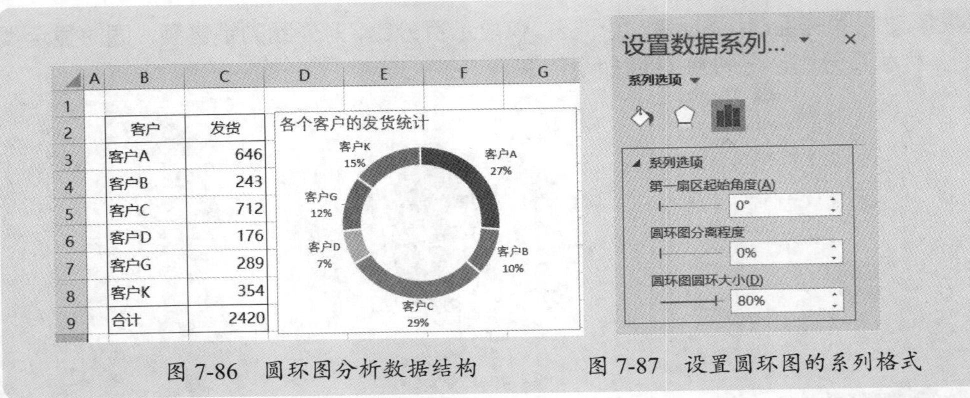

客户	发货
客户A	646
客户B	243
客户C	712
客户D	176
客户G	289
客户K	354
合计	2420

图 7-86　圆环图分析数据结构　　　　图 7-87　设置圆环图的系列格式

案例 7-14

例如，可以绘制全年发货进度仪表板，是利用圆环图制作的，这个圆环图有两个扇形，一个是已经完成的，一个是未完成的，这里假设没有超额完成的情况发生，在圆环中间的空心处显示实际发货数及进度百分比，如图 7-88 所示。

这个图表的制作很简单，详细制作过程请观看视频。

客户	年度目标	实际发货
客户A	1200	646
客户B	800	243
客户C	1800	712
客户D	600	376
客户G	750	289
客户K	1260	354
合计	6410	2620

执行客户	客户G

发货进度跟踪仪表板

实际发货
289
38.5%

图 7-88　在圆环中间空心处显示备注信息

7.5.4 结构分析：圆环图嵌套饼图

饼图和圆环图也可以组合使用，形成嵌套效果，外部是圆环图，内部是饼图，这样的分析结果更加清楚，而且通过合理设置饼图大小和圆环大小，让图表更加美观。

案例 7-15

图 7-89 所示是一个员工人数结构分析的例子，内部的饼图显示男女人数结构，外部的圆环显示各个部门人数结构。

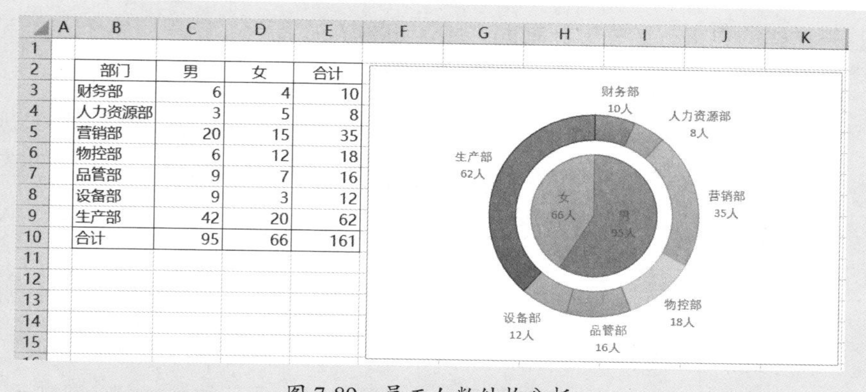

部门	男	女	合计
财务部	6	4	10
人力资源部	3	5	8
营销部	20	15	35
物控部	6	12	18
品管部	9	7	16
设备部	9	3	12
生产部	42	20	62
合计	95	66	161

图 7-89　员工人数结构分析

这个图表制作并不复杂，与前面的嵌套饼图和嵌套圆环图大同小异，详细制作过程，请观看视频。

7.5.5 结构分析：堆积条形图

如果有多个维度、多个度量，并且每个维度下面的项目也可能比较多，那么无论是单个的饼图和圆环图，还是嵌套的饼图和圆环图，都无法展示这些维度的结构分析，此时，可以使用堆积条形图或堆积百分比条形图来制作结构分析图表。

案例 7-16

例如，对于图 7-90 所示的报表，如何分析每个类别下各个产品在两年的销售结构变化？

大类	子类	去年	今年
包装印刷	烟标类	1366	1759
	化妆品类	2667	2205
	珠宝类	566	857
	服饰类	247	479
	小计	4846	5300
包装材料	镭射纸	3701	4385
	卡纸	915	1350
	内衬纸	1607	668
	小计	6223	6403
食品标签	酒类	1153	1687
	药盒	940	1059
	其他	596	858
	小计	2689	3604
总计		13758	15307

图 7-90　示例数据

这个表格结构分析，要从两方面来考虑：一是在某年内各个类别的占比如何；二是项目的占比在两年发生了什么变化。因此，这是一个多维度结构分析问题。

基于这样的要求，首先设计辅助区域，如图 7-91 所示，这里对每个大类下的子类计算百分比。

	F	G	H	I	J	K	L	M	N	O	P	Q	R
1													
2				烟标类	化妆品类	珠宝类	服饰类	镭射纸	卡纸	内衬纸	酒类	药盒	其他
3		包装印刷	今年	33.2%	41.6%	16.2%	9.0%						
4			去年	28.2%	55.0%	11.7%	5.1%						
5		包装材料	今年					68.5%	21.1%	10.4%			
6			去年					59.5%	14.7%	25.8%			
7		食品标签	今年								46.8%	29.4%	23.8%
8			去年								42.9%	35.0%	22.2%

图 7-91　设计辅助区域

利用这个辅助区域绘制堆积条形图，并设置格式，显示数据标签，添加系列线，删除图例，编辑图表标题，就得到图 7-92 所示的多维结构分析图表。

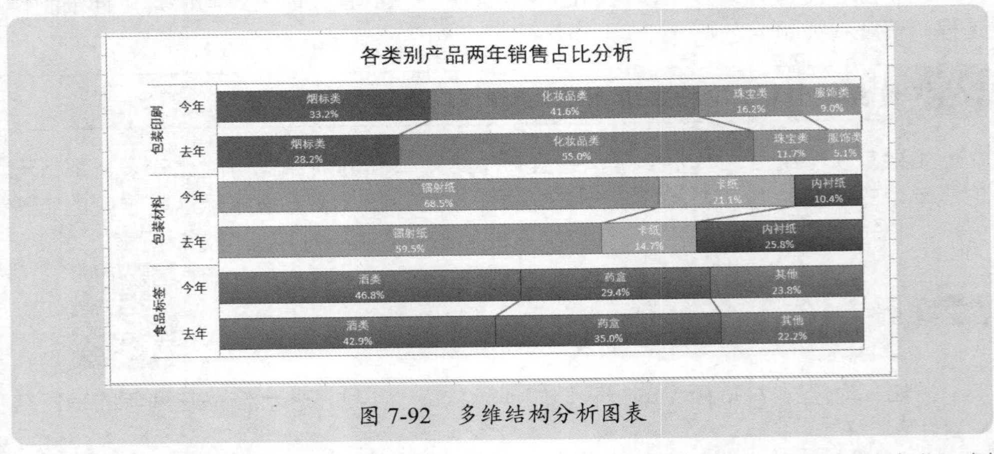

图 7-92　多维结构分析图表

从这个图表中，可以很清晰看出各个类别下每个子类的占比及其两年的变化，例如，在包装印刷类别中，化妆品类销售占比从去年的 55.0% 下降到今年的 41.6%。

本节知识回顾与测验

1. 饼图适合什么场合的数据分析？要注意哪些问题？
2. 饼图的坐标轴原点在什么位置？如何旋转扇形角度，让饼图看起来美观些？
3. 饼图的编辑和格式化，重点要做哪些内容？
4. 两个饼图嵌套，或者圆环图与饼图的嵌套，制作的关键点是什么？
5. 如果是多维度的结构分析，使用什么图表比较合适？

7.6 常用趋势与预测分析经典图表

趋势与预测分析，就是对数据进行分析，观察数据的变化趋势可能会是什么，并建立一个比较可靠的预测模型。

趋势和预测分析，大多数用在一些要做预测计算的场合。例如，在财务中，分析销售成本与销售量的关系，以便建立本量利模型；分析电耗与机器工时的关系，以便预估生产成本；分析产品与损耗的关系，以便分析物料损耗；等等。

7.6.1 观察变化趋势

所谓观察变化趋势，是对数据过去的变化情况进行统计分析，以便对未来的可能走向有个大概了解。这种趋势观察，一般是用柱形图或折线图。

案例 7-17

例如，我们有各个月销售数据，绘制折线图或者柱形图，或者柱形图与折线图的组合图，就可以看出各月的数据波动及大致的变化趋势，如图 7-93 所示。

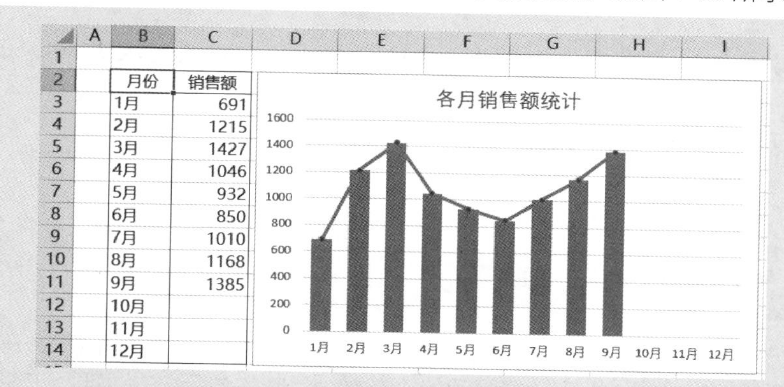

月份	销售额
1月	691
2月	1215
3月	1427
4月	1046
5月	932
6月	850
7月	1010
8月	1168
9月	1385
10月	
11月	
12月	

图 7-93　利用折线图和折线图观察数据变化

7.6.2 获取数据预测模型

对于有明显因果关系的两个变量，可以绘制 XY 散点图，并获取预测模型。

案例 7-18

例如，图 7-94 所示就是一个示例，是机器工时与耗电量的统计数据，现在要找出耗电量与机器工时的关系，因此绘制 XY 散点图，通过观察数据点的分布，添加一条线性趋势线，显示公式和 R 平方值。

在这个例子中，由于机器运转起来才有耗电，因此需要设置截距为 0，这样，就得到了下述的预测模型，其相关度约为 0.93：

```
耗电量 =12.276× 机器工时
```

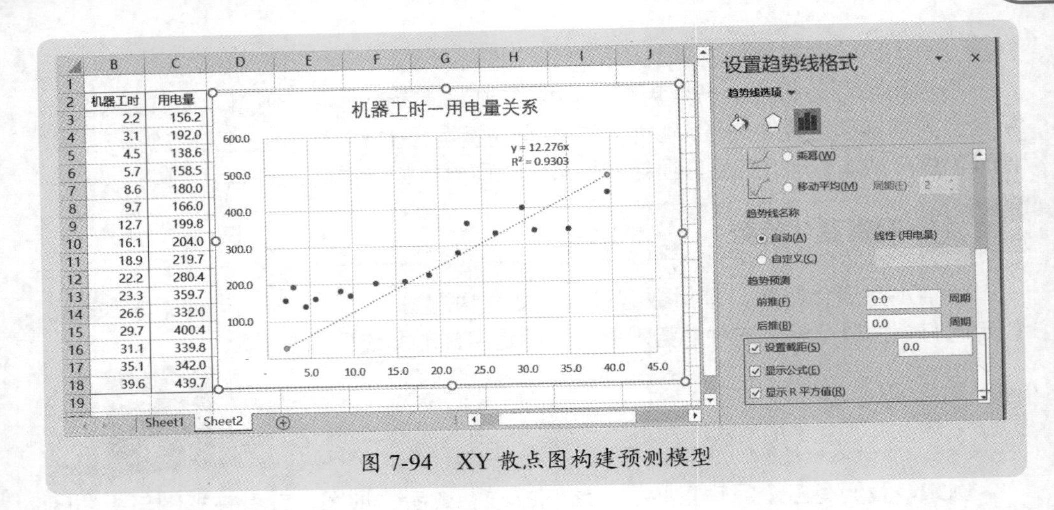

图 7-94　XY 散点图构建预测模型

本节知识回顾与测验

1. 趋势分析的主要目的是什么？通过什么样的可视化图表可以更清楚看出趋势？

2. 如何通过图表来得到预测模型？

7.7 常用分布分析经典图表

数据分布分析，目的是了解数据的分布情况，例如，在各个地区的开店数量、在各个地区的客户数量、指定销量区间的订单数、门店的盈亏分布、部门工资的分布、员工的人数分布等。数据分布分析图表，根据具体情况，可以使用 XY 散点图和箱型图等。

7.7.1 分布分析：XY 散点图

如果两个数据都是数字，并且它们之间有一定的关联，例如，销售额和净利润，那么可以绘制 XY 散点图来分析数据。

案例 7-19

例如，我们有每个门店的销售额和净利润，现在要分析门店的盈亏分布情况，也就是说，都有销售额，但不见得都是盈利的。那么，所有门店的盈亏分布情况如何？示例数据以及绘制的 XY 散点图如图 7-95 所示。

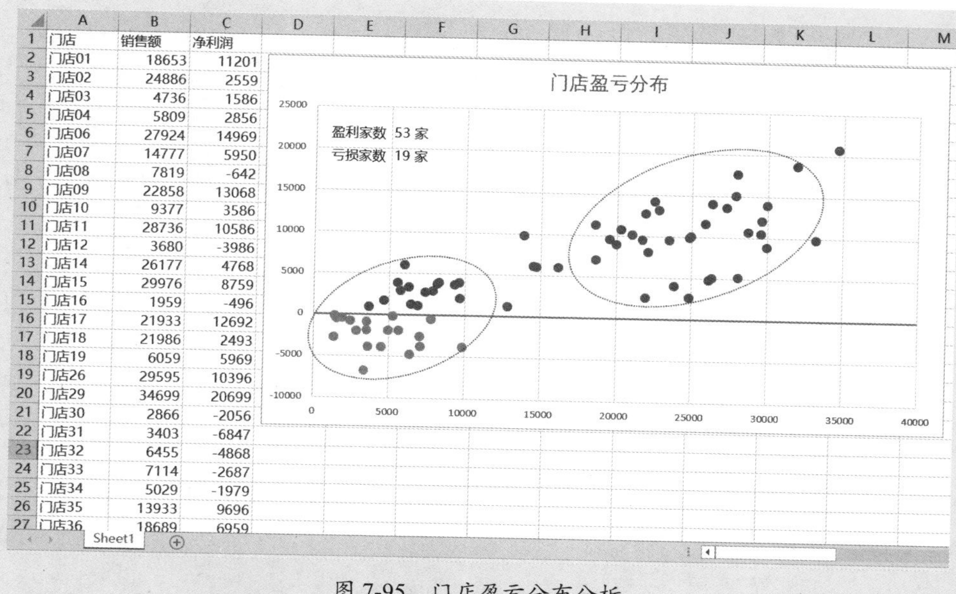

	A	B	C
1	门店	销售额	净利润
2	门店01	18653	11201
3	门店02	24886	2559
4	门店03	4736	1586
5	门店04	5809	2856
6	门店06	27924	14969
7	门店07	14777	5950
8	门店08	7819	-642
9	门店09	22858	13068
10	门店10	9377	3586
11	门店11	28736	10586
12	门店12	3680	-3986
13	门店14	26177	4768
14	门店15	29976	8759
15	门店16	1959	-496
16	门店17	21933	12692
17	门店18	21986	2493
18	门店19	6059	5969
19	门店26	29595	10396
20	门店29	34699	20699
21	门店30	2866	-2056
22	门店31	3403	-6847
23	门店32	6455	-4868
24	门店33	7114	-2687
25	门店34	5029	-1979
26	门店35	13933	9696
27	门店36	18689	6959

图 7-95　门店盈亏分布分析

这个图表有以下几个特点：

- 每个数据点就是一个门店；
- 横坐标轴是销售额，纵坐标轴是净利润；
- 用两种颜色表示亏损数据点和盈利数据点；
- 用形状标注数据分布的特殊区域；
- 在图表上显示盈利家数和亏损家数。

下面是这个图表的制作要点，详细的制作过程，请观看视频。

要点 1：设计辅助区域，将净利润拆分成盈利和亏损两列，并设计公式构建盈亏家数的说明文字，如图 7-96 所示，单元格公式如下。

单元格 Q2，盈利数据：

```
=IF(C2>=0,C2,NA())
```

单元格 R2，盈利数据：

```
=IF(C2<0,C2,NA())
```

单元格 T3，盈亏家数说明文字：

```
=TEXT(COUNTIF(C2:C73,">=0")," 盈利家数  0 家 ")
&CHAR(10)&TEXT(COUNTIF(C2:C73,"<0")," 亏损家数  0 家 ")
```

要点 2：以 P 列数据为 X 轴，以 Q 列和 R 列数据为 Y 轴，绘制 XY 散点图，如图 7-97 所示。

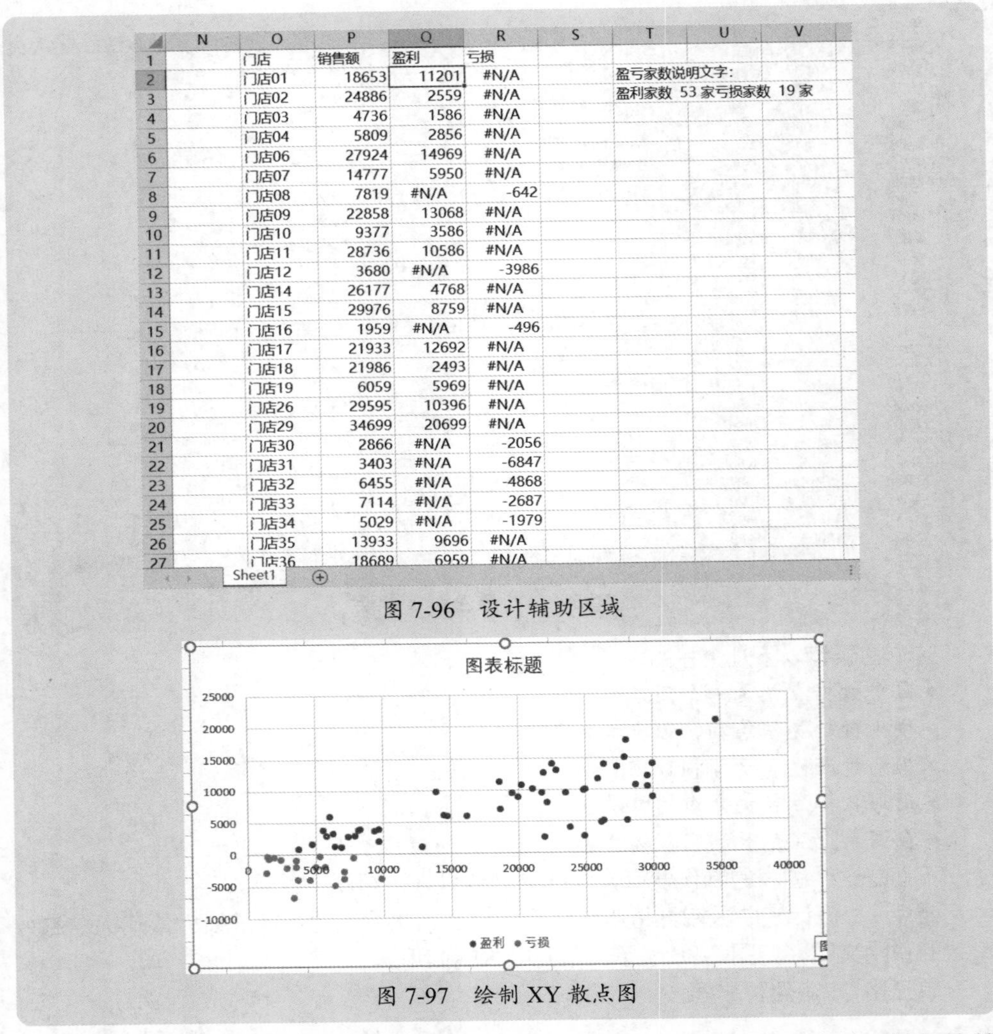

	N	O	P	Q	R	S	T	U	V
1		门店	销售额	盈利	亏损				
2		门店01	18653	11201	#N/A		盈亏家数说明文字:		
3		门店02	24886	2559	#N/A		盈利家数 53 家亏损家数 19 家		
4		门店03	4736	1586	#N/A				
5		门店04	5809	2856	#N/A				
6		门店06	27924	14969	#N/A				
7		门店07	14777	5950	#N/A				
8		门店08	7819	#N/A	-642				
9		门店09	22858	13068	#N/A				
10		门店10	9377	3586	#N/A				
11		门店11	28736	10586	#N/A				
12		门店12	3680	#N/A	-3986				
13		门店14	26177	4768	#N/A				
14		门店15	29976	8759	#N/A				
15		门店16	1959	#N/A	-496				
16		门店17	21933	12692	#N/A				
17		门店18	21986	2493	#N/A				
18		门店19	6059	5969	#N/A				
19		门店26	29595	10396	#N/A				
20		门店29	34699	20699	#N/A				
21		门店30	2866	#N/A	-2056				
22		门店31	3403	#N/A	-6847				
23		门店32	6455	#N/A	-4868				
24		门店33	7114	#N/A	-2687				
25		门店34	5029	#N/A	-1979				
26		门店35	13933	9696	#N/A				
27		门店36	18689	6959	#N/A				

图 7-96　设计辅助区域

图 7-97　绘制 XY 散点图

要点 3：选择 X 轴，将坐标轴的标签位置设置为“低”，这样图表的 X 轴标签就在图表的底部了，如图 7-98 所示。

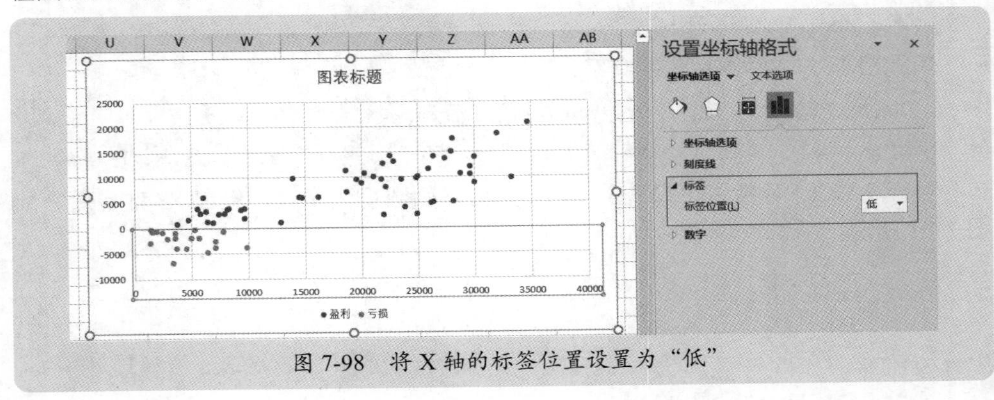

图 7-98　将 X 轴的标签位置设置为“低”

要点 4：分别选择盈利和亏损两个系列的标记，设置标记格式（类型、大小、填充、边框等），如图 7-99 所示。

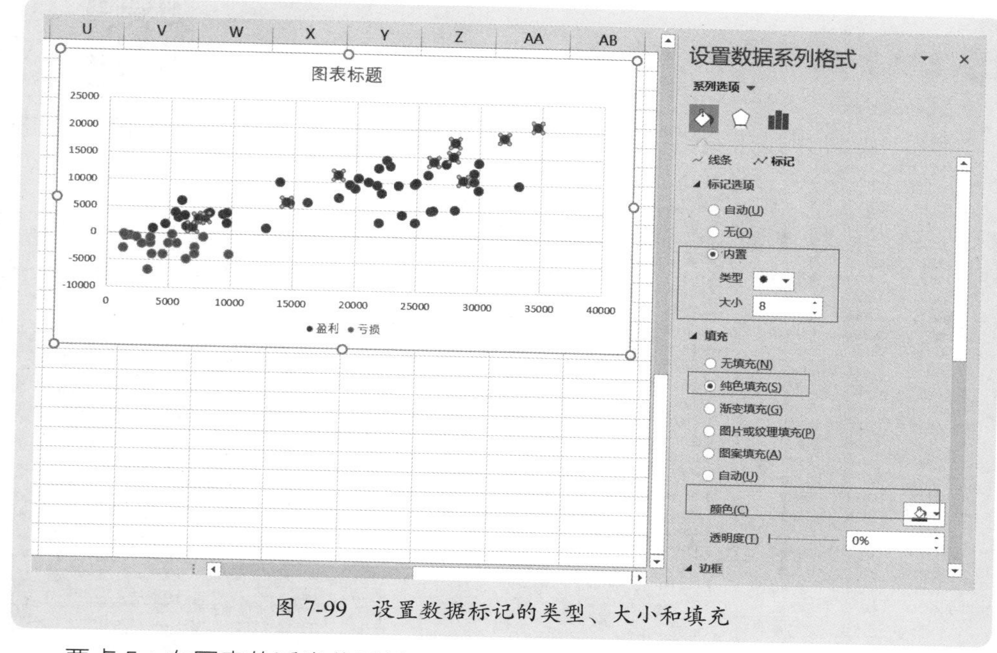

图 7-99　设置数据标记的类型、大小和填充

要点 5：在图表的适当位置插入一个文本框，建立与单元格 T3 的链接，显示单元格 T3 的说明文字，如图 7-100 所示。

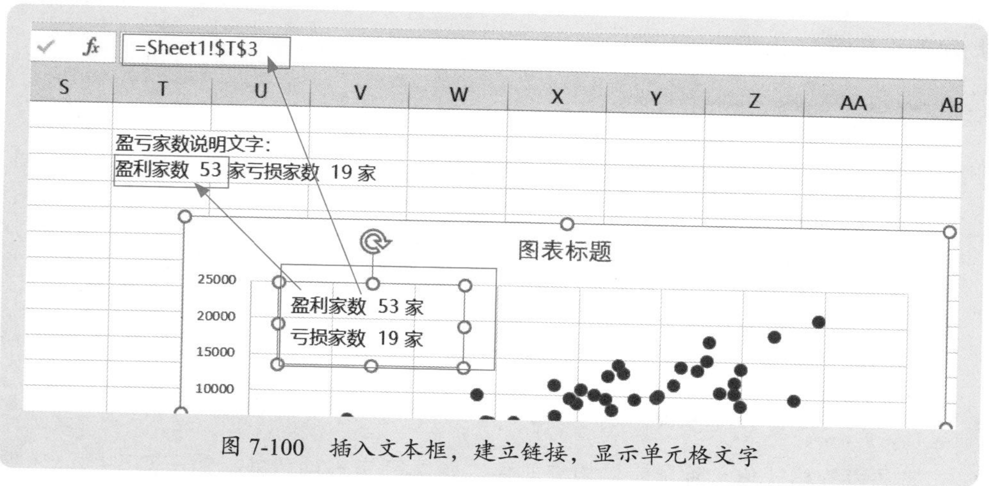

图 7-100　插入文本框，建立链接，显示单元格文字

要点 6：最后编辑图表标题，调整图表大小和位置，就得到了需要的图表。

7.7.2 分布分析：箱型图

在某些数据分析中，例如工资分析，经常要分析每个部门、每个职位、每个岗位的工资分布，最高工资、最低工资、中位数等，此时，可以直接使用原始数据绘制箱型图。

案例 7-20

图 7-101 所示是工资表示例数据，现在要绘制箱型图，分析每个部门的工资分布。

	A	B	C	D	E	F	G	H	I	J	K	L
1	工号	姓名	部门	基本工资	津贴	其他项目	加班工资	应税所得	社保个人	公积金个人	个税	实得工资
2	G033	A003	人力资源部	4,764.00	548.00	25,497.60	-	30,809.60	563.80	359.00	5,591.70	24,295.10
3	G034	A004	人力资源部	5,760.00	602.00	31,029.60	606.90	37,998.50	617.60	393.00	7,366.98	29,620.92
4	G036	A006	人力资源部	3,912.00	1,456.31	29,682.60	4,159.31	39,210.22	609.80	388.00	7,673.11	30,539.31
5	G037	A007	人力资源部	3,996.00	693.00	20,581.50	-	25,270.50	482.30	-	4,317.05	20,471.15
6	G038	A008	总经办	4,860.00	1,467.75	30,536.70	2,281.04	39,145.49	668.90	-	7,739.15	30,737.44
7	G039	A009	总经办	3,840.00	1,250.92	25,531.70	3,825.29	34,447.91	583.30	371.00	6,493.40	27,000.21
8	G043	A013	总经办	6,460.80	448.00	22,848.10	-	29,756.90	551.60	351.00	5,333.58	23,520.72
9	G044	A014	人力资源部	3,804.00	1,386.91	24,014.50	4,060.54	33,265.95	600.50	382.00	6,191.46	26,094.39
10	G045	A015	设备部	3,804.00	1,305.38	21,523.30	4,039.92	30,672.60	539.00	-	5,653.40	24,480.20
11	G046	A016	设备部	4,680.00	938.93	24,516.30	1,434.48	31,569.71	140.30	-	5,977.35	25,452.06
12	G047	A017	人力资源部	3,408.00	734.67	17,047.70	914.02	22,104.39	501.60	319.00	3,440.95	17,842.84
13	G048	A018	总经办	3,720.00	1,252.68	-	3,741.38	8,714.06	140.30	-	459.75	8,114.01
14	G049	A019	设备部	3,420.00	839.90	15,282.90	1,834.48	21,377.28	450.40	287.00	3,279.97	17,359.91
15	G050	A020	设备部	5,280.00	456.00	17,956.60	-	23,692.60	526.20	-	3,911.60	19,254.80
16	G051	A021	设备部	4,440.00	477.00	14,588.30	-	19,505.30	529.10	337.00	2,779.80	15,859.40
17	G052	A022	设备部	3,312.00	984.94	16,766.00	3,616.55	24,679.49	446.80	-	4,178.17	20,054.52
18	G053	A023	设备部	3,936.00	1,335.40	21,822.80	3,393.10	30,487.30	526.80	-	5,610.13	24,350.37
19	G054	A024	人力资源部	6,672.00	1,060.67	28,051.20	1,533.79	37,317.66	797.30	507.00	7,123.34	28,890.02
20	G055	A025	信息部	3,516.00	1,276.92	15,352.10	3,738.28	23,883.30	140.30	-	4,055.75	19,687.25

Sheet1

图 7-101　工资示例数据

选择 C 列部门和 H 列应税所得，插入箱型图，如图 7-102 所示，那么就得到图 7-103 所示的箱型图。

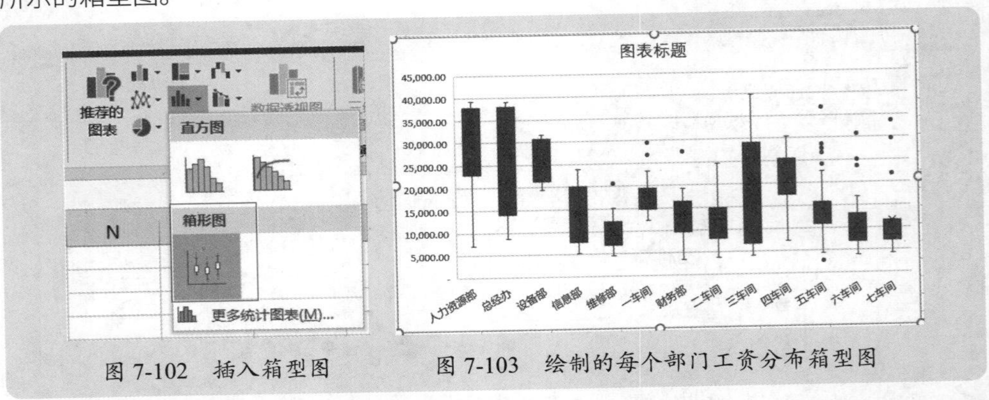

图 7-102　插入箱型图　　图 7-103　绘制的每个部门工资分布箱型图

对图表的格式化，除了设置填充颜色、轮廓等常规项目外，对于箱型图，还需要重点设置数据系列格式，如图 7-104 所示，以便观察数据点（也就是每个人工资）的分布，以及每个部门的最高工资、最低工资、中位数、平均工资等。

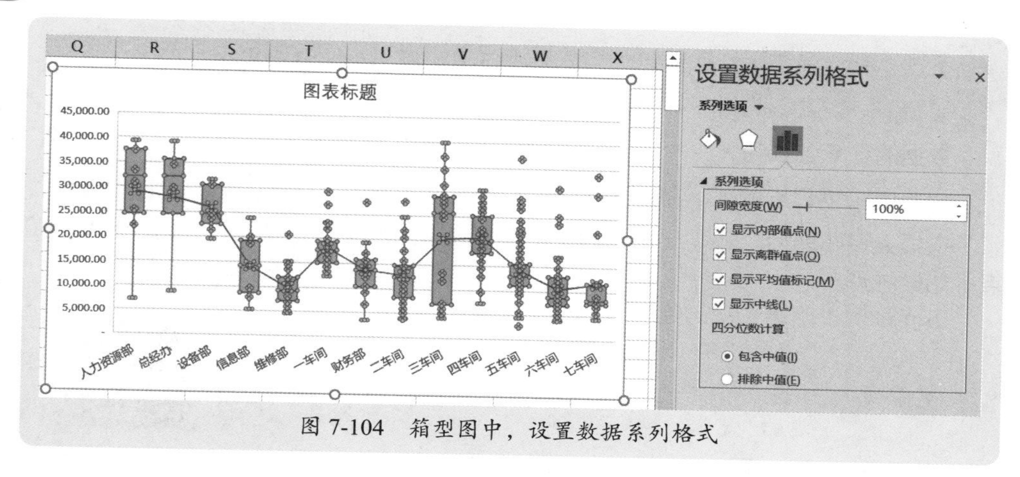

图 7-104　箱型图中，设置数据系列格式

本节知识回顾与测验

1. 数据分布分析的常用图表有哪些？一般常用于什么场合？
2. 如果用折线图分析数据分布，要做哪些设置，才能让图表信息清晰？
3. 箱型图主要用来分析什么数据，箱型图的每个数据点表示什么意思？

7.8 常用差异因素分析经典图表

所谓差异因素分析，就是当发现了数据的差异后，要找出造成这种差异的背后原因是什么。差异因素分析，是数据分析的重要内容之一，在实际数据分析中，诸如同比增长分析、预算执行分析、成本差异分析等，都需要做差异因素分析，例如，为什么销售额同比出现了下降，为什么预算没有完成，为什么成本超支了。

7.8.1 差异因素分析常用图表：瀑布图

在进行差异因素分析时，瀑布图是最常用的图表，执行“插入”→“瀑布图”命令即可，如图 7-105 所示。

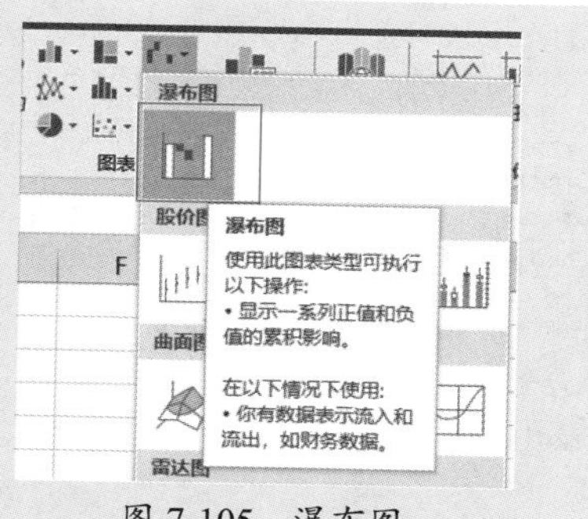

图 7-105　瀑布图

不过，制作瀑布图，需要对绘图数据进行重新组织，使其满足以下的基本逻辑：

初始值→因素影响值→最终值

数据的计算公式为：

初始值 + 因素影响值 = 最终值

在插入瀑布图后，还需要把最后一个柱形设置为汇总，也就是设置为从坐标轴 0 点开始的柱形。

下面举例说明瀑布图的绘制方法和注意事项。

案例 7-21

图 7-106 所示是各个项目的目标完成情况统计表，现在要绘制瀑布图，分析目标完成情况，了解哪些项目对总目标影响最大，哪些项目是正影响，哪些项目是负影响。具体操作步骤如下。

	A	B	C	D	E
1					
2		项目	目标	完成	差异
3		项目1	1620	1017	-603
4		项目2	877	1678	801
5		项目3	1146	2139	993
6		项目4	569	1067	498
7		项目5	342	790	448
8		项目6	1271	417	-854
9		项目7	1847	861	-986
10		项目8	1017	1682	665
11		合计	8689	9651	962

图 7-106　各项目目标完成统计表

步骤1 要绘制瀑布图，首先要按照“初始值 + 因素影响值 = 最终值”的逻辑组织数据，设计辅助区域 H 列和 I 列，如图 7-107 所示。

	A	B	C	D	E	F	G	H	I
1									
2		项目	目标	完成	差异			目标	8689
3		项目1	1620	1017	-603			项目1	-603
4		项目2	877	1678	801			项目2	801
5		项目3	1146	2139	993			项目3	993
6		项目4	569	1067	498			项目4	498
7		项目5	342	790	448			项目5	448
8		项目6	1271	417	-854			项目6	-854
9		项目7	1847	861	-986			项目7	-986
10		项目8	1017	1682	665			项目8	665
11		合计	8689	9651	962			完成	9651

图 7-107　设计辅助区域

步骤2 选择辅助区域绘制瀑布图，如图 7-108 所示。

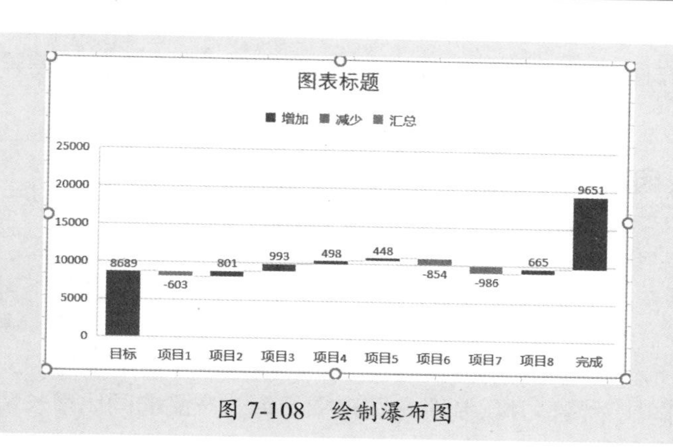

图 7-108　绘制瀑布图

步骤3 选择最后一个“完成”柱形，右击该柱形，选择“设置为汇总”选项，如图 7-109 所示。

这样，就将最后一个柱形“完成”设置为了从坐标轴 0 点绘制的了，如图 7-110 所示，这也就是一个正确的瀑布图了。

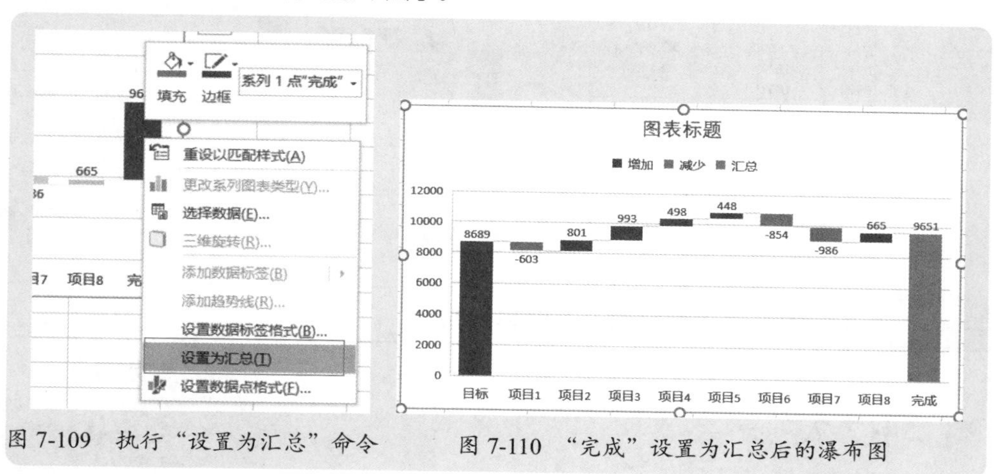

图 7-109　执行“设置为汇总”命令　　　图 7-110　“完成”设置为汇总后的瀑布图

步骤4 删除图例，修改图表标题，设置各个柱形的填充颜色，就完成了目标达成分析瀑布图，如图 7-111 所示。

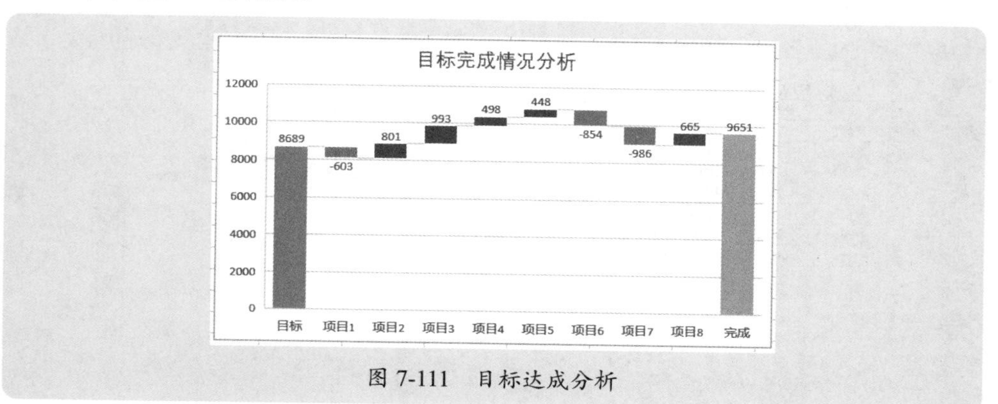

图 7-111　目标达成分析

了解了瀑布图的制作方法和技能技巧后，下面介绍几个关于差异因素分析的实际应用案例。

7.8.2 差异因素分析常用图表：同比分析

案例 7-22

图 7-112 所示是一个同比分析的例子，在报表中，使用了自定义数字格式来标识同比增长和同比下降，并绘制瀑布图来揭示每个产品的同比增长情况。图表详细制作过程，请观看视频。

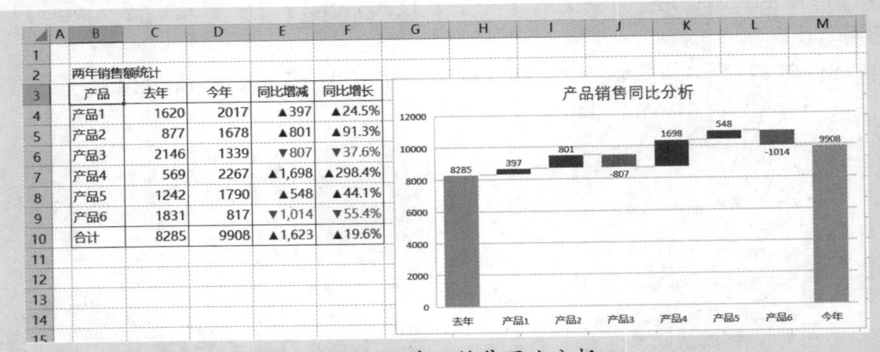

两年销售额统计

产品	去年	今年	同比增减	同比增长
产品1	1620	2017	▲397	▲24.5%
产品2	877	1678	▲801	▲91.3%
产品3	2146	1339	▼807	▼37.6%
产品4	569	2267	▲1,698	▲298.4%
产品5	1242	1790	▲548	▲44.1%
产品6	1831	817	▼1,014	▼55.4%
合计	8285	9908	▲1,623	▲19.6%

图 7-112 产品销售同比分析

7.8.3 差异因素分析常用图表：预算分析

案例 7-23

预算差异因素分析与同比增长因素分析是一样的，图 7-113 所示是一个示例。图表详细制作过程，请观看视频。

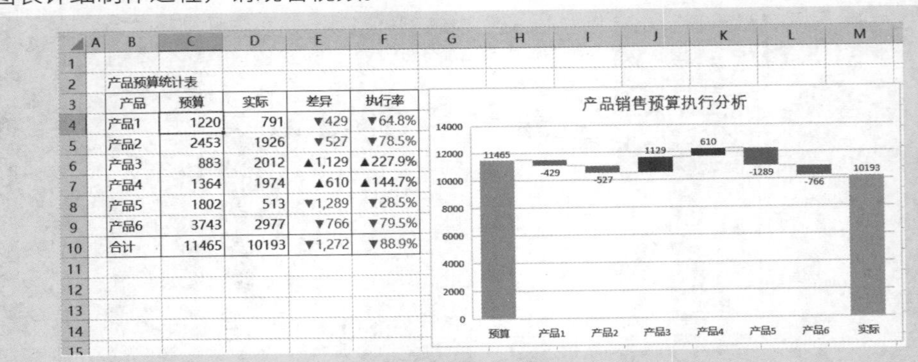

产品预算统计表

产品	预算	实际	差异	执行率
产品1	1220	791	▼429	▼64.8%
产品2	2453	1926	▼527	▼78.5%
产品3	883	2012	▲1,129	▲227.9%
产品4	1364	1974	▲610	▲144.7%
产品5	1802	513	▼1,289	▼28.5%
产品6	3743	2977	▼766	▼79.5%
合计	11465	10193	▼1,272	▼88.9%

图 7-113 预算执行分析

本节知识回顾与测验

1. 瀑布图是用来分析什么的？如何根据原始数据绘制瀑布图？
2. 绘制瀑布图的基本逻辑与计算过程是什么？如何整理数据？
3. 如果你是财务工作者，请分析产品毛利同比增减的三个因素（销量、单价、成本），哪个对毛利的同比增减影响最大。

7.9 动态图表

动态图表对于数据分析来说是非常灵活的，也是数据分析中一个必须掌握的技能。本书前面章节陆续介绍过动态图表的制作，其章节是使用数据验证来改变单元格要分析的项目，从而得到动态分析图表。

实际数据分析动态图表中，经常使用表单控件来控制图表，表单控件在“开发工具”选项卡中，如图 7-114 所示。

图 7-114 “开发工具”的表单控件

在这些表单控件中，只要不是灰色的，都是可以使用的，但在数据分析中，常用的表单控件有组合框、列表框、选项按钮、复选框、滚动条、数值调节钮、分组框、标签等。

7.9.1 动态图表制作的基本原理和方法

动态图表制作的基本原理是，根据表单控件的返回值，从原始数据中查找数据，然后利用查询出来的数据绘制图表，这样，只要表单控件的选择变化了，表单控件的返回值也变化了，查询出来的数据也变化了，图表也就变化了。

下面结合例子，介绍动态图的基本制作方法和技能。

案例 7-24

图 7-115 所示是一个产品的月度销售数据统计表，这个表格数据看起来很不直观，现在要从以下几方面来对数据进行可视化分析：

（1）指定产品，查看该产品每个月的销售情况，绘制柱形图；

（2）指定月份，查看该月下各个产品的销售对比，绘制条形图，并进行降序排列；

（3）指定月份，查看截至该月下，各个产品的累计销售对比，绘制条形图，并进行降序排列。

产品	1月	2月	3月	4月	5月	6月	7月	8月	9月	10月	11月	12月	合计
产品62	1488	257	515	555	124	737	1220	857	768	1175	1321	445	9462
产品33	1099	1421	1536	1292	810	356	1595	516	398	708	812	458	11001
产品30	1017	189	1459	506	1416	1291	272	349	1489	614	834	669	10105
产品72	1407	623	960	403	758	1176	1017	1404	738	1291	383	1414	11574
产品28	301	1022	1398	186	968	1373	1073	1547	1489	232	797	185	10571
产品17	203	551	145	871	327	619	578	641	454	1252	197	793	6631
产品11	213	312	949	959	1405	243	1111	1324	597	515	151	367	8146
产品70	649	252	840	433	616	1395	890	398	663	727	281	1068	8212
产品43	1071	1430	889	1125	1489	735	1514	284	1340	1538	410	1409	13234
产品52	486	212	212	965	478	842	1383	1127	1526	916	1014	1032	10193
产品09	462	1472	197	1042	1166	1092	1099	770	1560	790	918	283	10851
产品67	398	1585	1037	1520	340	1024	1145	1517	263	351	441	1515	11136
产品53	773	1339	1018	507	1077	1268	460	325	444	1588	1305	575	10679
产品57	859	346	1318	438	1207	803	338	1494	229	274	544	1155	9005
产品77	1286	895	288	1338	1444	728	991	544	699	235	694	412	9554
产品48	694	351	248	546	458	1409	282	1559	1514	1240	204	927	9432
产品65	545	1513	211	919	1548	880	118	1506	1295	801	376	998	10710
产品07	1522	157	203	1011	825	466	1365	810	964	935	223	476	8957
产品29	1528	1484	852	767	418	1162	452	288	1272	1534	1490	1430	12677
产品16	154	125	693	555	1521	245	162	1528	1017	711	979	1503	9193
合计	16155	15536	14968	15938	18395	17844	17065	18788	18719	17427	13374	17114	201323

图 7-115　示例数据

1. 指定产品，查看该产品每个月的销售情况

先看第一个要求。

首先插入一个新工作表，重命名为“分析报告”。

插入一个组合框，设置组合框的控制属性，如图 7-116 所示。数据源区域是引用基础数据表的产品名称列，单元格链接是引用本工作表的单元格 C3。

图 7-116　插入组合框，设置控制属性

这样，组合框就设置完毕。在组合框中选择某个产品，就在单元格 C3 得到一个数字，这个数字的含义就是选中产品的顺序号，如图 7-117 所示。

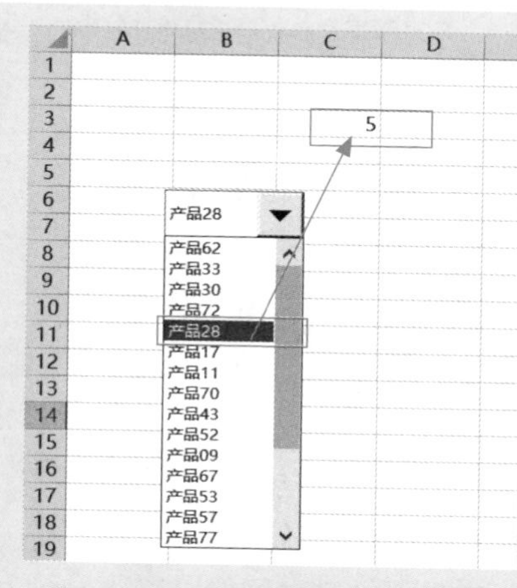

图 7-117　组合框的项目和返回值

设计辅助区域，根据单元格 C3 的组合框返回值，从基础数据表中查找数据，如图 7-118 所示，单元格 D6 的查找公式如下：

```
=INDEX(基础数据!$B$2:$N$22,$C$3,MATCH(C6,基础数据!$B$1:$N$1,0))
```

	A	B	C	D	E
1					
2					
3		产品28	5		
4					
5			月份	数据	
6			1月	301	
7			2月	1022	
8			3月	1398	
9			4月	186	
10			5月	968	
11			6月	1373	
12			7月	1073	
13			8月	1547	
14			9月	1489	
15			10月	232	
16			11月	797	
17			12月	185	

图 7-118　设计辅助区域

利用 C 列和 D 列数据绘制柱形图，对图表进行适当美化，将组合框拖至图表的适当位置，与图表组合起来便于一起拖放它们的位置，就得到一个能够查看指定产品每个月销售情况的动态图表了，如图 7-119 所示。

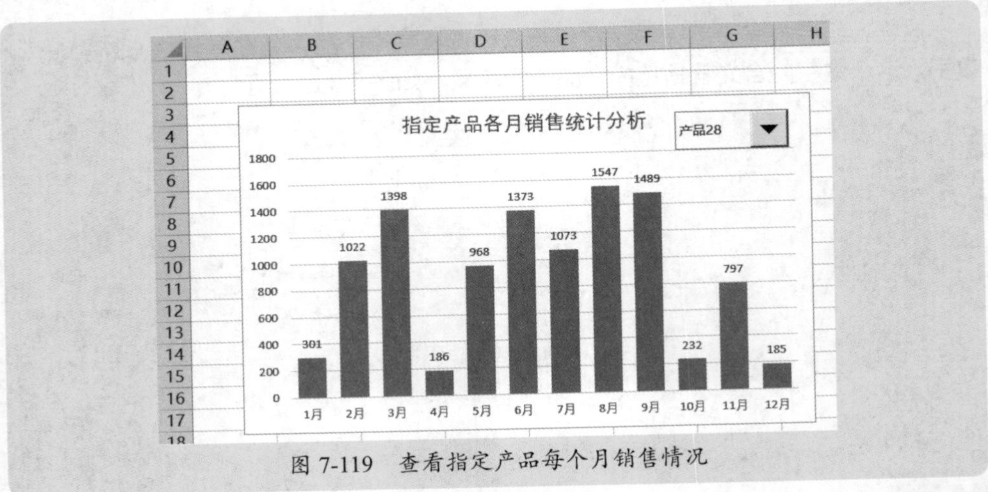

图 7-119 查看指定产品每个月销售情况

2. 指定月份，查看该月下各个产品的销售对比

在工作表“分析报告”中先设计辅助区域，输入一列月份名称，然后插入一个组合框，设置组合框的控制属性，如图 7-120 所示。

数据源区域是这列月份名称，单元格链接是引用本工作表的单元格 J3。

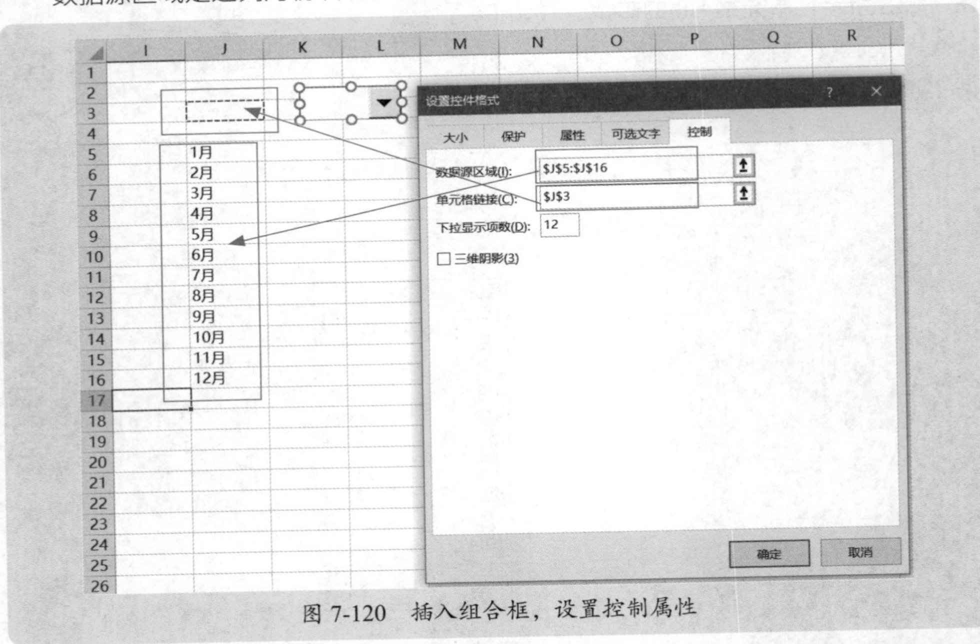

图 7-120 插入组合框，设置控制属性

设计辅助区域，根据单元格 J3 的组合框返回值，从基础数据表中查找数据，然后对数据进行排序处理，如图 7-121 所示，各个单元格公式分别如下。

单元格 L5，查询数据：

```
=VLOOKUP(K5, 基础数据 !$A$2:$N$22,$J$3+1,0)
```

单元格 P5，排序数据：

```
=LARGE($L$5:$L$24,N5)
```

单元格 O5，匹配产品名称：

```
=INDEX($K$5:$K$24,MATCH(P5,$L$5:$L$24,0))
```

	I	J	K	L	M	N	O	P	Q
1									
2			5月						
3		5							
4			产品	销售		序号	产品名称	排序后	
5		1月	产品62	124		1	产品65	1548	
6		2月	产品33	810		2	产品16	1521	
7		3月	产品30	1416		3	产品43	1489	
8		4月	产品72	758		4	产品77	1444	
9		5月	产品28	968		5	产品30	1416	
10		6月	产品17	327		6	产品11	1405	
11		7月	产品11	1405		7	产品57	1207	
12		8月	产品70	616		8	产品09	1166	
13		9月	产品43	1489		9	产品53	1077	
14		10月	产品52	478		10	产品28	968	
15		11月	产品09	1166		11	产品07	825	
16		12月	产品67	340		12	产品33	810	
17			产品53	1077		13	产品72	758	
18			产品57	1207		14	产品70	616	
19			产品77	1444		15	产品52	478	
20			产品48	458		16	产品48	458	
21			产品65	1548		17	产品29	418	
22			产品07	825		18	产品67	340	
23			产品29	418		19	产品17	327	
24			产品16	1521		20	产品62	124	

图 7-121　设计辅助区域

利用 O 列和 P 列排序后的数据绘制条形图，对图表进行适当美化，将组合框拖至图表的适当位置，与图表组合起来便于一起拖放它们的位置，就得到一个能够查看指定月份下，产品销售排名动态图表，如图 7-122 所示。

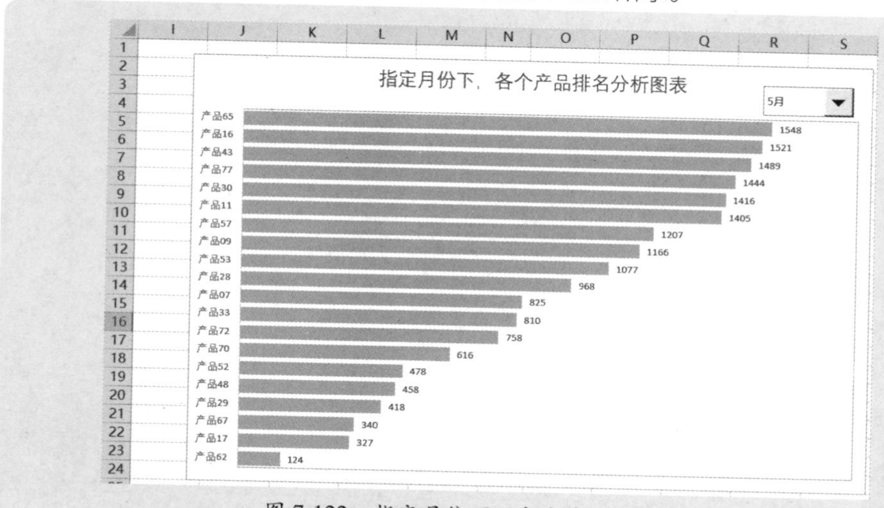

图 7-122　指定月份下，各个产品销售排名

3. 指定月份，查看截止到该月下，各个产品的累计销售对比

这个动态图表的制作，与指定月份的情况基本相同，唯一的区别是查询数据时，需要使用 OFFSET 函数和 SUM 函数计算累计数。

控件和辅助区域如图 7-123 所示。其中，查询数据（计算每个产品的累计数）的单元格 X6 公式如下：

```
=SUM(OFFSET(基础数据!$B$1,MATCH(W6,基础数据!$A$2:$A$21,0),,1,$V$3))
```

	U	V	W	X	Y	Z	AA	AB
1								
2				5月				
3		5						
4								
5		1月	产品	数据		序号	产品名称	排序后
6		2月	产品62	2939		1	产品33	6158
7		3月	产品33	6158		2	产品43	6004
8		4月	产品30	4587		3	产品77	5251
9		5月	产品72	4151		4	产品29	5049
10		6月	产品28	3875		5	产品67	4880
11		7月	产品17	2097		6	产品65	4736
12		8月	产品11	3838		7	产品53	4714
13		9月	产品70	2790		8	产品30	4587
14		10月	产品43	6004		9	产品09	4339
15		11月	产品52	2353		10	产品57	4168
16		12月	产品09	4339		11	产品72	4151
17			产品67	4880		12	产品28	3875
18			产品53	4714		13	产品11	3838
19			产品57	4168		14	产品07	3718
20			产品77	5251		15	产品16	3049
21			产品48	2297		16	产品62	2939
22			产品65	4736		17	产品70	2790
23			产品07	3718		18	产品52	2353
24			产品29	5049		19	产品48	2297
25			产品16	3049		20	产品17	2097

图 7-123　设计辅助区域

最后，以辅助区域绘制条形图，进行格式化处理，就是一个查看指定月份，各个产品累计销售的排名分析图表，如图 7-124 所示。

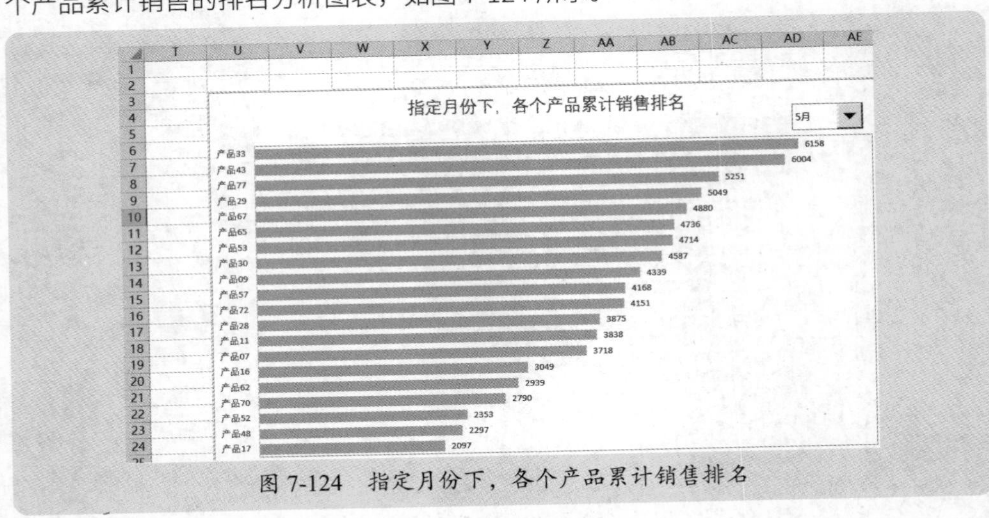

图 7-124　指定月份下，各个产品累计销售排名

7.9.2 多个单独控件联合控制的动态图表

了解了动态图表的制作逻辑及方法技能后，下面介绍一个综合案例，联合使用几个不同的表单控件来控制图表显示。

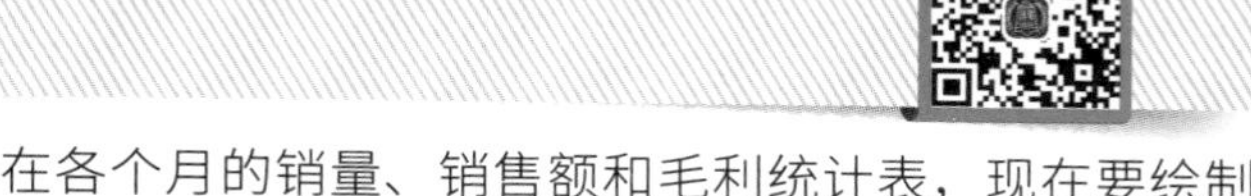

案例 7-25

图 7-125 所示是各个客户在各个月的销量、销售额和毛利统计表，现在要绘制动态图表，能够分析指定客户、指定项目在各个月的数据，绘制柱形图。

	A	B	C	D	E	F	G	H	I	J	K	L	M	N
1	客户	项目	1月	2月	3月	4月	5月	6月	7月	8月	9月	10月	11月	12月
2	客户A	销量	635	503	141	631	108	363	354	112	129	533	1122	927
3		销售额	11164	14745	15378	23713	8485	18653	4772	12155	8445	4088	24384	23968
4		毛利	6482	4142	4464	11858	1103	1506	1623	855	3890	1309	8801	11755
5	客户B	销量	2192	1573	957	1351	2875	3046	2326	1822	3121	1268	618	3050
6		销售额	29713	17783	39416	32936	28764	19721	17707	42547	54235	47949	12815	36939
7		毛利	12209	3390	5142	15156	5200	7495	6910	13223	10322	11072	6673	8900
8	客户C	销量	5153	7877	8132	3502	1903	2143	7078	1494	3593	3749	4893	2052
9		销售额	215449	64710	186501	87087	120539	58672	60181	198649	33789	165308	84384	216831
10		毛利	81905	29122	67280	54027	50643	15309	15086	93453	17256	71218	48952	69420
11	客户D	销量	426	202	529	185	174	1008	676	592	854	382	916	1228
12		销售额	6961	27752	25879	25841	8708	25128	17177	6904	10651	2609	7673	13665
13		毛利	490	9740	7515	7236	1572	5551	8423	3524	644	289	542	4517
14	客户E	销量	298	1022	380	213	1167	1278	1250	114	397	727	973	897
15		销售额	18159	14812	6197	23068	11606	18869	19440	4938	2089	25048	10528	9317
16		毛利	1097	5491	3471	13611	7314	3973	1364	1682	586	15043	5054	4946
17	客户F	销量	488	994	945	139	192	117	880	694	115	1082	280	1193
18		销售额	5602	19771	10336	23529	21167	24240	11144	2967	24174	11692	21868	24938
19		毛利	3364	9502	937	13434	2349	11897	3570	1068	8484	5155	13558	6507
20	客户G	销量	767	1074	619	208	439	1199	272	175	837	1019	1145	901
21		销售额	5783	23129	26993	27114	25483	5091	15658	5614	7009	6072	15321	7022
22		毛利	2375	11352	17006	3275	3578	2091	4072	2247	3160	977	2608	2393

图 7-125　示例数据

这里有两个选择变量：一个是客户，一个是项目，客户比较多，可以使用组合框，项目只有 3 个，可以使用 3 个选项按钮。

设计辅助区域，如图 7-126 所示。

插入 1 个组合框和 3 个选项按钮，分别设置它们的控制属性，其中，组合框返回值链接单元格是 R3，选项按钮返回值链接单元格是 R4。根据这两个返回值，从原始报表中查找数据，单元格 U4 的公式如下：

```
=HLOOKUP(T4,$C$1:$N$22,(2+($R$3-1)*3)+($R$4-1),0)
```

	P	Q	R	S	T	U	V
1							
2		1、控件返回值			2、查找数据		
3		组合框返回值	2		月份	数据	
4		选项按钮返回值	1		1月	2192	
5					2月	1573	
6		0、客户名称列表			3月	957	
7		客户A			4月	1351	
8		客户B			5月	2875	
9		客户C			6月	3046	
10		客户D			7月	2326	
11		客户E			8月	1822	
12		客户F			9月	3121	
13		客户G			10月	1268	
14					11月	618	
15					12月	3050	
16							
17							
18		客户B ▼	◉ 销量	○ 销售额	○ 毛利		
19							

图 7-126　插入控件，设计辅助区域

然后利用 T 列和 U 列的数据绘制柱形图，进行适当美化，得到一个可以分析指定客户、指定项目在各个月的销售统计图表，如图 7-127 所示。

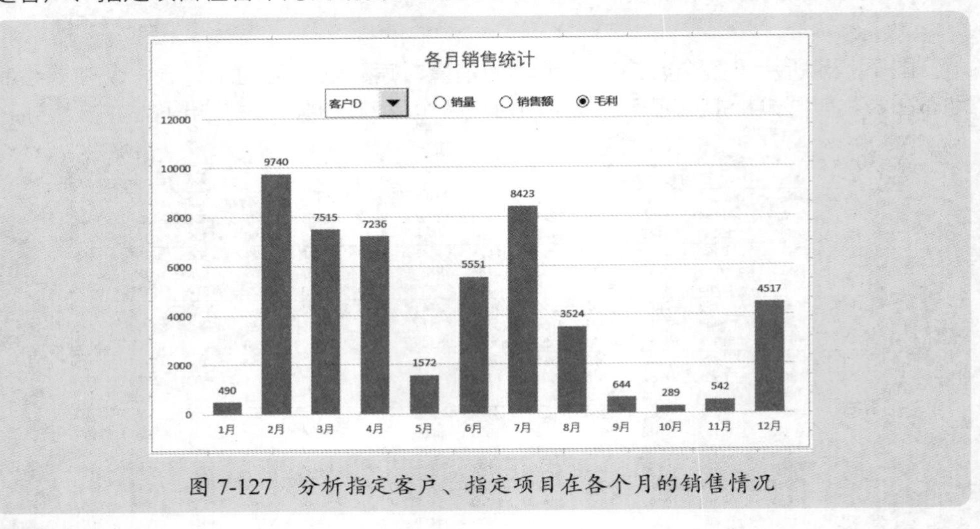

图 7-127　分析指定客户、指定项目在各个月的销售情况

7.9.3 多个关联控件控制的动态图表

在案例 7-35 中，几个控件是彼此独立的，在数据分析中，也会遇到需要使用关联控件来控制图表，也就是说，第 1 个控件来控制第 2 个控件的选项，第 2 个控件来控制第 3 个控件的选项等，这样分析数据更加方便。

案例 7-26

图 7-128 所示是一个例子，有两个组合框控制图表显示，一个组合框选择大类，另一个组合框只能选择该大类下的子类。

这个动态图表的制作要点说明如下，详细制作过程请观看视频。

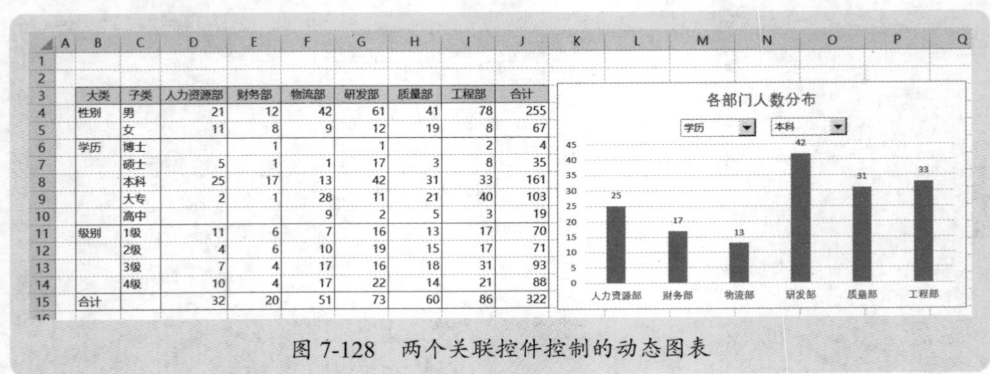

大类	子类	人力资源部	财务部	物流部	研发部	质量部	工程部	合计
性别	男	21	12	42	61	41	78	255
	女	11	8	9	12	19	8	67
学历	博士		1		1		2	4
	硕士	5	1	1	17	3	8	35
	本科	25	17	13	42	31	33	161
	大专	2	1	28	11	21	40	103
	高中			9	2	5	3	19
级别	1级	11	6	7	16	13	17	70
	2级	4	6	10	19	15	17	71
	3级	7	4	17	16	18	31	93
	4级	10	4	17	22	14	21	88
合计		32	20	51	73	60	86	322

图 7-128　两个关联控件控制的动态图表

要点 1：设计控件格式的辅助区域，如图 7-129 所示。

选择大类的组合框，其单元格链接单元格 M5，数据源区域是 M6:M8。

选择子类的组合框，其单元格链接单元格 N5，数据源区域是一个定义的名称“子类”，其引用公式如下：

```
=CHOOSE($M$5,$C$4:$C$5,$C$6:$C$10,$C$11:$C$14)
```

	L	M	N	O
1				
2				
3				
4		大类	子类	
5		2	3	
6		性别	本科	
7		学历		
8		级别		
9				

图 7-129　控件格式的辅助区域

要点 2：再定义两个名称“部门”和“人数”，分别如下。

名称“部门”：

```
=$D$3:$K$3
```

名称“人数”：

```
=OFFSET($D$3,MATCH(INDEX(子类,$N$5),$C$4:$C$14,0),,1,6)
```

要点 3：使用这两个名称“部门”和“人数”绘制柱形图。

要点 4：显示数据标签时，注意隐藏数值 0。

本节知识回顾与测验

1. 动态图表的基本原理是什么？
2. 绘制动态图表的核心技能是什么？
3. 如何插入并编辑表单控件？
4. 请结合实际问题，设计数据动态图分析图表。

第 8 章

数据分析综合案例实战

本书前面各章全面介绍了数据采集汇总、统计计算、动态分析等有关的技能，本章是结合实际数据分析的综合应用案例，练习如何建立从初始数据汇总计算到构建一键刷新的自动化数据分析报告。

本章所用示例数据如图 8-1 所示，是 50 个城市的员工花名册工作表，分别保存在 50 个工作表中，它们的列结构完全一样。工作簿名称是“各城市员工花名册 .xlsx”。

我们的任务是：以这 50 个城市工作表数据为基础，分析员工的结构、流动性等。

	A	B	C	D	E	F	G	H	I
1	工号	区域	城市	姓名	性别	出生日期	入职日期	离职日期	
2	GH002993	华中区	武汉	A2993	女	1981-12-21	2005-12-24		
3	GH002994	华中区	武汉	A2994	女	1980-2-11	2009-2-20		
4	GH002995	华中区	武汉	A2995	男	1982-7-9	2007-7-10		
5	GH002996	华中区	武汉	A2996	女	1978-7-13	2004-8-1		
6	GH002997	华中区	武汉	A2997	女	1974-8-6	2002-8-7		
7	GH002998	华中区	武汉	A2998	男	1990-4-9	2018-4-20		
8	GH002999	华中区	武汉	A2999	男	1983-4-19	2006-5-1		
9	GH003000	华中区	武汉	A3000	女	1978-6-25	2001-6-27		
10	GH003001	华中区	武汉	A3001	男	1997-8-9	2020-8-27		
11	GH003002	华中区	武汉	A3002	女	1991-8-31	2017-9-22	2021-9-22	
12	GH003003	华中区	武汉	A3003	男	1989-8-23	2015-9-6		
13	GH003004	华中区	武汉	A3004	女	1969-8-26	1992-9-8	1993-9-8	
14	GH003005	华中区	武汉	A3005	女	1975-10-9	1996-10-27	2022-10-27	
15	GH003006	华中区	武汉	A3006	男	1968-12-9	1997-12-28		
16	GH003007	华中区	武汉	A3007	女	1979-11-22	2009-11-23		
17	GH003008	华中区	武汉	A3008	女	1980-11-15	2000-11-25		

... 天津 潍坊 温州 无锡 芜湖 武汉 西安 徐州 烟台 扬州 长春 长沙 镇 ...

图 8-1　50 个城市的员工花名册工作表

8.1 数据采集与汇总

在分析数据之前，首先要将这 50 个城市数据汇总起来，分别制作两个基本数据表：在职员工表和离职员工表，制作这两个表，最高效的工具是 Power Query。

新建一个工作簿，另存为“员工分析 .xlsx”。

8.1.1 利用 Power Query 汇总各个工作表数据

利用第 2 章介绍的 Power Query 汇总同一个工作簿内大量工作表的方法，在不打开工作簿“各城市员工花名册 .xlsx”的情况下，将其 50 个工作表进行汇总，汇总后的 Power Query 编辑器界面如图 8-2 所示。

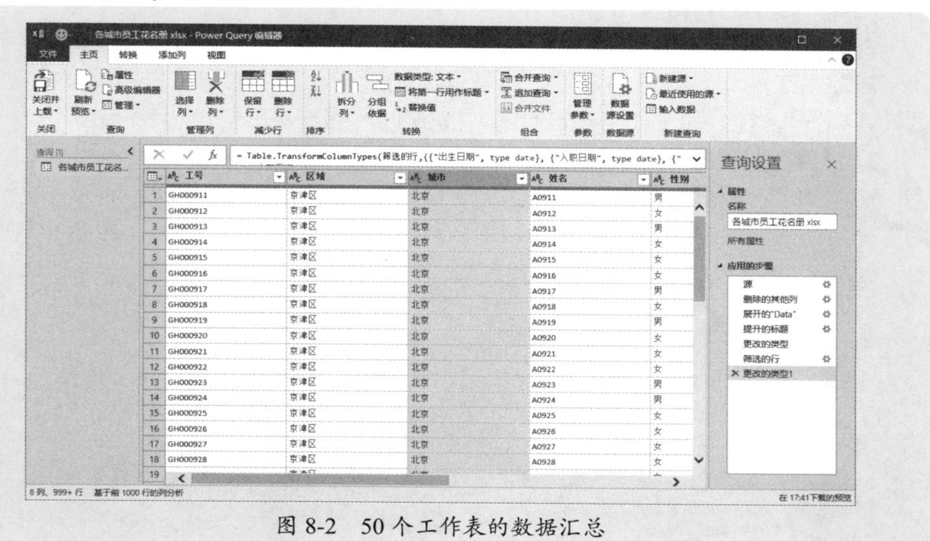

图 8-2　50 个工作表的数据汇总

将这个查询复制一份，分别重命名为“在职员工”和“离职员工”，然后在两个表中，一个仅保留在职员工，筛选掉离职员工（筛选掉离职员工后，最后一列的“离职日期”

予以删除）；一个仅保留离职员工，筛选掉在职员工，分别得到在职员工和离职员工汇总表，如图 8-3 所示。

离职还是在职，是通过最后一列的“离职日期”判断的，如果是空值（null），就是在职；如果是具体日期（不是 null），就是离职。

图 8-3　生成两个查询表：“在职员工”和“离职员工”

8.1.2 对汇总表进行必要的计算处理

员工分析内容也包括年龄分析和工龄分析，但是员工的年龄和工龄，针对在职员工和离职员工的计算方式是不一样的。

在职员工的年龄和工龄都是计算到当天，都以实际总年数计（周岁），不满一年不计。

离职员工的年龄计算到离职，也就是离职那天，员工的年龄是多大（按实际年数计，周岁），在公司工作了多长时间，按多少个月计，不满一个月不计。

1. 计算在职员工的年龄和工龄

切换到“在职员工”表，选择“出生日期”，在“添加列”选项卡中，执行“日期”→“年限”命令，如图 8-4 所示，那么就添加了一个新列“年限”，如图 8-5 所示。

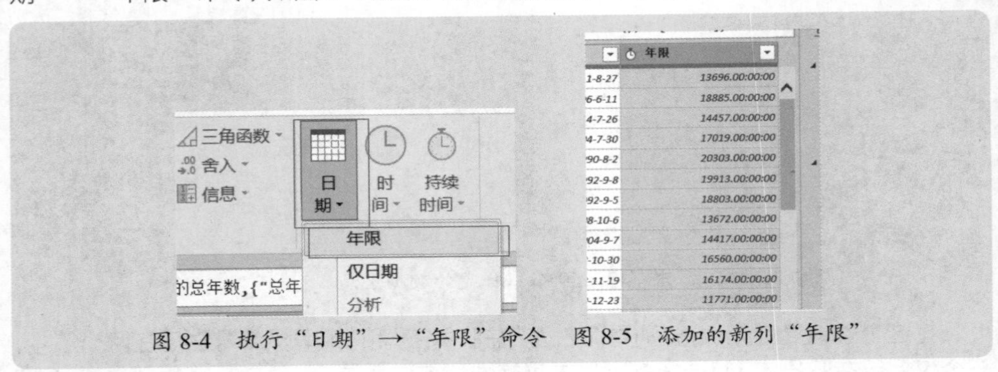

图 8-4　执行“日期”→“年限”命令　图 8-5　添加的新列“年限”

添加的这个“年限”列，是出生日期与当前日期的差值，是以“天”为单位的，需要将其进行转化。

选中这个新增列，在“转换”选项卡中执行“持续时间”→“总年数”命令，如图 8-6 所示，那么就得到了实际年数，如图 8-7 所示。

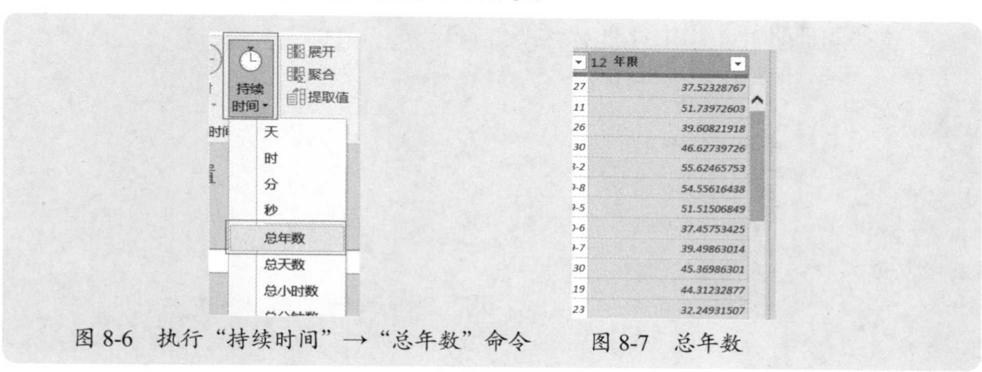

图 8-6 执行“持续时间”→“总年数”命令　　图 8-7 总年数

继续选中这列，在“转换”选项卡中，执行“舍入”→“向下舍入”命令，如图 8-8 所示，那么就得到了实际总年数（因为是向下舍入，因此不满一年不计），如图 8-9 所示。

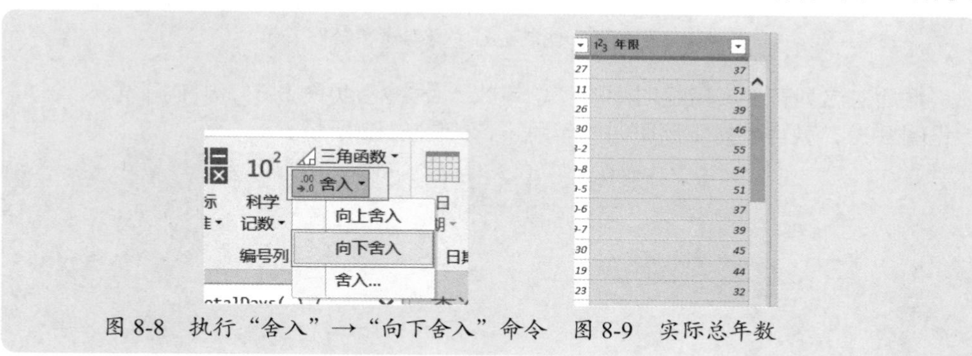

图 8-8 执行“舍入”→“向下舍入”命令　图 8-9 实际总年数

用同样的方法，为在职员工添加一列，计算工龄，最后分别将两个新列重命名为“年龄”和“工龄”，如图 8-10 所示。

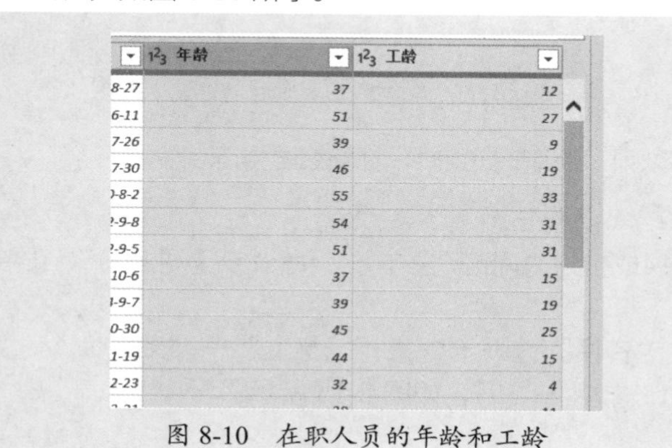

图 8-10 在职人员的年龄和工龄

2. 计算离职员工离开公司时的年龄和工龄

离职员工的年龄和工龄按照员工离开公司时的年龄和工龄计算，年龄计算实际总年数（周岁），工龄计算实际总月数。

添加一个自定义列“离职时年龄”，如图 8-11 所示，计算公式如下：

```
= [ 离职日期 ]-[ 出生日期 ]
```

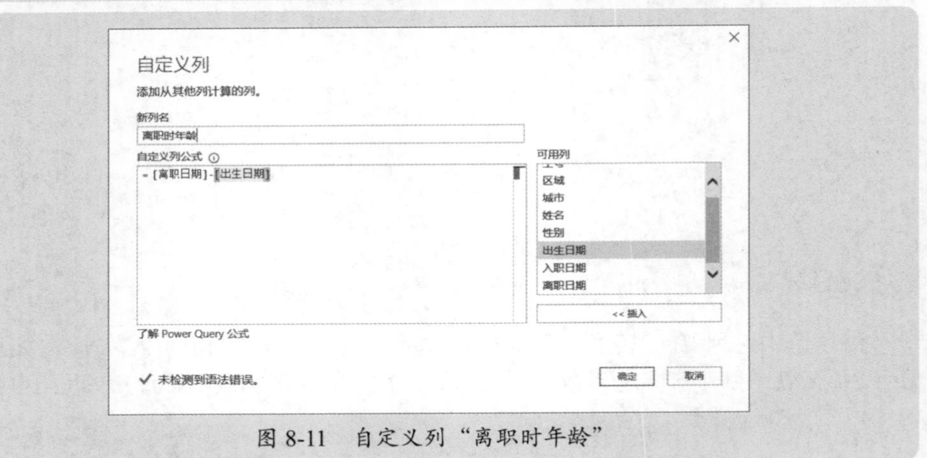

图 8-11　自定义列“离职时年龄”

然后对这列转换成持续时间的“总年数”（命令参见图 8-6），并向下舍入（命令参见图 8-8），就得到员工离职时的年龄了，如图 8-12 所示。

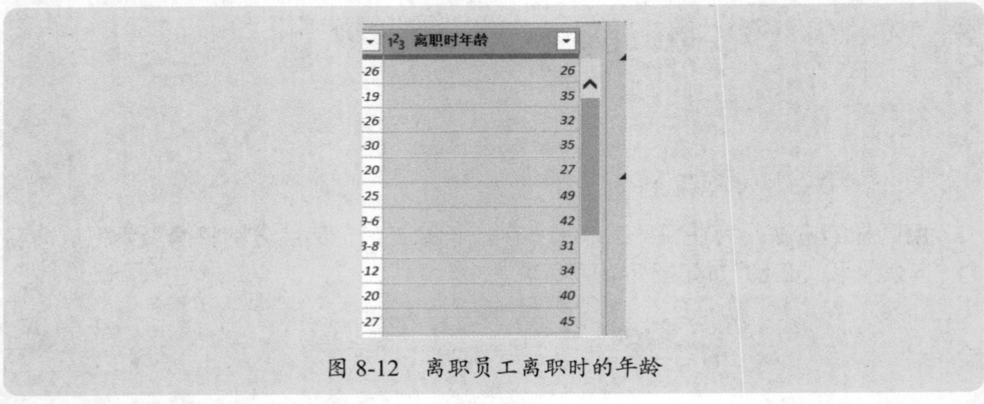

图 8-12　离职员工离职时的年龄

添加一个自定义列“离职时工龄”，计算公式如下：

```
= [ 离职日期 ]-[ 入职日期 ]
```

然后对这列转换成持续时间的“总年数”（命令参见图 8-6）得到带小数点的年数，如图 8-13 所示。

选择这列，在“转换”选项卡中执行“标准”→“乘”命令，如图 8-14 所示，打开“乘”对话框，输入值“12”，如图 8-15 所示。

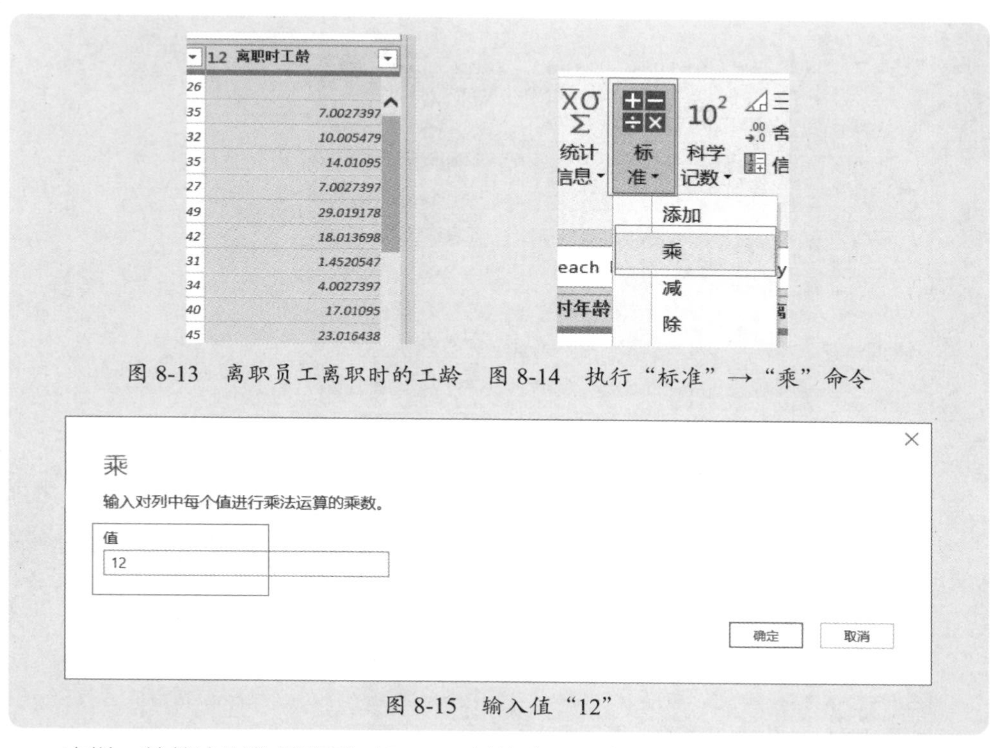

图 8-13 离职员工离职时的工龄　图 8-14 执行“标准”→“乘”命令

图 8-15 输入值“12”

这样，就将这列数据都乘以了 12，转换为了月数，如图 8-16 所示，再将这列数据向下舍入，就得到了总月数表示的工龄，如图 8-17 所示。

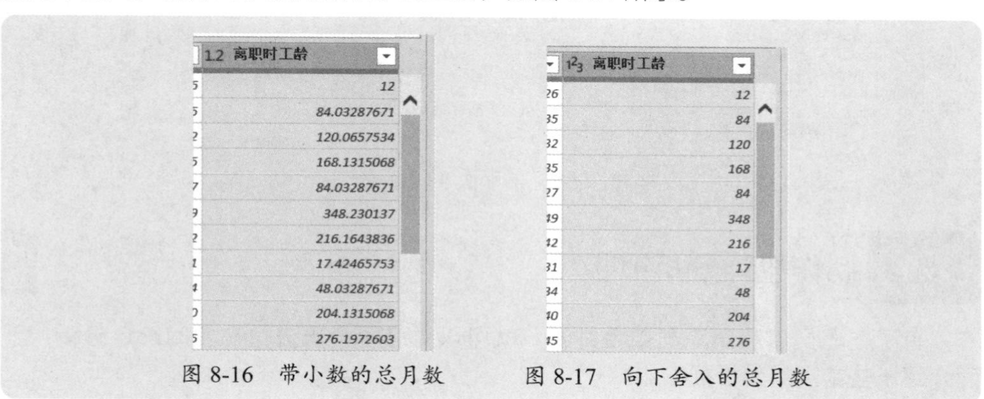

图 8-16 带小数的总月数　图 8-17 向下舍入的总月数

8.1.3 导出数据

根据实际情况，可以将汇总结果导入 Excel 工作表，也可以加载为仅连接的数据模型。对于本例来说，我们将在职员工数据和离职员工数据导入 Excel 工作表，分别如图 8-18 和图 8-19 所示，后续的数据分析就以这两个表的数据来进行。

工号	区域	城市	姓名	性别	出生日期	入职日期	年龄	工龄
GH000911	京津区	北京	A0911	男	1986-8-24	2011-8-27	37	12
GH000912	京津区	北京	A0912	女	1972-6-9	1996-6-11	51	27
GH000913	京津区	北京	A0913	男	1984-7-24	2014-7-26	39	9
GH000914	京津区	北京	A0914	女	1977-7-19	2004-7-30	46	19
GH000915	京津区	北京	A0915	女	1968-7-22	1990-8-2	55	33
GH000916	京津区	北京	A0916	女	1969-8-16	1992-9-8	54	31
GH000917	京津区	北京	A0917	男	1972-8-30	1992-9-5	51	31
GH000918	京津区	北京	A0918	女	1986-9-17	2008-10-6	37	15
GH000919	京津区	北京	A0919	男	1984-9-2	2004-9-7	39	19
GH000920	京津区	北京	A0920	女	1978-10-21	1998-10-30	45	25
GH000921	京津区	北京	A0921	女	1979-11-11	2008-11-19	44	15
GH000922	京津区	北京	A0922	女	1991-12-1	2019-12-23	32	4
GH000923	京津区	北京	A0923	男	1986-2-19	2013-2-21	38	11
GH000924	京津区	北京	A0924	男	1988-6-12	2012-6-21	35	11
GH000925	京津区	北京	A0925	女	1979-11-23	2004-12-4	44	19
GH000926	京津区	北京	A0926	女	1997-3-17	2024-1-24	26	0
GH000927	京津区	北京	A0927	女	1981-4-24	2004-5-8	42	19
GH000928	京津区	北京	A0928	女	1980-9-8	2002-9-18	43	21
GH000929	京津区	北京	A0929	女	1991-9-28	2016-10-19	32	7

在职员工　离职员工　Sheet1

图 8-18　在职员工汇总表

工号	区域	城市	姓名	性别	出生日期	入职日期	离职日期	离职时年龄	离职时工龄
GH000931	京津区	北京	A0931	男	1995-10-8	2020-10-26	2021-10-26	26	12
GH000932	京津区	北京	A0932	男	1984-10-13	2012-10-19	2019-10-19	35	84
GH000939	京津区	北京	A0939	女	1990-10-16	2012-10-26	2022-10-26	32	120
GH000947	京津区	北京	A0947	女	1973-11-20	1994-11-30	2008-11-30	35	168
GH000959	京津区	北京	A0959	女	1980-11-7	2000-11-20	2007-11-20	27	84
GH000963	京津区	北京	A0963	男	1973-8-22	1993-8-25	2022-8-25	49	348
GH000967	京津区	北京	A0967	男	1966-8-22	1990-9-6	2008-9-6	42	216
GH000969	京津区	北京	A0969	女	1993-9-17	2023-9-25	2025-3-8	31	17
GH001008	京津区	北京	A1008	男	1986-10-26	2016-11-12	2020-11-12	34	48
GH001018	京津区	北京	A1018	男	1977-9-15	2000-9-20	2017-9-20	40	204
GH001025	京津区	北京	A1025	女	1968-8-18	1990-8-27	2013-8-27	45	276
GH001045	京津区	北京	A1045	女	1979-7-11	2000-7-15	2018-7-15	39	216
GH001046	京津区	北京	A1046	女	1993-10-17	2022-11-3	2023-11-21	30	12
GH001058	京津区	北京	A1058	女	1988-10-8	2014-10-29	2015-10-29	27	12
GH001067	京津区	北京	A1067	女	1980-9-5	2009-9-19	2013-9-19	33	48
GH001070	京津区	北京	A1070	女	1974-9-3	1994-9-25	2006-9-25	32	144
GH001077	京津区	北京	A1077	男	1979-11-10	2009-11-29	2014-11-29	35	60
GH001836	华东区	常州	A1836	男	1989-8-16	2017-9-3	2020-9-3	31	36
GH001838	华东区	常州	A1838	男	1991-10-17	2016-11-5	2023-11-5	32	84

在职员工　离职员工　Sheet1

图 8-19　离职员工汇总表

8.2 制作统计分析报告

有了在职员工和离职员工合并表，就可以对这两个表进行需要的统计分析，下面介绍一些常规的分析报表。

8.2.1 制作统计分析报表

1. 在职员工属性分析报表

首先制作在职员工属性分析报表如图 8-20 所示，重点分析各个地区、各个城市的在职人数，年龄分布，工龄分布等。这个报表的数据统计，是条件计数问题，因此可以使用 COUNTIF 函数和 COUNTIFS 函数来解决。

在职员工属性分析

区域	城市	总人数	性别		年龄				工龄			
			男	女	30岁以下	31-40岁	41-50岁	50岁以上	不满1年	1-10年	11-20年	20年以上
京津区		722	335	387	66	273	278	105	18	161	306	237
	北京	150	63	87	10	59	57	24	3	28	70	49
	大连	116	59	57	13	49	39	15	4	31	45	36
	哈尔滨	102	49	53	7	37	41	17	1	21	43	37
	沈阳	124	57	67	15	38	55	16	5	25	53	41
	天津	137	67	70	12	51	54	20	3	31	60	43
	长春	93	40	53	9	39	32	13	2	25	35	31
华北区		814	383	431	103	314	302	95	40	215	320	239
	济南	85	39	46	7	31	35	12	3	21	33	28
	洛阳	58	32	26	5	18	26	9	1	11	25	21
	青岛	91	37	54	16	37	30	8	6	29	37	19
	石家庄	117	53	64	9	53	43	12	3	35	45	34
	太原	75	35	40	15	24	23	13	7	17	29	22
	唐山	81	35	46	11	28	34	8	5	19	32	25
	潍坊	69	37	32	6	31	25	7	2	19	28	20
	西安	98	48	50	16	33	38	11	3	28	37	30
	烟台	50	25	25	3	27	17	3	1	17	22	10
	郑州	90	42	48	15	32	31	12	9	19	32	30

在职员工 离职员工 在职员工分析 离职员工分析

图 8-20　在职员工属性分析报表

2. 离职员工属性分析报表

离职员工属性分析报表如图 8-21 所示，重点分析各个地区、各个城市的离职人数，以及离职时的年龄分布和工龄分布。这个报表的数据统计也是条件计数问题，使用 COUNTIF 函数和 COUNTIFS 函数来解决。一个简单的方法是把在职员工分析表复制一份，然后把公式里的工作表名称更改一下，引用位置更改一下，使用查找和替换工具即可。

离职员工属性分析

区域	城市	总人数	性别		年龄				工龄			
			男	女	30岁以下	31-40岁	41-50岁	50岁以上	不满1年	1-10年	11-20年	20年以上
京津区		123	67	56	56	53	12	2		8	24	91
	北京	17	7	10	4	10	3				4	13
	大连	26	14	12	18	5	3			4	5	17
	哈尔滨	14	10	4	6	7	1			1	4	9
	沈阳	41	24	17	19	16	4	2		1	7	33
	天津	15	6	9	7	8				2	3	10
	长春	10	6	4	2	7	1				1	9
华北区		96	40	56	47	39	10			7	21	68
	济南	14	6	8	5	7	2			2	2	10
	洛阳	4	1	3	2	2					2	2
	青岛	21	10	11	12	7	2			1	3	17
	石家庄	7	2	5	2	5				1		6
	太原	10	4	6	4	5	1				1	9
	唐山	8	5	3	5	3					4	4
	潍坊	4	1	3	4						2	2
	西安	9	5	4	5	4				1	2	6
	烟台	13	3	10	5	6	2			2	3	8
	郑州	6	3	3	3		3				2	4

在职员工 离职员工 在职员工分析 离职员工分析

图 8-21　离职员工属性分析报表

8.2.2 分析结果可视化处理

上面制作的报表仅仅是把需要的信息进行了统计计算，但这个表的数字看起来非常不方便，因此需要将表格数字可视化。可视化途径之一是制作动态图表，可以分别查看各个城市在各个类别分组中的人数分布。

1. 在职员工分析图表——按维度

从维度上来说，有“地区”和“城市”两个维度，因此，至少要分析这两个维度的数据：(1) 指定地区的各个类别分组人数分布；(2) 指定城市的各个类别分组人数分布。

可视化分析图表示例效果如图 8-22 所示，使用组合框选择地区和城市，当在第一个组合框选择某个地区时，第二个图中的组合框只能选择该地区下的城市。

三个类别分组之间，手动插入一条垂直线条进行区间分隔，同时将三个类别分组的柱形设置不同的颜色，以区分每个类别分组数据。

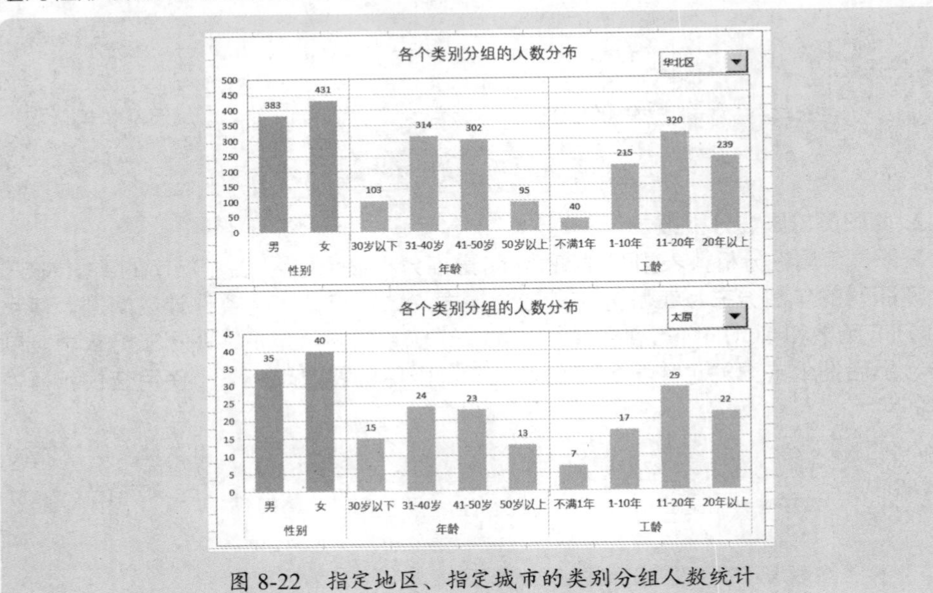

图 8-22 指定地区、指定城市的类别分组人数统计

这两个图表是利用辅助区域数据绘制的，辅助区域设计如图 8-23 所示。

	AI	AJ	AK	AL	AM	AN	AO	AP	AQ	AR	AS	AT	AU	AV	AW	AX	AY
1																	
2																	
3			指定地区	指定城市			性别		年龄				工龄				
4			2	5			男	女	30岁以下	31-40岁	41-50岁	50岁以上	不满1年	1-10年	11-20年	20年以上	
5			华北区	太原		地区数据	383	431	103	314	302	95	40	215	320	239	
6						城市数据	35	40	15	24	23	13	7	17	29	22	
7			京津区														
8			华北区														
9			华东区														
10			华中区														
11			广东区														
12			浙江区														
13			西南区														
14																	

指定地区、城市的图表数据

图 8-23 辅助区域

选择地区组合框的链接单元格是单元格 AK4，其数据区域是单元格 AK5:AK11。

选择城市组合框的链接单元格是单元格 AL4，其数据区域是一个定义的名称“城市”，该名称的公式如下：

```
=CHOOSE($AK$4,$C$6:$C$11,$C$13:$C$22,$C$24:$C$32,$C$34:$C$40,$C$42:$C$46,$C$48:$C$54,$C$56:$C$61)
```

这样，就可以根据单元格 AK4 和 AL4 的控件返回值，使用函数查找数据。

首先将组合框的返回值对应的地区名称和城市名称提取出来：

单元格 AK5，指定的地区名称：

```
=INDEX(AK7:AK13,AK4)
```

单元格 AL5，指定的城市名称：

```
=INDEX(城市,AL4)
```

然后在总汇总表中查找出来绘图数据，公式分别如下。

单元格 AO5，地区数据：

```
=VLOOKUP($AK$5,
         $B$5:$N$62,
         MATCH(AO$4,$B$4:$N$4,0),
         0)
```

单元格 AO6，城市数据：

```
=VLOOKUP($AL$5,
         $C$5:$N$62,
         MATCH(AO$4,$C$4:$N$4,0),
         0)
```

2. 在职员工分析图表——按度量

从度量上来说，有“性别”“年龄分组”和“工龄分组”三个度量，而每个度量下又有自己所属的子度量（男女、年龄分组、工龄分组），因此，我们需要分析任意指定子度量下的各个地区的人数分布和该地区下各个城市的人数分布。

动态分析图表如图 8-24 所示。

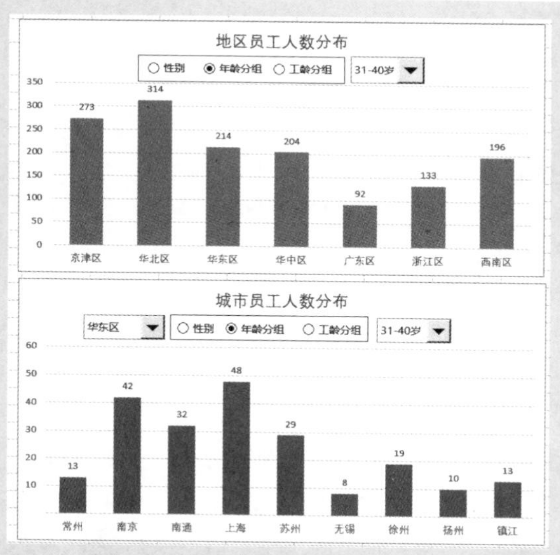

图 8-24　指定子度量下各个地区和各个城市的人数分布

图 8-24 中的两个图表的分析逻辑是：指定某个类别分组，再指定该类别分组下的某个项目，第一个图观察该项目下各个地区的人数分布，第二个图在指定某个地区，看该项目在该地区下各个城市的人数分布，查看逻辑是指定某个类别的子度量，先看地区人数，再看城市人数，从大到小钻取数据。

绘图数据区域如图 8-25 所示。

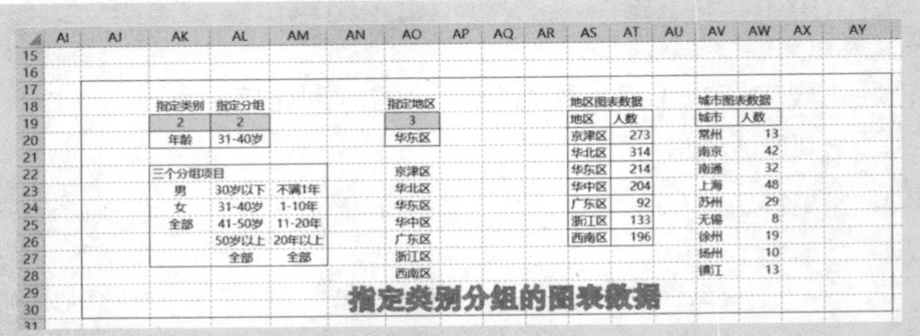

图 8-25　绘图数据区域

两个图表上都有 3 个选项按钮，用于选择类别分组“性别”“年龄分组”和“工龄分组”。当选择了某个类别分组后，这个组合框只能选择该类别分组下的项目了，例如，当选择了“性别”选项，组合框就只能选择性别下的“男”、“女”和“全部”。

三个选项的单元格链接都是单元格 AK19。

选择类别分组下项目的组合框单元格链接是单元格 AL19，数据源区域是一个定义的名称“分组”，其引用公式如下：

```
=CHOOSE($AK$19,$AK$23:$AK$25,$AL$23:$AL$27,$AM$23:$AM$27)
```

此外，当选择某个分组下项目时，得到的是该项目的顺序号，因此在单元格 AL20 输入下面公式，提取出选择的是哪个项目：

```
=INDEX(分组,AL19)
```

第 1 个图表的数据区域是单元格 AS20:AT26，即绘制各个地区的人数，单元格 AT20 的查找公式如下：

```
=VLOOKUP(AS20,
         $B$5:$N$61,
         IF(INDEX(分组,$AL$19)="全部",3,MATCH(INDEX(分组,$AL$19),$B$4:$N$4,0)),
         0)
```

第 2 个图表增加了组合框，用于选择地区，其数据源是单元格区域 AO22:AO28，单元格链接是 AO19，再根据这两个参数确定组合框选择的是哪个地区，输入到单元格 AO20，公式如下：

```
=INDEX(AO22:AO28,AO19)
```

定义一个名称“城市 2”，来动态引用指定地区下的城市名称区域，引用公式如下：

```
=CHOOSE($AO$19,$C$6:$C$11,$C$13:$C$22,$C$24:$C$32,$C$34:$C$40,$C$42:$C$46,$C$48:$C$54,$C$56:$C$61)
```

再定义一个动态名称“人数 2”，引用该地区下的城市人数区域：

```
=OFFSET($D$5,
        MATCH($AO$20,$B$5:$B$61,0),
        IF($AL$20=" 全部 ",0,MATCH($AL$20,$E$4:$N$4,0)),
        COUNTA(城市 2),
        1)
```

这样，使用定义的名称“城市 2”和“人数 2”绘制第 2 个图表，就可以查看任意指定地区下，各个城市的人数分布了。

3. 离职员工的分析图表

离职员工的动态分析图表制作逻辑和方法，与前面介绍的在职员工是一样的，限于篇幅，这里不再介绍，请读者自行完成。

8.2.3 灵活分析数据

有了上面制作的动态分析图表，就可以灵活分析数据了。

例如，要查看“华东”地区的各个类别分组的人数，就在组合框中选择“华东”选项，就得到图 8-26 所示的图表。

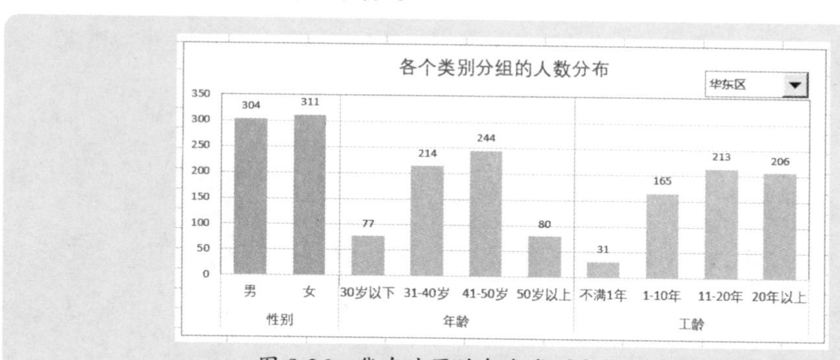

图 8-26　华东地区的各个类别分组的人数分布

华东地区有很多城市，可以在组合框中选择要查看的城市，了解该城市下各个类别分组的人数，图 8-27 所示就是查看苏州的数据。

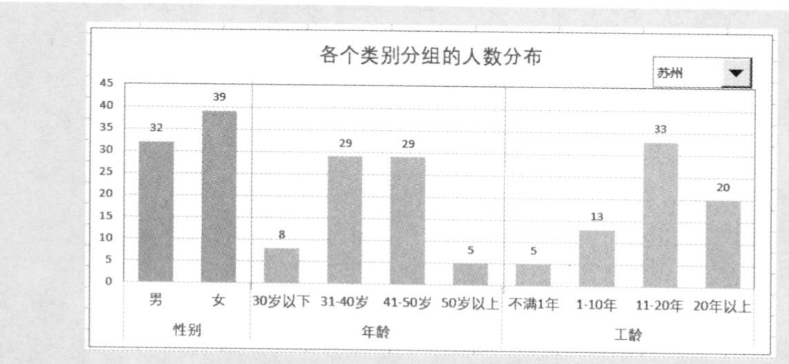

图 8-27　苏州城市的各个类别分组的人数

如果要了解工龄在 20 年以上的各个地区人数分布，就选择“工龄分组”，然后组合框中选择“20 年以上”选项，就得到图 8-28 所示的各个地区工龄 20 年以上的人数分布。

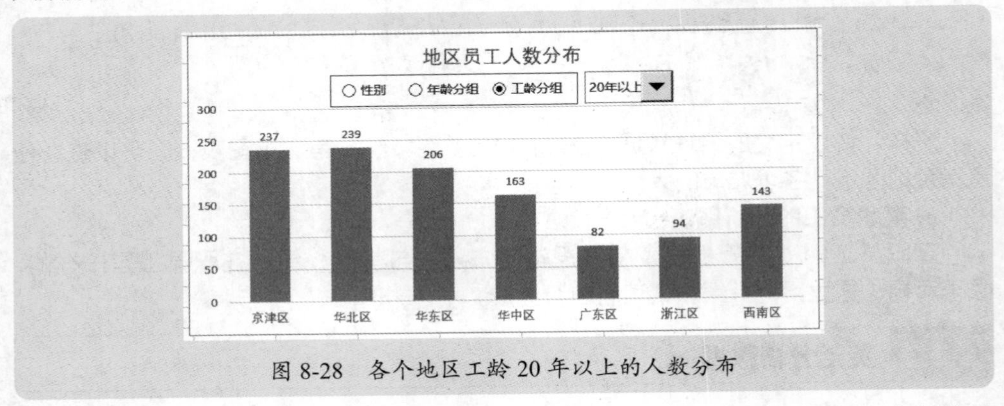

图 8-28　各个地区工龄 20 年以上的人数分布

在各个地区中，工龄 20 年以上人数最多的地区是“华北区”，那么就在组合框中选择“华北区”选项，就可以了解华北区下各个城市工龄 20 年以上的人数分布，如图 8-29 所示。

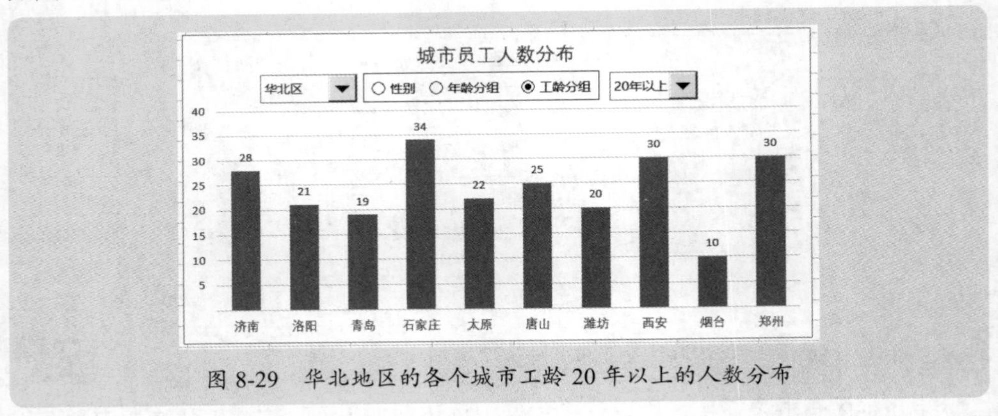

图 8-29　华北地区的各个城市工龄 20 年以上的人数分布

这些分析，不见得是全面的，这里只是为读者提供一个参考思路。其实，本章的数据分析还有很多工作要做的，限于篇幅，这里就不再做深入研究了。